# Elektrotechnik

## Kompetenzen für den Berufseinstieg

von
Britta Bergmann
Thomas Engler
Christoph Reichenauer
Markus Sennlaub
Birgit Wurl

Verlag Handwerk und Technik · Hamburg

ISBN 978-3-582-**03690**-2

Verlag Handwerk und Technik GmbH
Lademannbogen 135, 22339 Hamburg, Postfach 63 05 00, 22331 Hamburg – 2012
E-Mail: info@handwerk-technik.de – Internet: www.handwerk-technik.de

Layout und Satz: PER Medien + Marketing, 38102 Braunschweig
Umschlagmotiv: Bernhard Speh, 22765 Hamburg
Druck: Offizin Andersen Nexö Leipzig GmbH, 04442 Zwenkau

# Vorwort

*Elektrotechnik – Kompetenzen für den Berufseinstieg* wendet sich in erster Linie an Berufsfachschüler mit dem Berufsfeld Elektrotechnik sowie an Auszubildende im ersten Ausbildungsjahr elektrotechnischer Berufe.

Das Buch ist die Grundlage für einen modernen Unterricht. Die fachlichen Inhalte der Lernfelder 1 bis 4 sind dem Erfahrungshorizont der Schüler entsprechend aufbereitet und werden in Form von Lernsituationen und Lernjobs vermittelt. Dies erfolgt in den handlungsorientierten Schritten: Informieren, Planen, Durchführen und Bewerten. Damit fördert das Buch selbstständiges Lernen und systematisches Arbeiten, sinnvoll ergänzt durch das begleitende Schülerarbeitsheft (HT 3692). Lernfeldübergreifende Querverweise regen zudem das strukturierte Denken an.

Aufbau und ergänzende fachsystematische Gliederung ermöglichen sowohl einen kompetenzspezifischen wie auch fachsystematischen Zugang zur Thematik. Hilfreich ist zudem ein detailliertes Stichwortverzeichnis.

Dank der präzisen, gut verständlichen Sprache und anschaulichen Bebilderung lassen sich die Inhalte gedanklich ohne weiteres erfassen und durchdringen.

Aufgrund der didaktischen Reduktion bilden die vorgestellten Lösungen, insbesondere in der Steuerungstechnik, nicht immer die industriellen technischen Standards ab.

Autoren und Verlag

# Inhaltsverzeichnis

# Inhaltsverzeichnis der Kompetenzen

## Untersuchen einer Fahrradbeleuchtung und deren Instandsetzung

# „Es werde Licht!"

Am Wochenende hat Thomas vor, mit seinen Freunden eine Fahrradtour zu unternehmen. Da sie auch spätabends unterwegs sein werden, überprüft er sicherheitshalber die Beleuchtungsanlage und stellt fest, dass sie defekt ist: Sowohl Vorder- als auch Rücklicht funktionieren nicht.
Aber wo könnte der Fehler liegen? Thomas wendet sich an Sie und bittet um Ihre Hilfe.

Hier sehen Sie das Fahrrad, von dem Thomas träumt. Solche Fahrräder werden bei Bedarf oft mit Batterie- bzw. Akku-betriebenen Front- und Rückleuchten ausgestattet. Thomas fertigt eine Zeichnung seines Fahrrades an, an dem eine konventionelle Beleuchtungsanlage montiert ist.

# Lernjobs

**2.**

Die Zeichnung, die Thomas von seinem Fahrrad angefertigt hat, lässt die elektrischen Betriebsmittel (Bauteile) erahnen. Sie als Fachmann arbeiten mit genormten Stromlaufplänen. Diese sind übersichtlich dargestellt und lassen die Funktion gut erkennen, sind also ein gutes Hilfsmittel zur Fehlersuche.

Zeichnen Sie mit Hilfe Ihrer Unterlagen einen normgerechten Stromlaufplan der Lichtanlage des Fahrrads. Erklären Sie anschließend Ihrem Sitznachbarn anhand des Schaltplans die Funktionsweise der Lichtanlage.

**1.**

Untersuchen Sie, wo der Fehler liegen könnte. Notieren Sie sich stichpunktartig mögliche Fehlerquellen und diskutieren Sie in Ihrer Klasse, welche/r am wahrscheinlichsten ist.

**4.**

Damit die Glühlampen in der Fahrradbeleuchtung leuchten, muss elektrischer Strom fließen. Führen Sie ein Rollenspiel durch, in welchem Sie Thomas erklären, was elektrischer Strom ist und wie er die Glühlampe zum Leuchten bringt.

**3.**

Ohne Spannung funktioniert kein elektrisches Gerät. Der Dynamo ist die Spannungsquelle der Fahrradbeleuchtung. Erarbeiten Sie ein Handout, in dem folgende Fragen beantwortet werden:

- Was ist elektrische Spannung?
- Welche Arten der Spannungserzeugung gibt es und wie funktionieren sie?
- Welche Spannungsarten gibt es?
- Ab wann wird Spannung für den menschlichen Körper gefährlich?

**5.**

Sie wollen nun die Beleuchtungsanlage von Thomas' Fahrrad messtechnisch überprüfen. Zeichnen Sie dazu vorab entsprechende Messschaltungen, die die Vorgehensweise deutlich machen.

### 1.1.1 Grundlegendes zur Elektrizität

Elektrizität selbst ist unsichtbar und nur an ihrer Wirkung zu erkennen. Solche Wirkungen sind z. B.:

- magnetische Wirkung
- Lichtwirkung
- Wärmewirkung

*Abb. 1* *Ohne Elektrizität kein Licht*

*Abb. 2* *Wärmewirkung am Beispiel eines Kochfeldes*

*Abb. 3*
*Die magnetische Wirkung der Elektrizität lässt die Magnetschwebebahn schweben.*

### Gefahren der Elektrizität

Elektrizität hat auch Auswirkungen auf den Körper von Mensch und Tier. Sie kann Leben und Gesundheit gefährden oder auch zerstören. Je nach Dosis der Energie kribbelt ein elektrischer Schlag nur unangenehm oder führt zu einem Schock bzw. einer Verkrampfung der Muskulatur. Wichtige Körpersteuerungen wie der Herzrhythmus können gestört werden: Das Herz kommt aus dem Takt, setzt aus oder bleibt stehen. Herzstillstand ist eine besonders häufige Folge von Elek-

trounfällen. Wenn nicht schnellstens Wiederbelebungsversuche durchgeführt werden, ist das Unfallopfer nicht mehr zu retten.

An den betroffenen Körperteilen sind Verbrennungen unterschiedlichen Grades möglich (Strommarken) und Muskelgebiete können so erhitzt werden, dass sie verkochen.

### Gefährliche Körperströme

Gefährliche Körperströme sind Ströme, die den Körper eines Menschen oder Tieres durchfließen und einen schädigenden Effekt haben (s. Abb. 4).

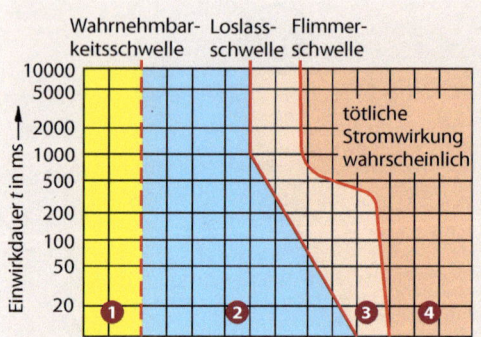

1 Gelber Bereich: Keine Reaktion des Körpers

2 Blauer Bereich: Keine gefährliche Wirkung

3 Orangener Bereich: Gefahr, Herzkammerflimmern möglich

4 Roter Bereich: Herzkammerflimmern, tödliche Stromwirkung wahrscheinlich

*Abb. 4* *Gefährdung durch elektrischen Strom*

Beim Herzkammerflimmern stellt das Herz seine Pumptätigkeit ein. Ohne ärztliche Hilfe sterben die Gehirnzellen nach wenigen Minuten an Sauerstoffmangel.

---

**MERKE**

Mit gefährlichen Körperströmen ist zu rechnen, wenn die Wechselspannung 50 V bzw. bei Tieren 25 V übersteigt (bei Gleichspannung 120 V bzw. 60 V).

---

Sollten Sie einmal, trotz aller Vorsicht, einen elektrischen Schlag bekommen, so ist immer ein Arzt aufzusuchen. Nur er kann feststellen, ob Körperschäden entstanden sind.

*Abb. 5*
*Dieses Schild warnt vor gefährlicher elektrischer Spannung.*

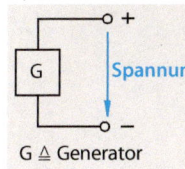

## Regeln für den Umgang mit Elektrizität

**MERKE**

Achtung! Um elektrische Unfälle zu vermeiden, ist Folgendes zu beachten:

1. **Hände weg von unbekannten elektrischen Einrichtungen und Geräten, die möglicherweise Verbindung zum Energieversorgungsnetz (Steckdose) haben.**
2. **Elektrogeräte nur der Bedienungsanweisung entsprechend benutzen.**
3. **Bei Geräten mit erkennbaren Defekten sofort den Netzstecker ziehen oder ausschalten.**
4. **Niemals Geräte öffnen oder untersuchen, die mit dem Netz verbunden sind.**
5. **Auch bei abgeschalteten und vom Netz getrennten Geräten nicht in das Gerät hineinfassen oder mit ungeeigneten Werkzeugen hantieren. Denn es gibt Bauteile, die elektrische Energie speichern können.**

## 1.1.2 Die elektrische Spannung

Ein neuer DVD-Recorder funktioniert nach Anschluss an die Steckdose und Einschalten nicht. Auch eine Stehlampe, die an derselben Steckdose angeschlossen wird, leuchtet nicht. Die Elektrofachkraft stellt fest, dass die Steckdose keine Spannung hat.

Wenn der MP3-Player nicht mehr spielt oder sich das Handy nicht mehr einschalten lässt, sagt man: „Die Batterie/der Akku ist leer." Ohne Spannung funktioniert offenbar kein elektrisches Gerät.

Was ist nun Spannung, genauer gesagt elektrische Spannung?
Spannungsquellen besitzen immer zwei Pole mit unterschiedlicher Ladung. An dem einen Pol, dem Pluspol, herrscht *Elektronenmangel*, an dem anderen Pol, dem Minuspol, *Elektronenüberschuss*. Der Unterschied der Elektronenmenge zwischen Plus- und Minuspol nennt man elektrische Spannung. Eine elektrische Spannung kann demnach nur zwischen zwei Polen entstehen.
Werden die zwei Pole miteinander verbunden, gleichen sich die Ladungen aus, und es fließt elektrischer Strom (s. Abschn. 1.1.3).
Spannung kann mit Hilfe eines Spannungserzeugers oder Generators erzeugt werden. Dabei „saugt" der Generator die Elektronen vom Pluspol ab und transportiert sie zum Minuspol; dieser Vorgang wird auch als Ladungstrennung bezeichnet. Der Generator sorgt dafür, dass zwischen beiden Polen ein Ladungsunterschied bestehen bleibt.

Der blaue Pfeil gibt die Spannung zwischen zwei Polen an. Er wird vom Pluspol zum Minuspol gezeichnet.

### Arten der Spannungserzeugung
Die Spannungserzeugung kann mit unterschiedlichen Generatoren erfolgen. Hier einige Beispiele im Überblick:

### Galvanische Elemente (Batterien, Akkus)
Ladungstrennung durch chemische Reaktion

*Abb. 7* Batterien

Verwendungsbeispiele:
- Taschenlampen
- Uhren
- elektrische Zahnbürste
- MP3-Player

### Thermoelemente
Ladungstrennung durch Wärmewirkung

Verwendungsbeispiele:
- Temperaturmessung (Sensorik)
- Umwandlung von Wärmeenergie in elektrische Energie (Thermovoltaik)

### Fotoelemente (Fotovoltaik)
Ladungstrennung durch Lichteinwirkung

Verwendungsbeispiele:
- Energieversorgung von Uhren
- Energieversorgung von Taschenrechnern
- als Solar-Paneel zur Energieerzeugung auf Hausdächern

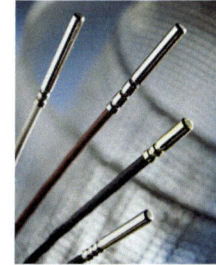

*Abb. 8* Thermoelemente

G ≙ Generator

**Abb. 6** *Eine elektrische Spannung kann nur zwischen zwei Polen bestehen. Der blaue Pfeil für die Spannung wird vom Plus- zum Minuspol gezeichnet.*

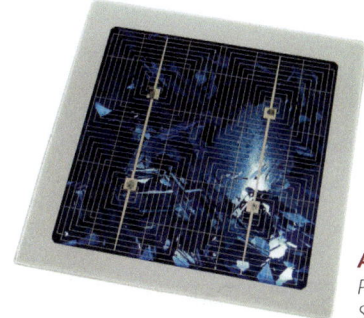

*Abb. 9*
*Polykristalline*
*Silizium-Solarzelle*

*(a)*

### Induktionsgenerator
Ladungstrennung durch magnetische Felder

Verwendungsbeispiele:

- Fahrradbeleuchtung (Dynamo)
- Energieerzeugung in Kraftwerken
- Lichtmaschine in Kraftfahrzeugen
- Notstromgenerator

❶ Riemenscheibe
❷ Gehäuseteil mit Antriebslagerschild
❸ Läufer mit Lüfter
❹ Schleifringe
❺ Ständerpaket
❻ Gehäuseteil mit Schleifringlagerschild
❼ Gleichrichter
❽ elektronischer Feldregler mit Bürstenhalter
❾ Schwenkarm

*(b)*

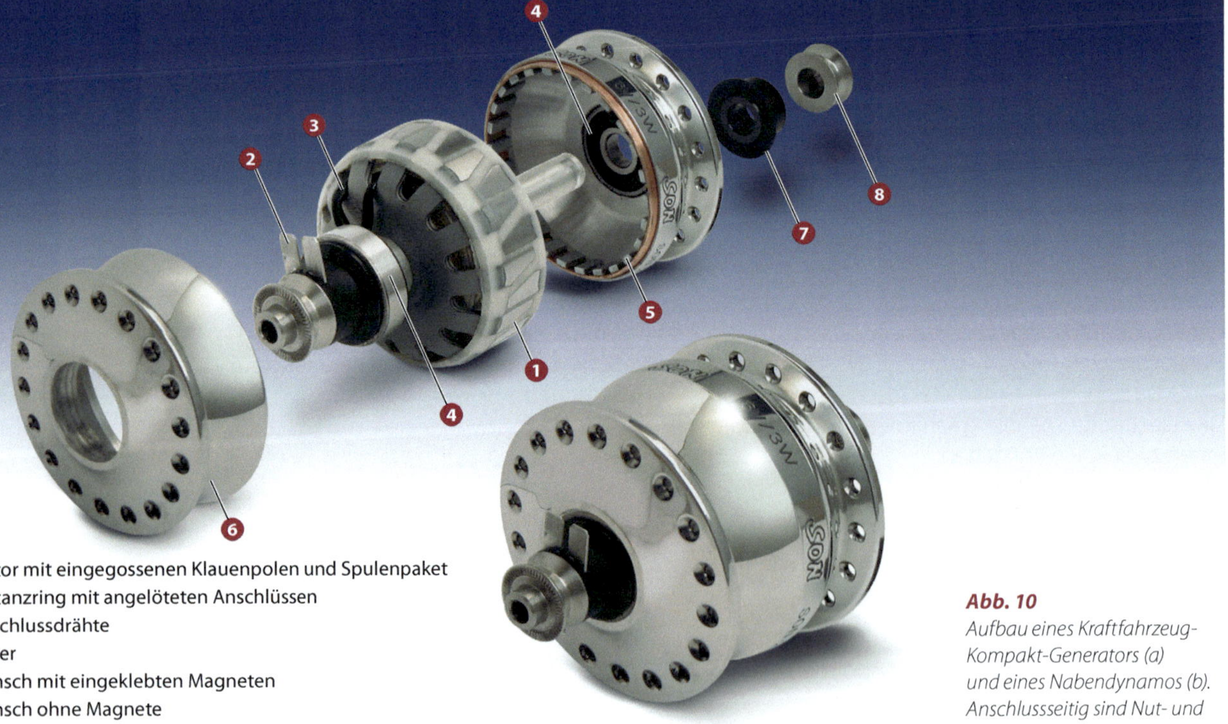

❶ Stator mit eingegossenen Klauenpolen und Spulenpaket
❷ Distanzring mit angelöteten Anschlüssen
❸ Anschlussdrähte
❹ Lager
❺ Flansch mit eingeklebten Magneten
❻ Flansch ohne Magnete
❼ Distanzring aus glasfaserverstärktem Kunststoff
❽ Nutring

*Abb. 10*
*Aufbau eines Kraftfahrzeug-Kompakt-Generators (a) und eines Nabendynamos (b). Anschlussseitig sind Nut- und Distanzring bereits am Stator montiert.*

Als Schaltzeichen für Generatoren werden nach DIN EN 60617 verschiedene Symbole verwendet:

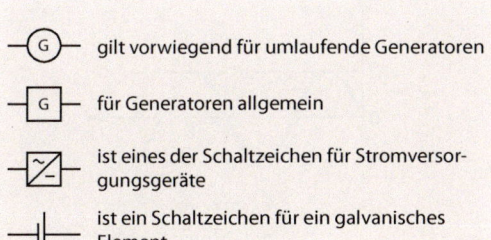

—Ⓖ— gilt vorwiegend für umlaufende Generatoren

—[G]— für Generatoren allgemein

—[⊠]— ist eines der Schaltzeichen für Stromversorgungsgeräte

—|⊢ ist ein Schaltzeichen für ein galvanisches Element

**Abb. 11** *Schaltzeichen für Generatoren*

### Die Einheit der Spannung

Die Einheit der Spannung ist Volt (V). Sie wurde nach dem italienischen Physiker Alessandro Volta (1745–1827) benannt. Die Abb. 12 zeigt Alessandro Volta.

**Abb. 12**
*Alessandro Volta*

Spannungen existieren in unterschiedlicher Größe; deshalb gibt es von der Einheit Volt verschiedene dezimale Teile und Vielfache:

$$1\ \mu V\ (\text{Mikrovolt}) = \frac{1}{1\,000\,000}\ V = 10^{-6}V$$

$$1\ mV\ (\text{Millivolt}) = \frac{1}{1\,000}\ V = 10^{-3}V$$

$$1\ V\ (\text{Volt})$$

$$1\ kV\ (\text{Kilovolt}) = 1\,000\ V = 10^{3}V$$

$$1\ MV\ (\text{Megavolt}) = 1\,000\,000\ V = 10^{6}V$$

Für das Wort „Spannung" verwendet man als international gültige Abkürzung den Buchstaben *U*.

| Elektrische Spannung | Formelzeichen | Einheit |
|---|---|---|
| | *U* | V |

Die Spannung, die notwendig ist, diesen iPod zu betreiben, beträgt:

$$U = 3{,}7\ V$$

**Abb. 13**
*iPod touch*

### Wie kann man die Spannung messen?

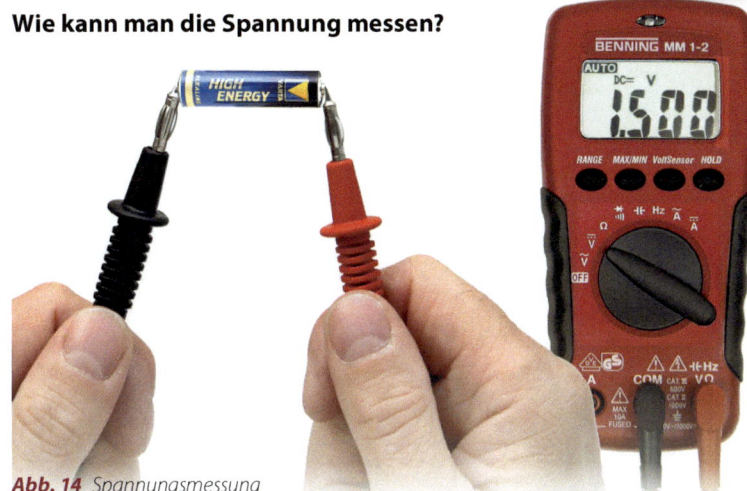

**Abb. 14** *Spannungsmessung*

Spannungen werden immer parallel zum Verbraucher bzw. zur Spannungsquelle gemessen. Die prinzipielle Vorgehensweise beim Messen der Spannung ist hier in Form eines Programmablaufplans dargestellt:

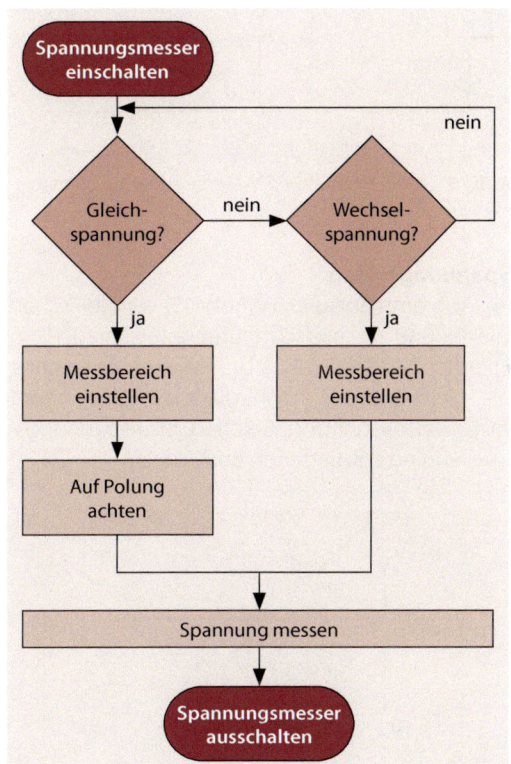

**Abb. 15**
*Vorgehensweise beim Messen der Spannung*

Manche Multimeter stellen automatisch den richtigen Messbereich ein. Ist dies nicht der Fall, ist darauf zu achten, dass der Messbereich des Spannungsmessers ausreichend groß gewählt wird. Wählt man den Messbereich beim Messen einer unbekannten Spannung zu klein, so kann das Messgerät überlastet und beschädigt werden.

## Messschaltung zur Spannungsmessung

In Stromlaufplänen werden Spannungsmesser mit folgendem Schaltzeichen dargestellt:

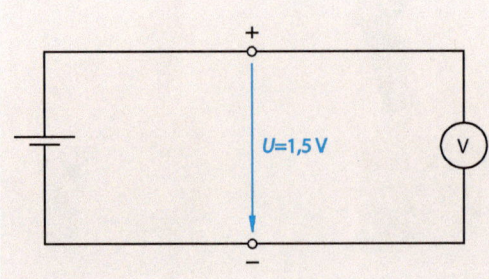

***Abb. 16*** *Spannungsmessung ohne Verbraucher*

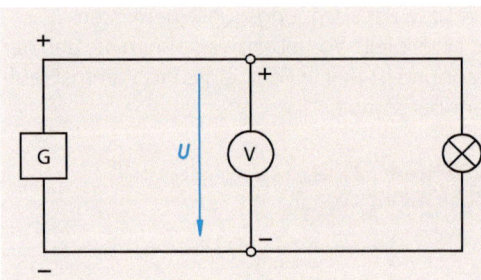

***Abb. 17*** *Spannungsmessung mit Verbraucher (Leuchtmelder mit Glühlampe)*

## Spannungsarten

Im Programmablaufplan (Abb. 15) wird zwischen Gleich- und Wechselspannung unterschieden. Spannungen, die in einer bestimmten Zeitspanne die gleiche Größe und Polarität haben, nennt man Gleichspannung. Solche Gleichspannungsquellen sind z. B. Batterien und Akkus.

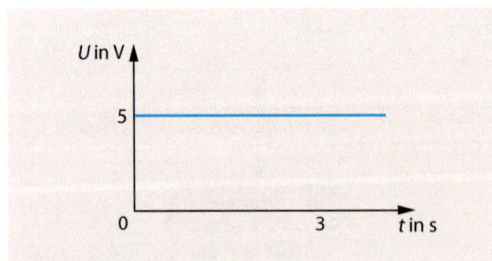

***Abb. 18*** *Zeitlicher Verlauf einer Gleichspannung*

Spannungen, die ihre Größe und Polarität in einem betrachteten Zeitraum regelmäßig wiederkehrend (periodisch) ändern, nennt man Wechselspannung. Solche Wechselspannungsquellen sind z. B. der Fahrraddynamo und die Spannung aus der Steckdose.

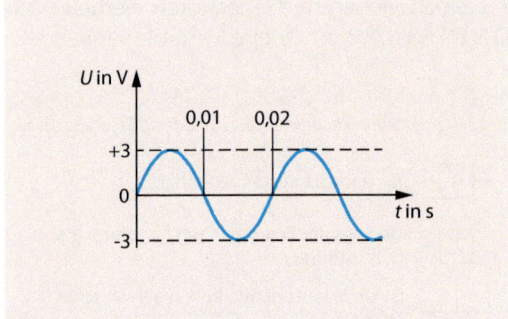

***Abb. 19*** *Zeitlicher Verlauf einer Wechselspannung*

### 1.1.3 Der elektrische Strom

Legt man den einen Anschluss einer Glühlampe an den Pluspol und den anderen an den Minuspol einer Batterie, so fließen Elektronen vom Minuspol über den Lampendraht zum Pluspol: Die Glühlampe leuchtet.

***Abb. 20***
*Einfacher geschlossener Stromkreis*

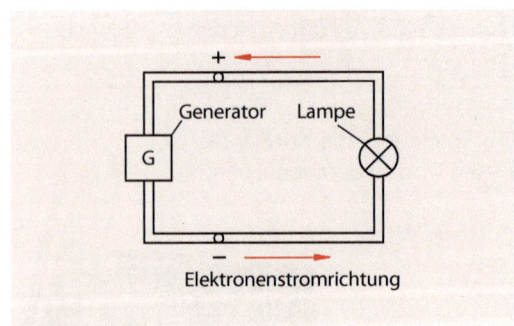

***Abb. 21*** *Elektronen strömen vom Minuspol des Generators über den Lampendraht zum Pluspol.*

Wir haben einen einfachen *geschlossenen Stromkreis* mit einer Spannungsquelle und einem Verbraucher (s. Abb. 21). Ist eine elektrische Spannung vorhanden, fließt elektrischer Strom aufgrund des Ausgleichsbestrebens der Ladungsträger. Somit ist die Spannung Ursache für den elektrischen Strom.

### Die Einheit des elektrischen Stromstärke

Die Einheit der elektrischen Stromstärke ist das Ampere (A). Sie wurde nach dem französischen Physiker André-Marie Ampère (1775–1836) benannt.

**Abb. 22**
*André-Marie Ampère*

Auch elektrische Ströme existieren in unterschiedlicher Größe; daher gibt es von der Einheit Ampere verschiedene dezimale Teile und Vielfache:

$$1 \text{ nA (Nanoampere)} = \frac{1}{1\,000\,000\,000} \text{ A} = 10^{-9}\text{A}$$

$$1 \text{ µA (Mikroampere)} = \frac{1}{1\,000\,000} \text{ A} = 10^{-6}\text{A}$$

$$1 \text{ mA (Milliampere)} = \frac{1}{1\,000} \text{ A} = 10^{-3}\text{A}$$

$$1 \text{ A (Ampere)}$$

$$1 \text{ kA (Kiloampere)} = 1\,000 \text{ A} = 10^{3}\text{A}$$

$$1 \text{ MA (Megaampere)} = 1\,000\,000 \text{ A} = 10^{6}\text{A}$$

Für das Wort „Strom" verwendet man als international gültige Abkürzung den Buchstaben $I$.

| Elektrischer Strom | Formelzeichen | Einheit |
|---|---|---|
|  | $I$ | A |

Fließt durch einen betrachteten Drahtquerschnitt in 1 Sekunde $6{,}24 \cdot 10^{18}$ Elektronen, so hat der Strom die Stärke: $I = 1$ A.
Jedes Elektron trägt eine winzig kleine Elementarladung. Man kann also sagen:
Die Stromstärke beträgt 1 A, wenn in jeder Sekunde $6{,}24 \cdot 10^{18}$ Elementarladungen durch den Leiterquerschnitt fließen.

### Strom fließt …

Um zu verstehen, was im geschlossenen Stromkreis passiert, vergleichen wir das Modell einer Heizungsanlage mit einem Stromkreis.

**Tabelle 1** *Vergleich der Bauteile*

|  | Heizungsanlage | Stromkreis |
|---|---|---|
| Generator | Heizkessel | Batterie |
| Leitungen | Rohre | Hin- und Rückleiter |
| Bauteil zum Öffnen und Schließen | Ventil | Schalter |
| Verbraucher | Heizkörper | Glühlampe |
| Energieträger | Wassermoleküle | Elektronen |

So wie die Wassermoleküle im geschlossenen Heizungskreislauf wieder in den Kessel zurückkehren, kehren auch die Elektronen in die Batterie zurück. Sie werden demnach nicht verbraucht; insofern ist der Begriff des „Stromverbrauchs" missverständlich. Vielmehr zahlen wir die *Arbeit*, die nötig

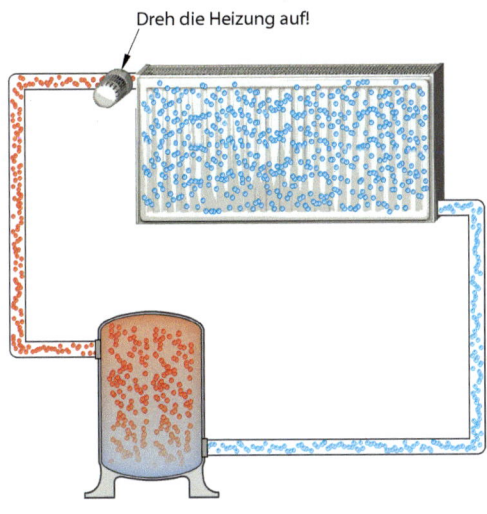

Dreh die Heizung auf!

Schalte das Licht ein!

**Abb. 23**
*Vergleich einer Heizungsanlage mit einem Stromkreis*

ist, um die Ladungstrennung im Generator zu vollziehen (s. Abschn. 1.1.2), ebenso wie der Brennstoff zum Erhitzen des Wassers im Heizungskessel Geld kostet.

### Stromrichtung von „Plus nach Minus" oder umgekehrt?

Im 19. Jahrhundert wurde ganz allgemein festgelegt, dass der elektrische Strom vom Pluspol zum Minuspol fließt. Damals kannte man die Zusammenhänge noch nicht genau, und auch das Elektron als Ladungsträger war noch unbekannt. Diese sogenannte *technische Stromrichtung* hat bis heute ihre Gültigkeit behalten, auch wenn die Elektronen tatsächlich andersherum fließen.

> **MERKE**
>
> **Für uns gilt die technische Stromrichtung „vom Pluspol zum Minuspol".**

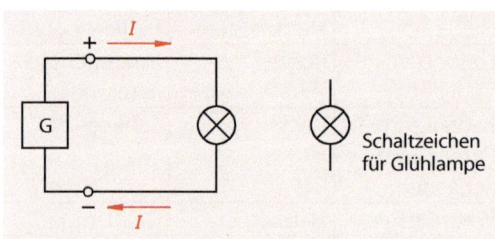

*Abb. 24* Angabe der positiven konventionellen Stromrichtung (technische Stromrichtung)

### Wie lässt sich Strom messen?

Will man elektrischen Strom messen, so muss man die Ladungsträger durch ein Strommessgerät (Amperemeter) hindurchfließen lassen. Dazu ist eine

Auftrennung der Leitung erforderlich. Mit anderen Worten: Wir messen den Strom in Reihe zum Verbraucher.

Die prinzipielle Vorgehensweise bei der Strommessung ist hier in Form eines Programmablaufplans dargestellt:

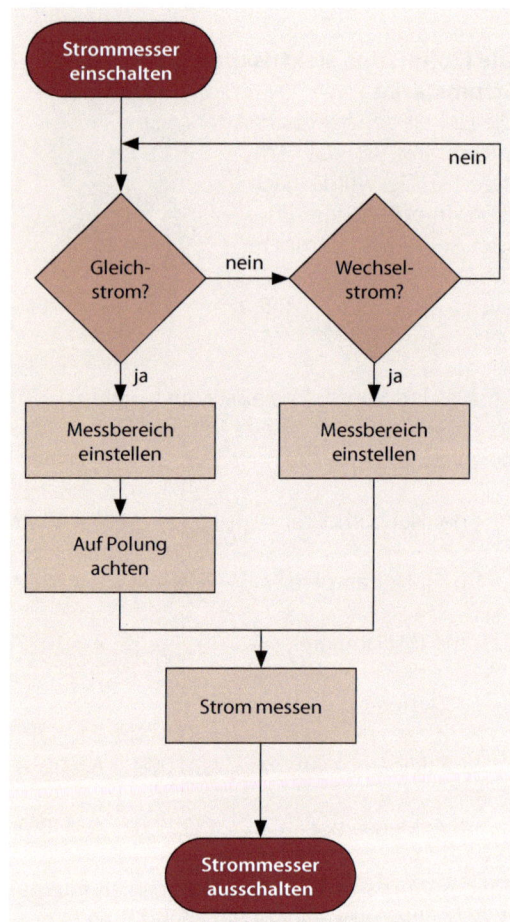

*Abb. 26* Vorgehensweise bei der Strommessung

### Messschaltung zur Strommessung

In Stromlaufplänen werden Amperemeter mit folgendem Schaltzeichen dargestellt:

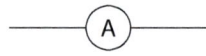

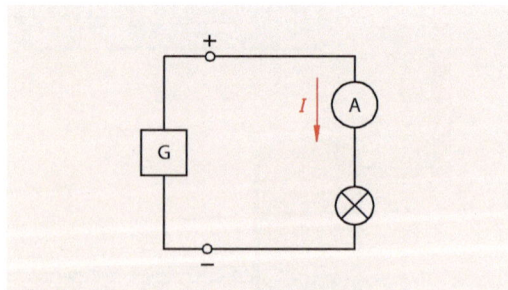

*Abb. 27* Anschluss eines Strommessgerätes

*Abb. 25* Strommessung

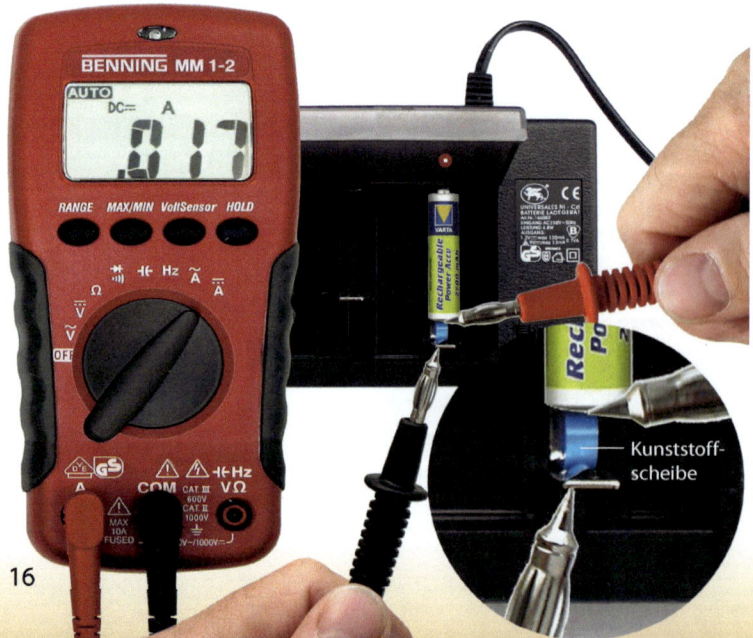

## Stromarten

Wir unterscheiden – wie bei der Spannung – zwischen Gleich- und Wechselstrom. Fließen die Ladungsträger stets mit gleicher Stromstärke in gleicher Richtung so nennt man das Gleichstrom. Ändern die Ladungsträger ihre Richtung und ihre Stromstärke periodisch in betrachteten Zeiteinheiten, so spricht man von Wechselstrom (s. Abschn. 1.1.2 Spannungsarten).

Anhand folgender Beispiele zeigt sich, dass die Stromart von der Spannungsart abhängig ist:

**Tabelle 2** *Beispiele Spannungs- und Stromart*

| Generator | Spannungsart | Stromart |
|---|---|---|
| | Gleichspannung | Gleichstrom |
| | Wechselspannung | Wechselstrom |
| | Gleichspannung | Gleichstrom |
| | Wechselspannung | Wechselstrom |

## 1.1.4  Der elektrische Widerstand

In einem Leitungsdraht strömen die Elektronen zwischen Metallatomen hindurch. Ein ungehindertes Strömen ist somit nicht möglich. Die Elektronen werden von den Rümpfen der Metallatome in ihrer Bewegung behindert, das heißt, der Werkstoff setzt der Elektronenströmung einen Widerstand entgegen. Dieser Widerstand begrenzt die Stromstärke.

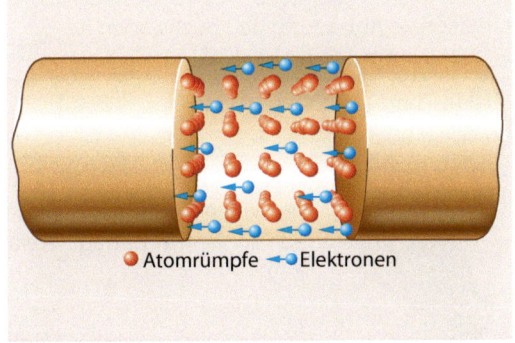

**Abb. 28** *Widerstandswirkung durch Strömungsbehinderung (Modell)*

● Atomrümpfe ←●Elektronen

Daher muss *Arbeit* aufgewendet werden, um die Strömung trotz des Widerstands aufrechtzuerhalten. Diese Arbeit wird in Wärme umgewandelt. Bei einer Glühlampe ist die dabei auftretende Wärme beispielsweise so groß, dass der Glühfaden zu glühen beginnt.

Zusammenfassend kann festgestellt werden, dass elektrische Ladungsträger in ihrer Strömung gehemmt werden. Sie müssen gegen Widerstandswirkungen anarbeiten. Diese Widerstandswirkungen nennt man den *elektrischen Wirkwiderstand*. Wir wollen ihn in Zukunft kurz *elektrischen Widerstand* nennen.

### Die Einheit des elektrischen Widerstands

Die Einheit des elektrischen Widerstands ist das Ohm ($\Omega$), benannt nach dem deutschen Physiker Georg Simon Ohm (1789–1854).

**Abb. 29**
*Georg Simon Ohm*

Der Buchstabe $\Omega$ stammt aus dem griechischen Alphabet und heißt Omega. Es handelt sich hierbei um den Großbuchstaben. Folgende dezimale Teile und Vielfache der Einheit Ohm sind üblich:

$$1 \ \mu\Omega \ (\text{Mikroohm}) \ = \ \frac{1}{1\,000\,000} \ \Omega = 10^{-6}\Omega$$

$$1 \ m\Omega \ (\text{Milliohm}) \ = \ \frac{1}{1\,000} \ \Omega = 10^{-3}\Omega$$

$$1 \ \Omega \ (\text{Ohm})$$

$$1 \ k\Omega \ (\text{Kiloohm}) \ = \ 1\,000 \ \Omega = 10^{3}\Omega$$

$$1 \ M\Omega \ (\text{Megaohm}) \ = \ 1\,000\,000 \ \Omega = 10^{6}\Omega$$

$$1 \ G\Omega \ (\text{Gigaohm}) \ = 1\,000\,000\,000 \ \Omega = 10^{9}\Omega$$

Für das Wort „Widerstand" verwendet man als internationale Abkürzung den Buchstaben *R*.

| Elektrischer Widerstand | Formelzeichen | Einheit |
|---|---|---|
|  | *R* | Ω |

Der Widerstand *R* dieser Fahrrad-Glühlampe beträgt etwa 15 Ω.

**Abb. 30**
*Glühlampe*

### Wie kann man den Widerstand messen?

Wer den Widerstandswert eines Verbrauchers, z. B. einer Glühlampe oder eines elektrischen Bauteils messen möchte, muss darauf achten, dass immer spannungsfrei gemessen wird.

┌─ **MERKE**

Widerstandsmessungen dürfen nur im spannungsfreien Zustand erfolgen.

Die prinzipielle Vorgehensweise bei der Widerstandsmessung ist hier in Form eines Programmablaufplans dargestellt:

```
┌──────────────────────┐
│ Widerstandsmesser    │
│ einschalten          │
└──────────────────────┘
         │
         ▼
    ◆ Zu messendes        ┌──────────────────┐
    Objekt          nein  │ Spannungsfreiheit │
    spannungsfrei? ──────▶│ herstellen        │
         │                └──────────────────┘
         │ ja
         ▼
┌──────────────────────┐
│ Messbereich          │
│ einstellen           │
└──────────────────────┘
         │
         ▼
┌──────────────────────┐
│ Widerstand           │
│ messen               │
└──────────────────────┘
         │
         ▼
┌──────────────────────┐
│ Widerstandsmesser    │
│ ausschalten          │
└──────────────────────┘
```

**Abb. 32**  *Vorgehensweise bei der Widerstandsmessung*

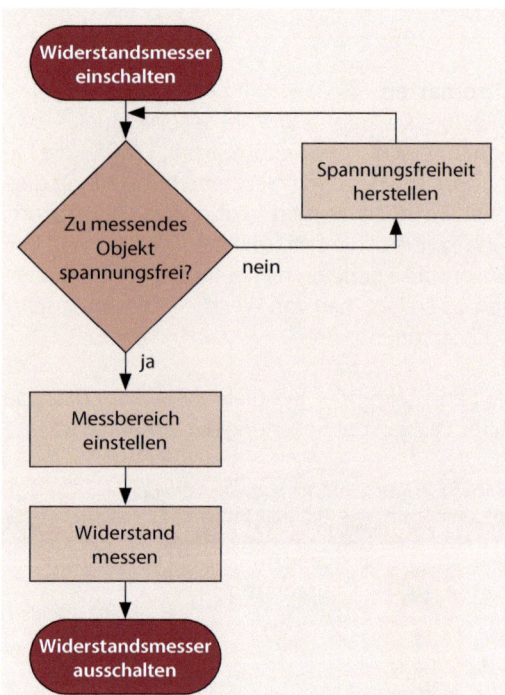

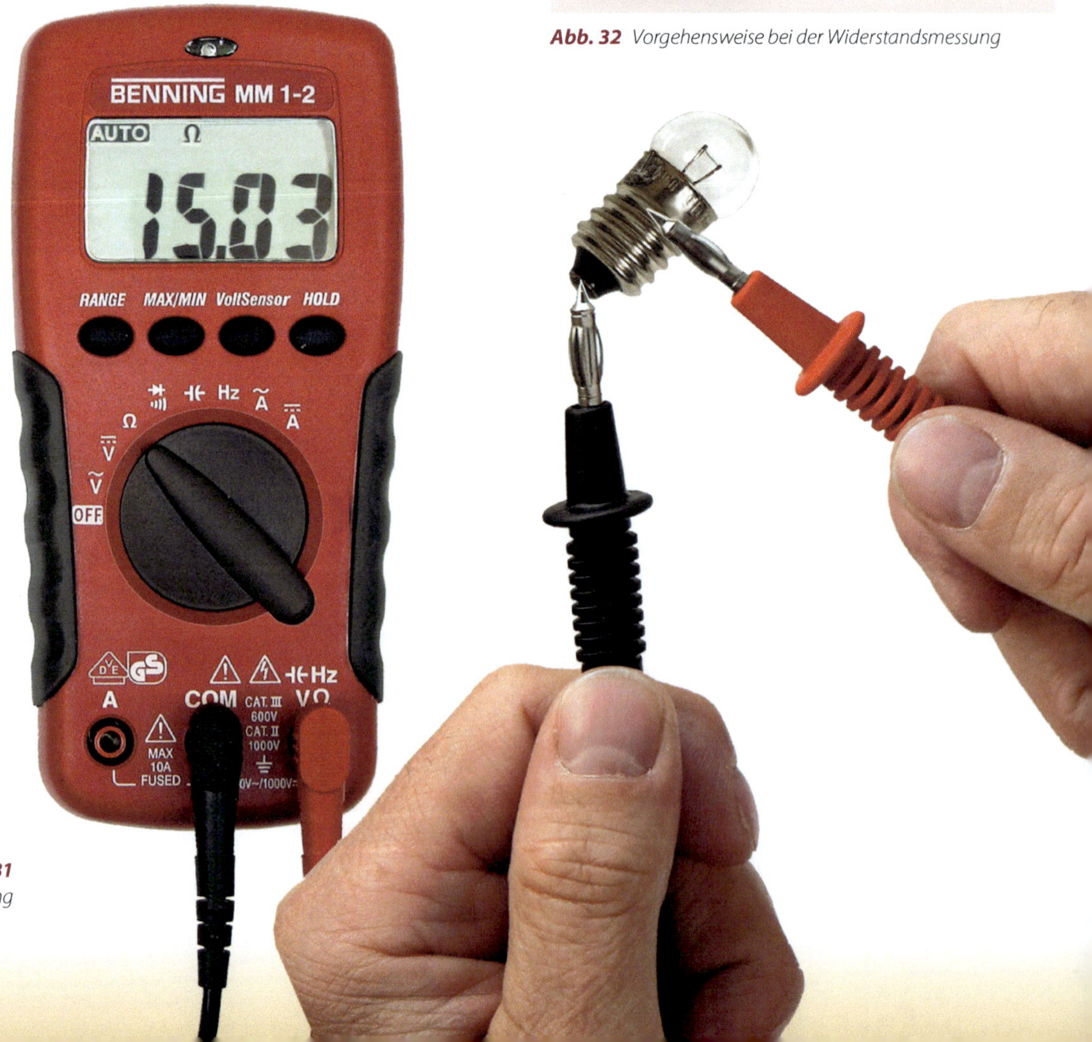

**Abb. 31**
*Widerstandsmessung*

## Messschaltung zur Widerstandsmessung

In Stromlaufplänen werden Widerstandsmesser mit folgendem Schaltzeichen dargestellt:

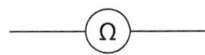

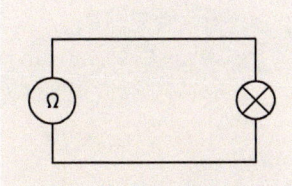

**Abb. 33**
*Widerstandsmessung an einer Glühlampe*

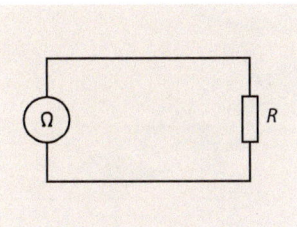

**Abb. 34**
*Widerstandsmessung an einem elektrischen Bauteil*

### 1.1.5  Elektrischer Leitwert

Der elektrische Widerstand gibt an, wie stark ein elektrischer Strom gehemmt wird. Das heißt: Je größer der Widerstandswert, desto stärker wird der Strom gehemmt. Man kann aber auch angeben, wie gut ein Strom geleitet wird. Der elektrische Leitwert gibt an, wie gut ein elektrischer Strom geleitet wird:

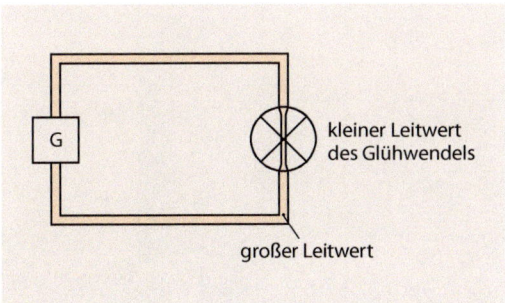

kleiner Leitwert des Glühwendels

großer Leitwert

**Abb. 35**  *Leitwertdarstellung eines Stromweges*

> **MERKE**
>
> **Der Querschnitt des Stromweges ist um so breiter, je größer der Leitwert ist.**

großer Widerstandswert  ➔  kleiner Leitwert
kleiner Widerstandswert  ➔  großer Leitwert

Der elektrische Leitwert ist folglich der Kehrwert des elektrischen Widerstandswerts.

Die Einheit des elektrischen Leitwerts ist 1/Ω. Diese Einheit wird Siemens genannt, nach dem deutschen Ingenieur Ernst Werner von Siemens (1816–1892), und mit S abgekürzt. Für das Wort „Leitwert" verwendet man den Buchstaben G.

**Abb. 36**
*Ernst Werner von Siemens*

| Elektrischer Leitwert | Formelzeichen | Einheit |
|---|---|---|
| | G | S |

> **MERKE**
>
> Es gilt:    $G = \dfrac{1}{R}$    $R = \dfrac{1}{G}$

Der elektrische Leitwert wird in Schaltplänen mit dem für Widerstände üblichen Schaltzeichen dargestellt, da der Leitwert der Kehrwert des Widerstandes ist.

*Beispiel:*
Ein elektrischer Leiter hat einen Widerstandswert von 5 Ω. Wie groß ist sein Leitwert?

$$G = \frac{1}{R} = \frac{1}{5\,\Omega} = 0,2\text{ S}$$

Der Leitwert hat die Größe 0,2 Siemens.

### Planen einer Niedervolt-Beleuchtung

# „Pimp my room!"

Jessica will ihr Zimmer mit Lichtakzenten ausstatten, damit es gemütlicher und einzigartig wird. Sie stellt sich über ihrem Bett einen leuchtenden Sternenhimmel vor. Über den Regalen und ihrem Schreibtisch hätte sie gerne ein Halogen-Seilsystem. Jessica hätte so die Möglichkeit, ihren Arbeitsplatz auszuleuchten und Lichtimpulse auf einzelne Deko-Gegenstände zu richten, damit diese gut zur Geltung kommen. Um den Spiegel möchte sie eine Lichterkette anbringen.

Jessicas Eltern finden die Ideen gut, möchten aber aus sicherheitstechnischen Gründen, dass Jessica nur Leuchtmittel verwendet, die maximal 12 V Betriebsspannung haben und über einen Transformator angeschlossen werden müssen. Die Eltern veranlassen, dass der Transformator von einem Elektriker fachmännisch an das Leitungsnetz angeschlossen wird. Nachdem Jessica grünes Licht von ihren Eltern bekommen hat, fragt sie einen Freund, der Berufsfachschüler mit dem Schwerpunktfach Elektrotechnik ist, ob er bei der Planung behilflich sein kann. Jessica hat vom Eingang aus ihr Zimmer fotografiert, damit der Freund sich erste Vorstellungen von ihrem Vorhaben machen kann.

# Lernjobs

## 1.

Welche Leuchtmittel könnten für die Realisierung von Jessicas Vorstellungen verwendet werden? Recherchieren Sie mit Hilfe von Katalogen und dem Internet, welche Leuchtmittel Sie für den Sternenhimmel, das Halogen-Seilsystem und die Lichterkette für den Spiegel verwenden würden und wägen Sie Vor- und Nachteile der einzelnen Leuchtmittel ab.

## 2.

Für den Betrieb von Leuchtdioden benötigt man in der Regel Vorwiderstände, damit sie nicht zerstört werden. Erklären Sie Jessica, wie mit Hilfe des ohmschen Gesetzes und den Gesetzmäßigkeiten der Reihenschaltung ein Vorwiderstand für eine Leuchtdiode berechnet werden kann.

## 3.

Jessica möchte wissen, ob sie beliebig viele Halogenlampen (12 V/1,7 A) an das Halogen-Seilsystem anschließen kann. Finden Sie heraus, was passiert, wenn weitere Halogenlampen dazu geschaltet werden.

## 4.

Jessica hat sich entschlossen, für ihren Sternenhimmel 3 mm große weiße Leuchtdioden zu verwenden. Sie benötigen laut Datenblatt eine Spannung von 3,2 V und einen Strom von 20 mA. Sie hat 50 solche Leuchtdioden in eine dunkelblau angestrichene Sperrholzplatte geklebt, die sie über ihr Bett hängen will. Wie müssen die LED's verschaltet werden, damit sie an den 12 V Transformator angeschlossen werden können?

## 5.

Jessicas Zimmer ist fertig und sie schaltet nacheinander alle Lichter ein. Zuerst den Sternenhimmel, dann die Lichterkette um den Spiegel und zu guter Letzt das Halogen-Seilsystem. In diesem Moment gehen alle Lichter aus. Als der Vater nachschaut, stellt er fest, dass die Sicherung des Transformators „durchgebrannt" ist. Auf dem Typenschild des Transformators steht „12 V/9 A". Erklären Sie Jessicas Vater, wo der Fehler liegt und wie man ihn beheben kann.

### 1.2.1 Das ohmsche Gesetz

Im vorangegangenen Kapitel haben Sie bereits erfahren, dass dann elektrischer Strom fließt, wenn an eine Spannungsquelle ein elektrisches Betriebsmittel, ein Verbraucher, angeschlossen wird.
So ist es für uns selbstverständlich, an eine Steckdose einen Fernseher, eine Stehlampe, eine Geschirrspülmaschine oder ein sonstiges elektrisches Gerät anzuschließen. Jedes dieser Geräte benötigt eine Spannung von 230 V, aber unterschiedliche Ströme, damit es funktionieren kann. Eine Stehlampe z. B. benötigt ca. 0,5 A und eine Geschirrspülmaschine 5 A und mehr.

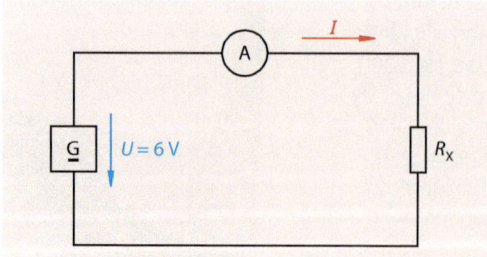

Jeder Verbraucher ist ein elektrischer Widerstand. Im Abschn. 1.1.4 wurde der Widerstand einer Glühlampe bestimmt.
Es muss einen Zusammenhang geben zwischen elektrischem Widerstand, Spannung und Strom.

Nähern wir uns diesem Zusammenhang mit Hilfe zweier Versuche:

Beim ersten Versuch (Abb. 1) werden an eine konstante Spannung von 6 V unterschiedlich große Widerstände $R_x$ angeschlossen. Dabei werden die Werte für den Strom $I$ mit einem Amperemeter aufgenommen (Tabelle 2).

**Abb. 1** *Messschaltung*

**Tabelle 1** *Messwerte bei U = 6 V konstant*

| $R_x$ in Ω | $I$ in mA |
|------------|-----------|
| 100 | 60 |
| 200 | 30 |
| 300 | 20 |

Wird der Widerstandswert um das Zweifache von 100 Ω auf 200 Ω erhöht, halbiert sich die Stromstärke. Wird der Widerstandswert verdreifacht, beträgt die Stromstärke nur noch ein Drittel des ursprünglichen Wertes.

Bei konstanter Spannung verhält sich der Strom umgekehrt proportional zum Widerstandswert. Vereinfacht kann gesagt werden:

> **MERKE**
>
> **Je größer der Widerstand bei konstanter Spannung, desto kleiner der Strom.**
> **Formelmäßig lässt sich das wie folgt beschreiben:**
>
> $$I \sim \frac{1}{R}$$

Was passiert, wenn der Widerstand sehr klein ist? In diesem Fall wird der Strom sehr groß. Im Extremfall entsteht ein Kurzschluss. Dabei handelt es sich um einen gefährlichen Fehlerfall.

Beim zweiten Versuch (Abb. 2) wird der Widerstandswert konstant auf 100 Ω gehalten und die Spannung von 0 bis 6 V eingestellt. Auch bei diesem Versuch werden die Werte für den Strom mit einem Amperemeter gemessen (Tabelle 2).

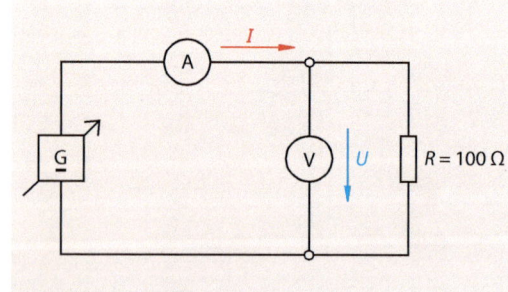

**Abb. 2** *Messschaltung*

**Tabelle 2** *Messwerte bei R = 100 Ω konstant*

| $U$ in V | $I$ in mA |
|----------|-----------|
| 2 | 20 |
| 4 | 40 |
| 6 | 60 |

Wird die Spannung bei konstantem Widerstandswert um das Zweifache von 2 V auf 4 V erhöht, verdoppelt sich die Stromstärke von 20 mA auf 40 mA. Wird die Spannung verdreifacht, steigt die Stromstärke ebenfalls um das Dreifache an.

> **MERKE**
>
> **Bei konstantem Widerstand verhält sich die Stromstärke proportional zur eingestellten Spannung, d. h. I ~ U.**

> **MERKE**
>
> **Je größer die Spannung bei konstantem Widerstand, desto größer die Stromstärke.**
> **Die gewonnenen Erkenntnisse fasst diese Gleichung zusammen:**
>
> $$I = \frac{U}{R}$$
>
> **Sie wird ohmsches Gesetz genannt und gibt die Beziehungen zwischen Strom, Spannung und Widerstand in einem Stromkreis an.**

Sind zwei der drei Größen bekannt, kann die dritte Größe errechnet werden. Das ohmsche Gesetz kann dann in folgenden drei Formen angewendet werden:

> **MERKE**
>
> $$I = \frac{U}{R} \qquad U = R \cdot I \qquad R = \frac{U}{I}$$

Eine Hilfe zur Anwendung des ohmschen Gesetzes ist das sogenannte *U-R-I*-Dreieck:

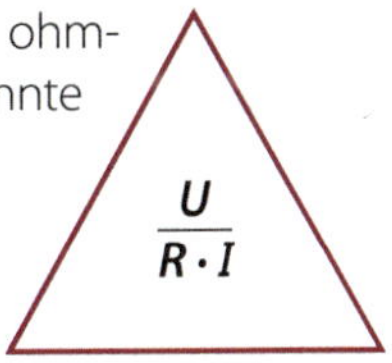

$$\frac{U}{R \cdot I}$$

**Abb. 3**
*U-R-I-Dreieck*

Es vereinfacht am Anfang die Anwendung der drei Gleichungen. Der gesuchte Wert wird beispielsweise mit dem Finger abgedeckt und mit den beiden anderen Werten, wird das Ergebnis berechnet.
Jetzt kann die Frage beantwortet werden, woher die Geräte „wissen" wie viel Strom sie zum Betrieb benötigen.
Alle eingangs genannten Geräte werden an einer konstanten Spannung von 230 V angeschlossen. Jedes Gerät hat einen anderen elektrischen Widerstand. Dementsprechend ist nach dem ohmschen Gesetz der Strom bei jedem Gerät unterschiedlich:

$$I = \frac{230\,\text{V}}{R_{\text{Gerät}}}$$

## 1.2.2 Reihenschaltung von Widerständen

In einem Elektronik-Katalog ist folgendes Bauteil abgebildet (Abb. 4):

LED-Signalleuchte mit eingebautem Vorwiderstand

**Technische Daten:**

| Typ A | | |
|---|---|---|
| | $U$ | 12 V |
| | $I$ | 20 mA |
| Typ B | $U$ | 24 V |
| | $I$ | 20 mA |

**Abb. 4** *LED-Signalleuchte in einem Elektronik-Katalog*

Analysiert man das Bauteil, sieht die Schaltung in der LED-Signalleuchte wie folgt aus (Abb. 5):

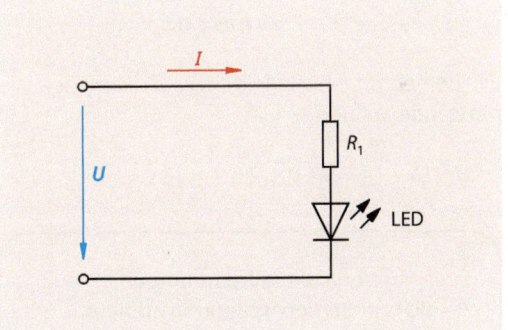

**Abb. 5** *Schaltung der LED-Signalleuchte. Ein Widerstand und eine Leuchtdiode sind hintereinander geschaltet.*

> **MERKE**
>
> **Werden zwei oder mehrere Schaltkreiselemente bzw. Verbraucher hintereinander geschaltet, wird diese Schaltung als Reihenschaltung bezeichnet.**

Um die Schaltung besser untersuchen zu können, wird die Leuchtdiode durch den Widerstand $R_2$ ersetzt.

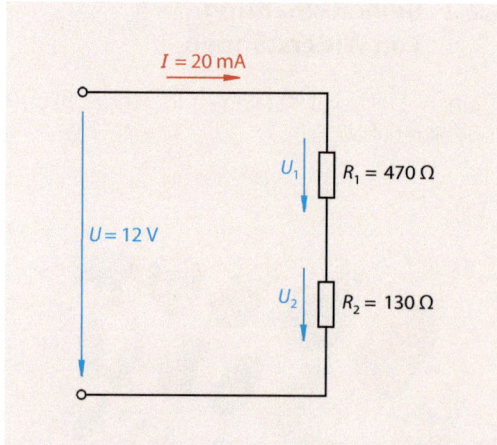

**Abb. 6** *Reihenschaltung*

Die Werte für Strom und Spannung sind der LED-Signalleuchte Typ A entnommen.

An der Reihenschaltung von $R_1$ und $R_2$ liegt eine Betriebsspannung von insgesamt 12 V an. Somit kann an den Widerständen $R_1$ und an $R_2$ jeweils nur ein Teil dieser Betriebsspannung anliegen. Diesen Teil der Betriebsspannung nennt man Teilspannung.
Der Strom $I$ fließt durch $R_1$ und $R_2$, dabei verändert er seinen Wert von 20 mA nicht.
Die Teilspannungen $U_1$ und $U_2$ lassen sich mit Hilfe des ohmschen Gesetzes berechnen:

$$U_1 = R_1 \cdot I = 470\,\Omega \cdot 20\,\text{mA} = 9{,}4\,\text{V}$$
$$U_2 = R_2 \cdot I = 130\,\Omega \cdot 20\,\text{mA} = 2{,}6\,\text{V}$$

Die Betriebsspannung teilt sich auf die beiden Widerstände auf und es gilt:

$$U = U_1 + U_2 = 9{,}4\,\text{V} + 2{,}6\,\text{V} = 12\,\text{V}$$

Wenn die Teilspannungen sich zur Betriebsspannung addieren, müsste das auch mit den einzelnen Widerständen gehen?

So ist es möglich, LED-Signalleuchten mit eingebautem Vorwiderstand für unterschiedliche Betriebsspannungen anzubieten.

Folgende Schaltungen sollen miteinander verglichen werden:

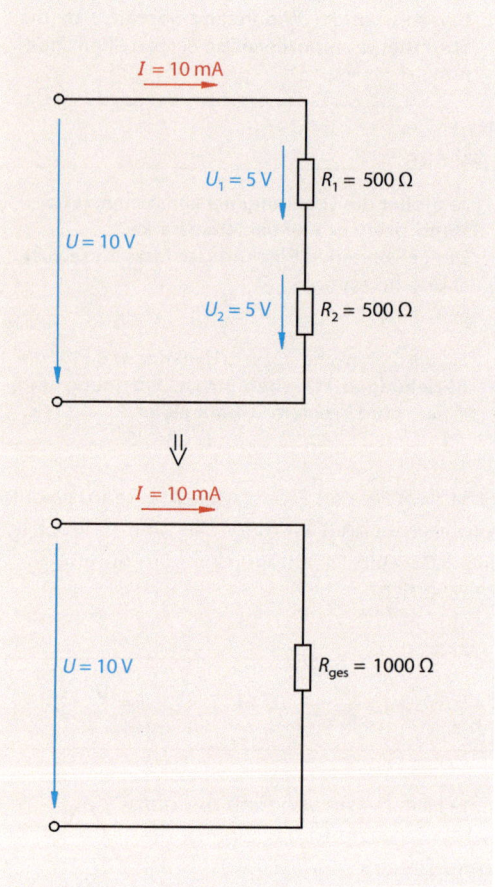

**Abb. 7** *Vergleich zweier Schaltungen*

Es wird deutlich, dass Betriebsspannung und Strom unverändert bleiben, wenn die zwei Widerstände von je 500 Ω durch einen Widerstand von 1000 Ω ersetzt werden. Der Gesamtwiderstand muss so groß sein wie alle Einzelwiderstände zusammen.

Mathematisch lässt sich das wie folgt beweisen:

$$U = U_1 + U_2 \qquad \text{mit } \begin{aligned} U &= R_{\text{ges}} \cdot I \\ U_1 &= R_1 \cdot I \\ U_2 &= R_2 \cdot I \end{aligned}$$

$$R_{\text{ges}} \cdot I = R_1 \cdot I + R_2 \cdot I$$

$$R_{\text{ges}} \cdot I = I \cdot (R_1 + R_2)$$

$$R_{\text{ges}} = R_1 + R_2$$

**Reihenschaltung:**

1. **Widerstände sind immer dann in Reihe geschaltet, wenn sie von demselben Strom durchflossen werden.**

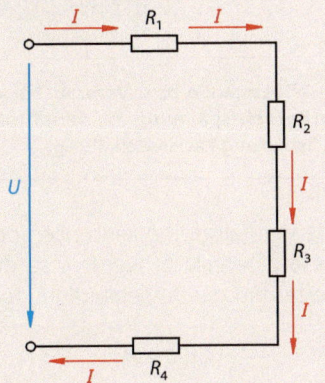

**Abb. 8**

2. **In einem geschlossenen Stromkreis ist die Summe der Teilspannungen gleich der Betriebsspannung.**

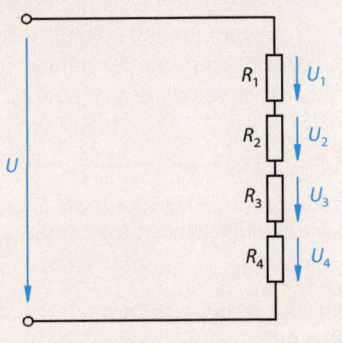

**Abb. 9**

$$U = U_1 + U_2 + U_3 + \ldots + U_n$$
$U$: Betriebsspannung
$U_1, U_2, U_3, \ldots$: Teilspannungen

3. **In einer Reihenschaltung ist die Summe der Teilwiderstände gleich dem Gesamtwiderstand.**

$$R_{ges} = R_1 + R_2 + R_3 + \ldots + R_n$$

Anwendung findet die Reihenschaltung z. B. in Lichterketten. Hier können viele Glühlampen gleichen Typs hintereinander geschaltet werden. Sie leuchten alle gleich hell. Die Teilspannungen an den Glühlampen müssen so groß wie die Nennspannungen der Glühlampen sein.
Einen großen Nachteil hat die Reihenschaltung. Wenn eine Glühlampe durchbrennt, ist der Stromfluss unterbrochen und alle Glühlampen gehen aus.

### 1.2.3 Parallelschaltung von Widerständen

Drei Glühlampen (6 V/80 mA) sollen an eine Spannungsquelle mit $U = 6$ V angeschlossen werden. Zunächst werden die Glühlampen, wie bereits kennengelernt, in Reihe geschaltet. Dabei lässt sich beobachten, dass die Glühlampen nur schwach leuchten.

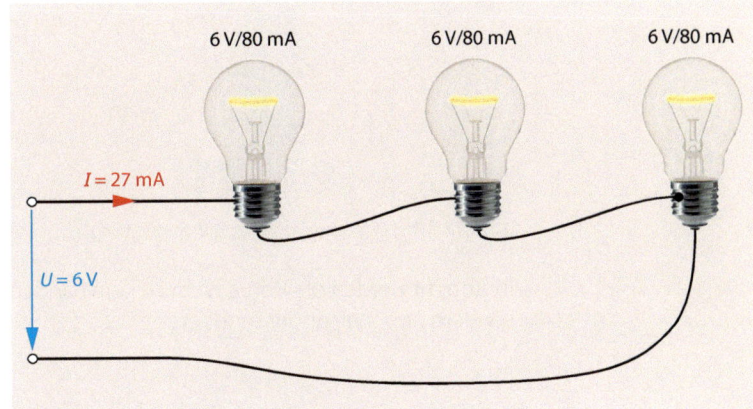

**Abb. 10** *Reihenschaltung von Glühlampen*

Werden die Glühlampen dagegen parallel zur Spannungsquelle geschaltet, leuchten alle Glühlampen hell.

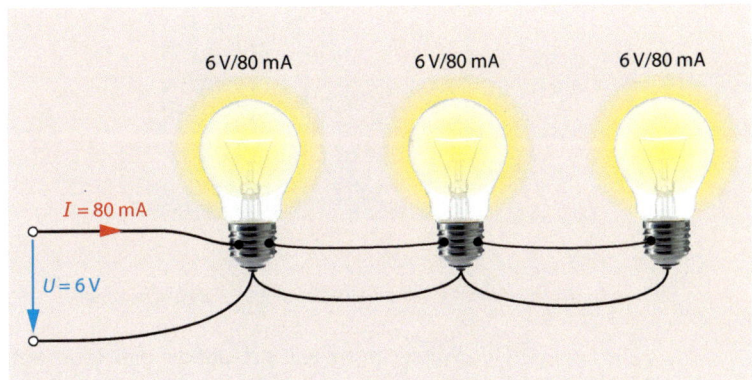

**Abb. 11** *Parallelschaltung von Glühlampen*

Warum ist das so?

In den bisher betrachten elektrischen Schaltungen stand dem Strom nur ein Weg durch die „Verbraucher" zur Verfügung. In Abb. 12 dienen uns Wasserrohre mit unterschiedlichen Durchmessern, die hintereinander montiert sind, als Modell. Das Wasser ist in diesem Modell der elektrische Strom. Große Widerstände werden durch kleine Rohrdurchmesser und kleine Widerstände durch große Rohrdurchmesser ersetzt.

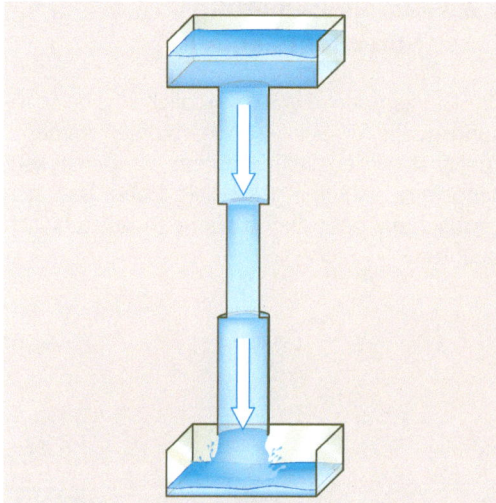

**Abb. 12** *Wasser-Modell: Rohre in „Reihenschaltung"*

In Abb. 13 werden die Rohre nicht hintereinander, sondern nebeneinander montiert.

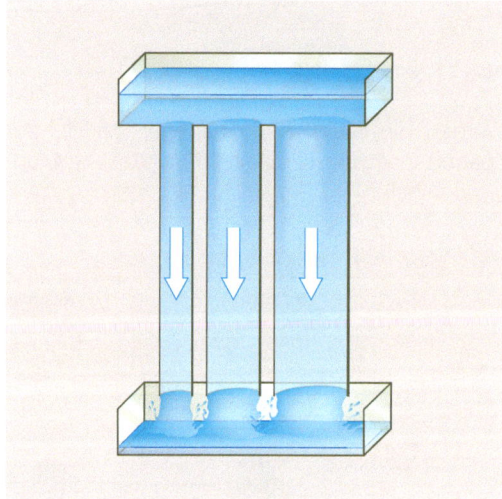

**Abb. 13** *Wasser-Modell: Rohre in „Parallelschaltung"*

Der „Wasserstrom" teilt sich auf die drei Rohre auf. Beim Übertragen des Modells 15 in die Elektrotechnik, würde die Schaltung wie folgt aussehen:

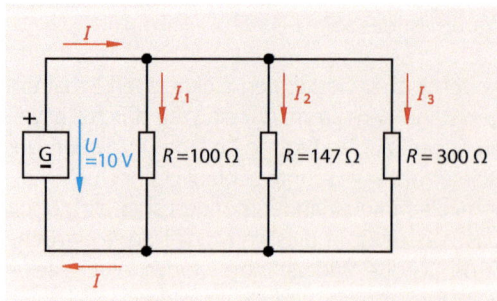

**Abb. 14** *Parallelschaltung*

Entsprechend der Rohrdurchmesser wurden qualitativ größere oder kleinere Widerstände gewählt. Der elektrische Strom teilt sich in die Teilströme $I_1$, $I_2$ und $I_3$ auf.
Die Widerstände liegen zueinander parallel an der Betriebsspannung.

---MERKE---

**Liegen Widerstände bzw. Verbraucher parallel an der Betriebsspannung an, nennt man eine solche Schaltung Parallelschaltung.**

Die Größe der Teilströme kann nach dem ohmschen Gesetz berechnet werden, da die Widerstandswerte und die Betriebsspannung bekannt sind.

$$I_1 = \frac{U}{R_1} = \frac{10\,V}{100\,\Omega} = 100\ mA$$

$$I_2 = \frac{U}{R_2} = \frac{10\,V}{147\,\Omega} = 68\ mA$$

$$I_3 = \frac{U}{R_3} = \frac{10\,V}{300\,\Omega} = 33,3\ mA$$

Bei unserem Wassermodell (Abb. 13) kommt das Wasser, welches am Anfang in die einzelnen Rohre fließt, am Ende auch wieder heraus. Im elektrischen Stromkreis verhält es sich ebenso.

---MERKE---

**Der zufließende elektrische Strom $I$ ist genauso groß wie die abfließenden Teilströme $I_1$, $I_2$ und $I_3$.**

$I = I_1 + I_2 + I_3$
$I = 100\ mA + 68\ mA + 33,3\ mA$
$I = 201,3\ mA$

Was passiert, wenn an unserem Wassermodell der Parallelschaltung weitere Rohre angebracht werden?

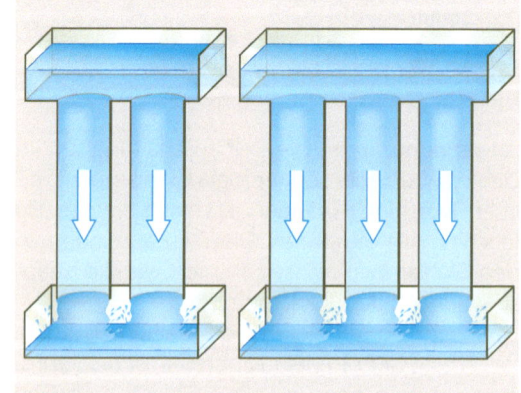

**Abb. 15** *Wasser-Modell: Erweiterung der „Parallelschaltung"*

Mit jedem zusätzlichen Rohr fließt mehr Wasser ab. Für die Elektrotechnik bedeutet dies, mit jedem zusätzlich parallel geschalteten Widerstand fließt mehr Strom.

Dann wird der Gesamt-widerstand in der Parallelschaltung mit jedem zusätzlichen Widerstand kleiner? Das muss man mir beweisen!

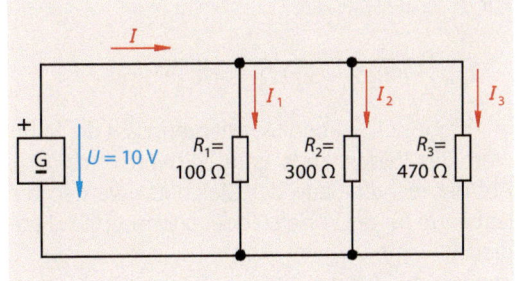

**Abb. 17** *Parallelschaltung mit drei Widerständen*

$$I_1 = 100 \text{ mA}$$

$$I_2 = 33,3 \text{ mA}$$

$$I_3 = \frac{U}{R_3} = \frac{10 \text{ V}}{470 \text{ }\Omega} = 21,3 \text{ mA}$$

$$I = I_1 + I_2 + I_3 = 100 \text{ mA} + 33,3 \text{ mA} + 21,3 \text{ mA}$$
$$= 154,6 \text{ mA}$$

$$R_{ges} = \frac{U}{I} = \frac{10 \text{ V}}{154,5 \text{ mA}} = 64,7 \text{ }\Omega$$

Der Wert des Gesamtwiderstands ist tatsächlich kleiner geworden.

**MERKE**

**Je mehr Widerstände parallel geschaltet werden, desto kleiner wird der Gesamtwiderstand.**

Ist die anliegende Spannung unbekannt, so kann man die Gleichung für den Gesamtwiderstand wie folgt herleiten:

$$I = \frac{U}{R_{ges}}$$

$$I = I_1 + I_2 + I_2 \qquad \text{mit} \qquad \begin{aligned} I_1 &= \frac{U}{R_1} \\ I_2 &= \frac{U}{R_2} \\ I_3 &= \frac{U}{R_3} \end{aligned}$$

$$\frac{U}{R_{ges}} = \frac{U}{R_1} + \frac{U}{R_2} + \frac{U}{R_3}$$

Die Spannung $U$ kann auf der rechten Seite der Gleichung ausgeklammert und anschließend gekürzt werden.

$$\frac{U}{R_{ges}} = U \cdot \left( \frac{1}{R_1} + \frac{1}{R_2} + \frac{1}{R_3} \right)$$

$$\frac{1}{R_{ges}} = \frac{1}{R_1} + \frac{1}{R_2} + \frac{1}{R_3}$$

Zunächst wird eine Parallelschaltung mit nur zwei Widerständen betrachtet:

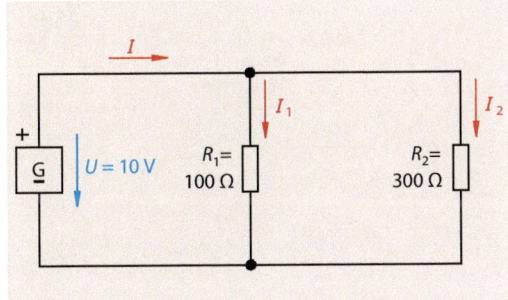

**Abb. 16** *Parallelschaltung mit zwei Widerständen*

$$I_1 = \frac{U}{R_1} = \frac{10 \text{ V}}{100 \text{ }\Omega} = 100 \text{ mA}$$

$$I_2 = \frac{U}{R_2} = \frac{10 \text{ V}}{300 \text{ }\Omega} = 33,3 \text{ mA}$$

$$I = I_1 + I_2 = 100 \text{ mA} + 33,3 \text{ mA} = 133,3 \text{ mA}$$

Der Gesamtwiderstand der Schaltung ergibt sich aus der Betriebsspannung und dem Gesamtstrom.

$$R_{ges} = \frac{U}{I} = \frac{10 \text{ V}}{133,3 \text{ mA}} = 75 \text{ }\Omega$$

Der Gesamtwiderstand ist kleiner als der kleinste Teilwiderstand. Nun wird überprüft, ob der Gesamtwiderstand mit einem dritten parallel geschalteten Widerstand noch kleiner wird.

Für unser Beispiel gilt:

$$\frac{1}{R_{ges}} = \frac{1}{100\ \Omega} + \frac{1}{300\ \Omega} + \frac{1}{470\ \Omega}$$

In Abschn. 1.1.5 haben Sie erfahren, dass der Kehrwert des Widerstands dem Leitwert entspricht. Auf der rechten Seite der Gleichung werden die Leitwerte für die Widerstände eingesetzt und addiert.

$$\frac{1}{R_{ges}} = 10\ mS + 3{,}3\ mS + 2{,}13\ mS = 15{,}43\ mS$$

Durch erneute Kehrwertbildung ergibt sich der Gesamtwiderstand:

$$R_{ges} = \frac{1}{15{,}43\ mS} = 64{,}8\ \Omega$$

Anwendung findet die Parallelschaltung z. B. in der Hausinstallationstechnik. Hier werden die Verbraucher wie Lampen, Stereoanlage, Küchengeräte usw. parallel an das 230 V-Netz angeschlossen.

---

**MERKE**

**Parallelschaltung:**

1. Parallelschaltungen erkennt man daran, dass die Widerstände oder Betriebsmittel alle an derselben Betriebsspannung liegen.

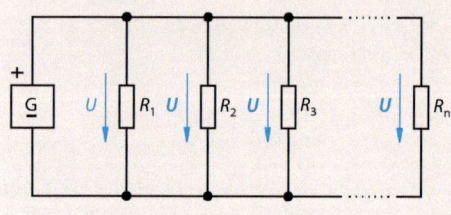

**Abb. 18**

2. In der Parallelschaltung ist die Summe der Teilströme gleich dem Gesamtstrom, der in die Schaltung hineinfließt.

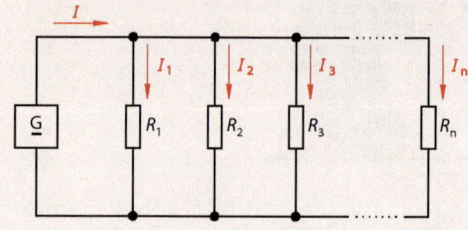

**Abb. 19**

$$I = I_1 + I_2 + I_3 \ldots + I_n$$

$I:$        **Gesamtstrom**

$I_1, I_2, I_3, \ldots:$    **Teilströme**

3. Der Gesamtwiderstand einer Parallelschaltung ergibt sich aus der Summe der Leitwerte. Mit jedem dazu geschalteten Widerstand verringert sich der Gesamtwiderstand der Schaltung.

$$\frac{1}{R_{ges}} = \frac{1}{R_1} + \frac{1}{R_2} + \frac{1}{R_3}$$

***Abb. 20*** *Beispiel für eine Parallelschaltung*

***Abb. 21*** *Beispiel für eine Reihenschaltung*

## Arbeit, Leistung, Energiekosten

# „Eingesparte Energie ist mein Geld!"

Rabea geht in die 8. Klasse. Im Sozialkundeunterricht behandeln sie gerade das Thema „Umweltverschmutzung". Der Lehrer zeigt der Klasse eine Grafik über den Energieverbrauch der privaten Haushalte sowie Einsparmöglichkeiten. Anhand dieser Grafik sollen die Schüler zu Hause ermitteln, welche Geräte die meiste elektrische Energie verbrauchen und wie Energiekosten gesenkt werden können. Zudem sieht eine EU-Richtlinie vor, dass traditionelle Glüh- und Halogenlampen in vier Schritten bis 2012 vom Markt genommen werden, so wie bereits am 1.9.2009 die 100-W-Glühlampe.

Rabea nimmt dies zum Anlass, sich näher mit der Thematik zu befassen. Sie handelt mit ihrem Vater aus, dass sie von jedem Euro, der durch geringeren Stromverbrauch eingespart wird, die Hälfte bekommt. Der Vater lässt sich auf diesen Vorschlag ein, mit der Auflage, dass Rabea die elektrische Leistung der Geräte, die elektrische Arbeit und deren Kosten für den Zeitraum eines Jahres dokumentiert.

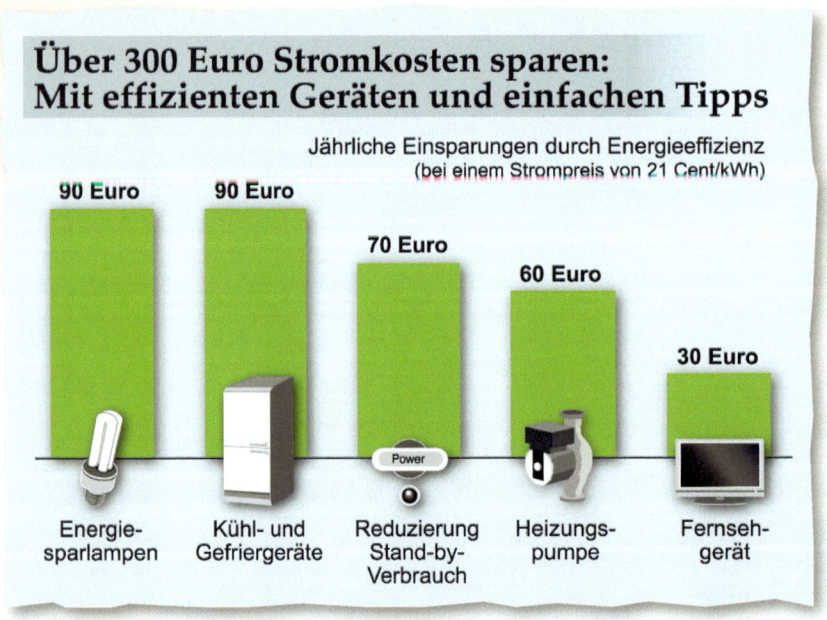

**Über 300 Euro Stromkosten sparen:**
**Mit effizienten Geräten und einfachen Tipps**

Jährliche Einsparungen durch Energieeffizienz
(bei einem Strompreis von 21 Cent/kWh)

| 90 Euro | 90 Euro | 70 Euro | 60 Euro | 30 Euro |
|---|---|---|---|---|
| Energie-sparlampen | Kühl- und Gefriergeräte | Reduzierung Stand-by-Verbrauch | Heizungs-pumpe | Fernseh-gerät |

# Lernjobs

**1.** Erstellen Sie eine Liste der Elektrogeräte, die Sie zu Hause benutzen. Diskutieren Sie in Ihrer Klasse, welche dieser Geräte den größten Energiebedarf haben.

**2.** Rabea will sich mit dem Thema näher befassen. Erklären Sie ihr, was wir unter elektrischer Leistung und elektrischer Arbeit verstehen.

**3.** Jedes Gerät hat einen bestimmten Energiebedarf. Finden Sie einen Weg (Lösung), mit dem es möglich ist, die Energiekosten messtechnisch und rechnerisch zu ermitteln.

**4.** Helfen Sie Rabea Maßnahmen zu finden, die Energiekosten im Haushalt senken.

### 1.3.1 Elektrische Arbeit

Elektrizität kann Arbeit verrichten. Eine Glühlampe, die an eine elektrische Spannung angeschlossen wird, beginnt zu leuchten (vgl. Abschn. 1.1.3).

**Abb. 1** *Schreibtischlampe*

Solange die Lampe angeschaltet bleibt, also der Strom fließt, leuchtet die Lampe.

Elektrische Arbeit wird immer dann verrichtet, wenn eine elektrische Spannung $U$ einen elektrischen Strom $I$ für eine bestimmte Zeit $t$ durch einen Leiter treibt.

Als Formelzeichen für die elektrische Arbeit wird $W$ verwendet.

$$W = U \cdot I \cdot t$$

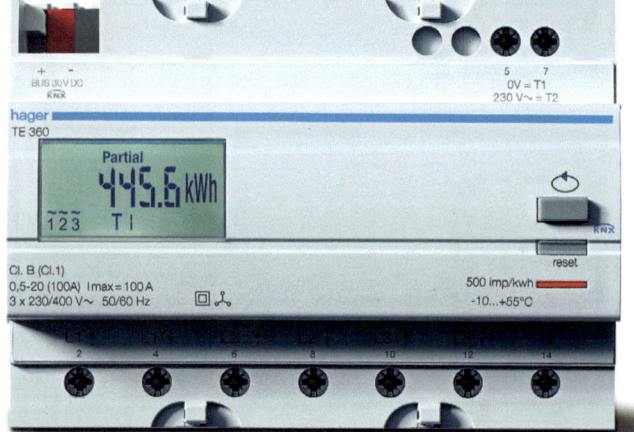

**Abb. 2** *Elektronischer Stromzähler*

Diese Gleichung gilt nur für Gleichspannung und Gleichstrom, d.h. Spannung und Strom sind während der Zeit t unveränderlich. Die Einheit der Arbeit lautet:

| Elektrische Arbeit | Formelzeichen | Einheit |
|---|---|---|
| | $W$ | VAs, Ws |

Das Produkt V · A wird als W (Watt) bezeichnet. Somit kann für VAs auch Ws geschrieben werden. In der Praxis verwendet man nicht Wattsekunde (Ws), sondern Kilowattstunde (kWh). Die Energieversorgungsunternehmen rechnen in kWh ab. Eine kWh kostet je nach Anbieter etwa 20 Cent. Die verbrauchten Kilowattstunden werden durch Stromzähler angezeigt, die in einem Zählerschrank meistens im Keller untergebracht sind (Abb. 2).

Das Produkt $I \cdot t$ in der Gleichung $W = U \cdot I \cdot t$ beschreibt die Anzahl der Elektronen, die in einer bestimmten Zeit durch den Leiter fließen. Jedes einzelne Elektron besitzt eine winzige Elementarladung von

$1{,}602 \cdot 10^{-19}$ As

Würde man in der Lage sein, alle Elektronen für die Zeit, in der die Lampe eingeschaltet ist zu zählen, hätte man die durch den Leiter transportierte Menge an Elektrizität ermittelt (vgl. Abschn. 1.1.3).

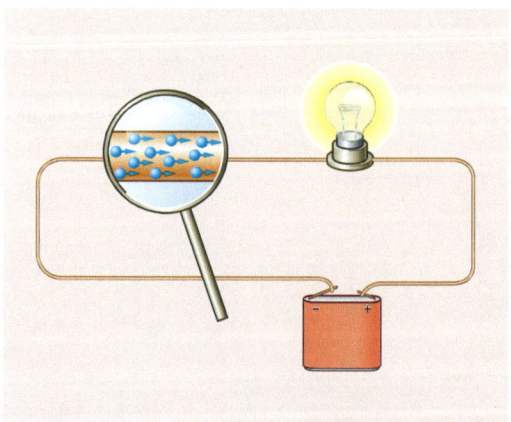

**Abb. 3** *Schaubild zur Ladungsmenge*

Man nennt dieses Produkt auch Ladungsmenge oder elektrische Ladung, mit dem Formelzeichen $Q$.

$$Q = I \cdot t$$

**Messen der elektrischen Arbeit**
Um den „Stromfressern" im Haushalt auf die Schliche zu kommen, gibt es sogenannte „Energiekosten-Messgeräte" zu kaufen (Abb. 4).

**Abb. 4** *Energiekosten-Messgerät*

Diese Messgeräte zeigen in der Regel den momentan fließenden elektrischen Strom, die elektrische Leistung und die elektrische Arbeit an.

Zum Messen wird das Messgerät in die Steckdose gesteckt und das zu messende Elektrogerät in die Steckdose des Energiekosten-Messgeräts. Somit lässt sich einfach der „Stromverbrauch" jedes elektrischen Gerätes, z. B. eines Gamer-PCs, über einen bestimmten Zeitraum ermitteln.

### 1.3.2 Elektrische Leistung

Wer schon einmal Auto-Quartett gespielt hat, wird sich erinnern, dass die Fahrzeuge, die eine hohe Leistung haben, in der Regel auch eine hohe Beschleunigung und eine große Höchstgeschwindigkeit aufweisen.

Bei der elektrischen Leistung verhält es sich ganz ähnlich. Ein Wasserkocher mit einer Leistung von 2000 W wird das Wasser schneller zum Kochen bringen, als ein Wasserkocher, der nur 1000 W hat.

**Quartettspiel**

| | | |
|---|---|---|
| Hubraum | 1.598 | ccm |
| max. Leistung | 85 | kW |
| Gewicht | 1.225 | kg |
| 0 auf 100 km/h | 10,9 | s |
| Höchstgeschwindigkeit | 196 | km/h |
| Preis | 20.400 | Euro |
| Verbrauch | 6,6 | l/100 km |

**Abb. 5**
*Quartettkarte mit Angabe der Pkw-Leistung*

Die elektrische Leistung gibt an, wie schnell eine Arbeit, z. B. das Kochen von Wasser, verrichtet wird.

**MERKE**

**Je größer die Leistung, desto schneller kann die gleiche Arbeit verrichtet werden.**

Elektrische Leistung ist elektrische Arbeit je Zeit:

$$P = \frac{W}{t}$$

Setzt man für *W*, wie bereits in Abschn. 1.3.1 kennengelernt, dass Produkt $U \cdot I \cdot t$ ein, so ergibt sich folgende Gleichung:

$$P = \frac{U \cdot I \cdot t}{t}$$

$$P = U \cdot I$$

Die Einheit der elektrischen Leistung ist Watt (W). Sie ist nach dem schottischen Erfinder James Watt (1736–1819) benannt. Er hat maßgeblich die Dampfmaschine weiterentwickelt und industriell nutzbar gemacht.

**Abb. 6**
*James Watt*

| Elektrische Leistung | Formelzeichen | Einheit |
|---|---|---|
| | *P* | W |

Die Leistungsangabe auf elektrischen Geräten gibt ihre Arbeitsfähigkeit an und ist demnach eine wichtige Kenngröße. In Abb. 7 sind einige Geräte und ihr Leistungsbereich abgebildet.

> Mein Haartrockner wurde in den USA nicht richtig heiß. Weißt Du woran das liegt?

Jedes elektrische Gerät hat einen bestimmten Widerstand $R$. Die Leistung, die der vom Strom durchflossene Widerstand aufnimmt, kann aus der angelegten Spannung und dem Widerstandswert oder dem Strom und dem Widerstandswert errechnet werden. Demnach ergeben sich für die Leistung zwei weitere Gleichungen:

$$P = \frac{U^2}{R} \qquad P = I^2 \cdot R$$

Mit der Gleichung $P = \frac{U^2}{R}$ wird deutlich, dass ein Verbraucher, der mit der halben Betriebsspannung betrieben wird, nur noch ein Viertel der Leistung aufweist.

$$P = \frac{U^2}{R} = \frac{\left(\frac{1}{2}U\right)^2}{R} = \frac{1}{4} \cdot \frac{U^2}{R}$$

So erklärt sich auch, warum der Haartrockner in den USA nicht heiß wurde. Im Gegensatz zur Bundesrepublik Deutschland beträgt die Netzspannung in Amerika nur 110 V. Der Haartrockner arbeitete mit weniger als einem Viertel seiner angegebenen Leistung.

MW

kW

GW

W

mW

μW

**Abb. 7**
*Elektrische Verbraucher.
Größenordnungen für die elektrische Leistung*

## Messen der elektrischen Leistung

Die elektrische Leistung kann indirekt über eine Strom- und Spannungsmessung mit einem Multimeter (vgl. S. 13) ermittelt werden. Aus den Messergebnissen für Strom und Spannung wird die Leistung errechnet.

**Abb. 8** Leistungsmesser

Ein Leistungsmesser, auch Wattmeter genannt, misst die elektrische Leistung (Abb. 8).

Der Leistungsmesser misst Strom und Spannung und das Produkt wird als Leistung angezeigt. Dabei ist zu beachten, dass die Anschlüsse für Strom und Spannung auf keinen Fall verwechselt werden dürfen, das kann sonst zu Schäden am Messgerät führen.

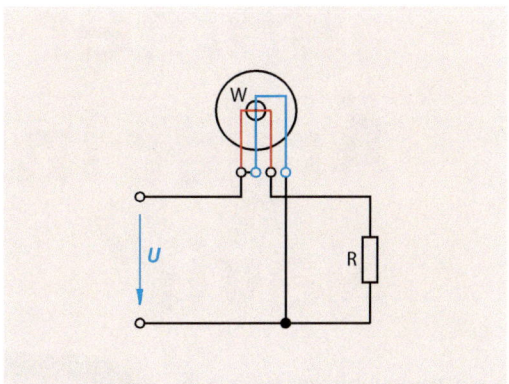

**Abb. 9** Messschaltung eines Leistungsmessers

**Messschaltung:** Das Leistungsmessgerät hat einen sogenannten Strom- und einen Spannungspfad, in der Messschaltung rot und blau dargestellt. Der Strompfad wird wie ein Strommesser in Reihe zum Verbraucher, und der Spannungspfad wie ein Spannungsmesser parallel zum Verbraucher angeschlossen.

**Wechselstrom und Wechselspannung**

# „Immer wieder Ärger mit dem Navi!"

Pauls Vater hat sich ein Navigationsgerät für sein Auto gekauft. Er bewahrt es in der Wohnung auf und benutzt es nur selten. Immer dann, wenn er es benutzen möchte, ist der Akku leer. Will er vor der Abfahrt das Fahrziel programmieren, muss er zum Aufladen ans Auto gehen und das Navigationsgerät mit der Bordspannungssteckdose (Zigarettenanzünder) verbinden.

Deshalb schlägt Paul seinem Vater vor, ein Ladegerät für das Navigationsgerät zu bauen, das in der Wohnung funktioniert. Folgende Bauteile stehen ihm momentan zur Verfügung:

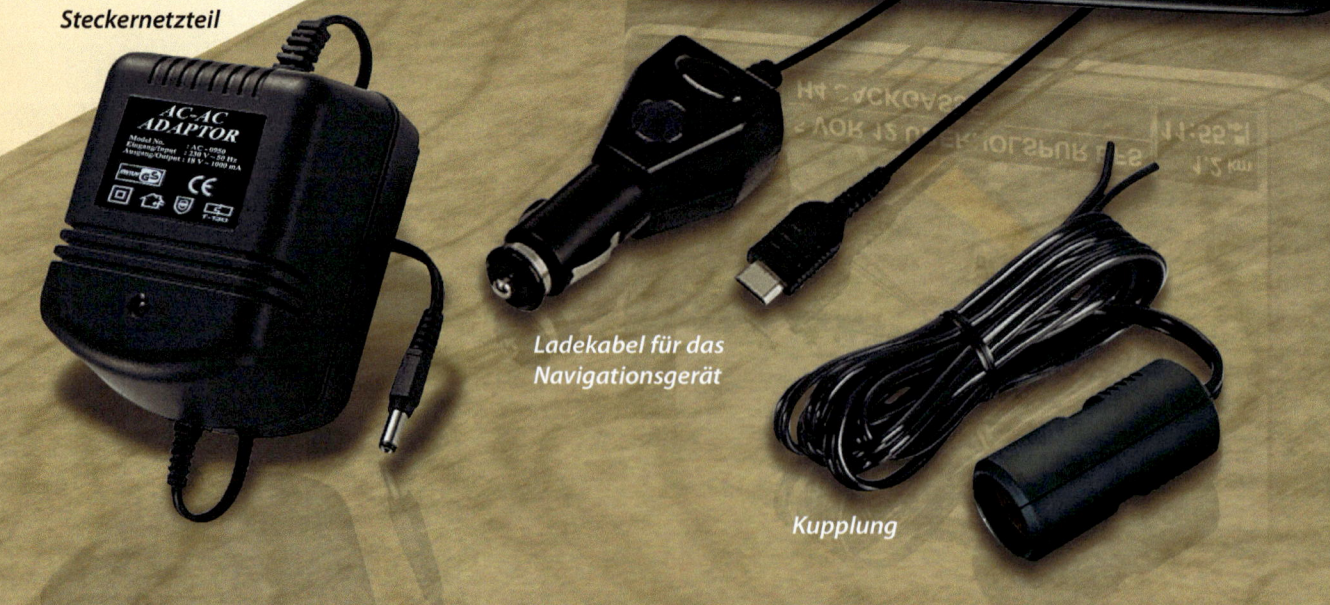

*Steckernetzteil*

*Ladekabel für das Navigationsgerät*

*Kupplung*

# Lernjobs

**1.**

Kann Paul mit diesen Bauteilen ein Ladegerät für das Navigationsgerät bauen? Diskutieren Sie darüber in Ihrer Klasse und notieren Sie alle Anforderungen an das Ladegerät.

**2.**

Das Steckernetzteil hat die Aufgabe, 230 V Netzspannung auf 18 V Ausgangsspannung zu reduzieren. Paul möchte wissen, wie das funktioniert. Erklären Sie es ihm.

**3.**

Zeigen Sie Paul, wie aus einer Wechselspannung eine Gleichspannung werden kann und entwickeln Sie die Schaltung.

**4.**

Um das Navigationsgerät aufzuladen, benötigt man eine Gleichspannung von 12 Volt. Die Ausgangsspannung unseres Steckernetzgerätes ist inzwischen gleichgerichtet. Zeigen Sie Paul, wie er die Spannung auf 12 Volt stabilisieren kann.

**5.**

Erstellen Sie die technischen Unterlagen zu Ihrem Ladegerät. Dazu gehören Stückliste, Berechnungen, Blockschaltbild und Stromlaufplan.

### 1.4.1 Grundbegriffe des Wechselstroms und der Wechselspannung

In Abschn. 1.1.3 haben wir bereits gelernt, dass es unterschiedliche Spannungs- bzw. Stromarten gibt. Aus unseren Steckdosen „kommt" Wechselstrom. Diese Stromart überwiegt in den Versorgungsnetzen. Beim Wechselstrom ändern sich permanent die Polarität und der Betrag des Stroms. In Abb. 1 ist ein solcher zeitlicher Verlauf eines sinusförmigen Wechselstroms dargestellt. Um zu zeigen, dass der zeitliche Verlauf der Wechselspannung identisch mit dem des Wechselstroms ist, wird die Wechselspannung in der Farbe Blau in das gleiche Diagramm eingetragen.

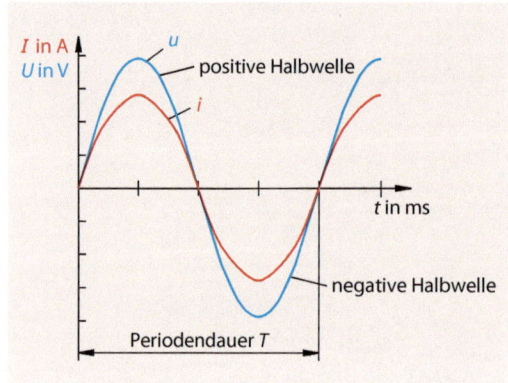

**Abb. 1** *Zeitlicher Verlauf eines sinusförmigen Wechselstroms und der Wechselspannung*

Die Zeit, die eine positive und eine negative Halbwelle benötigt, nennt man Periodendauer $T$. Nach jeder Periodendauer wiederholt sich der Verlauf. Die Wechselspannung, die wir aus der Steckdose beziehen, hat eine Periodendauer von 20 mS. Der Kehrwert der Periodendauer wird als Frequenz $f$ bezeichnet. Die Einheit der Frequenz 1/s nennt man Hz (Hertz).

> **MERKE**
>
> $$\text{Frequenz } f = \frac{1}{\text{Periodendauer } T}$$

| Frequenz | Formelzeichen | Einheit |
|---|---|---|
|  | $f$ | 1/s = Hz (Hertz) |

Unsere Wechselspannung aus der Steckdose hat eine Frequenz von 50 Hz. Aus der Frequenz kann man erkennen, wie viele Perioden in einer Sekunde auftreten. Bei 50 Hz sind das 50 Perioden, aber auch 50 positive und 50 negative Halbwellen.

Den zeitlichen Verlauf von Wechselspannungen zeigt ein Oszilloskop. Dabei wird der Spannungsverlauf auf einem Bildschirm abgebildet. In folgender Abb. 2 sieht man einen solchen Spannungsverlauf. Die Spannung wird am Ausgang eines Netzteils gemessen.

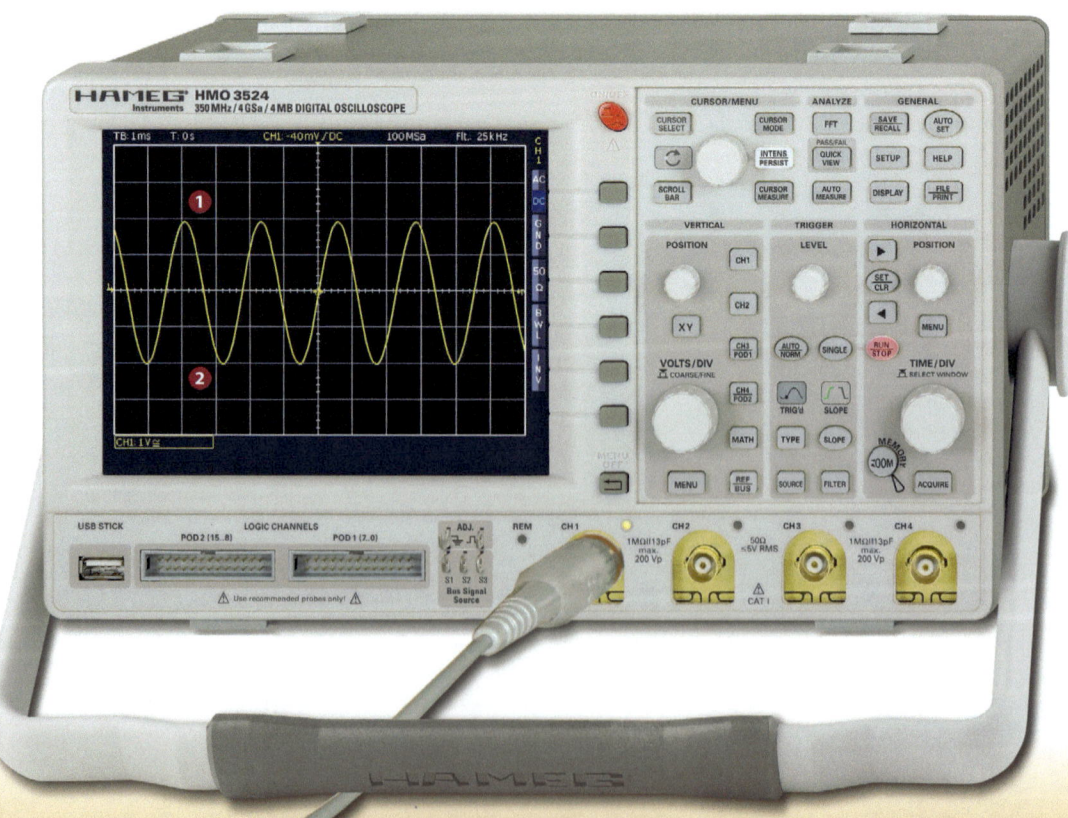

**Abb. 2**
*Oszilloskop*

Wie groß ist die gemessene Spannung? Den größten positiven und den größten negativen Spannungswert nennt man Spitzenwert $u_s$ (Abb. 2 ❶ und ❷). In unserer Abbildung entspricht die Höhe eines Schirmkästchens 10 V. Der Spitzenwert von $u_s$ ist zwei Kästchen hoch, also beträgt $u_s = +20$ V bei 1 und $u_s = -20$ V bei 2.

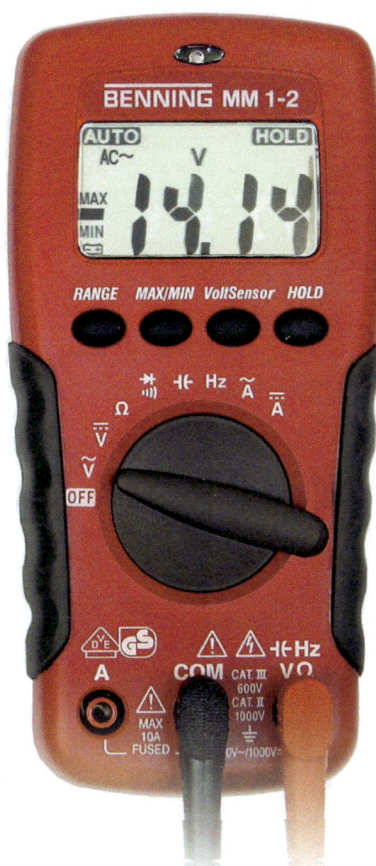

**Abb. 3** Multimeter

Messen wir die gleiche Spannung mit einem Multimeter (Abb. 3), so können wir den Wert 14,14 V ablesen. Wie kann es zu den unterschiedlichen Ergebnissen kommen?

Der Spitzenwert der Wechselspannung ist nur ein Augenblickswert, da die Spannung ständig ihren Betrag und ihre Polarität ändert. Das Multimeter zeigt einen festen Wert an. Man spricht hierbei vom sogenannten Effektivwert der Wechselspannung.

**MERKE**

Der Effektivwert der Wechselspannung oder des Wechselstroms ist der Wert, der die gleiche Leistung am gleichen Verbraucher erbringt, wie ein entsprechend gleich großer Gleichspannungs- bzw. Gleichstromwert.

Alle Angaben an elektrischen Geräten erfolgen in der Regel in Effektivwerten. Der Effektivwert für Strom und Spannung berechnet sich aus den jeweiligen Spitzenwerten.

$$U = \frac{u_s}{\sqrt{2}}$$

$$I = \frac{i_s}{\sqrt{2}}$$

Unsere Netzspannung von $U = 230$ V hat demnach einen Spitzenwert von:

$$u_s = U \cdot \sqrt{2} = 230\,V \cdot 1{,}41 = 325\,V$$

### 1.4.2 Transformator

Viele elektrische Geräte benötigen eine Betriebsspannung, die kleiner ist als die 230 V aus der Steckdose, sollen aber dennoch an eine Steckdose angeschlossen werden. In folgender Abb. 4 ist eine Stereo-Endstufe abgebildet. Ein Großteil der Platine wird durch ein rotes Bauteil eingenommen, dem Transformator. Er versorgt die Elektronik der Endstufe mit den nötigen Betriebsspannungen von 5 bis 24 V.

**Abb. 4** Stereoendstufe mit ihren elektronischen Bauteilen

**Aufbau und Funktion eines Transformators**
Ein Transformator besteht im Wesentlichen aus zwei Spulen, der Primär- (N1) und der Sekundärspule (N2). Beide Spulen sind um einen geschlossenen Weicheisenkern gewickelt (Abb. 5).

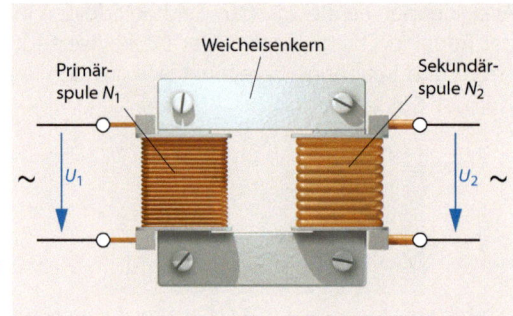

**Abb. 5**
*Aufbau eines Transformators*

Schließt man an die Primärspule eine Wechselspannung $U_1$ an, so wird in der Spule ein wechselndes Magnetfeld erzeugt, welches durch den Eisenkern zur Sekundärspule gelenkt wird. Hier erzeugt das wechselnde Magnetfeld durch Induktion eine Spannung $U_2$ in der Sekundärspule (Abb. 6) Die Größe dieser Spannung ist abhängig von dem Verhältnis der Windungszahlen der Primär- und der Sekundärspule.

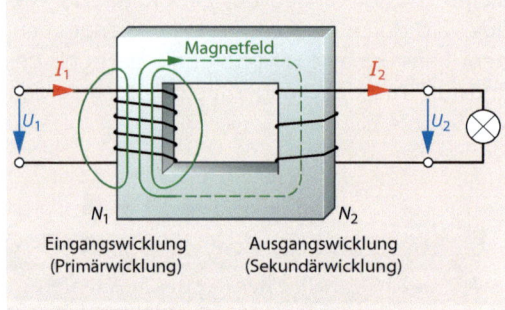

**Abb. 6**
*Transformatorprinzip und Schaltzeichen eines Transformators*

Wenn wir der Einfachheit halber davon ausgehen, dass ein Transformator verlustfrei arbeitet, gelten folgende Verhältnisse:

Die Spannungen verhalten sich wie die dazugehörigen Windungszahlen der Spulen:

$$\frac{U_1}{U_2} = \frac{N_1}{N_2}$$

Bei den Strömen ist das Verhältnis umgekehrt proportional zu den Windungszahlen der Spulen:

$$\frac{I_1}{I_2} = \frac{N_2}{N_1}$$

### 1.4.3 Dioden und deren Anwendung

Die Spannung ausgangsseitig am Transformator ist eine sinusförmige Wechselspannung. Wenn der elektrische Verbraucher eine Gleichspannung be-

nötigt, muss die Wechselspannung in eine Gleichspannung umgewandelt werden. Das nennt man Gleichrichtung. Elektrische Schaltungen zur Gleichrichtung, auch Gleichrichterschaltungen genannt, werden mit Dioden aufgebaut.

> **MERKE**
>
> **Dioden sind Halbleiterbauelemente, die aus zwei unterschiedlichen Halbleiterschichten, der P- und der N-Schicht bestehen. Die P-Schicht besitzt frei bewegliche positive Ladungsträger, sogenannte Löcher, und die N-Schicht frei bewegliche negative Ladungsträger, sogenannte Elektronen.**

Dioden besitzen eine Ventilwirkung, vergleichbar mit dem Fahrradschlauchventil. Sie können nur in einer bestimmten Richtung den elektrischen Strom leiten, so wie das Fahrradschlauchventil die Luft nur in einer Richtung durchlässt.

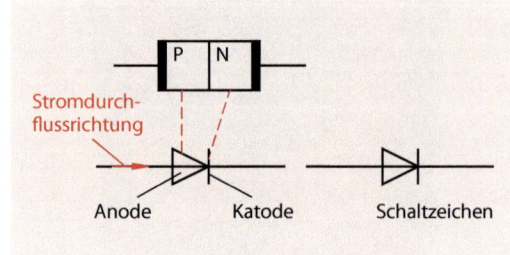

**Abb. 7** *Vereinfachte Darstellung einer P-N-Schicht und Schaltzeichen der Diode*

Das Schaltzeichen der Diode zeigt die Stromdurchlassrichtung in Pfeilrichtung an. Wird an das Pfeilende (+) angeschlossen und an die Pfeilspitze (–), so kann der elektrische Strom fließen. Das Pfeilende wird als Anode und die Pfeilspitze als Katode bezeichnet (Abb. 7) Wird die Diode anders herum angeschlossen, also an das Pfeilende (–) und an die Pfeilspitze (+), so sperrt sie den Stromfluss.

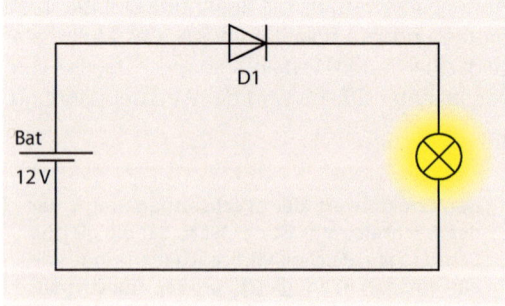

**Abb. 8** *Diode in Durchlassrichtung*

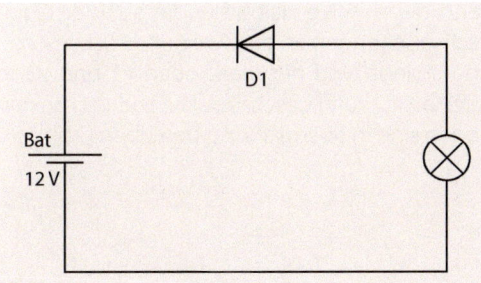

**Abb. 9** *Diode in Sperrrichtung*

---MERKE---

**Aufgrund ihres Aufbaus sind Dioden in der Lage, den elektrischen Strom in einer Richtung durchzulassen und in der anderen Richtung zu sperren.**

Damit Dioden in Durchlassrichtung leitend werden, benötigen sie eine kleine Spannung. Diese bewirkt, dass der Übergang zwischen der P- und N-Schicht leitet. Die Spannung beträgt bei den meisten Dioden ca. 0,7 V. Ab dieser Spannung wird die Diode niederohmig und somit gut leitend.

Mit Hilfe einer einfachen Messschaltung (Abb. 10) kann das Durchlassverhalten des elektrischen Stroms $I_F$ in Abhängigkeit der Diodenspannung $U_F$ einer Diode aufgenommen werden.

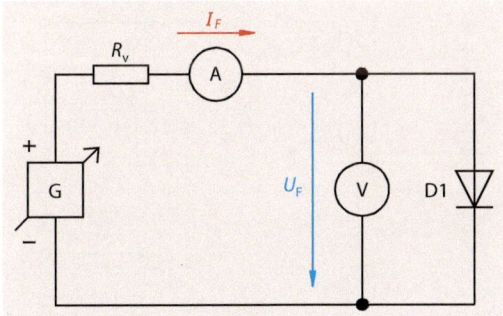

**Abb. 10** *Messschaltung zum Aufnehmen einer Diodenkennlinie*

Mit Hilfe des einstellbaren Netzteils werden kleine Spannungswerte von $U_F$ = 0,1 bis ca. 1 V an der Diode eingestellt und der dazugehörige Strom $I_F$ gemessen. Die Wertepaare werden in ein $U$-$I$-Kennlinienfeld eingetragen (Abb. 11).
Aus der Kennlinie kann abgelesen werden, dass bei kleinen Spannungen $U_F$ (z. B. 0,1 V) in Durchlassrichtung nur ein sehr kleiner Strom fließt. Die Diode ist noch sehr hochohmig und sperrt regelrecht den Stromfluss. Mit steigender Spannung steigt auch der Stromfluss schnell an, bis bei ca. 0,7 V die Diode niederohmig ist und als „durchläs-

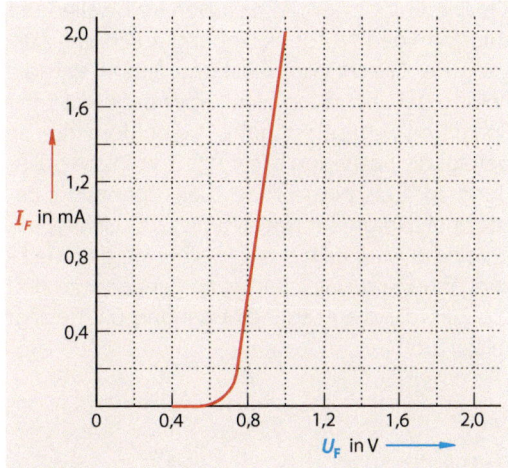

**Abb. 11**
*Diodenkennlinie*

sig" bezeichnet werden kann. Dabei muss in der Praxis darauf geachtet werden, dass der Strom $I_F$ nicht zu groß wird, da sonst die Diode zerstört wird. Aus diesem Grund wird der maximale Strom durch die Diode mit einem Vorwiderstand begrenzt.

---MERKE---

**Dioden dürfen in Durchlassrichtung niemals ohne einen in Reihe geschalteten Widerstand betrieben werden, da der fließende Strom sie sonst zerstören würde.**

Da die Diode das Verhalten eines Stromventils zeigt und den Strom nur in eine Richtung fließen lässt, kann sie als Bauteil für Gleichrichterschaltungen verwendet werden. Gleichrichtung bedeutet in diesem Zusammenhang, dass alle negativen Halbwellen der sinusförmigen Wechselspannung gesperrt werden und nur die positiven Halbwellen am Ausgang der Gleichrichterschaltung anstehen.

### Einpuls-Gleichrichterschaltung

Die einfachste Art eine Wechselspannung gleichzurichten, ist die Einpuls-Gleichrichterschaltung (Abb. 12).

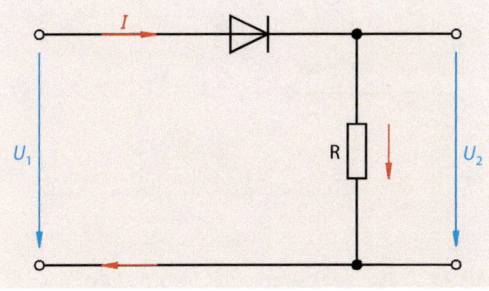

**Abb. 12**
*Einpuls-Gleichrichterschaltung*

Die Diode lässt nur die positiven Halbwellen der sinusförmigen Wechselspannung durch. Am Ausgang der Gleichrichterschaltung ändert sich die Polung der Spannung nicht, aber der Betrag der Spannung wechselt ständig. Es gibt Momente, da beträgt die Spannung sogar 0 V. Eine solche Spannung wird als pulsierende Gleichspannung bezeichnet. Ein großer Nachteil dieser Gleichrichterschaltung ist, dass nur eine Halbwelle der Wechselspannung zur Gleichrichtung genutzt wird und die Zeit, die die Ausgangsspannung 0 V beträgt relativ groß ist.

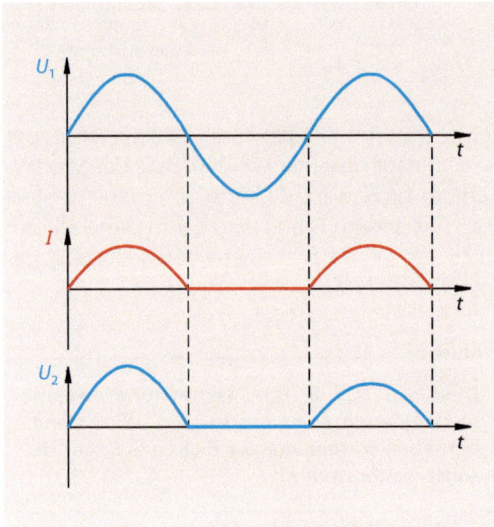

**Abb. 13** *Spannungs- und Stromverlauf in der Einpuls-Gleichrichterschaltung*

**Zweipuls-Brücken-Gleichrichterschaltung**
Die Nachteile der Einpuls-Gleichrichterschaltung können durch die Zweipuls-Brücken-Gleichrichterschaltung aufgehoben werde. Bei dieser Gleichrichterschaltung werden beide Halbwellen der sinusförmigen Wechselspannung zur Gleichrichtung genutzt. Allerdings werden für diese Gleichrichterschaltung vier Dioden benötigt (Abb. 14).

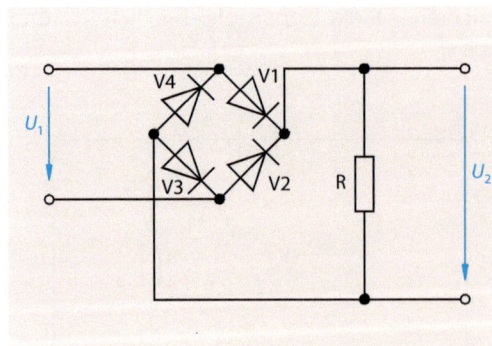

**Abb. 14** *Zweipuls-Brücken-Gleichrichterschaltung*

Wenn die positive Halbwelle der sinusförmigen Wechselspannung an der Zweipuls-Brückenschaltung anliegt, sind nur die Dioden V1 und V3 in Durchlassrichtung geschaltet. Die anderen beiden Dioden sind in Sperrrichtung betrieben (Abb. 15).

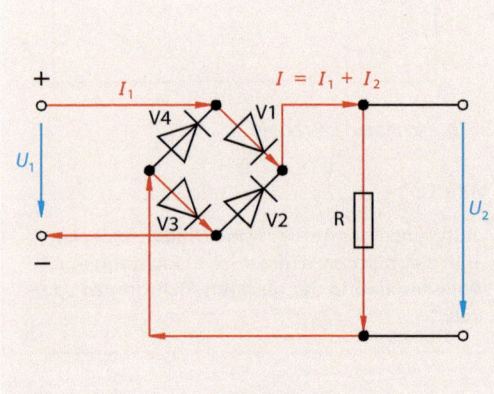

**Abb. 15** *Zweipuls-Brücken-Gleichrichterschaltung bei positiven Halbwellen*

Bei der negativen Halbwelle der sinusförmigen Wechselspannung, sind die Dioden V2 und V4 in Durchlassrichtung und die beiden anderen Dioden in Sperrrichtung betrieben (Abb. 16).

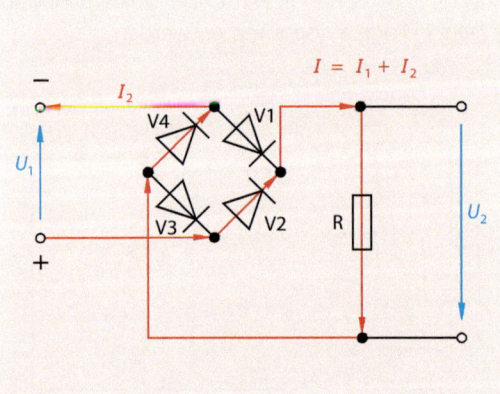

**Abb. 16** *Zweipuls-Brücken-Gleichrichterschaltung bei negativen Halbwellen*

Der Spannungs- und Stromverlauf der Zweipuls-Brücken-Gleichrichterschaltung wird in Abb. 17 gezeigt.

Bei der Zweipuls-Brücken-Gleichrichterschaltung werden sowohl die positiven als auch die negativen Halbwellen der Eingangs-Wechselspannung gleichgerichtet. Der Nachteil, dass die Ausgangsspannung $U_2$ über längere Zeit 0 V beträgt, ist mit dieser Gleichrichterschaltung behoben.

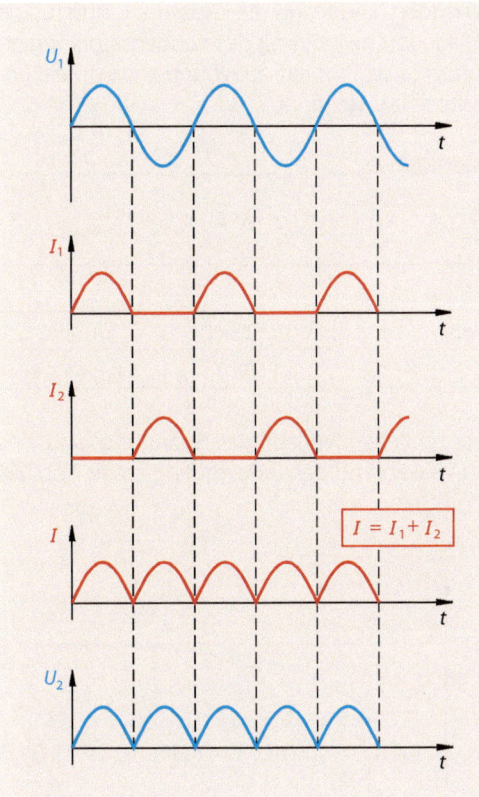

**Abb. 17** *Spannungs- und Stromverlauf bei der Zweipuls-Brücken-Gleichrichterschaltung*

### 1.4.4 Kondensator

Kondensatoren sind Bauteile, die elektrische Ladungen speichern können. Im einfachsten Fall bestehen sie aus zwei Metallplatten oder Metallfolien, die durch einen nichtleitenden Werkstoff, auch Dielektrikum genannt, voneinander isoliert sind (Abb. 18).

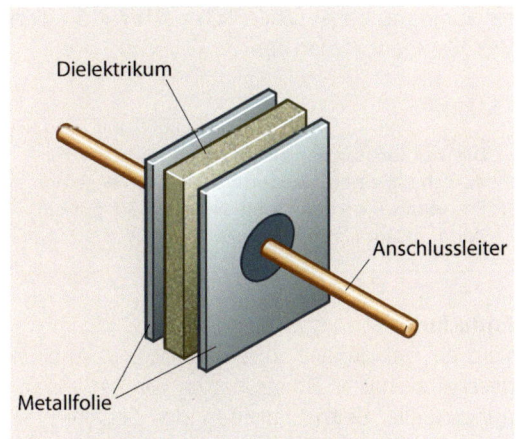

**Abb. 18** *Aufbau eines Plattenkondensators*

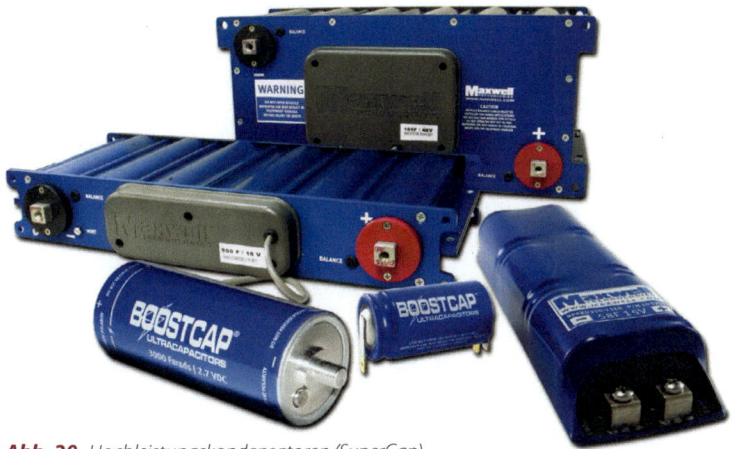

**Abb. 20** *Hochleistungskondensatoren (SuperCap) in verschiedenen Bauarten*

Wie viel Ladung gespeichert werden kann, ist abhängig von der Kapazität des Kondensators, vergleichbar mit der möglichen Wassermenge in unterschiedlich großen Eimern. Ein großer Eimer kann mehr Wasser „speichern" als ein kleiner Eimer, somit ist seine Kapazität auch höher.

Die Kapazität $C$ des Kondensators wird in Farad [F] angegeben. Ein Farad ist eine relativ große Kapazität. In der Regel haben Kondensatoren einige 100 µF. In den letzten Jahren haben neue Bauformen von Kondensatoren, sogenannte Doppelschicht-Kondensatoren, höchste Kapazitäten im Farad Bereich erreicht (Abb. 20).

#### Auf- und Entladen von Kondensatoren

#### Aufladung
Wird ein entladener Kondensator in Reihe mit einer Glühlampe geschaltet (Abb. 21), so kann man nach dem Schließen des Schalters S1 beobachten, dass die Glühlampe zunächst hell leuchtet und dann schnell dunkler wird, bis sie schließlich erlischt.

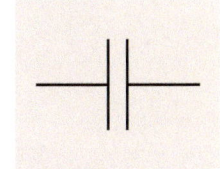

**Abb. 19** *Schaltzeichen des Kondensators*

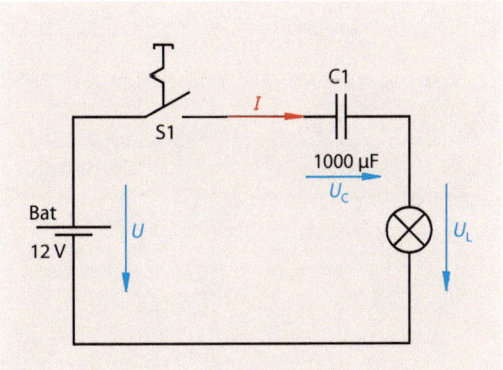

**Abb. 21** *Aufladung eines Kondensators*

Nach Schließen des Schalters S1 fließt zunächst ein großer Strom. Die Glühlampe leuchtet hell. Der Kondensator wird jetzt aufgeladen. Die Spannung am Kondensator $U_C$ steigt an und der Strom $I$ wird immer kleiner. Schließlich hat die Spannung am Kondensator $U_C$ den Wert der Betriebsspannung $U$ erreicht und der Strom $I$ ist auf den Wert 0 abgesunken.

> **MERKE**
>
> **Der geladene Kondensator sperrt den Strom und hat einen nahezu unendlichen Widerstand.**

Wovon ist die Dauer der Aufladezeit abhängig? Vergleichen wir das Aufladen eines Kondensators mit dem Befüllen von Wassereimern, dann ist Folgendes zu beobachten (Abb. 22):

- Umso größer der Eimer, desto länger dauert es bei gleichem Wasserzufluss, bis er mit Wasser gefüllt ist. Somit ist die Befüllzeit von der Kapazität des Eimers abhängig. Beim Kondensator ist die Ladezeit ebenfalls von seiner Kapazität abhängig. Je größer die Kapazität, desto größer ist seine Aufladezeit.
- Verändert man den Wasserzufluss, so kann man erkennen, je kleiner der Wasserzufluss ist, desto länger dauert es, bis der Eimer mit Wasser gefüllt ist. Wir haben bereits in Abschn. 1.2.3 gelernt, dass ein kleiner Wasserzulauf einem großen Widerstand entspricht. Somit wird die Aufladezeit umso größer, je größer der Widerstand in der Schaltung ist.

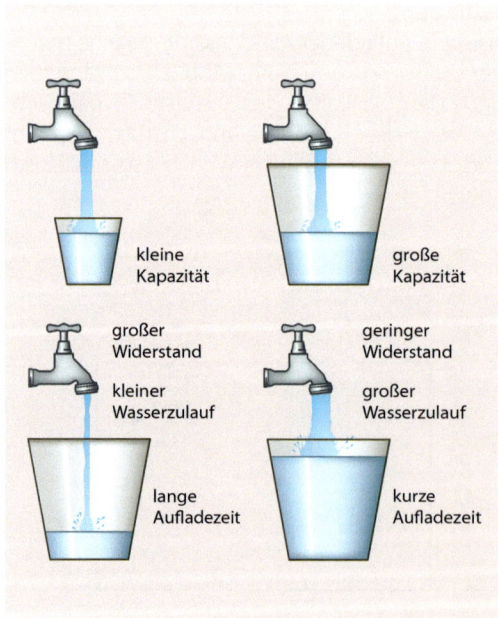

**Abb. 22** *Kapazität und Widerstand*

Der Widerstand $R$ und die Kapazität $C$ sind für die Aufladegeschwindigkeit des Kondensators verantwortlich. Das Produkt aus $R$ und $C$ wird Zeitkonstante $\tau$ (Tau) genannt.

> **MERKE**
>
>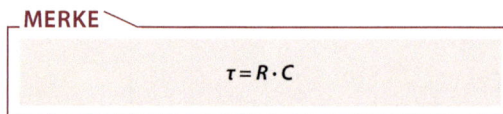
> $$\tau = R \cdot C$$

| Zeitkonstante | Formelzeichen | Einheit |
|---|---|---|
| | $\tau$ (Tau) | s (Sekunde) |

Den zeitlichen Verlauf der Spannung und des Stroms während des Ladevorgangs zeigt Abb. 23.

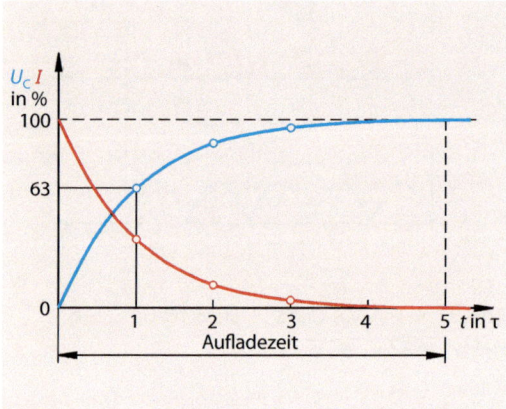

**Abb. 23** *Zeitlicher Verlauf von I und $U_C$ während der Aufladung des Kondensators*

Es ist zu erkennen, dass nach der Zeit von einem $\tau$ der Kondensator zu 63 % seiner Endspannung aufgeladen ist. In der Praxis geht man davon aus, dass der Kondensator nach $t = 5\,\tau$ vollständig aufgeladen ist. Es ist auch zu erkennen, dass der Strom während des Aufladevorgangs immer weiter abnimmt, bis er schließlich nach $t = 5\,\tau$ den Wert 0 angenommen hat.

> **MERKE**
>
> **Die Zeitkonstante $\tau$ gibt die Zeit an, die erforderlich ist einen Kondensator auf 63 % seiner Endspannung aufzuladen. Nach $t = 5\,\tau$ gilt ein Kondensator als aufgeladen.**

### Entladung

Wird ein geladener Kondensator wie in Abb. 24 geschaltet, hat er Eigenschaften wie eine Spannungsquelle. Beim Schließen des Schalters S1 können wir beobachten, dass die Glühlampe zunächst kurz hell leuchtet und dann erlischt.

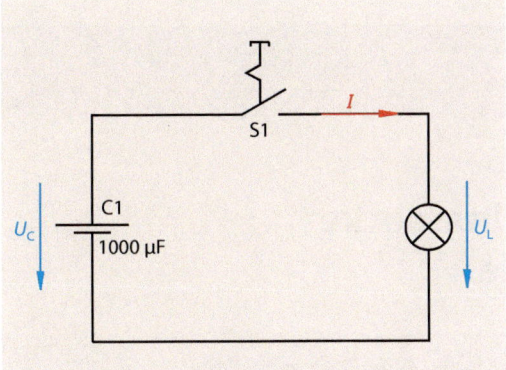

**Abb. 24** *Kondensator als Spannungsquelle*

Nach Schließen des Schalters S1 fließt ein Strom $I$ über die Glühlampe. Der Kondensator entlädt sich. Dabei werden die Kondensatorspannung $U_C$ und der Strom $I$ immer kleiner, bis beide den Wert 0 erreicht haben.

Die Entladung eines Kondensators dauert umso länger, je größer die Kapazität und je größer der im Stromkreis wirksame Widerstand ist. In Abb. 25 sind der zeitliche Verlauf der Kondensatorspannung $U_C$ und des Entladestroms $I$ dargestellt.

Wie beim Ladevorgang ist die Zeitkonstante $\tau$ ein Maßstab für die Entladegeschwindigkeit. Nach einem $\tau$ hat sich die Kondensatorspannung auf 37% der Anfangsspannung entladen. Nach der Zeit von $5\,\tau$ sind die Kondensatorspannung und der Strom auf den Wert von 0 V abgefallen. Der Kondensator ist entladen.

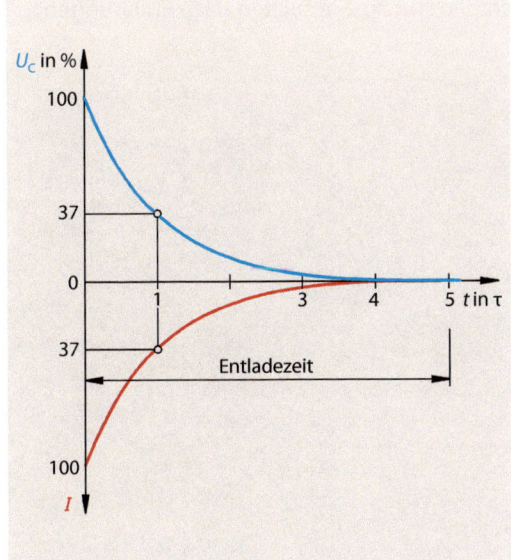

**Abb. 25** *Zeitlicher Verlauf von Kondensatorspannung und Strom beim Entladevorgang*

**MERKE**

Die Zeitkonstante $\tau$ gibt die Zeit an die erforderlich ist, einen Kondensator auf 37% seiner Anfangsspannung zu entladen. Nach $t = 5\,\tau$ gilt ein Kondensator als entladen.

## Anwendung als Ladekondensator bei der Zweipuls-Brücken-Gleichrichterschaltung

Erinnern wir uns, dass die Ausgangsspannung der Zweipuls-Brückenschaltung sehr wellig war. Um die Welligkeit zu reduzieren, müssten die Bereiche, in denen die Spannung zurückgeht, mit einer weiteren Spannungsquelle überbrückt werden. Da der aufgeladene Kondensator wie eine Spannungsquelle wirkt, kann er hierfür eingesetzt werden. Diese Schaltung wird in Abb. 26 gezeigt.

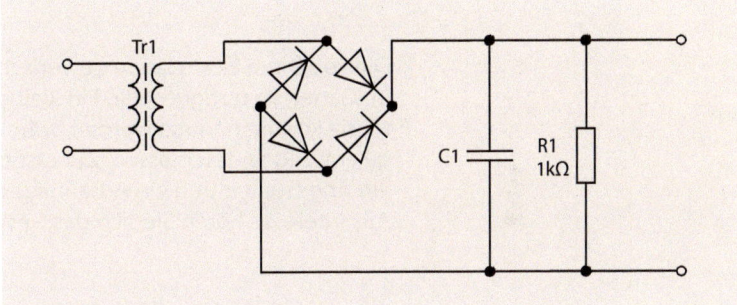

**Abb. 26** *Zweipuls-Brücken-Gleichrichterschaltung mit Ladekondensator*

Der Kondensator wird mit jedem Anstieg einer Halbwelle bis annähernd zum Spitzenwert aufgeladen. Beim Abfall der Halbwelle, entlädt sich der Kondensator und mindert somit die Welligkeit der pulsierenden Gleichspannung (Abb. 27).

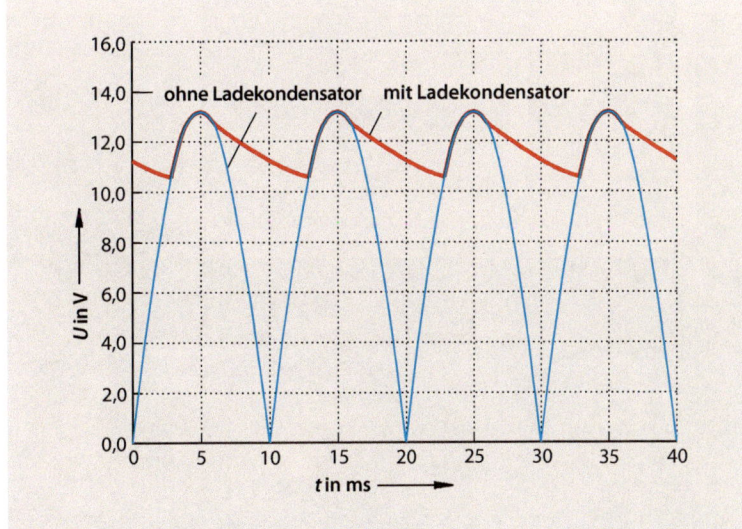

**Abb. 27** *Ausgangsspannung an der Zweipuls-Brückenschaltung mit Ladekondensator*

## Versorgung einer „Wellnessecke" mit elektrischer Energie

# „Papas schöner Wellnessgarten"

Die von Ihren Eltern lange gewünschte Einrichtung einer „Wellnessecke" im Garten ist fertiggestellt. Ein kleiner Bereich mit Sauna, Liegen und Musik könnte genutzt werden, wäre die elektrische Zuleitung schon gelegt und angeschlossen. Zur ersten Sichtung des Auftrags ist heute ein Angestellter und ein Auszubildender einer Elektrofirma vor Ort. Aus Interesse hören Sie sich das Gespräch in Bruchstücken mit an:

**Geselle:** „Welche Leistung schätzt Du?"
**Auszubildender:** „Hmmm ..., der Drehstrom-Saunaofen, die Steckdosen, das Licht und die elektrische Heizung ... so ca. 14 Kilowatt?"
**Auszubildender:** „... reicht vielleicht ein 4-adriges Kabel?"
**Geselle:** „Nein, nein, da muss ein 5-adriges hin. Und das eventuell auch noch unten im Keller abgegriffen."

Das Gespräch macht Sie stutzig. Sie suchen nach Erklärungen ...

# Lernjobs

**1.** Ein wesentlicher Punkt im „Verbundnetz Strom" ist der Übergabepunkt „Netz zu Haus" mit dem Hausanschlusskasten, der Hauptverteilung und dem Potentialausgleich. Untersuchen Sie mit Hilfe der Unterlagen, wie die Versorgungsspannung in unsere Wohnungen kommt. Erstellen Sie aus Ihren Ergebnissen eine Overhead-Folie, mit deren Hilfe Sie ihren Mitschülern/innen dies erläutern können.

**2.** Diskutieren Sie in der Gruppe, was die Informationen aus dem Gespräch bedeuten könnten. Notieren Sie ihre Ergebnisse.

**3.** Die in Deutschland am häufigsten verwendete Netzform ist das TN-C-S-System, eine Mischform aus dem TN-C- und dem TN-S-System. Erstellen sie ein Handout, in dem die Netzformen grafisch und schriftlich differenziert dargestellt sind. Beachten Sie dabei auch die Spannungs(bezugs)potentiale.

**4.** Kommen Sie mit Hilfe der ICH-DU-WIR-Methode zu einem begründeten und verschriftlichten Ergebnis, ein wie viel adriges Kabel von wo aus verlegt werden muss.

**Die „ICH-DU-WIR-Methode"**
In der ICH-DU-WIR-Methode gibt es drei Phasen. In der Ich-Phase arbeitet jeder für sich in einer vorher festgelegten Zeit (10 min) konzentriert und still alleine an der Aufgabe. Jede Idee kann zum Gesamtergebnis beitragen, jede Notiz kann helfen.
Danach folgt die Du-Phase. Hier arbeitet jeder mit seinem Sitznachbarn. Man kann so zu zweit seine Ergebnisse abgleichen, ergänzen und diskutieren.
Zum Schluss folgt die Wir-Phase. Hier treffen alle zusammen und besprechen die Ergebnisse der Teamarbeit. Auch hier darf diskutiert werden. Am Ende steht ein von allen nachvollziehbares, akzeptiertes Ergebnis.

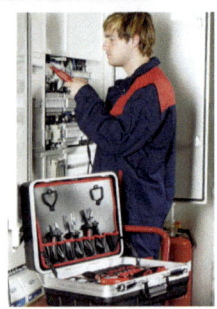

**Abb. 1** *Elektroniker bei der Arbeit*

### 2.1.1 Grundlegendes zur Installationstechnik

Die Elektrotechnik unterteilt sich in verschiedene Bereiche, wie z.B. der Energietechnik, der Antriebstechnik oder der Elektronik. Die Installationstechnik ist ein Gebiet der Energietechnik und beschäftigt sich mit dem Errichten von elektrischen Anlagen im Niederspannungsbereich (Wechselspannung bis 1000 V AC).

Das Errichten von elektrischen Anlagen im Niederspannungsbereich beinhaltet im Wesentlichen die Stromversorgung von Häusern sowie deren Beleuchtungs- und Steckdosenstromkreise. Der Elektroniker hat dafür Sorge zu tragen, dass die elektrische Anlage fachlich korrekt installiert und anschließend ohne Sicherheitsgefährdung genutzt werden kann.

> **Nichtelektrofachkräfte (Schüler, Auszubildende) dürfen an elektrotechnischen Anlagen nur im Beisein einer Elektrofachkraft arbeiten!**

#### Die „fünf Sicherheitsregeln"

Diese Sicherheitsregeln sind von jeder Elektrofachkraft vor und während der Arbeiten an elektrischen Anlagen zu beachten. Dies bedeutet, dass bei Spannungswerten über der Schutzklein-

spannung 50 V AC (Wechselspannung) und 120 V DC (Gleichspannung) Folgendes strikt gilt:

> **MERKE**
>
> **5 Sicherheitsregeln**
>
> **Vor Beginn der Arbeiten**
> - **Freischalten**
> - **gegen Wiedereinschalten sichern**
> - **Spannungsfreiheit feststellen**
> - **Erden und Kurzschließen**
> - **benachbarte, unter Spannung stehende Teile abdecken oder abschranken**

### 2.1.2 Der VDE

Herausgeber der „Fünf Sicherheitsregeln" und maßgebender Verband für die Erstellung von Normen zur Errichtung von elektrischen Anlagen ist der Verband der Elektrotechnik, Elektronik und Informationstechnik e.V., kurz **VDE**.

Neben seinem Engagement in der Forschung und der umfassenden Sicherheitsprüfung von Elektrogeräten, noch bevor diese auf den Markt gelangen, beschäftigt sich der VDE mit der Erarbeitung von Normen und vertritt Deutschland auch in internationalen Normungsgremien. Diese **Normen sind keine Gesetze!** Sie werden jedoch als anerkannte Regeln der Technik u.a. bei der Rechtsprechung herangezogen. Jeder, der sich als Entwickler/Errichter in der Elektrotechnik bewegt, sollte auf die Einhaltung der VDE-Normen achten, sofern diese seinen Bereich berühren.

---

❶ technische Sprays wie Reiniger oder Kontaktöl

❷ Körperschutzausrüstungen wie Schutzbrille und Gehörschutz

❸ diverse Mess- und Testgeräte, z. B. zweipoliger Spannungsprüfer

❹ verschiedene Kleinteile im Schubladenmagazin

❺ Schlitz-, Kreuzschlitz- und TORX®-Schraubendreher in diversen Größen

❻ Innensechskant-(Inbus-)-Schlüsselsatz mit Schlüsselweiten 1,5 mm bis 10 mm

❼ Gabel-Ring-Schlüsselsatz mit Schlüsselweiten 8 bis 17 mm

❽ Universal-Schaltschrankschlüssel

❾ Telefonzangen (Spitzzangen) gerade und gebogen, jeweils Länge 200 mm

❿ Kombinationszange 185 mm

⓫ Wasserpumpenzange 250 mm

⓬ Kraft-Seitenschneider 200 mm

⓭ Elektronik-Seitenschneider 120 mm

⓮ Werkstatt-Pinzette

⓯ Einhand-Kabelschere für Kabel und Leiter bis 25 mm Durchmesser

⓰ Vielzweckschere 190 mm für Blech, Kunststoff, Pappe

⓱ Automatische Abisolierzange für Flach- und Rundkabel bis 10 mm Durchmesser

⓲ Sicherheits-Schlosserhammer 300 g

⓳ Spiralbohrersatz, mindestens bis 13 mm Durchmesser

⓴ Gliedermaßstab aus Kunststoff, 2 Meter

㉑ Phasenprüfer

㉒ Klein-Werkzeuge wie Steckschlüsseleinsätze und Ratschen, Schraub-Bits, 23 Stufenbohrer in Ablageschalen oder Schubladen-Magazin

㉓ Taschensäge (PUK-Säge) 150 mm

㉔ Dosenabmanteler und -abisolierer für NYM-Kabel und ähnliche

㉕ Koaxialkabel-Abmanteler und -abisolierer für SAT-TV-Kabel, RG-Kabel

㉖ Anlegewerkzeug für LSA-Schneidklemmen (CAT 5-Dosen, Patchpanel)

㉗ Lötkolben und Zubehör

㉘ Kabelmesser für Rundkabel

㉙ Presswerkzeug (Crimpzange) für isolierte und nicht isolierte Kabelschuhe und Aderendhülsen

㉚ Presswerkzeug für Rohrkabelschuhe

㉛ Messschieber 150 mm

㉜ Wasserwaage 400 mm

㉝ Lochsägen inkl. Aufnahmen in gängigen Größen

㉞ Schraublocher, Lötmaterial, Gewindeschneider und andere Kleinwerkzeuge in Ablageschalen oder Transportkoffer

**Abb. 2** *Werkzeuggrundausstattung*

**Abb. 3** *Website des VDE*

Die Norm VDE 0100 ist die Hauptnorm und besteht aus mehreren Teilen, so z.B.:

- DIN VDE 0100 Teil 200:
Elektrische Anlagen von Gebäuden – Begriffe

- DIN VDE 0100 Teil 410:
Schutzmaßnahmen – Schutz gegen elektrischen Schlag

- DIN VDE 0100 Teil 510:
Auswahl und Errichtung elektrischer Betriebsmittel – Allgemeine Bestimmungen

- DIN VDE 0100 Teil 701:
Anforderungen für Betriebsstätten, Räume und Anlagen besonderer Art – Räume mit Badewanne oder Dusche

- DIN VDE 0100 Teil 703:
Anforderungen für Betriebsstätten, Räume und Anlagen besonderer Art – Räume und Kabinen mit Saunaheizungen

- DIN VDE 0100 Teil 721:
Errichten von Starkstromanlagen mit Nennspannungen bis 1000 V – Caravans, Boote und Jachten sowie ihre Stromversorgung auf Camping- bzw. an Liegeplätzen

- DIN VDE 0100 Teil 732:
Errichten von Starkstromanlagen mit Nennspannungen bis 1000 V – Hausanschlüsse in öffentlichen Kabelnetzen

In dieser Norm lesen wir beispielsweise:

---

**MERKE**

**Auschnitt aus dem Energiewirtschaftsgesetz:**

**„Eine Niederspannungsanlage, die nicht nach den anerkannten Regeln der Technik errichtet wurde, kann aufgrund möglicher Gefährdungen von Personen und Sachwerten für den Errichter zu strafrechtlichen und vertragsrechtlichen Konsequenzen führen. Nicht ohne Grund hat der Gesetzgeber in § 49 des 2005 erlassenen Gesetzes über die Elektrizitäts- und Gasversorgung (Energiewirtschaftsgesetz, EnWG) formuliert:**

**(1) Energieanlagen sind so zu errichten und zu betreiben, dass die technische Sicherheit gewährleistet ist. Dabei sind vorbehaltlich sonstiger Rechtsvorschriften die allgemein anerkannten Regeln der Technik zu beachten.**

**(2) Die Einhaltung der allgemein anerkannten Regeln der Technik wird vermutet, wenn bei Anlagen zur Erzeugung, Fortleitung und Abgabe von**

1. **Elektrizität** die technischen Regeln des Verbandes der Elektrotechnik Elektronik Informationstechnik e.V.,

2. **Gas** die technischen Regeln der Deutschen Vereinigung des Gas- und Wasserfaches e.V.

**eingehalten worden sind."** ...

---

**MERKE**

... „Hausanschlusskasten ist die Übergabestelle vom Verteilungsnetz zur Verbraucheranlage. Er ist in der Lage Überstrom-Schutzeinrichtungen, Trennmesser, Schalter oder sonstige Geräte zum Trennen und Schalten aufzunehmen."...

---

### 2.1.3  DIN VDE 0100

Innerhalb der vielen Normenreihen des VDE Vorschriftenwerkes findet sich die Installationstechnik unter der Norm: **„DIN VDE 0100, Bestimmungen für das Errichten von Starkstromanlagen mit Nennspannungen bis 1000 V"**, die seit dem Jahre 1958 den notwendigen Änderungen angepasst wurde und immer noch wird.

Eine Umsetzung der Anforderungen nach DIN VDE 0100 Teil 732 wird in Abb. 4 gezeigt.
Im Hausanschlussraum kommt das Kabel vom Verteilungsnetzbetreiber (VNB) erdverlegt im Haus an, man spricht auch vom Übergabepunkt. Im Hausanschlusskasten (HAK) sind die Hauptsicherungen installiert, die gegebenenfalls bei einem Kurzschluss von der Hauptverteilung trennen. Der Hausanschlusskasten wird von Mitarbeitern des VNB meist im Keller eines Hauses montiert. Von

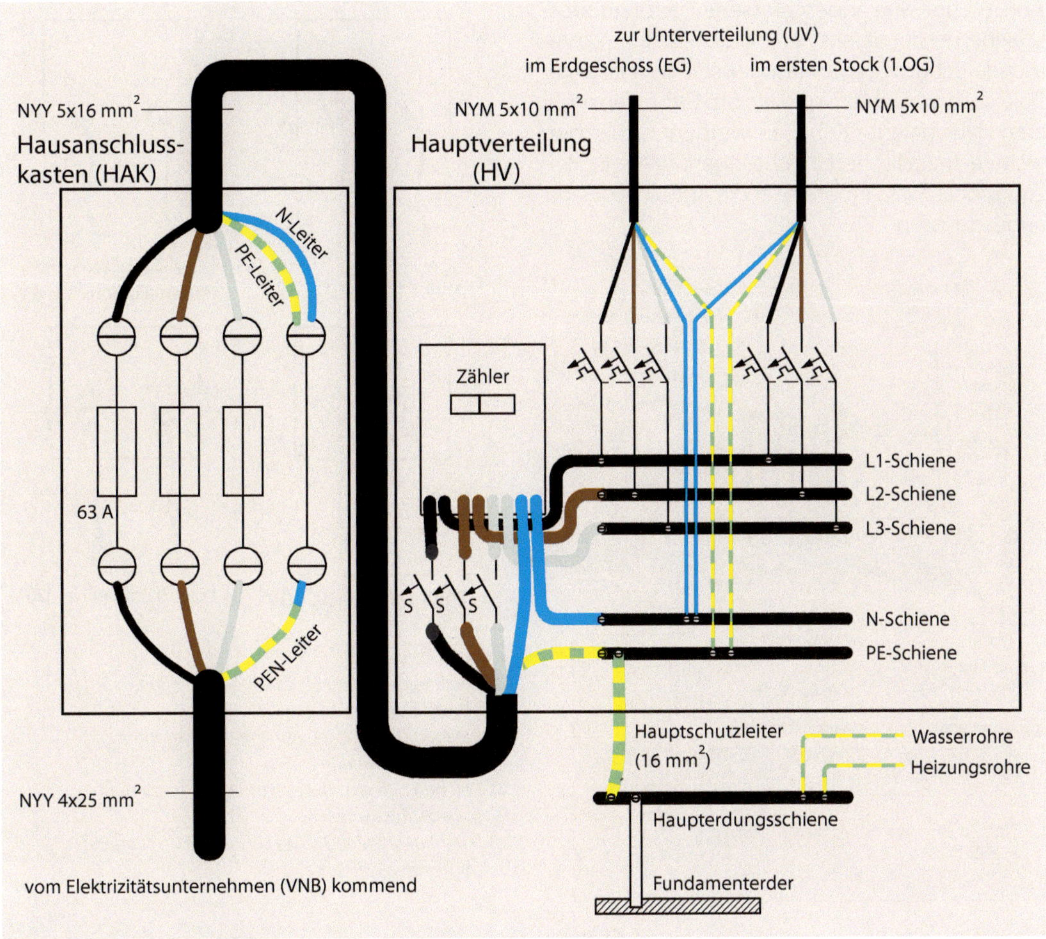

zur Unterverteilung (UV)
im Erdgeschoss (EG)          im ersten Stock (1.OG)

NYM 5x10 mm$^2$          NYM 5x10 mm$^2$

NYY 5x16 mm$^2$

**Hausanschluss-kasten (HAK)**

N-Leiter

PE-Leiter

**Hauptverteilung (HV)**

Zähler

63 A

PEN-Leiter

L1-Schiene
L2-Schiene
L3-Schiene

S  S  S

N-Schiene
PE-Schiene

Hauptschutzleiter (16 mm$^2$)

NYY 4x25 mm$^2$

Wasserrohre
Heizungsrohre

Haupterdungsschiene

vom Elektrizitätsunternehmen (VNB) kommend

Fundamenterder

*Abb. 4*
*Beispiel für eine Hauszuleitung*

hier aus geht es weiter zur Hauptverteilung in der der Stromzähler seinen Platz hat. Um einen Stromklau vor dem Zähler zu verhindern, wird der fertig installierte und geprüfte Hausanschlusskasten ver-

plombt und darf nur von Mitarbeitern des VNB geöffnet werden. Ist ein TN-C-S-System vorhanden, erfolgt die Trennung des PEN-Leiter in den separaten PE-Leiter und N-Leiter meist im HAK.

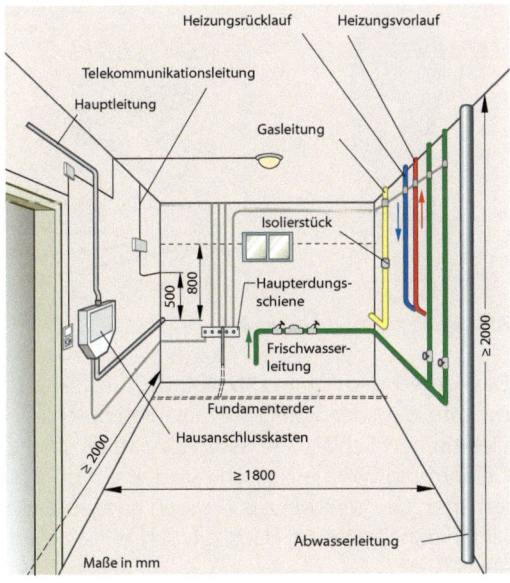

Heizungsrücklauf   Heizungsvorlauf
Telekommunikationsleitung
Hauptleitung
Gasleitung
Isolierstück
Haupterdungs-schiene
Frischwasser-leitung
Fundamenterder
Hausanschlusskasten
≥ 1800
Abwasserleitung
Maße in mm

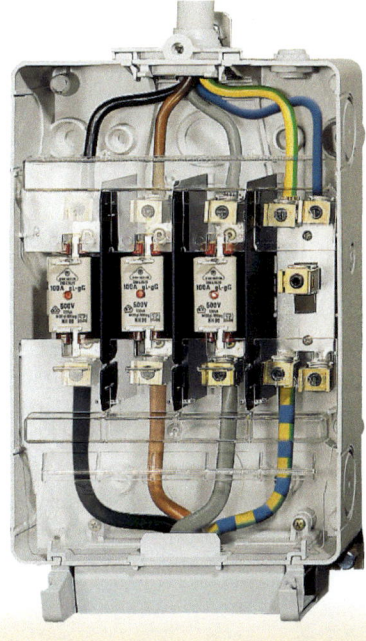

*Abb. 5*
*Hausanschlussraum und -kasten (HAK)*

Abb. 6 zeigt eine angeschlossene Haupterdungsschiene, bei der bereits der von der Zuleitung kommende Schutzleiter angeschlossen wurde. Unter Zuleitung verstehen wir das vom Stromversorger zum Haus gelegte Kabel. Es wurden auch schon weitere metallische Einrichtungen, wie z. B. Heizungsrohre, Wasserrohre oder die Antennenanlage, angeschlossen.

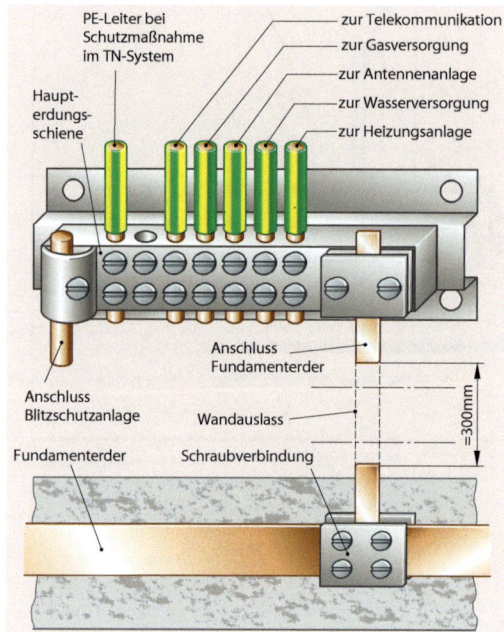

**Abb. 6**
Haupterdungsschiene

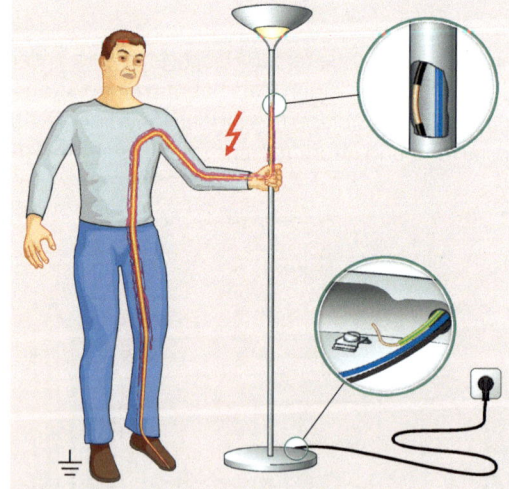

**Abb. 7**  Potentiale
a) Potentialdifferenz 12 V, es können 12 V Spannung abgegriffen werden
b) Potentialdifferenz 6 V, es können 6 V Spannung abgegriffen werden
c) Potentialdifferenz 0 V, es kann keine Spannung abgegriffen werden
d) Potentialdifferenz 20 V, es können 20 V Spannung abgegriffen werden

### 2.1.4  Elektrisches Potential

Potential beschreibt in der Elektrotechnik den Unterschied zwischen einem Mess- und einem Bezugspunkt. Das ist wie eine Spannungsmessung. Zwischen dem Spannungspotentialen des Bezugspunktes und des Messpunktes besteht ein Potentialunterschied, also eine Spannung. Bei der Schaltung in Abb. 7 (unten links) gibt es keine Potentialdifferenz. Zwischen den beiden Bezugspotentialen herrscht eine Potential„differenz" (Spannung) von 0 Volt.

An einer Haupterdungsschiene soll also ein Potential, hier das Erdpotential (**PE** *engl.* **P**rotection **E**arth) untereinander **ausgeglichen**, auf 0 Volt gebracht werden. Alle leitfähigen berührbaren Körper elektrischer Betriebsmittel (z. B. Metallgehäuse der Stehlampe) sowie fremde leitfähige Teile (z. B. Heizkörper) und die Erde werden über leitfähige Verbindungen miteinander verbunden. Dadurch wird sichergestellt, dass ein Fehlerstrom nicht versehentlich z. B. die Heizung unter Spannung setzt, sondern sofort zur Erde abfließen kann.

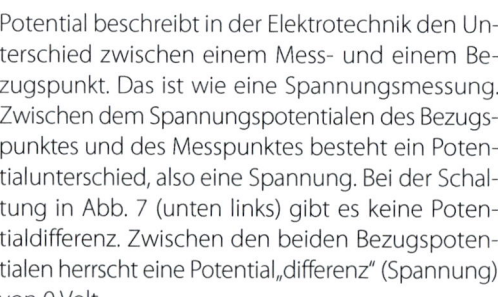

**Abb. 8**  Möglicher Fehlerstromweg

Das fordert der VDE in DIN VDE 0100 Teil 410. Er möchte, dass der Schutz vor Gefahren durch den elektrischen Schlag verbessert bzw. eine solche Gefährdung völlig ausgeschlossen wird. Von fehlerhaften Geräten, wie z. B. Lampen oder anderen leitfähigen Dingen im Haushalt, darf keine Gefahr ausgehen.

## 2.1.5 Netzsysteme

Netzsysteme beschreiben die Art und Weise, wie die Spannungsverteilung vom Erzeuger (Kraftwerk) zum Verbraucher (Häuser) aufgebaut ist. Es gibt verschiedene Netzsysteme, die sich unterscheiden durch:

- die Erdungsverhältnisse des Erzeugers (1. Buchstabe T oder I)
- die Erdungsverhältnisse des Verbrauchers (2. Buchstabe T oder N)
- die Verwendung des Neutralleiters und des Schutzleiters

Daraus ergeben sich drei Netzsysteme (DIN VDE 0100 Teil 300):

| 1. Buchstabe | | 2. Buchstabe | |
|:---:|:---:|:---:|:---|
| T | - | T | - System |
| I | - | T | - System |
| T | - | N | - System |

Nach internationaler Normierung werden die Erdungsverhältnisse durch Buchstaben festgelegt:

- **T** (vom lateinischen **Terra** = Erde) bedeutet: direkte Erdung. Hier wird direkt vor Ort geerdet, d. h. es wird z. B. ein Metallspieß bis zu 15 Meter ins Erdreich getrieben.
- **N** (vom französischen **Neutre** = neutral) bedeutet: direkt mit dem Erder des Spannungserzeugers verbunden. Es liegt also ein Kabel das direkt mit dem Erdungsspieß (Erdpotential) beim Erzeuger verbunden ist bis zum Verbraucher.
- **I** (vom französischen **Isolé** = isoliert) bedeutet: Isolierung aller aktiven Teile gegenüber dem Erdpotential (z. B. in Krankenhäusern). Der Erzeuger ist vom Erdpotential völlig losgelöst.

Zum besseren Verständnis nochmals alle drei Netzsysteme als Bild:

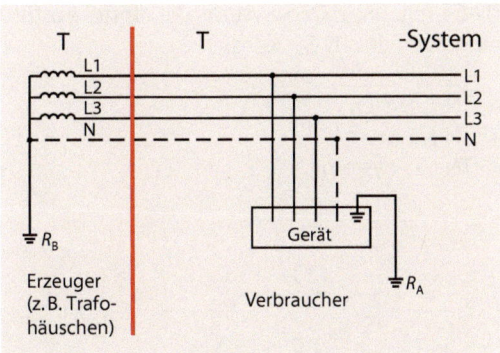

**Abb. 10**
*TT-System*

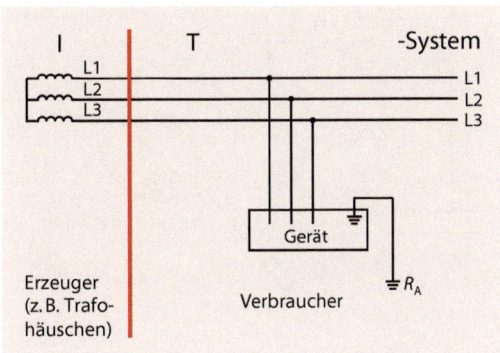

**Abb. 11**
*IT-System*

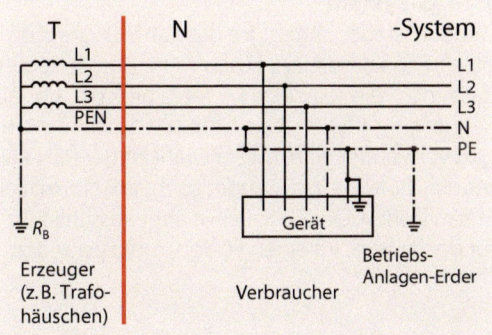

**Abb. 12**
*TN-System*

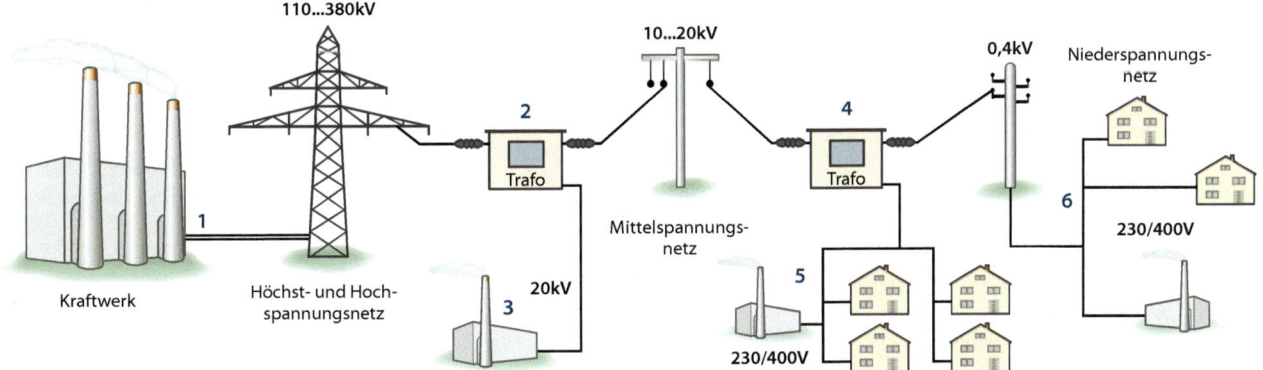

**Abb. 9** *Weg des Stromes vom Kraftwerk zum Verbraucher*

Das in Deutschland für Wohngebäude am häufigsten verwendete Netzsystem ist das TN-C-S-System. Dieses System ist als Kombination des TN-C- mit dem TN-S-System die dritte Ausführungsform des TN-Systems.

- TN-C-System
- TN-S-System
- TN-C-S-System

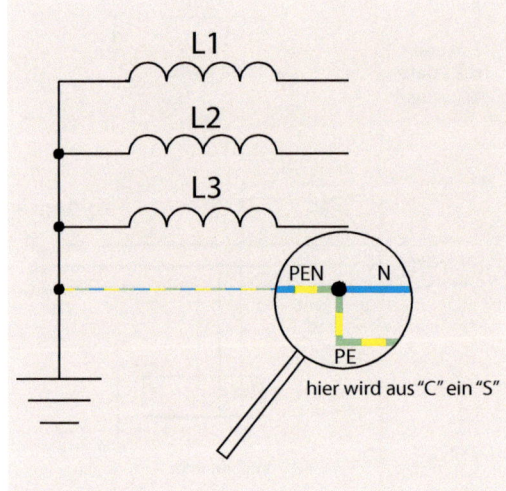

**Abb. 13** *TN-C- und TN-C-S-System*

### TN-C-S-System
Der Buchstabe „C" steht für das französische „Combiné", also kombiniert, zusammen. Das bedeutet, dass hier ein einzelner Draht gleichzeitig als Schutzleiter (PE) und als Neutralleiter (N) verlegt und verwendet wird. Dieser Draht ist der PEN-Leiter. Im PE(N)-Leiter würde auch im Normalfall Strom fließen. Der PE-Leiter ist aber ausschließlich für den Notfall, für einen Fehlerstrom zuständig!

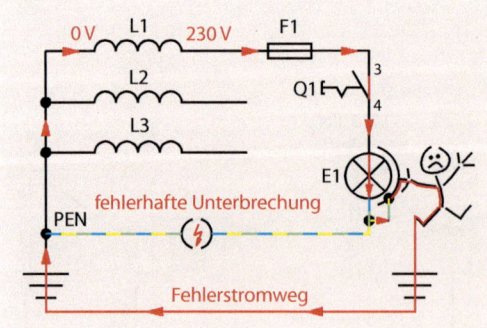

**Abb. 14** *Fehlerfall im TN-C-System*

Ein großer Nachteil dieses Systems ist die Gefahr eines elektrischen Schlages. Im TN-C-System würde, falls der PEN-Leiter unterbrochen wird (oder sich

z. B. aus seiner Klemme in der Verteilerdose oder an der Steckdose löst), das/die Gehäuse unter Spannung (230V!) sein. Sobald eine Person oder ein Tier das Gehäuse berührt, kann es zu einem tödlichen elektrischen Schlag kommen. Daher ist seit 1973 in Deutschland als Hausinstallation nur noch das TN-S-System zulässig. Ein großer Vorteil des TN-C-System ist allerdings, dass zum Betrieb dieses Netzes nur vier Adern benötigt werden: L1, L2, L3 (die drei Phasen) und der PEN-Leiter. Dadurch entsteht in diesem System eine kostengünstigere Verkabelung als im TN-S-System.
Der Buschstabe „S" steht für das französische „Separé", also separiert, einzeln, getrennt. Das bedeutet, dass hier für den Schutzleiter (PE) und für den Neutralleiter (N) jeweils ein einzelner Draht verlegt und verwendet wird.

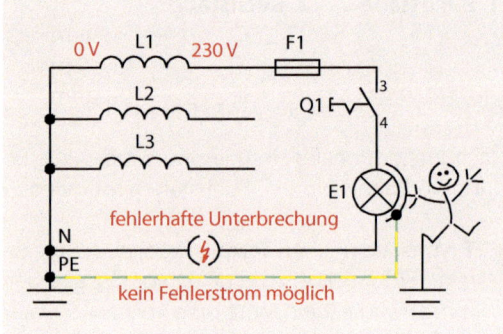

**Abb. 15** *Fehlerfall im TN-S-System*

Entsteht hier ein Fehler durch das Lösen eines Drahtes, kann es nicht zu einem elektrischen Schlag kommen. Personen und Tiere sind weitestgehend geschützt. Der große Nachteil ist allerdings, dass für den Betrieb dieses Systems fünf Adern benötigt werden. Dadurch entstehen höhere Kosten für die Verkabelung.
Als Alternative für die Vor- und Nachteile dieser beiden Systeme etablierte sich das TN-C-S-System, eine Kombination der beiden vorgenannten Netzformen. Die Verteilungsnetzbetreiber verlegen ihr Verbundnetz Strom also erst 4-adrig im kostengünstigen TN-C-System bis zu unseren Häusern und dort macht die Elektrofachkraft (wie oben beschrieben) ein 5-adriges TN-S-System daraus. Es wird also der PEN-Leiter aufgeteilt in einen PE-Leiter und in einen N-Leiter.

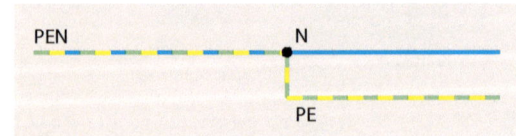

**Abb. 16** *Aus „PEN" wird „PE" und „N"*

Ist diese Aufteilung einmal gemacht, darf sie innerhalb dieses Systems nicht mehr rückgängig gemacht werden:

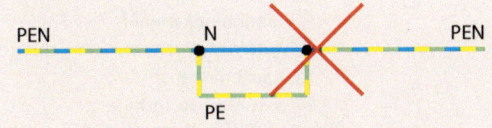

**Abb. 17** *Verboten! Rückführung zu „PEN" aus „PE" und „N"*

Die Begründung dafür ist, dass im Normalfall im Neutralleiter Strom fließt. Schaltet man z. B. einen Staubsauger ein, so fließt der Strom von einer Phase (L1, L2 oder L3) kommend durch den Staubsauger, bringt den Motor zum Drehen und fließt über den Neutralleiter, als Neutralleiterstrom wieder zurück. **Würde man den vorher aufgetrennten PEN wieder zusammenführen und später wieder trennen, so wäre ein Strom auf dem PE (Schutzleiter) normal. Und das darf nicht sein (Abb. 18)!**

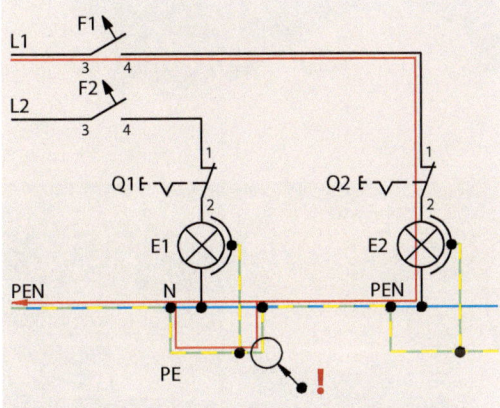

**Abb. 18** *Stromverlauf im Schutzleiter nach verbotener Rückführung zu „PEN"*

**Symmetrische und unsymmetrische Last**

Wegen des Neutralleiterstrom benötigt man in den meisten Fällen der Leitungsverlegung eine 5-adrige Leitung (L1, L2l L3, N, PE). Die elektrischen Verbraucher lassen sich in Wechselstromverbraucher, angeschlossen an eine Phase und den Neutralleiter, und in Drehstromverbraucher, angeschlossen an alle drei Phasen, einteilen. Reine Drehstromverbraucher, wie z. B. eine größere Kreissäge (Drehstrommotor), brauchen keinen Neutralleiter. Der von ihnen benötigte Strom fließt nur in den Phasen, sie stellen eine symmetrische Last dar. Es würde eine 4-adrige Zuleitung ausreichen (L1, L2, L3, PE). Sobald aber ein Wechselstromverbraucher dazu kommt, z. B. eine Kontrolllampe, entsteht eine unsymmetrische Last. Damit ein Neutralleiterstrom fließen kann, wird ein Neutral-

leiter benötigt. Da nur in bestimmten Fällen, wie z. B. bei den direkten Anschlussleitungen zu Drehstrommotoren (Industrie, Waschstraßen, Rolltore etc.) oder dem Betrieb von elektrischen Drehstromheizungen eine symmetrische Last (4-adrige Zuleitung) vorhanden ist, werden die Versorgungsleitungen zu Drehstromsteckdosen, bei Anbauten oder sonstigen Erweiterungen der Versorgungsspannung allgemein 5-adrige Leitungen oder Kabel verlegt.

### 2.1.6 Drehstrom (Drei-Phasen-Wechselstrom)

Nahezu überall auf der Welt wird mit Drehstrom gearbeitet. Der Begriff „Drehstrom" kommt von der Art und Weise seiner Erzeugung. Wahrscheinlich hat jeder von uns schon einmal ein Kraftwerk gesehen. Dort wird die von den Verbrauchern benötigte Spannung erzeugt. Im Kraftwerk wird ein Energieträger wie z. B. Kohle, Gas oder auch Atomkraft (eigentlich die Wärme, die beim Umgang mit den so genannten Brennstäben entsteht) genutzt, um Wasser zu erhitzen. Dabei entsteht Wasserdampf. Diesen Wasserdampf komprimiert man, also verdichtet ihn. Dadurch entsteht Druck. Dieser Druck wird auf die Schaufelräder einer Turbine geleitet, so dass diese sich dreht.

An die Turbine ist ein Generator gekoppelt. Ein Generator ist vom Grundprinzip her nichts anderes, als ein Motor beispielsweise in einem Elektrorasenmäher. Nur dass im Rasenmäher eben die vorhandene Spannung genutzt wird um die Drehbewegung des Messers zu erzeugen und beim Generator die Drehbewegung der Turbine zum Erzeugen von Spannung. Es ist das Gleiche, nur umgekehrt. Aus Spannung wird Bewegung oder aus Bewegung Spannung. Strom sind viele kleine Elektronen, die magnetisierbar sind. Nähert man sich den Elektronen mit einem Magnet, stoßen sich diese ab, bewegen sich weg vom Magneten. Man kann auch sagen, es fließt Strom unter der Voraussetzung, dass der Stromkreis geschlossen ist und der Strom weiß, wohin er fließen kann. Diesen Vorgang nennt man auch Induktion. Ein englischer Physiker namens Faraday stellte fest, dass durch die Veränderung eines magnetischen Flusses an einem Kupferdraht (Leiter) eine elektrische Spannung entsteht (induziert wird).

Im Inneren des Generators befindet sich ein über eine Welle drehbarer Magnet. Durch die Drehung wird der Magnet immer wieder an Kupferdrahtspulen im äußeren Mantel des Generators vorbeigeführt.

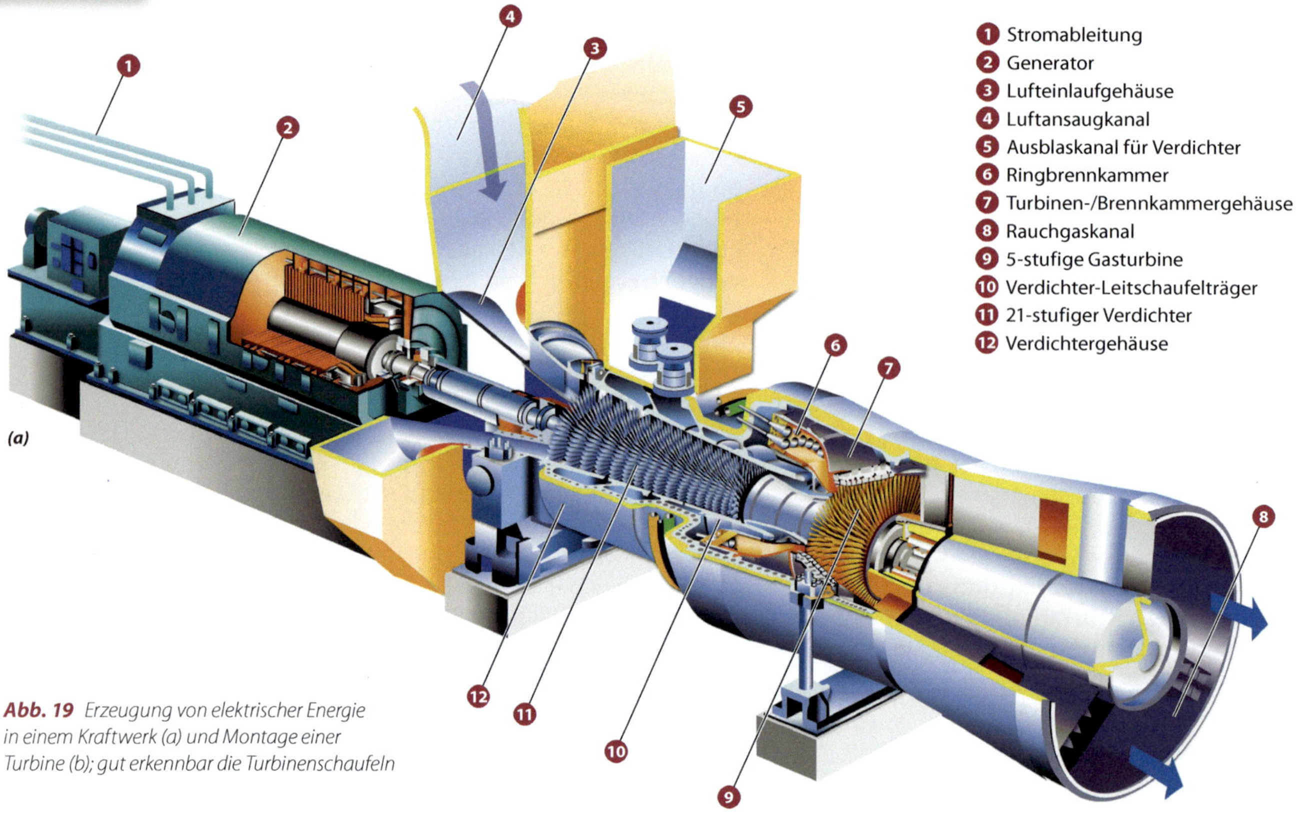
(a)
1 Stromableitung
2 Generator
3 Lufteinlaufgehäuse
4 Luftansaugkanal
5 Ausblaskanal für Verdichter
6 Ringbrennkammer
7 Turbinen-/Brennkammergehäuse
8 Rauchgaskanal
9 5-stufige Gasturbine
10 Verdichter-Leitschaufelträger
11 21-stufiger Verdichter
12 Verdichtergehäuse

**Abb. 19** *Erzeugung von elektrischer Energie in einem Kraftwerk (a) und Montage einer Turbine (b); gut erkennbar die Turbinenschaufeln*

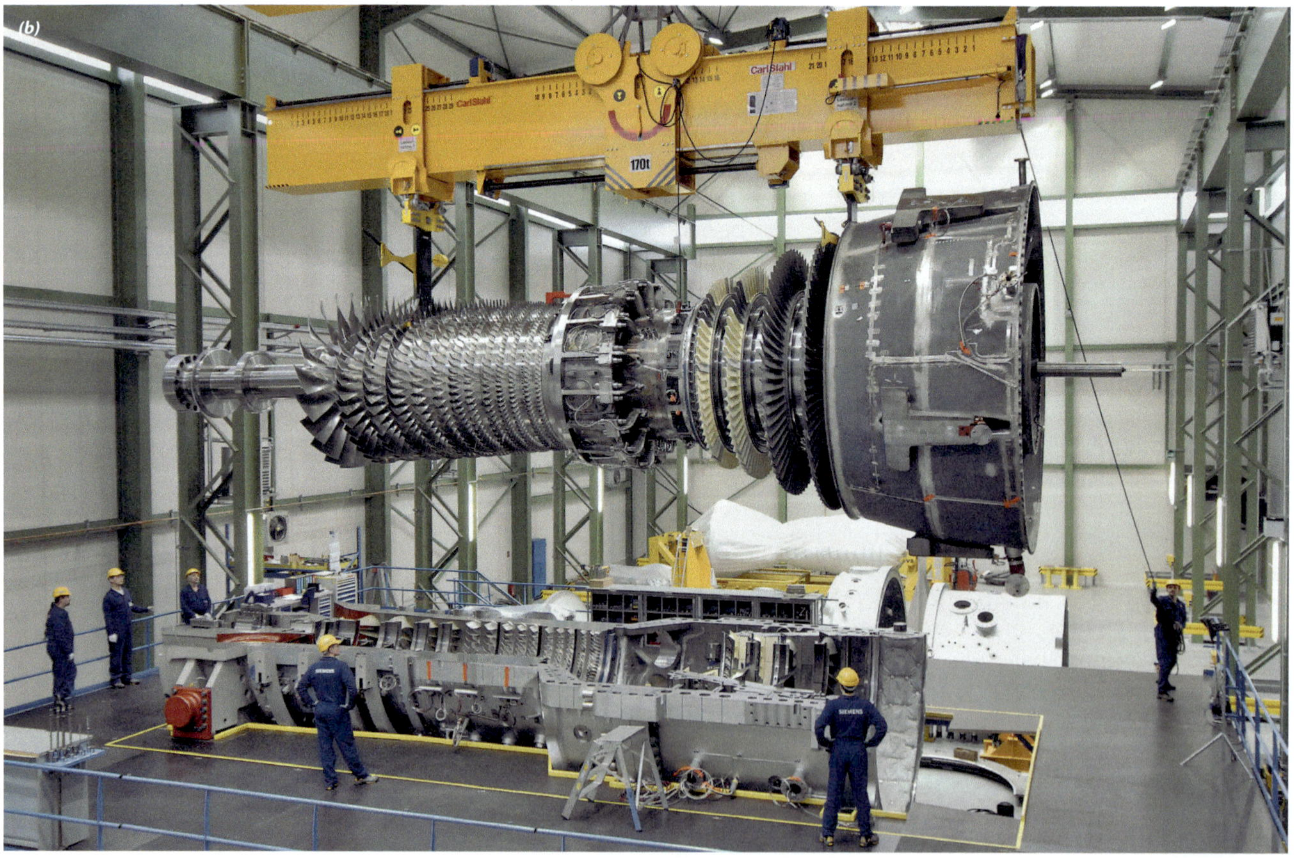
(b)
CarlStahl
170t

## Strom-/Spannungserzeugung

Durch dieses Drehen „treibt" man die Elektronen, also den Strom, durch den Draht, immer unter der Voraussetzung eines geschlossenen Stromkreises. Die Elektronen müssen wieder zurück zu ihrem Ursprung, sonst würde die Kupferdrahtspule immer dünner werden. Ein Stromkreislauf ist immer ein geschlossener Kreislauf, genau genommen vom Kraftwerksgenerator über unsere Playstation zurück zum Kraftwerksgenerator. Auf diesem Weg geht nichts verloren. Betrachten wir Tabelle 1:

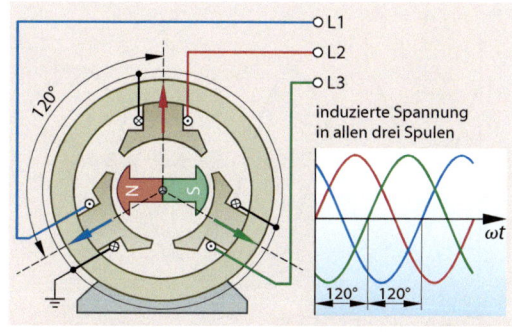

**Abb. 20**
*Schema eines Drehstromgenerators*

**Tabelle 1** *Spannungserzeugung in Abhängigkeit zur Drehbewegung*

| Drehwinkel | Erklärung |
|---|---|
| **1** 0° | Wir starten bei 0 Grad. Noch wird kein Magnet bewegt, es werden keine Elektronen „getrieben", es wird keine Spannung induziert, es fließt kein Strom. |
| **2** 90° | Der Magnet im Generator wird 90 Grad im Uhrzeigersinn gedreht. Dabei bewegt er sich zur Kupferdrahtspule hin und „treibt" wegen der ansteigenden Magnetkraft immer mehr Elektronen durch den Kupferdraht. Der Strom nimmt zu, bis der Magnet die Kupferdrahtspule erreicht. |
| **3** 180° | Sobald der Magnet die 90-Grad-Marke passiert, nimmt seine Magnetkraft auf die Kupferdrahtspule wieder ab, weil er sich von dieser wieder entfernt. Die Spannung und damit der mögliche Strom (geschlossener Stromkreis!) nimmt solange ab, bis sich der Magnet 180 Grad gedreht hat. Genau zu diesem Zeitpunkt ist die Magnetkraft des Nord- und des Südpols auf die Kupferdrahtspule ausgeglichen. Es werden nun keine Elektronen „getrieben". Zu beachten ist, dass der Magnet jetzt genau andersherum liegt als bei 0 Grad zum Startzeitpunkt. |
| **4** 270° | Bei der Drehbewegung auf 270 Grad wiederholen sich die Ereignisse analog der Wegstrecke von 0 auf 90 Grad, nur dass nun der Strom in umgekehrter Richtung fließt. Ursache ist die umgekehrte Polung des Magneten. Durch diese Tatsache lässt sich auch erklären, weshalb man von Wechselspannung spricht. In unserem Stromnetz „wechselt" die Stromrichtung auf Grund ihrer Erzeugung hin und her, daher also der Begriff „Wechselstrom/Wechselspannung". |
| **5** 360° | Nun noch die Drehung bis auf 360 Grad. Hier endet eine vollständige Umdrehung mit dem Absinken des Stromflusses auf 0. Daher der Begriff „Drehstrom". Die so entstandene „Sinuswelle" zeigt den Strom-/Spannungsverlauf in allen europäischen Energieversorgungsnetzen. Um eine Umdrehung besser auszunutzen, werden im äußeren Bereich des Generators drei Kupferdrahtspulen, jeweils um 120 Grad (3 · 120 Grad = 360 Grad) versetzt, positioniert. Die so erzeugten Ströme/Spannungen zeigt die Abb. 21. |

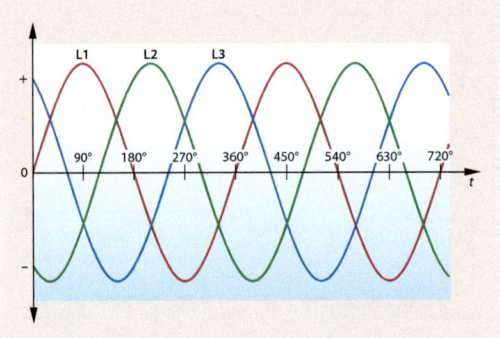

**Abb. 21**
*Strom-/Spannugsverlauf in
den drei Kupferdrahtspulen*

Einfamilienhäuser als Energieerzeuger dienen und so direkt (über einen Einspeisezähler) die gewonnene Energie ins Verbundnetz einspeisen. Die eingespeiste Energie wird nach dem Erneuerbare Energien Gesetz (EEG) vergütet.

Das Verbundnetz ist gegliedert in:

- Höchstspannungsnetz
- Hochspannungsnetz
- Mittelspannungsnetz
- Niederspannungsnetz.

Dies sind wiederum die unter dem Abschn. 2.1.5 „Netzsysteme" häufig angesprochenen **3 Phasen: L1, L2, L3**.

### 2.1.7  Verbundnetz Strom

Die Spannungsversorgung in unsere Häuser findet nicht zwangsweise über das am nächsten befindliche Kraftwerk statt. Vielmehr gibt es in Europa ein so genanntes Verbundnetz, seit 2009 unter dem Dach der ENTSO-E. Das bedeutet, dass alle Kraftwerke in ein großes Versorgungsnetz einspeisen und die Verbraucher wiederum von dort den benötigten Strom abnehmen. Durch effiziente Solarenergieanlagen können beispielsweise auch

Das Niederspannungsnetz ist das Netz, das die Versorgungsspannung von 230V/400V 50 Hz in Wohngebäuden gewährleistet. Demzufolge haben alle Netze über dem Niederspannungsnetz, wie die Namen schon sagen, eine höhere Spannung als 230V/400V. Das ist erforderlich, um die benötigte elektrische Leistung, also Watt (1000 Watt = 1 Kilowatt), zu transportieren. Bis vor einigen Jahren hatte die Versorgungsspannung in unseren Wohngebäuden einen Wert von 220V/380V. Da aber immer mehr Menschen PCs, Handyladegeräte, Spielekonsolen und andere elektrische Geräte benutzen, brauchte die Bevölkerung zunehmend mehr Strom. Um diesen Bedarf zu decken, beschloss man 1987 die Werte auf 230V/400V +/– 10 % zu erhöhen. Dazu eine kleine Rechnung:

– Versorgung von 525 Millionen Bürgern
– 828 GW Erzeugung
– 305 000 km Übertragungsleitungen
– 400 TWh/a Austausch

**Abb. 22**
*Stromverbundnetz in Europa.
Die Mitgliedsländer sind im
ENTSO-E (European Network
of Transmission System Operators
for Electricity) organisiert.*

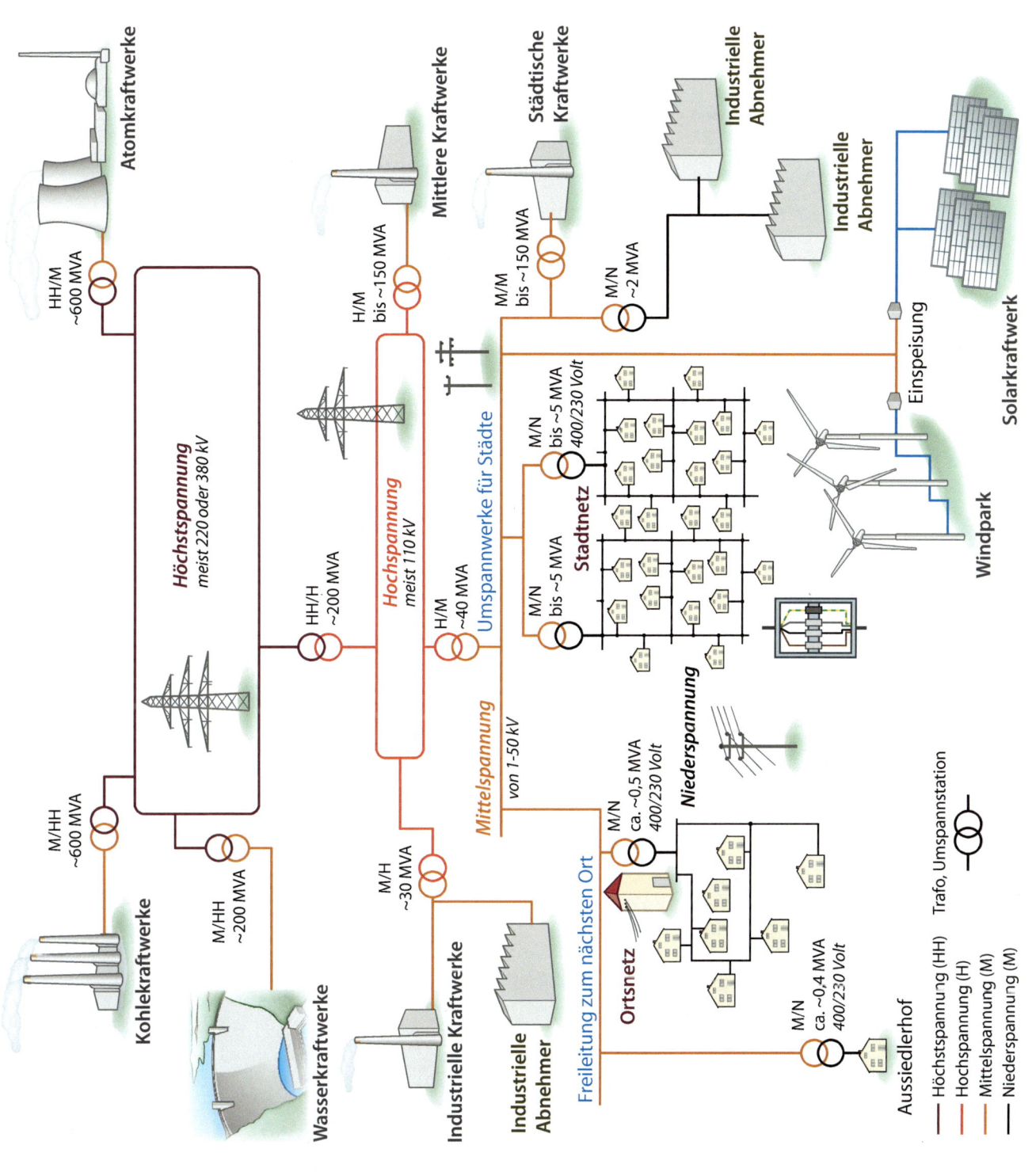

**Abb. 23** Verbundnetz Strom

### 2.1.8 Leistungsbedarf

Der Leistungsbedarf in den Häusern steigt an. Leistung (Einheit „Watt", Formelzeichen „$P$") setzt sich zusammen aus Spannung (Einheit „Volt", Formelzeichen „$U$") mal Strom (Einheit „Ampere", Formelzeichen „$I$"):

$Leistung = Spannung \cdot Strom$

$P = U \cdot I$

$P = 5\,V \cdot 2\,A = 10\,W$

Durch Verdopplung der Spannung, verdoppelt sich die Leistung.

$P = 10\,V \cdot 2\,A = 20\,W$

Durch Verdopplung des Stroms, verdoppelt sich die Leistung.

$P = 5\,V \cdot 4\,A = 20\,W$

Um also eine höhere Leistung aus dem Stromnetz beziehen zu können, kann man entweder den Strom oder die Spannung erhöhen.

Das Problem ist, dass Strom bewegte Elektronen sind: Je mehr Strom, um so mehr bewegte Elektronen. Diese Elektronen reiben im Kupferdraht aneinander und erwärmen sich; je mehr Strom, desto wärmer werden sie, so weit, dass der Kupferdraht verglühen kann. Diesem physikalischen Phänomen könnte man nur entgegenwirken, indem man den Kupferdraht dicker macht. Allerdings ist der Austausch der Stromversorgungsleitungen aus Kosten- und Umweltschutzgründen schlicht nicht möglich. Die Lösung konnte also nur sein, die Spannung des Netzes zu erhöhen.

Die Kraftwerke haben seit dem Jahr 1987 die eingespeiste Spannung erhöht, so dass im Verbundnetz Strom problemlos mehrere Kilowatt Leistung zusätzlich entnommen werden können.

### 2.1.9 Grundüberlegungen zur Planung von elektrotechnischen Installationen/Anlagen

Abschließend noch eine kurze Beschreibung, wie die Planung bzw. der Aufbau der Stromversorgung einer elektrischen Installation aussehen könnte. Bisher wurde unter anderem beschrieben:

- … wie die Versorgungsspannung erzeugt wird, s. Abschn. 2.1.6 „Drehstrom (Drei-Phasen-Wechselstrom)".
- … wie die Versorgungsspannung an die Gebäude kommt (s. Abschn. 2.1.5 „Netzsysteme").
- … und im Abschn. 2.1.3 „VDE 0100" wie die Versorgungsspannung normgerecht durch die Hauptverteilung in die Wohngebäude bis zu den einzelnen Sicherungen (Leitungsschutzschalter) kommt.

Nun muss man sich überlegen, was an elektrischer Versorgung gewünscht wird? Die folgenden Aspekte geben eine Orientierung:

- **Welche/wie viele elektrische Verbraucher möchte man betreiben?**

Es ist zu überlegen, wie viele Wechselstromverbraucher (Licht, Fernseher, Toaster) oder Drehstromverbraucher (Backofen, elektrische Heizungen) oder beides in der Neuinstallation gewünscht sind. Daraus ergibt sich eine Nennleistung, also ein Leistungswert, den man schätzungsweise benötigt. Es wäre fatal, eine Neuinstallation aufzu-

Schulen, Kindergärten          0,6 bis 0,9

Kaufhäuser, Supermärkte          0,7 bis 0,9

große Büros          0,4 bis 0,8

*Abb. 24* Gleichzeitigkeitsfaktoren

bauen und nach erfolgter Installation festzustellen, dass nicht genügend Strom/Leistung bereitsteht (s. Abschn. „Der Leistungsbedarf").

### ■ Werden diese elektrischen Verbraucher gleichzeitig betrieben?

Die DIN VDE 0100 Teil 300 weist so genannte Gleichzeitigkeitsfaktoren aus, da nicht alle elektrischen Verbraucher immer gleichzeitig betrieben werden. Das bedeutet also, dass die benötigte Leistung kleiner als die installierte Leistung ist. Da die Installationen unterschiedlich betrieben werden, gibt es auch unterschiedliche Gleichzeitigkeitsfaktoren (Abb. 24).

Die ungefähre Nennleistung multipliziert mit dem Gleichzeitigkeitsfaktor des neu aufzubauenden Bereiches ergibt die Bauteile des zu installierenden Leistungsbedarfs.

### ■ Wie hoch wird die Gesamtstrombelastung sein?

Aus den beiden vornannten Punkten lässt sich festlegen, wie hoch die Gesamtstrombelastung sein wird. Diese Größe ist wichtig, um entschei-

den zu können, woher die neue Zuleitung kommen soll. Ist der Gesamtstrom höher als ein weiterer Abgriff über einen Sicherungsabgang aus einer vorhandenen Unterverteilung zulassen würde, so muss an der Hauptverteilung (meist im Keller) eine neue Zuleitung für eine Unterverteilung geschaffen werden. Auch hier darf die Hauptverteilung im Gesamtstrom nicht überlastet werden.

### ■ Wie viele Sicherungsabgänge benötigt man?

Es ist zu überlegen, wie viele einzelne Stromkreise sinnvoll und nötig sind. Hier ist ebenso auf die benötigte Leistung zu achten. Dem entsprechend müssen in einer Unterverteilung Sicherungen bzw. Sicherungsabgänge mit dem richtigen Nennstrom eingeplant werden. Es hat sich z. B. durchgesetzt, dass Steckdosen- und Lichtstromkreise voneinander getrennt aufgebaut werden.

### ■ Welche Sicherungsabgänge benötigt man?

Es ist zu entscheiden und zu beachten, ob Wechselstrom- oder Drehstromverbraucher aufgebaut werden. Diese nutzen unterschiedliche Sicherungsautomaten (1-polig, 3-polig).

**LS 2.2**

## Modernisierung und Dokumentation einer Elektroinstallation

# „Ganz schön apart, mein Appartement unterm Dach!"

Endlich ist es soweit, der geplante Ausbau und die Modernisierung des Dachgeschosses nehmen Formen an. Zur Dokumentation der Arbeiten soll ein Ordner angelegt werden, der alle Informationen beinhaltet. Sie machen für diesen Ordner Fotos, die zeigen, wie die Installationsleitungen von der Elektrofachkraft verlegt wurden.

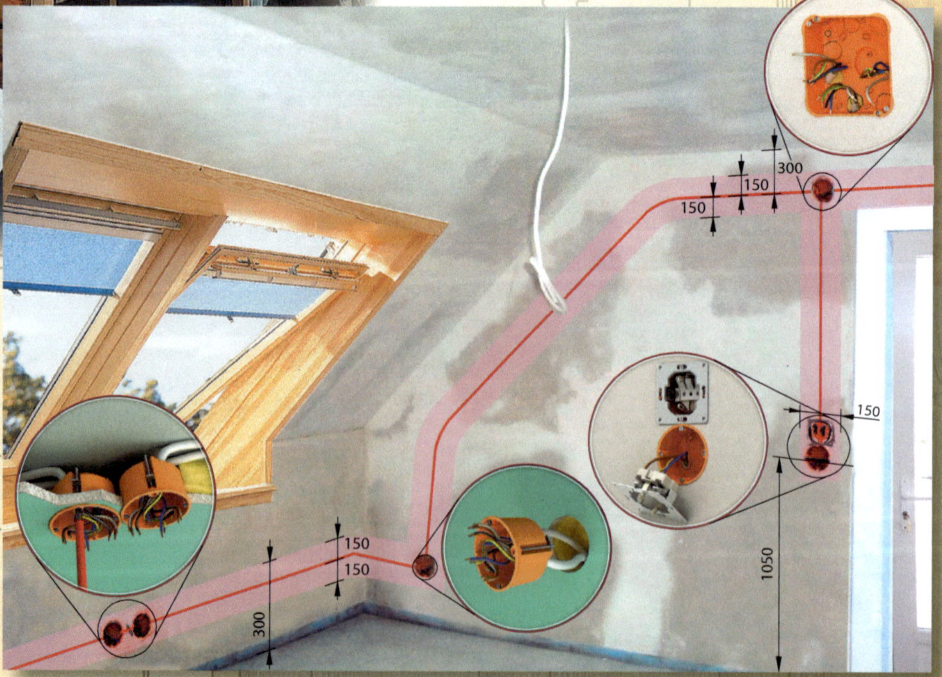

# Lernjobs

## 1.

In der Praxis wird im Wesentlichen mit drei verschiedenen Schaltplanarten gearbeitet. Erstellen Sie ein Handout mit Informationen über diese Schaltplanarten. Gehen Sie dabei auch auf die Vor- und Nachteile der jeweiligen Planart ein.

## 2.

Zeichnen Sie den Stromlaufplan des Wohnzimmers in aufgelöster und zusammenhängender Darstellung. Was fällt Ihnen beim Zeichnen auf?

## 3.

Die Beleuchtung E7 am Bett (s. Abb. 1, S. 64) soll nicht mehr nur von der Eingangstür aus bedienbar sein, sondern auch vom Bett aus. Bieten Sie dem Bauleiter eine praktikable, schriftlich verfasste Lösung an, bevor die Wände verputzt werden.

## 4.

Bearbeiten Sie in der Gruppe eine „Sortieraufgabe". Nutzen Sie dafür die Begriffe der Kopiervorlage auf S. 64.
Ausschalter, aufgelöste Darstellung, Serienschaltung, zusammenhängende Darstellung, Installationsplan, Leitungsschutzschalter, Schutzkontaktsteckdose, Wechselschalter, Leitung, Unterputzdose, Zuleitung, Kabel, NYM, Schaltplan

### „Sortieraufgabe"

Eine „Sortieraufgabe" beginnt als Einzelaufgabe. Schneiden Sie zuerst jeder für sich alle Begriffe des Aufgabenblattes aus. Bilden Sie daraus Stapel. Auf den einen Stapel kommen Begriffe, die Sie mit zwei Sätzen beschreiben können. Auf den anderen Stapel kommen die Begriffe, die Ihnen unbekannt sind. Beschreiben Sie nun die Ihnen bekannten Begriffe. Sobald Sie dies erledigt haben, beginnt die Gruppenarbeit. Erklären Sie sich gegenseitig die Begriffe. Sollten unterschiedliche Meinungen herrschen, klären Sie dies in der Gruppe. Gibt es Begriffe, die nicht geklärt werden können, recherchieren Sie in Ihren Unterlagen, Büchern oder dem Internet. Ergänzen Sie dann Ihre Ausführungen so, dass alle Begriffe geklärt und schriftlich fest-gehalten sind.

## 2.2.1 Aufbau und Betrieb elektrischer Installationen/Anlagen

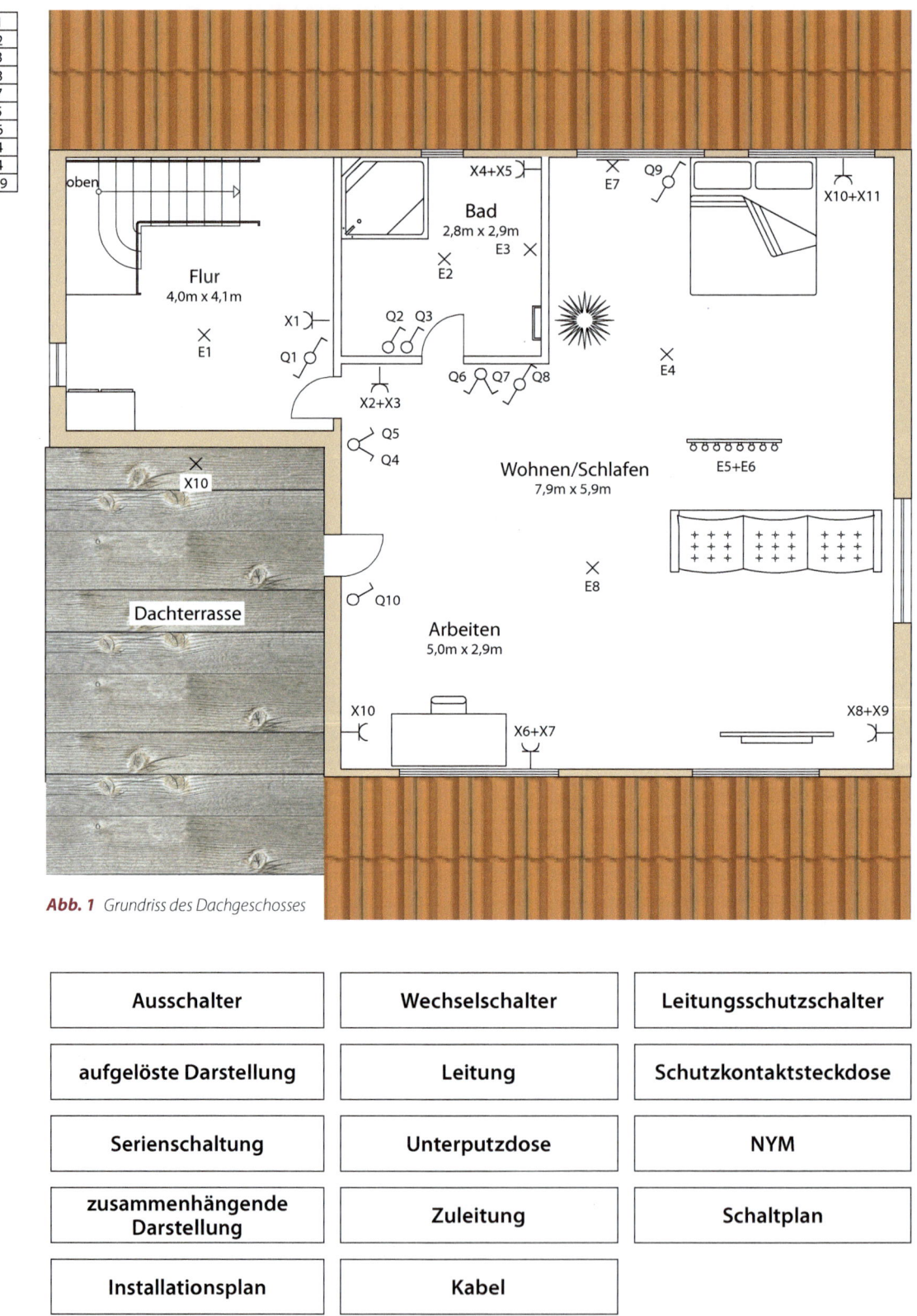

**Abb. 1** *Grundriss des Dachgeschosses*

| | | |
|---|---|---|
| Ausschalter | Wechselschalter | Leitungsschutzschalter |
| aufgelöste Darstellung | Leitung | Schutzkontaktsteckdose |
| Serienschaltung | Unterputzdose | NYM |
| zusammenhängende Darstellung | Zuleitung | Schaltplan |
| Installationsplan | Kabel | |

**Abb. 2** *Kopiervorlage für die Sortieraufgabe*

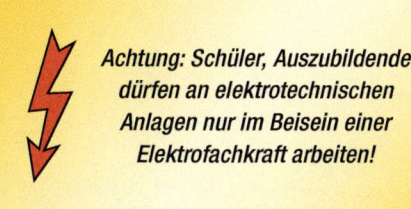

Achtung: Schüler, Auszubildende dürfen an elektrotechnischen Anlagen nur im Beisein einer Elektrofachkraft arbeiten!

direkt ablesbar, welcher Draht von welcher Klemme (Dose, Schalter, Leuchte) zu welcher Klemme (Dose, Schalter, Leuchte) angeschlossen werden muss. Nachteile dieser Darstellungsart sind, dass sie bei umfangreicheren Anlagen sehr unübersichtlich werden und das Zeichnen im Vergleich zu den anderen Darstellungsarten zeitaufwändig sein kann. Die Abb. 3 zeigt dafür ein Beispiel.

Diese Einschränkung gilt auch im Privatbereich und bedeutet, dass ohne entsprechende Qualifikation niemand an elektrotechnischen Anlagen mit Spannungen, die über Kleinspannung (50 Volt Wechselspannung/120 Volt Gleichspannung) liegen, arbeiten darf. Die Wechselspannung in unseren Wohnungen beträgt 230 Volt.

Der VDE definiert die Qualifikation „Elektrofachkraft" als: „... *Person, die aufgrund ihrer fachlichen (elektrotechnischen) Ausbildung, Kenntnisse und Erfahrungen sowie Kenntnis der einschlägigen Normen und Bestimmungen die ihr übertragenen Arbeiten beurteilen und mögliche Gefahren erkennen kann.*"

Um elektrische Installationen und Anlagen aufbauen und betreiben zu können, müssen neben der *Planung zur Stromversorgung von elektrischen Installationen/Anlagen* (s. Abschn. 2.1.9) weitere Aspekte beachtet werden.

### Schaltpläne
Schaltpläne zeigen mit meist genormten Zeichnungen den (energielosen, ausgeschalteten) Zustand einer Schaltung, Anlage oder Maschine. Nach Art der Darstellung gibt es: Übersichtsschaltpläne, Installationspläne, Schaltpläne in zusammenhängender Darstellung und Schaltpläne in aufgelöster Darstellung.

**MERKE**

Ziel der Normung ist es, in länderübergreifender Zusammenarbeit (ISO, EN) u.a. einheitliche Symbole für Bauteile und Anlagen zu schaffen und diese normgerecht in Zeichnungen und Plänen zu verwenden. Dadurch kann beispielsweise der Elektroinstallateur aus Schweden den Schaltplan genauso gut verstehen wie der aus Italien.

Bei der **zusammenhängenden Darstellung** werden die Bauteile ähnlich der Anordnung in der Realität gezeichnet. Dadurch lässt sich z. B. sehr einfach ablesen, wie viele Adern die Leitungen zwischen den Bauteilen haben. Es ist aber auch

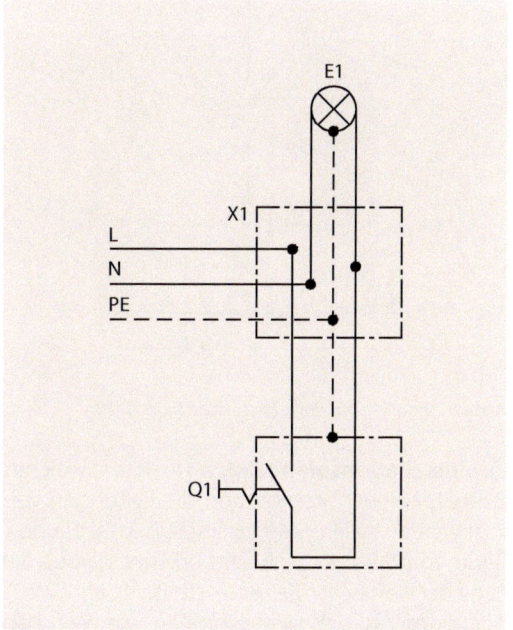

**Abb. 3** *Schaltplan in zusammenhängender Darstellung*

Funktionsweise: Wird der Schalter „Q1" betätigt, fließt der Strom vom Draht „L" kommend durch die Unterputzdose „X1" zum Schalter „Q1". Durch den Schalter geflossen kommt der Strom zurück zur Unterputzdose und fließt von dort zur Leuchte „E1". Diese bringt er zum Leuchten. Von dort fließt der Strom im Neutralleiter zur Unterputzdose „X1" und zurück zu „N".

Die **aufgelöste Darstellung** ist so angeordnet wie der Strom durch die Bauteile fließt (von oben nach unten). Daher sind meist der spannungsführende Draht (Phase, z. B. L1) waagerecht am oberen Rand und der spannungslose Draht (z. B. Neutralleiter N) waagerecht am unteren Rand gezeichnet. Dazwischen befinden sich die Bauteile und ihre Kontakte. Der Stromfluss kann in dieser Darstellungsweise relativ einfach und übersichtlich je nach Schalter-/Kontaktstellung von oben nach unten verfolgt werden. Wenn ein Kontakt/Schalter offen ist, fließt kein Strom. Ist er geschlossen, ist der Stromfluss durch dieses Bauteil möglich. In dieser Darstellungsart ist nicht ersichtlich, wo im Raum/in der Anlage das Bauteil verbaut/montiert wurde. Die Abb. 4 zeigt das gleiche, zuvor behandelte Beispiel in aufgelöster Darstellung:

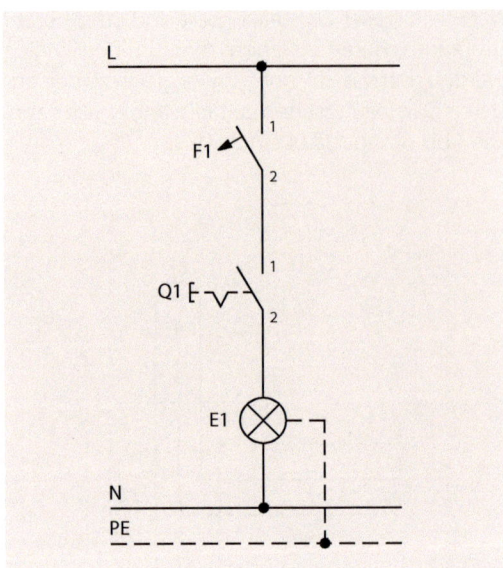

**Abb. 4**  *Schaltplan in aufgelöster Darstellung*

Der **Installationsplan** zeigt, wo im Raum welches Bauteil, welcher Schalter und die Leitungen verlegt werden sollen. Man hat also einen Gebäude-/Raumgrundriss vor sich und erkennt daraus die Lage der *elektrischen Betriebsmittel* (s. Abschn. 2.2.2). Allerdings lässt sich nicht erkennen, wie die Schaltungen funktionieren. Dies lässt sich aus der zusammenhängenden Darstellung bestimmen. Abb. 5 zeigt einen solchen Plan.

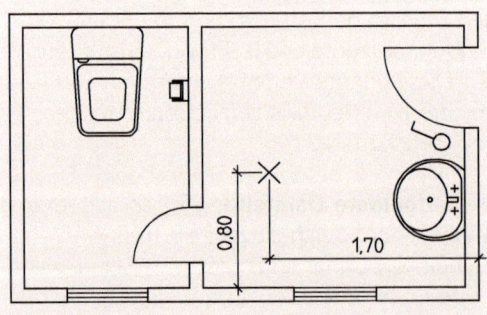

**Abb. 5**  *Installationsplan*

Im **Übersichtsschaltplan** erkennt man, welche Leitungen und welche sonstigen Bauteile verwendet werden sollen. Durch ihn lässt sich einfach und schnell ablesen, wie viele Schalter man z. B. benötigt oder wie viele Adern eine Leitung von Dose X nach Dose Y haben muss. Die Länge der Leitung lässt sich aber nicht bestimmen. Diese Information muss man einem der anderen Pläne

entnehmen. Abb. 6 zeigt ein Beispiel für einen Übersichtsschaltplan.

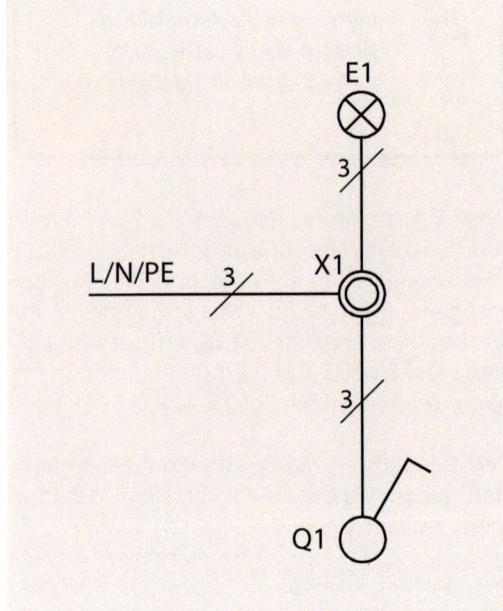

**Abb. 6**  *Übersichtsschaltplan*

Die verschiedenen Pläne haben somit ihren bestimmten Nutzen, aber auch ihre Schwächen. Für den jeweiligen Zweck muss man sich den passenden Plan ansehen. Nur so kommt man zu der Information, die man z. B. zum Erstellen einer Materialliste benötigt. Würde man all diese Informationen in einen einzelnen Plan eintragen, würde dieser sehr unübersichtlich.

> **MERKE**
>
> **Jede Darstellungsart von Schaltplänen hat Vorzüge. Kennt man diese, kann man jede Elektroinstallation relativ einfach und logisch planen sowie strukturiert montieren!**

### 2.2.1  Elektrische Betriebsmittel

In der DIN VDE 0100 Teil 200 sind alle elektrotechnisch relevanten Begriffe normgerecht definiert. Beispielsweise sind *„elektrische Betriebsmittel (…) alle Gegenstände, die zum Zwecke der Erzeugung, Umwandlung, Übertragung, Verteilung und Anwendung von elektrischer Energie benutzt werden …"* Vereinfacht kann man sagen, dass alle Bauteile, die in unseren Häusern mit Elektrotechnik zu tun haben, auch elektrische Betriebsmittel sind. Sie werden mittels normierter Begriffe definiert und haben bestimmte Bedeutungen/Aufgaben.

- **Ader:** isolierter Leiter
- **(Installations-)Leitung:** In einer Umhüllung zusammengefasste Adern. Die in der Elektroinstallation am häufigsten verwendete Leitung hat die nationale (deutsche) Kurzbezeichnung **„NYM"**. Diese Leitung wurde bisher nicht international normiert.
- **Kabel:** Leitung mit zusätzlichen bzw. besonderen Mänteln, z.B. für die Verlegung in Wasser oder Erdreich. Das in der Elektroinstallation am häufigsten verwendete Kabel hat die nationale (deutsche) Kurzbezeichnung **„NYY"**. Dieses Kabel wurde bisher nicht international normiert.
- **Nennstrom oder auch Bemessungsstrom:** Nennwerte bezeichnen immer den Normalwert. In der internationalen Normierung wird der Nennstrom Betriebsstrom genannt und als *„Strom, den der Stromkreis im ungestörten Betrieb führen soll"* definiert. Ein Leitungsschutzschalter mit einem Nennstrom von 16 A schaltet z.B. bei einem Strom von etwas über 16 Ampere nicht sofort ab, genauso wenig bei einem Strom, der weit unter 16 A liegt. Ausgelegt ist er allerdings für einen Nennstrom von 16 Ampere, den kann dieser LS immer sicher führen, das ist sein „Normalwert". Ein anschaulicheres Beispiel ist ein Autoradio. In den Werbeprospekten und auf den Kartons wird oft mit hohen Leistungswerten (1000 Watt) geworben. Diese Werte beziehen sich auf die Spitzenleistung des Gerätes. Die Nennleistung, also die dauerhaft abgebbare Leistung, ist immer sehr viel niedriger.

Manche Begriffe sind nicht normiert bzw. nicht vom VDE definiert. Auch diese haben einen klar bestimmten Einsatzbereich:

- **Schalter:** öffnet oder schließt Stromkreise, hat rastende Funktion, bleib also automatisch in seiner gewählten Stellung.
- **Taster:** öffnet oder schließt Stromkreise, hat tastende Funktion, geht also nach dem Loslassen in die Ausgangsposition zurück.
- **Alphanumerische Kennzeichnung** (VDE 0197): Mit Zahlen und Buchstaben von A bis Z (Ausnahme I und O, Verwechslungsgefahr mit 1 und 0) werden elektrische Betriebsmittel normiert bezeichnet. Leuchten werden mit „E" gekennzeichnet, Hauptschalter mit „Q".
- **Leuchte:** technisch und künstlerisch gestaltete Teile zur Aufnahme von Lampen.
- **Lampe:** Leuchtmittel, laienhaft Birne genannt.
- **Lichtleiste:** Anordnung mehrerer Lampen in Leistenform.

Es ist hilfreich zu wissen, dass sich die alphanumerische Kennzeichnung an der Funktion der Bauteile orientiert, d.h., dass ein Hauptschalter ebenso wie eine Hauptsicherung alphanumerisch mit „Q" gekennzeichnet wird.

**MERKE**

Die alphanumerische Kennzeichnung der Bauteile ist funktionsbezogen, nicht bauteilbezogen!

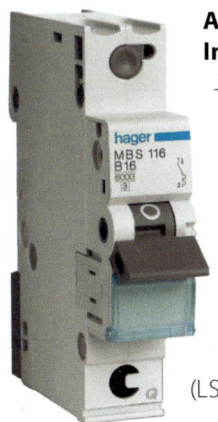

### Aufbau einer (Licht-) Installationsschaltung
Jede elektrotechnische Schaltung sollte eine eigene Absicherung haben. Die Sicherung ist immer das schwächste Glied im Stromkreis. Wenn es zum Fehlerfall kommt, dann hoffentlich an der Sicherung. In der Installationstechnik wird dies mit Leitungsschutz-(LS-)Schaltern realisiert (Abb. 7).

**Abb. 7** *Leitungsschutz-(LS-)Schalter*

Wie der Name sagt, schützt dieses Bauteil die Leitung. Oft wird dieser Schalter auch als Sicherungsautomat bezeichnet. Es gibt Leitungsschutzschalter in verschiedenen Bemessungsstromgrößen. Der am häufigsten verwendete ist der LS mit einem Bemessungsstrom von 16 A (Ampere). Er wird in jedem moderneren Haus zur Absicherung für die Steckdosenstromkreise eingebaut. Die Lichtstromkreise werden normalerweise mit einem LS 10 A abgesichert. In älteren Häusern sind oft noch Schmelzsicherungen verbaut (Abb. 8).

**Abb. 8** *Schmelzsicherungen*

Diese Sicherungen erfüllen den gleichen Zweck, sind aber nach dem Auslösen nicht mehr nutzbar und müssen ausgetauscht werden. Die Leitungs-schutzschalter können nach Beseitigung des Fehlers wieder eingeschaltet werden.

Eingebaut sind die Leitungsschutz-Schalter in einer Verteilung bzw. Unterverteilung, wie sie in jeder Wohnung bzw. jedem Haus vorhanden sind (Abb. 9).

**Abb. 11** Lochfräse für Unterputzdosen

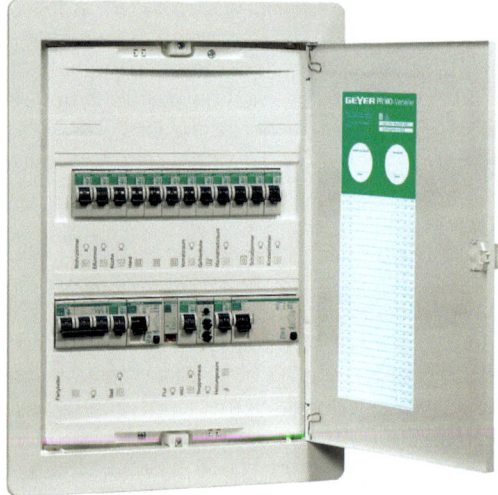

**Abb. 9** Unterverteilung

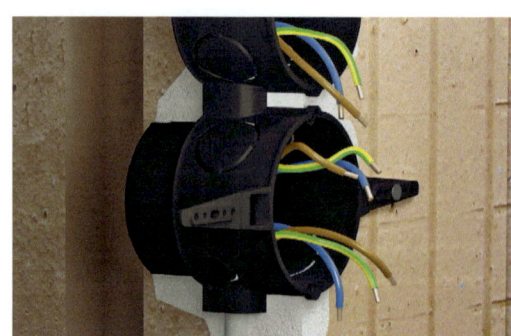

**Abb. 13** Schaltwippe für Lichtschalter

Von der Unterverteilung gehen alle Stromkreise, abgesichert durch die Leitungsschutzschalter, gemäß Installationsplan in die entsprechenden Räume. Um dort die notwendigen Installationsleitungen verlegen und anklemmen zu können, sollten in die noch unverputzten Wände Unterputzdosen (Abb. 10) eingebracht werden.

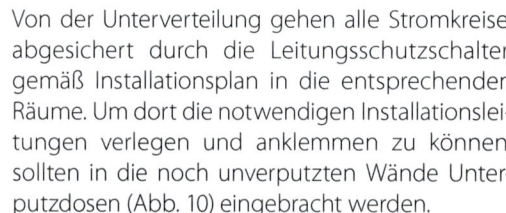

**Abb. 10** Unterputzdose

Die Löcher dafür fräst man oftmals mit Hilfe von Lochfräsen oder -sägen. Auch für die Schlitze, die für das Verlegen der Leitungen in die Wand gefräst werden müssen gibt es Schlitzfräsen.

**Abb. 12** Schlitzfräse für die Leitungsverlegung

Bei der Verlegung von Installationsleitungen ist darauf zu achten, dass der Adernverlauf immer waagerecht und senkrecht ist. Im Normalfall werden diese Leitungen in den Wänden etwa 30 cm unterhalb der Decke bzw. 30 cm über Fußbodenniveau verlegt. In die Löcher kommen nun die Unterputzdosen, in denen die einzelnen Adern der Leitungen mittels Klemmen miteinander verbunden bzw. Bauteile wie Steckdosen oder Schalter eingebaut werden. Auf diese eingebauten Schalter kommen am Ende der Installation die Schaltwippen oder Steckdosenabdeckungen auf den Putz.

Ist die Neuinstallation nach den Kundenwünschen, Überlegungen und Vorgaben aus den unterschied- lichen Schaltplänen erledigt, muss die Schaltung mit Hilfe eines Prüfprotokolls überprüft werden:

## Prüfprotokoll + Übergabebericht   Nr.: _____ | Auftrag Nr. _____

**Auftraggeber**

**Elektroinstallationsbetrieb (Auftragnehmer)**

**ELEKTROTEAM**
*Fachbetrieb für Elektrotechnik und Kommunikationstechnik*

Anlage: _____

Netz des EVU _____ | Netzspannung: _____ V | Netzformen: ☐ TN-S ☐ TN-C ☐ TN-C-S ☐ TT ☐ IT-System

**Prüfung** durchgeführt nach: ☐ UVV „Elektrische Anlagen und Betriebsmittel" (VBG 4) ☐   ☐ nach DIN VDE 0100-600 ☐

Grund der Prüfung: ☐ Neuanlage ☐ Erweiterung ☐ Änderung ☐ Instandsetzung ☐ Revision

**Besichtigung:**

☐ Richtige Auswahl der Betriebsmittel | ☐ Wärmeerzeugende Betriebsmittel | ☐ Hauptpotentialausgleich
☐ Schäden an Betriebsmitteln | ☐ Zielbezeichnung der Leitungen im Verteiler | ☐ Zusätzlicher (örtlicher) Potentialausgleich
☐ Schutz gegen direktes Berühren | ☐ Leitungsverlegung | ☐ Schutzmaßnahmen mit Schutzleiter
☐ Sicherheits-Einrichtungen | ☐ Schutzkleinspannung/Schutztrennung | ☐ Schutzisolierung
☐ Brandschottung | ☐ Sichere Trennung der Schutz- und Funktionsklein- spannungs-Stromkreise von anderen Stromkreisen | ☐

**Erprobung:** Bemerkungen: _____

☐ Funktion der Schutz-, Sicherheits- und Überwachungseinrichtungen | ☐ Rechtsdrehfeld der Drehstrom-Steckdosen | ☐ _____
☐ Funktion der elektrischen Anlage | ☐ Drehrichtung der Motoren | ☐ _____

**Messung:** Erdungswiderstand .......... Ω | ☐ Zuverl. Verbindung Schutzleiter | Bemerkungen: _____

| Verwendete Meßgeräte nach DIN VDE 0413 | Fabrikat | Typ | Fabrikat | Typ | Fabrikat | Typ | | | | |
|---|---|---|---|---|---|---|---|---|---|---|

| Stromkreis Nr. | Ort/Anlagenteil | Leitung/Kabel | | | | Überstrom-Schutzeinrichtung | | $Z_s$ Ω oder $I_k$ A | $R_{isol}$ MΩ | Fehlerstrom-Schutzeinrichtung | | | $U_L$ ≤......V $U_{mess}$ V |
|---|---|---|---|---|---|---|---|---|---|---|---|---|---|
| | | Art | Leiter-anzahl | Quer-schnitt mm² | | Art/Charak-teristik | $I_n$ A | | | $I_n$/Art A | $I_{\Delta n}$ A | $I_{mess}$ A | |
| | | | | | | | | | | | | | |

## Übergabebericht

☐ Prüfergebnis: Mängelfrei   ☐ Prüfplakette   Nächster Prüfungstermin, z. B. gemäß Unfallverhütungs- vorschrift „Elektrische Anlagen und Betriebsmittel" (VBG 4): _____

| Raum Anlagenteil / Anzahl | Küche | Eßzimmer | Wohnzimmer | Schlafzimmer | Kinderzimmer | Bad | Toilette | Flur | Treppe | Keller | Boden | Eingang | Balkon | Waschküche | Garage | Hof | Werkstatt | Büro | Laden |
|---|---|---|---|---|---|---|---|---|---|---|---|---|---|---|---|---|---|---|---|
| Schalter | | | | | | | | | | | | | | | | | | | |
| Leuchten/Auslaß | | | | | | | | | | | | | | | | | | | |
| Steckdosen | | | | | | | | | | | | | | | | | | | |

**Unterschriften**

Die elektrische Anlage entspricht den anerkannten Regeln der Elektrotechnik.

Gemäß Übergabebericht elektrische Anlage übernommen:

Prüfer/Name | Verantwortlicher Unternehmer | Auftraggeber

Ort _____ Datum _____ | Ort _____ Datum _____ | Ort _____ Datum _____

Unterschrift | Unterschrift | Unterschrift

Empfehlung: Prüftaste des FI-Schutzschalters monatlich betätigen

*Abb. 14* *Prüfprotokoll nach ZVEH (Zentralverband der Deutschen Elektro- und Informationstechnischen Handwerke)*

Ein solches Prüfprotokoll gliedert sich in drei Teilbereiche:

- Sichtprüfung
- Erproben
- Messen

Erst wenn alle drei Bereiche innerhalb der vorgeschriebenen Grenzwerte sind und die Elektrofachkraft mit gutem Gewissen den ordnungsgemäßen Zustand der Anlage nach den anerkannten Regeln der Technik bescheinigt (Unterschrift auf dem Prüfprotokoll) darf diese an den Kunden übergeben werden. Nur so ist gewährleistet, dass alle Neuinstallationen die ans Versorgungsnetz angeschlossen werden, einwandfrei in ihrer Sicherheit und Funktion sind.

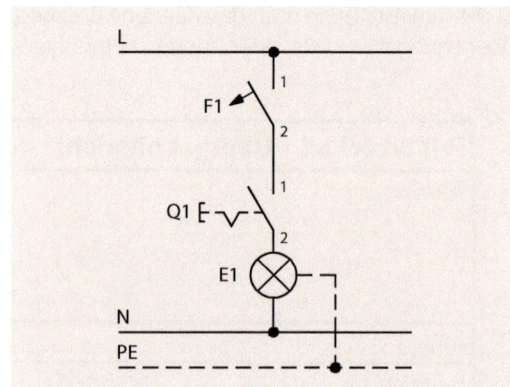

**Abb. 16** *Ausschaltung in zusammenhängender Darstellung*

Der **Serienschalter** dient zum unabhängigen Aus- oder Einschalten von zwei Verbrauchern.

┌─ **MERKE** ─────────────────────────┐

**Alle Installationen und wesentlichen Änderungen an bestehenden elektrotechnischen Schaltungen müssen von einer Elektrofachkraft ordnungsgemäß protokolliert und unterschrieben werden!**

└──────────────────────────────────────┘

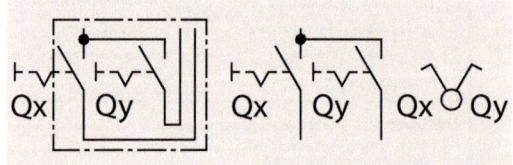

**Abb. 17** *Symbol des Serienschalters in drei Darstellungsarten*

### Beleuchtungsschaltungen

In der Installationstechnik gibt es sechs unterschiedliche Beleuchtungsschaltungen. Eine dieser Schaltungen oder eine Kombination aus diesen Schaltungen ist in jedem Raum installiert:

- Ausschaltung
- Serienschaltung
- Wechselschaltung
- Kreuzschaltung
- Stromstoßschaltung
- Lichtschaltung über eine Kleinsteuerung (Mini-PC, für Hochhäuser, Versammlungsgebäude etc.)

Der **Ausschalter** dient zum Ein- oder Ausschalten eines Stromkreises. Ohne ihn wäre die Schaltung entweder immer „aus" oder immer „an".

Mit ihm kann eine Serienschaltung realisiert werden:

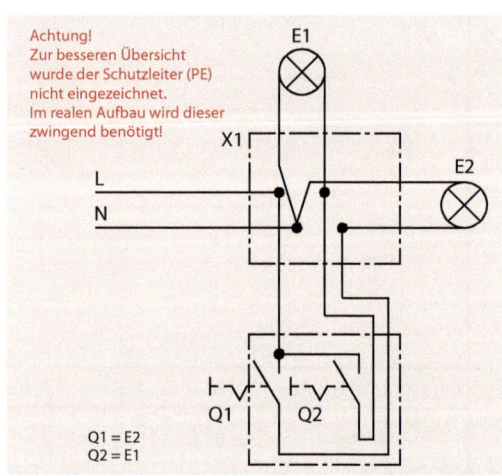

**Abb. 18** *Serienschaltung in zusammenhängender Darstellung*

Der **Wechselschalter** dient zum Ein- oder Ausschalten ein oder mehrerer Verbraucher von zwei Stellen aus.

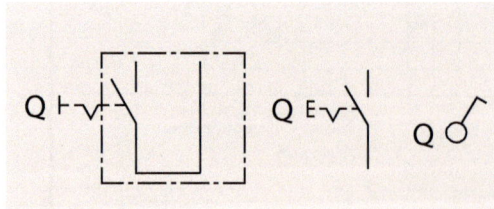

**Abb. 15** *Symbol des Ausschalters in drei Darstellungsarten*

Mit ihm kann eine Ausschaltung realisiert werden:

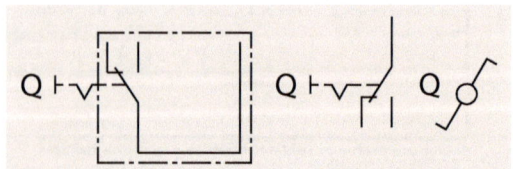

**Abb. 19** *Symbol des Wechselschalters in drei Darstellungsarten*

Zum Aufbau einer Wechselschaltung werden immer zwei Wechselschalter benötigt:

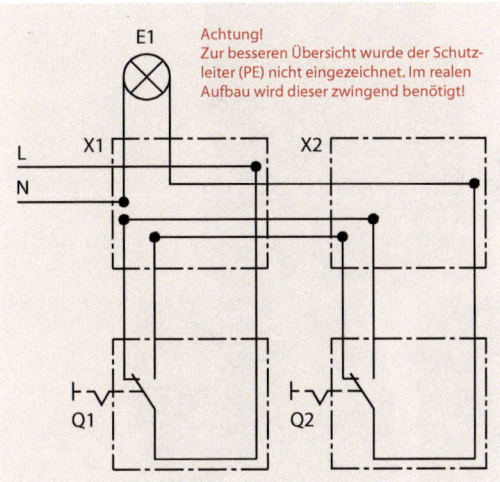

**Abb. 20** *Wechselschaltung in zusammenhängender Darstellung*

Der **Kreuzschalter** dient zum Schalten von Verbrauchern von drei oder mehr Schaltstellen aus. Er wird dabei immer von zwei Wechselschaltern „umgeben". Als Alternative ist ein Aufbau der gewünschten Schaltung mit einem Stromstoßrelais zu überlegen.

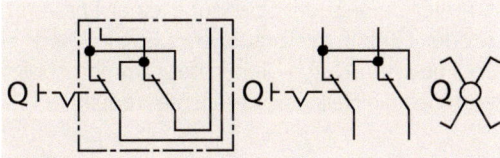

**Abb. 21** *Kreuzschalter in drei Darstellungen*

Mit einem Kreuzschalter und zwei Wechselschaltern kann eine Kreuzschaltung realisiert werden:

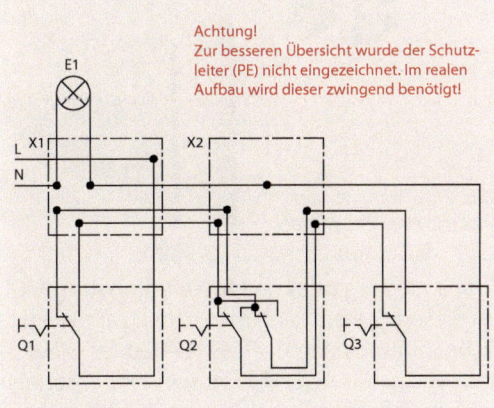

**Abb. 22** *Kreuzschaltung in zusammenhängender Darstellung*

Die Kreuzschaltung könnte theoretisch um unendlich viele Schaltstellen erweitert werden. Dazu müssten weitere Kreuzschalter zwischen die Wechselschalter eingefügt werden. Aber: Ein Kreuzschalter kostet etwa halb so viel wie ein Stromstoßrelais. Demzufolge sollte ab drei Schaltstellen eine Stromstoßrelaisschaltung geplant werden.

Das **Stromstoßrelais** dient zum Schalten von Verbrauchern von ein bis theoretisch unendlich vielen Schaltstellen aus. Das Stromstoßrelais wird dabei von Tastern in gewünschter Anzahl angesteuert. Mit jedem Stromstoß (Tasten) verändert sich der Zustand der angeschlossenen Verbraucher. Zum Beispiel geht das Licht „an" oder „aus".

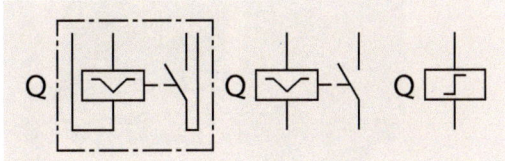

**Abb. 23** *Symbol des Stromstoßrelais in drei Darstellungsarten*

Zur Realisierung einer Stromstoßschaltung wird zusätzlich mindestens ein Taster benötigt:

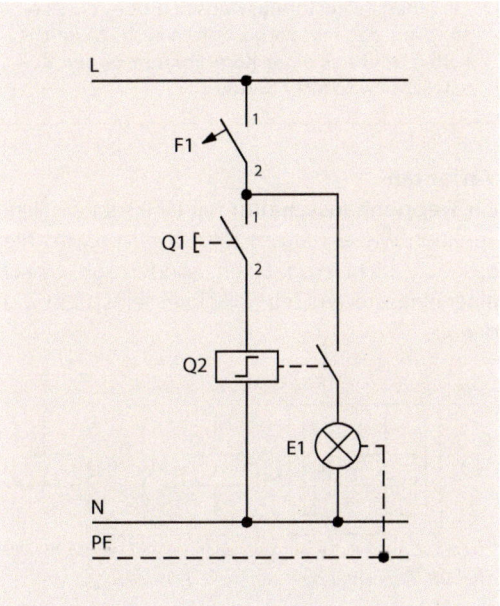

**Abb. 24** *Stromstoßschaltung in aufgelöster Darstellung*

Bei größeren Anlagen wie z.B. in Hochhäusern oder Veranstaltungshallen bietet es sich an, mit moderneren (aber auch kostenintensiveren) Lösungen zu arbeiten. Zum einen gibt es Kleinsteuerungen verschiedener Hersteller, die ähnlich wie ein Computer programmiert werden können und relativ einfach den Bedürfnissen in großen Gebäuden angepasst werden können.

**Abb. 25** LOGO-Erweiterungsmodule

┌─ **MERKE** ──────────────────────┐

**Für jeden Beleuchtungswunsch gibt es eine Lösung aus den hier vorgestellten sechs Möglichkeiten oder aus einer Kombination dieser. Zusätzliches wird nicht benötigt!**

└──────────────────────────────────┘

**Varianten**

Ein **Treppenhausschalter** hat eine sehr ähnliche Funktion wie ein Stromstoßrelais. Nur wird hier das Licht nicht ausgetastet, sondern geht nach einer eingestellten Zeit (t = Time) selbsttätig wieder aus.

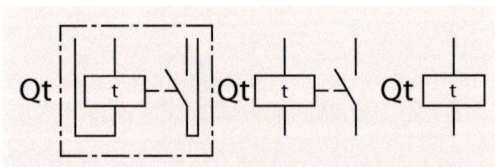

**Abb. 26** Treppenhausschalter in drei Darstellungsarten

In jedem Haushalt ist die **Schutzkontaktsteckdose**, kurz Schukosteckdose, zu finden. Sie verbindet über einem genormten Stecker die 230-Volt-

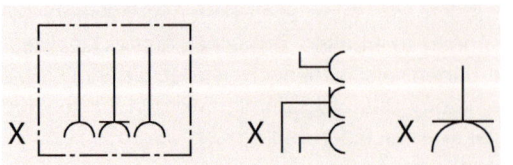

**Abb. 27**
Symbol der Schutzkontaktsteckdose in drei Darstellungsarten

Wechselspannungsverbraucher (Toaster, Bohrmaschine) mit dem Versorgungsnetz.

Ein **Dimmer** heißt fachmännisch Phasenanschnittsteuerung. Durch das Anschneiden wird ein bestimmter Bereich der Spannung einer Phase (L1, L2 oder L3) zum Verbraucher (z.B. zur Beleuchtung) gelassen. Durch Drehen des Dimmerknopfes kann man die Helligkeit des Lichtes regeln.

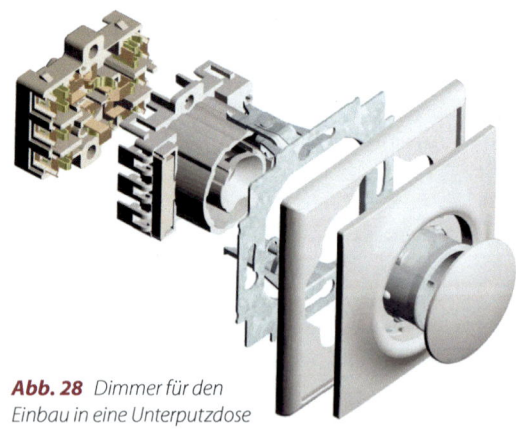

**Abb. 28** Dimmer für den Einbau in eine Unterputzdose

Zum anderen gibt es den **Installationsbus KNX**. Mit diesem System kann man nahezu alle elektrotechnischen Systeme eines Gebäudes steuern und regeln. Das heißt die Hausbewohner können je nach Tageszeit ihre Jalousien schließen bzw. öffnen, die Beleuchtung ein- oder ausschalten, die Heizung ein- oder ausschalten usw.

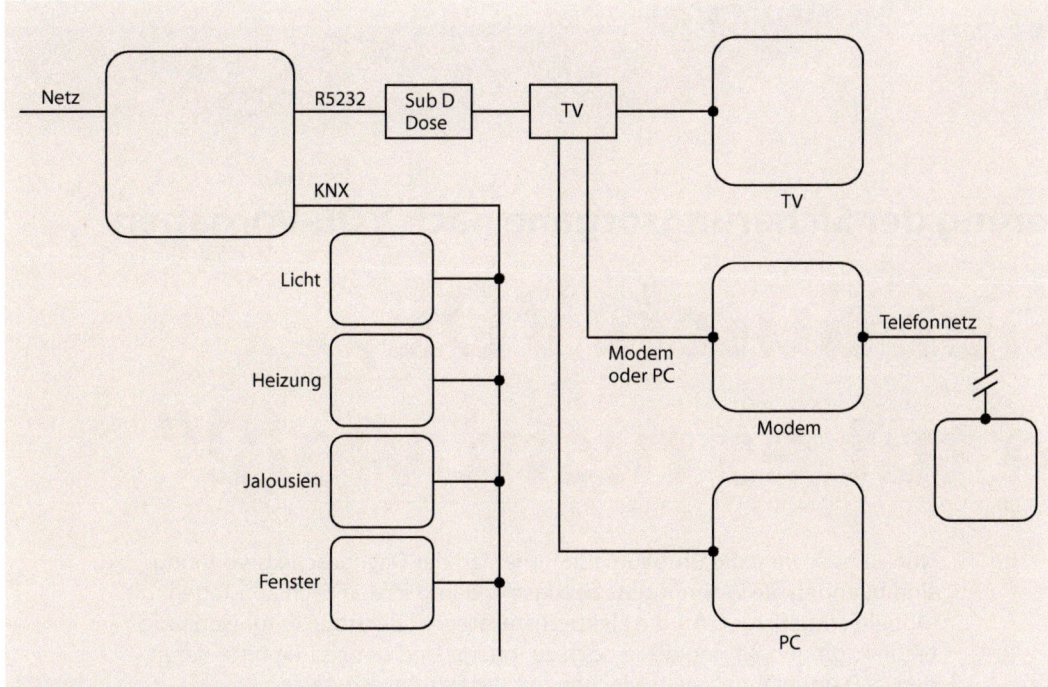

**Abb. 29** *Mögliche Struktur einer KNX-Anlage*

## Modernisierung der Sicherungsorgane nach VDE-Vorgaben

# „Sicher durch VDE, dann tut es nicht weh!"

Nun ist es soweit, die Umbaumaßnahmen an der Dachgeschosswohnung sind beendet, die Wohnung ist bezugsfertig und in den nächsten Tagen mit Möbeln eingerichtet. Als die Elektroinstallateure (Elektroniker für Gebäudetechnik) gingen, sagten diese noch zu Ihnen: „Und denken Sie bitte daran, den RCD ungefähr alle vier Wochen mit der Prüftaste zu testen."

Wie das so ist, man sagt zu, ohne genau zu wissen, was diesbezüglich konkret zu machen ist. Also gehen Sie zum Unterverteiler, um nachzusehen, und sehen ein Bauteil, das Sie bisher noch gar nicht wahrgenommen hatten.

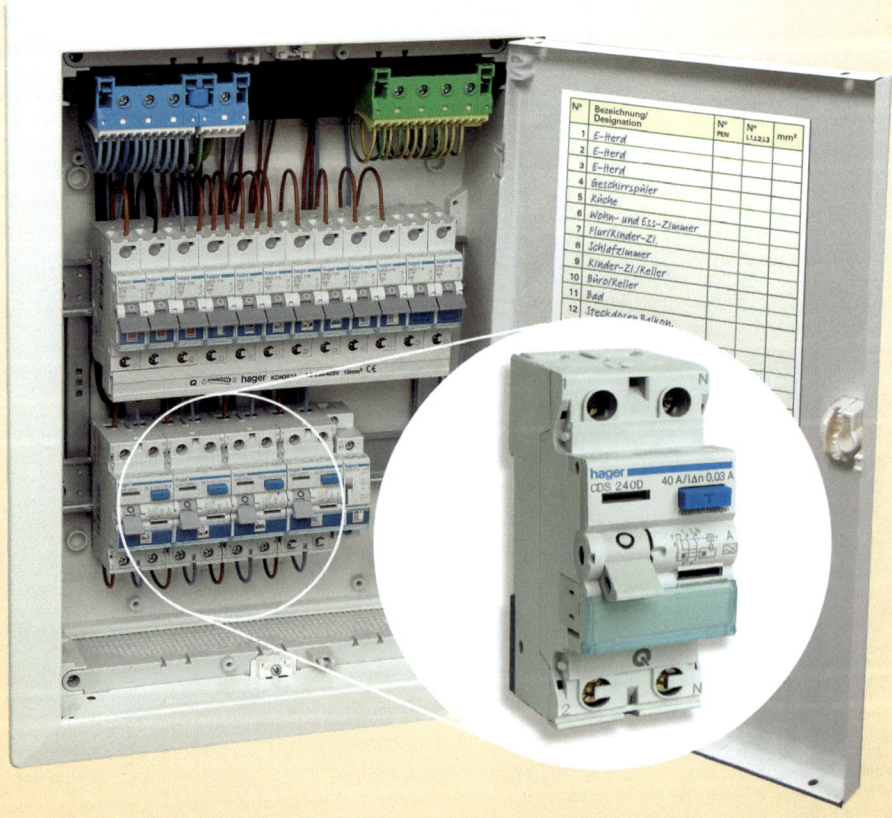

# Lernjobs

**1.**

Verfassen Sie einen Text, der erläutert, wie ein RCD funktioniert. Schreiben Sie den Text so, dass ihn Ihr/e Schulleiter/in verstehen kann, also nicht zu fachmännisch.

 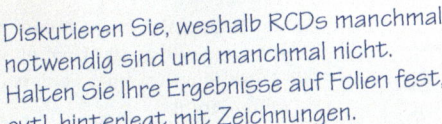

**2.**

Diskutieren Sie, weshalb RCDs manchmal notwendig sind und manchmal nicht. Halten Sie Ihre Ergebnisse auf Folien fest, evtl. hinterlegt mit Zeichnungen.

**3.**

In Ihre Wohneinheit wurde ein RCD mit einem Bemessungsdifferenzstrom von 30 mA eingebaut. Begründen Sie die Entscheidung des Elektroinstallateurs. Recherchieren Sie, welche Bemessungsdifferenzströme es bei RCDs noch gibt und wo RCDs noch eingesetzt werden können. Notieren Sie Ihre Ergebnisse.

**4.**

Sie haben Ihrer Oma am Telefon von Ihrer Wohnung erzählt und dabei erwähnt, dass Sie den RCD einmal monatlich testen sollen. Daraufhin ist Ihre Oma ganz versessen darauf, auch einen RCD zu bekommen. Schreiben Sie Ihrer Oma einen Brief, indem Sie sie über die Notwendigkeit und auch über den ungefähren Aufwand informieren.

### 2.3.1 Notwendigkeit des Einsatzes von Fehlerstromschutzschaltern

Alle elektrisch betriebenen Schaltungen müssen durch Sicherungsorgane abgesichert sein. Dabei ist es unerheblich, wo sich die Schaltung befindet, ob in einem Auto oder einer Wohnung.

Der Leitungsschutzschalter – eine Sicherungsart – wurde in der Lernsituation 2.2 thematisiert. Hier geht es um ein weiteres Sicherungsorgan, den **„RCD"** (**R**esidual **C**urrent **D**evice), im Deutschen auch FI- oder Fehlerstromschutzschalter genannt.

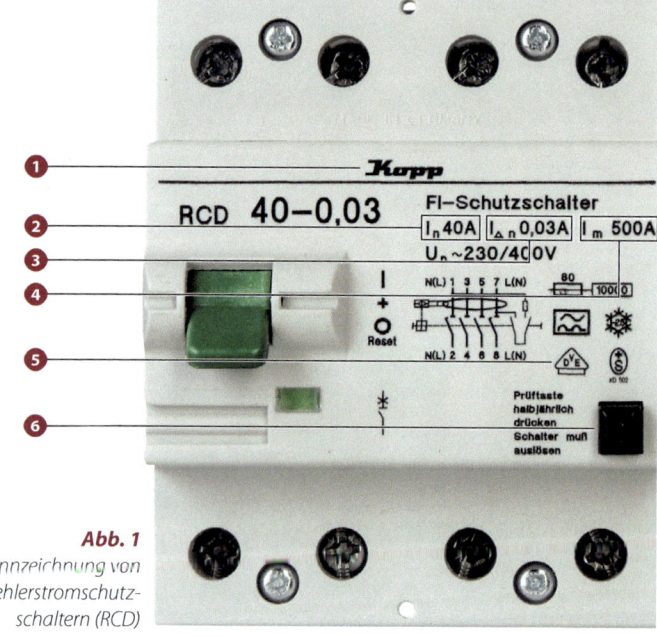

**Abb. 1**
*Kennzeichnung von Fehlerstromschutz-schaltern (RCD)*

❶ Hersteller

❷ Nennstrom (Bemessungsstrom), hier 40 A. Die Leiter-bahnen des RCD können einen Strom von 40 A dauer-haft führen. Falls das der dauerhafte Bereich der ange-schlossenen Verbraucher ist, sollte ein RCD mit größerem Nennstrom gewählt werden.

❸ Differenzfehlerstrom, hier 0,03 A = 30 mA. Ab diesem Fehlerstrom über das Erdpotential muss der RCD spätestens ausgelöst haben.

❹ $I_m$ ist das Bemessungsschaltvermögen, hier 500 A. Es sagt aus, wie hoch der Kurzschlussstrom sein kann, den der gewählte RCD einschalten, führen und ausschalten kann.

❺ Das VDE-Prüfzeichen. Es kennzeichnet die Konformität des Bauteils mit den Regeln des VDE Verband der Elek-trotechnik Elektronik Informationstechnik e. V.

❻ Prüf- oder Test-Taste. Sie leitet künstlich einen Fehler-strom über einen definierten Widerstand ein. Laut VDE ist dieser Test nicht ausreichend, da er lediglich die me-chanische Funktion des RCD testet.

Die Normen des VDE besagen, dass Menschen und Nutztiere vor zu hoher Berührungsspannung geschützt werden müssen, also vor einem „Span-nungsschlag", den man beim Berühren eines leit-fähigen Gegenstandes bekommen kann.

---

**MERKE**

In DIN VDE 0100 ist festgelegt, dass die Berüh-rungsspannung in Wechselstromsystemen nicht höher als 50 Volt und in Gleichstromsystemen nicht höher als 120 Volt sein darf.

Berührt eine Person einen Gegenstand, der einen hohen Potentialunterschied zu dem Potential auf-weist, auf dem die Person steht (z.B. Erdpoten-tial = 0 Volt), so treibt die Spannung einen Strom durch den Körper, eventuell auch durch das Herz. Dieser Strom kann verletzen und ggf. auch töten. Ein Fehlerstrom, der beispielsweise von der linken zur rechten Hand fließt, lässt sich nicht immer ver-hindern. Für einen bestmöglichen Schutz vor Ge-fährdungen wird ein solcher Fehlerstrom mittels eines RCD begrenzt. Die Tabelle 1 nennt die VDE-Normen, die den Einsatz von RCD vorschreiben.

**MERKE**

Fehler lassen sich nicht immer vermeiden! Es liegt an uns und an der Qualität unserer Arbeit, die Auswirkungen eines Fehlers weitestgehend zu minimieren!

**Tabelle 1** *Beispiele für VDE-Normen mit RCD-Vorschrift*

| | |
|---|---|
| DIN VDE 0100 Teil 410 | Absicherung von Steckdosen, die von Laien benutzt werden. |
| DIN VDE 0100 Teil 520 | Vernachlässigung der Leitungs-länge für den Fehlerschutz, wenn die Schutzeinrichtung ein RCD ist. |
| DIN VDE 0100 Teil 530 | RCD ist **nicht** zu verwenden als Fehlerschutz im TN-C-System. |
| DIN VDE 0100 Teil 551 | In Gebäuden ist ein RCD mit $I_{\Delta N}$ von maximal 30 mA einzubauen. |
| DIN VDE 0100 Teil 600 | RCD müssen geprüft und gemes-sen werden. |
| DIN VDE 0100 Teil 702 | In bestimmten Bereichen von Schwimmbädern müssen RCD verwendet werden. |
| DIN VDE 0100 Teil 705 | In landwirtschaftlichen und gar-tenbaulichen Betriebsstätten müs-sen Steckdosenstromkreise immer mit einem RCD abgesichert sein. |
| DIN VDE 0100 Teil 708 | Auf Campingplätzen darf je RCD nur eine Steckdose abgesichert werden. |
| DIN VDE 0100 Teil 711 | Auf Shows und Ausstellungen müssen alle Steckdosen mit einem RCD ausgerüstet sein. |
| DIN VDE 0100 Teil 723 | Zur Absicherung von Experi-mentiereinrichtungen müssen RCD verwendet werden. |

## 2.3.2 Aufbau und Funktionsweise von Fehlerstromschutzschaltern

### Aufbau

Ein RCD soll im Fehlerfall den Sicherungsstromkreis abschalten. Ein Fehlerfall liegt immer dann vor, wenn im Stromkreis ein Fehlerstrom zum Erdpotential abfließt. Fließt beispielsweise wegen eines Fehlers an einer Lampe ein Strom über das Metallgehäuse zum Boden, der größer ist als der Bemessungsdifferenzstrom des RCD, schaltet der RCD diesen Stromkreis blitzschnell ab, innerhalb von ≤ 300 ms (sprich Millisekunden = 0,3 Sekunden). Dieser Fehlerstrom wird auch Differenzfehlerstrom, $I_{\Delta N}$ genannt (sprich: I Delta N).

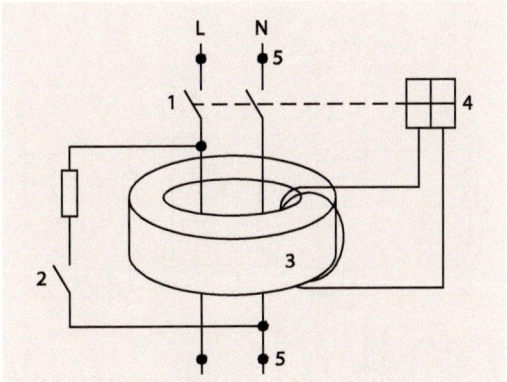

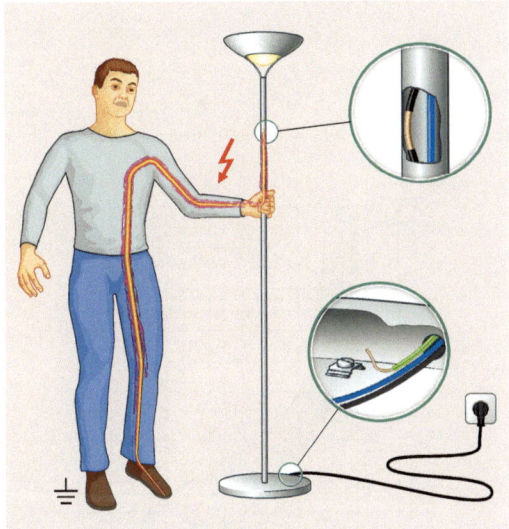

**Abb. 2** Möglicher Fehlerstromweg

Wichtig ist, den Nennstrom (Bemessungsstrom) zu beachten, d. h. wie viel Strom im Normalfall durch den RCD fließt. Wird ein RCD für einen zu geringen Nennstrom ausgelegt, können die Leiterbahnen im Inneren verbrennen und damit den RCD zerstören.

Wichtig zum Verständnis der Funktionsweise eines RCD ist folgende physikalische Gesetzmäßigkeit:

> ### MERKE
> **Um jeden stromdurchflossenen Leiter bildet sich ein Magnetfeld.**
> **Man spricht von Elektromagnetismus.**

### Funktionsweise

Durch den RCD fließt der Strom des angeschlossenen und eingeschalteten Verbrauchergerätes (Verbrauchers), zum Beispiel einer Lampe. Das bedeutet, dass durch die Phase ein Strom zur Lampe

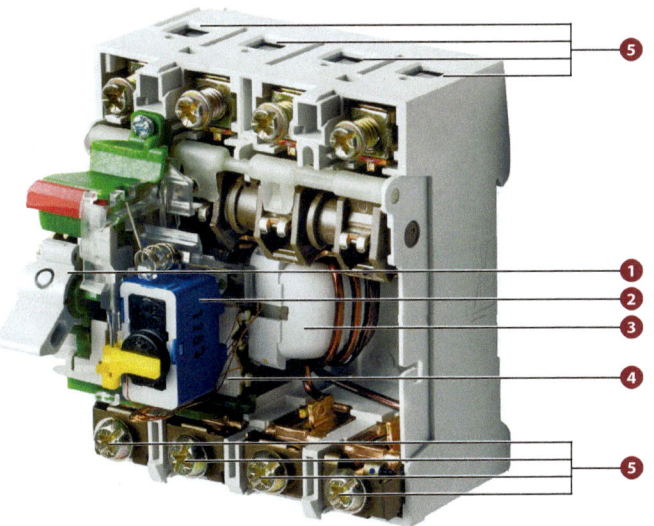

❶ Der RCD hat einen Einschalter, der bei Betätigung die Kontakte schließt, so dass Strom fließen kann. Wichtig ist, dass die Phase/n und der Neutralleiter unterbrochen werden. Das nennt man allpolig.

❷ Der RCD hat eine Prüftaste, auch Testtaste genannt, durch die ein Fehlerstrom simuliert wird. So wird überprüft, ob der RCD mechanisch funktioniert. Die Prüftaste sollte in unterschiedlichen Zeitabständen getestet werden.

❸ Hauptbestandteil eines RCD ist der Summenstromwandler, auch Ringkern genannt, weil er wie ein Ring aussieht. Er besteht aus mehreren Metallblechen, die magnetische Kräfte gut weiterleiten können. Durch den Ring hindurch werden Phase/n und Neutralleiter gelegt.

❹ Um den Ringkern ist eine Spule aus Kupferdraht gewickelt. Am Drahtende sitzt ein Auslösemechanismus, das sogenannte Schaltschloss.

❺ Zum Zu- und Abführen der Versorgungsspannung müssen die Anschluss- und Neutralleiterklemmen vorhanden sein.

**Abb. 3**
*Schematischer Aufbau eines Fehlerstromschutzschalters (RCD)*

hin und derselbe Strom über den Neutralleiter wieder zurück fließt. Die Magnetfelder um die Leiter sind also gleich groß. Da das eine Magnetfeld zufließend und das andere abfließend ist, heben sich die Magnetfelder gegenseitig auf. Man sagt, sie summieren sich auf Null.

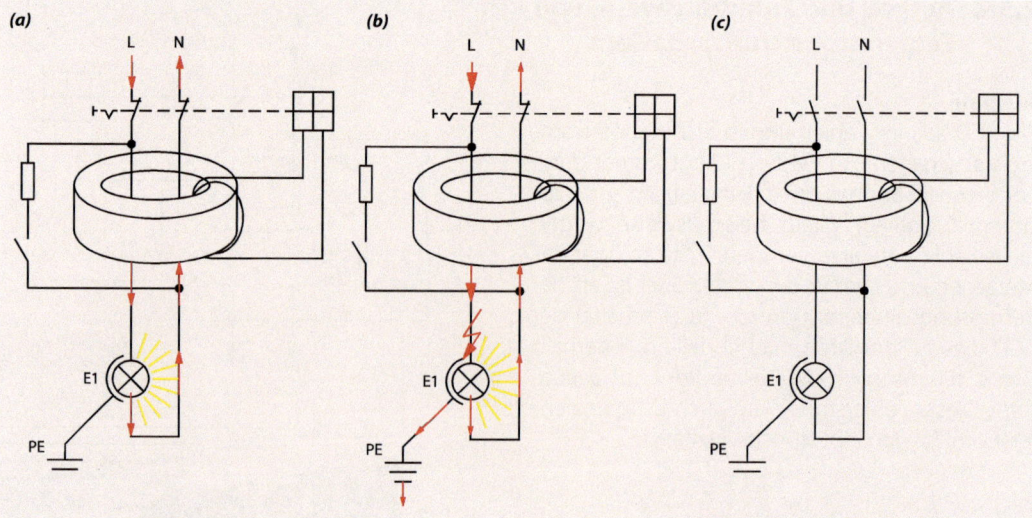

**Abb. 4**
*Mittels RCD abgesicherter Lampenstromkreis ohne Fehlerstrom (a), Eintritt des Fehlerfalls: ein Teil des Fehlerstroms fließt über den Schutzleiter PE ab (b) die Auslösung des RCD unterbricht den Stromkreis (c)*

Kommt es zum Fehlerstrom über den Schutzleiter, kann ein bestimmter Teil des durch die Phase zufließenden Stroms nicht mehr über den Neutralleiter zurückfließen. Der Strom über die Phase ist also größer, als der Strom über den Neutralleiter. Daraus ergibt sich, dass die Magnetfelder um die einzelnen Leiter (Phase/Neutralleiter) unterschiedlich groß, also ungleich Null sind. Dadurch wird ein Magnetfeld „spürbar". Dieses Magnetfeld induziert eine Spannung in die Spule, an deren Ende sich das Schaltschloss befindet (s. *Induktion*, im Abschn. 2.1.6 Drehstrom). Das Schaltschloss wird dadurch betätigt, öffnet die Kontakte und somit die Stromzufuhr. Der Sicherungsstromkreis ist allpolig unterbrochen, der Personenschutz hat funktioniert.

> **MERKE**
>
> **Die meisten RCD lösen bei einem Fehlerstrom von ≤30 mA aus. Diese Stromhöhe ist für den Menschen relativ ungefährlich, es besteht also Personenschutz.**

### 2.3.3 Einsatzbereiche von Fehlerstromschutzschaltern

Alle Sicherungsabgänge in Wohnhäusern müssen vor ihrer ersten Inbetriebnahme von einer Elektrofachkraft daraufhin überprüft werden, ob die vom VDE festgelegten Abschaltbedingungen eingehalten werden. Die Abschaltbedingungen besagen beispielsweise, dass der Leitungsschutzschalter mit der Auslösecharakteristik „B" bei einem Kurzschluss-/Erdschlussstrom innerhalb von 0,2 Sekunden und bei 5 x $I_{Nenn}$ abschalten muss:

LS „B", $I_{Nenn}$ = 16 Ampere ➔ 5 x $I_{Nenn}$ = 5 x 16 Ampere = 80 Ampere

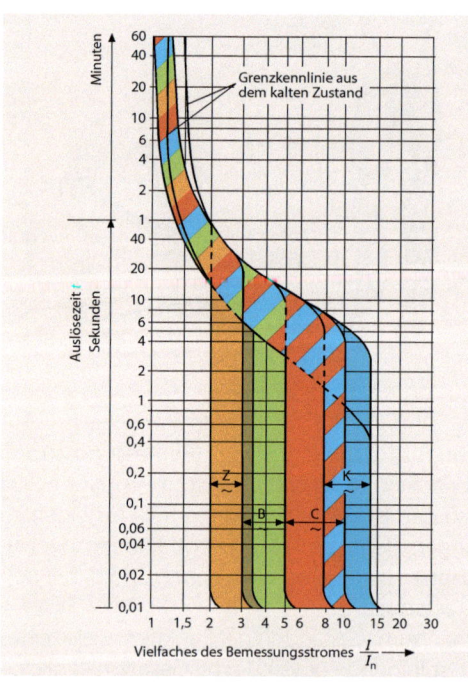

**Abb. 5** *Auslösekennlinien von Leitungsschutz-(LS-)Schaltern*

Die Gleichung besagt, dass im Kurzschlussfall ein Strom von 80 Ampere fließen können muss. Die Elektrofachkraft misst, ob der Widerstand des Sicherungsstromkreises klein genug ist, um einen Strom von 80 Ampere bei 230 Volt fließen zu lassen. Nicht beachtet werden dabei die Verbraucher mit eigenem Widerstand, den der Elektroniker bei seinen Berechnungen und Messungen nicht einbeziehen konnte. Eventuell erhöhen wir durch unsere Verbraucher, wie z. B. Verlängerungsleitungen, den (Leitungs-)Widerstand des Sicherungsstromkreises so weit, dass der Leitungsschutzschalter im Erdschlussfall nicht auslösen kann. Eine unzulässig hohe Berührungsspannung wäre die Folge!

Durch den zusätzlichen Widerstandswert der Verlängerungsleitung wird ein eventuell auftretender Erdschlussstrom auf

$$I = \frac{U}{R} = \frac{230\ V}{über\ 4\ \Omega} = 50\ A\ begrenzt.$$

Dies entspricht in etwa dem 3-fachen Nennstrom (Bemessungsstrom) des verwendeten Leitungsschutzschalters. Ein Leitungsschutzschalter vom Typ „B" löst laut Herstellerangaben bei einem Fehlerstrom, der den 3-fachen Nennstrom beträgt, nach 6 Sekunden aus. Das ist genügend Zeit, um großen bis tödlichen Schaden zu verursachen! Zu beachten ist hier, dass nicht die gesamten 50 Ampere über den Menschen abfließen, sondern ein Teil über den Schutzleiter der Verlängerungsleitung. Diese Widerstandsverhältnisse bestimmen die Berührungsspannung. Bei einem vollen Gehäuseschluss (wie hier eingezeichnet) sind das 230 Volt. Daher minimiert man die Gefahr durch den Einsatz von RCD.

Fehlerstromschutzschalter werden in verschiedenen Bereichen eingesetzt, z.B.:

- zur **Vermeidung der Gefährdung des menschlichen Lebens**. Die dafür verwendeten RCD haben einen Bemessungsdifferenzstrom von $I_{\Delta N} \leq 10$ mA oder $I_{\Delta N} \leq 30$ mA, da man davon ausgeht, dass ein Strom von weniger als 30 mA keine tödlichen Folgen hat. In der Praxis zeigt sich, dass die meisten RCD der Größe $I_{\Delta N} \leq 30$ mA schon bei einem Fehlerstrom von etwa 25 mA auslösen und somit den Gesamtstrom des Sicherungskreises allpolig, also die Phase/n und den Neutralleiter abschalten.

- Die RCD mit $I_{\Delta N} \leq 10$ mA werden **in Kinderzimmern** eingebaut, da Kinder leichter vom Strom durchflossen werden können als Erwachsene. Der Hautwiderstand von Kindern

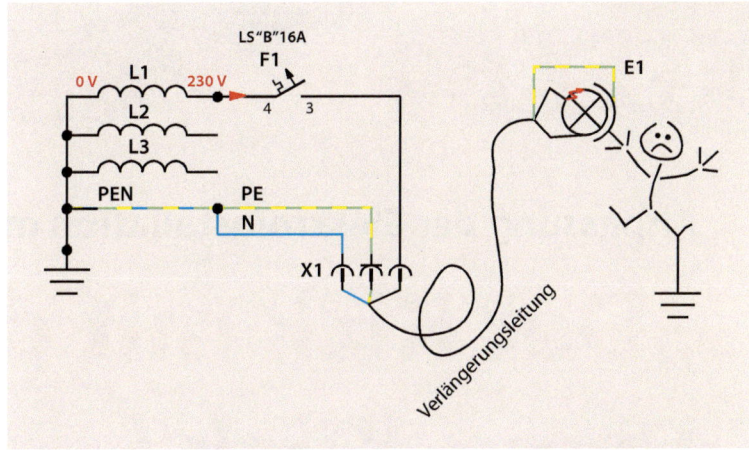

ist sehr viel niedriger als der von älteren Menschen. Unterhalb von 10 mA spricht man auch von „unterhalb der Loslassgrenze" (Krampfschwelle), da sich die menschlichen Muskeln noch nicht verkrampfen.

- Zum **Brandschutz** werden RCD mit $I_{\Delta N} \leq 300$ mA eingebaut. Sogenannte „unvollkommene Erdschlüsse" haben möglicherweise genügend Energie, um ein Feuer zu verursachen, aber es fließt nicht genügend Strom, um den vorgeschalteten Leitungsschutzschalter auszulösen. Der RCD soll hier verhindern, dass bei einem Fehlerstrom von z.B. $I_{\Delta N} = 350$ mA an einem hohen Übergangswiderstand eines Steckers so viel Wärme entsteht, dass ein Brand ausgelöst werden kann.

- Auf **Baustellen** müssen Steckdosen unter bestimmten Vorraussetzungen mit RCD $I_{\Delta N} \leq 500$ mA abgesichert sein (DIN VDE 0100 Teil 704), da hier oft viele Elektrogeräte gleichzeitig betrieben werden. Nahezu jedes Elektrogerät „produziert" etwas Fehlerstrom. Somit ist es erlaubt, Sicherungsstromkreise mit einem Nennstrom von 32 A über eine RCD $I_{\Delta N} \leq 500$ mA abzusichern, der allerdings keinen Personenschutz bietet.

Alle elektrotechnischen Anlagen, auch in privaten Wohnungen, sind nach einem Umbau, einer Ergänzung oder innerhalb bestimmter Fristen auf ihre Sicherheit zu prüfen. Dies geschieht durch eine Elektrofachkraft und wird mittels eines Prüfprotokolls dokumentiert.

**Anpassung der Elektroinstallation mittels EnOcean-Technologie**

# „Der Kick mit dem Piezo-Klick"

Green. Smart. Wireless.
**enocean**®

Einige Monate nach Fertigstellung Ihrer Traumwohnung merken Sie, dass Änderungen an der Elektroinstallation erforderlich sind. Zum Beispiel wünschen Sie sich ein einfacheres Ein- und Ausschalten Ihres Routers. Derzeit funktioniert das nur über eine schwer erreichbare abschaltbare Leiste mit den Schutzkontaktsteckdosen, die hinter dem Schreibtisch liegt. Oft vergessen Sie auch einfach das Ausschalten. Außerdem ist die Steuerung der eingebauten elektrischen Rollos aufwändig. Zum Herunter- oder Hochfahren müssen Sie jedes Rollo einzeln bedienen, es gibt keine zentrale Steuerung.

Zur Behebung dieser Mängel empfiehlt Ihnen ein Bekannter, sich über die EnOcean-Technologie zu informieren.

# Lernjobs

**1.** Erstellen Sie in Gruppen jeweils ein Plakat, auf dem Sie die EnOcean-Technologie der herkömmlichen Installationstechnik gegenüberstellen.

**2.** Beschreiben Sie anhand von Texten, Zeichnungen, Schaltplänen und Listen, wie Sie einfaches Ein- und Ausschalten des Routers mit Hilfe der EnOcean-Technologie erreichen können. Achten Sie dabei auf Vollständigkeit und auf einen nachvollziehbaren Weg, der bewertet werden kann.

**3.** Für die Steuerung der Rollos bietet u. a. die Firma Eltako Electronics Lösungen an, z. B. den Schaltaktor FSB61-230V.
Beschreiben Sie anhand von Texten, Zeichnungen, Schaltplänen und Listen, wie Sie das Steuerungsproblem mit Hilfe der EnOcean-Technologie lösen können. Achten Sie auch hier auf Vollständigkeit und einen bewertbaren Lösungsweg.

**4.** Lassen Sie abschließend den Umbau Revue passieren. Welche Dinge hätten im Vorfeld bedacht sein müssen? Was würden Sie mit den jetzigen Erfahrungen anders machen? Erstellen Sie im Klassenverband mit der Ich-Du-Wir-Methode ein Handout, in dem Sie die fünf wichtigsten Grundsätze für einen erfolgreichen installationstechnischen Umbau festhalten.

### 2.4.1 Neue Technologien: En-Ocean

Vor einigen Jahren setzte man sich das Ziel, per Funk Daten zu übertragen, möglichst ohne zusätzliche Energie dafür in Anspruch nehmen zu müssen. Wenn wir einen Lichtschalter drücken, benötigen wir dafür Kraft und Energie, die man auch nutzen kann, um ein Funksignal zu erzeugen und zu senden. Das Ergebnis dieser Anstrengungen und Forschungen ist die **EnOcean-Technologie**. Verschiedene Hersteller bieten Produkte an, mit denen man ohne zusätzliche Energiespeicher (z.B. Batterien) Signale drahtlos, also nach Wireless Standard, versenden und damit verschiedene Parameter steuern kann.

Die Funktionsweise ist einfach und dennoch eine innovative Systemlösung. Sensoren, z.B. Helligkeitssensoren, Bewegungssensoren (-melder), Feuchtesensoren, erfassen Werte aus ihrer Umgebung und senden diese an Aktoren/Schaltaktoren. Diese Aktoren führen daraufhin einen bestimmten Befehl aus und schließen/öffnen z.B. einen Kontakt:

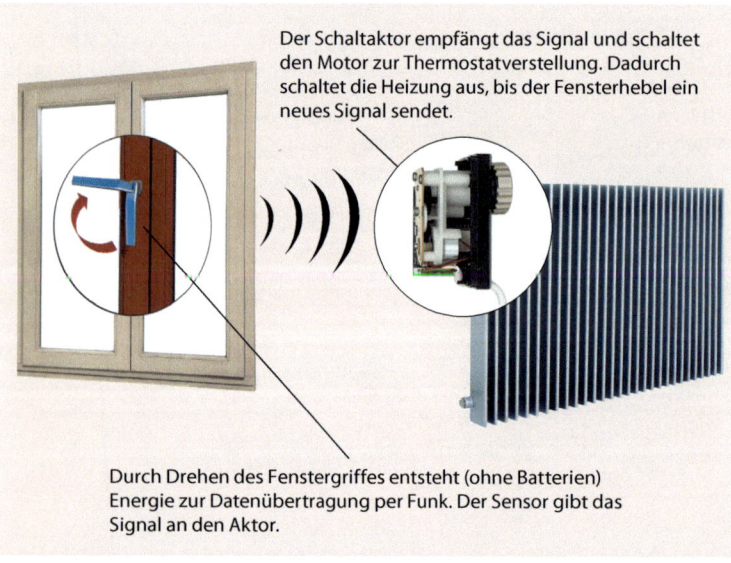

Der Schaltaktor empfängt das Signal und schaltet den Motor zur Thermostatverstellung. Dadurch schaltet die Heizung aus, bis der Fensterhebel ein neues Signal sendet.

Durch Drehen des Fenstergriffes entsteht (ohne Batterien) Energie zur Datenübertragung per Funk. Der Sensor gibt das Signal an den Aktor.

*Abb. 1  Sensor und Aktor*

Diese Art und Weise der Energiegewinnung für die Sensoren nennt man „Energy Harvesting", also das Gewinnen von Energie aus der Umgebung. Die Übertragung der Funksignale geschieht mit einer Frequenz von 868 MHz oder 315 MHz.

### 2.4.2 Begriffe zur Installations- und Steuerungstechnik

Da die EnOcean-Technologie sich weniger an der konventionellen Installationstechnik orientiert, sondern in die Steuerungstechnik übergeht, sind folgenden Fachbegriffe wichtig:

**55-mm-Schalterdose.** Für die Installation von Betriebsmitteln in der Installationstechnik gibt es genormte Größen. Eine dieser Größen ist der Durchmesser einer Dose, die unter Putz eingebaut wird, hier 55 mm.

*Abb. 2  Schalterdose*

**Anschlussklemmen** sind Klemmen, mit denen ein Draht/eine Ader an ein Bauteil angeschlossen werden kann. (s. auch Abschn. 2.3)

**Ausschaltvorwarnung** bezeichnet ein Signal, welches anzeigt, dass eine Zeit abgelaufen ist und das eingeschaltete Gerät demnächst ausschaltet. Üblicherweise blinkt eine Leuchte.

**Bistabile Relais** sind Relais, die ihren Schaltzustand in beiden Stellungen, „An" oder „Aus" behalten. Erst durch ein neues Signal ändern sie ihren Zustand (s. *Stromstoßrelais*, Abschn. 2.2). Das Gegenteil ist ein astabiles Relais.

**Blindabdeckung.** In der Elektrotechnik gibt es viele Gehäuse, Tasterrahmen etc. mit vorgefertigten Löchern. Sollte man diese Löcher nicht nutzen wollen, kann man sie mit sogenannten Blindabdeckungen form- und materialschön schließen.

*Abb. 3  Blindabdeckung*

**Doppelklick-Wendefunktion.** Mit dieser Funktion wird erreicht, dass sich durch einen Doppelklick wie bei einer Computermaus, die Drehrichtung des angeschlossenen Aktors ändert, zum Beispiel bei einem Rollladenmotor. Das Doppelklicksignal muss dabei in der Empfangseinheit als solches erkannt und verarbeitet werden.

Die **Einbaumontage** steht im Zusammenhang mit der 55 mm-Schalterdose. Alle Geräte, die in diese Dose eingebaut werden, sind Geräte zur Einbaumontage. Das Gegenteil wäre das Reiheneinbaugerät oder die Aufputz-Montage.

**Flächentaster** sind die Wippen auf den Tastern. Es gibt sie von verschiedenen Herstellern in unterschiedlichen Designs. Manchmal sind sie mit Informationen wie z.B. „Pfeil nach oben" bzw. „Pfeil nach unten" versehen.

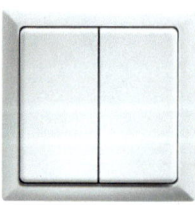

*Abb. 4  Flächentaster*

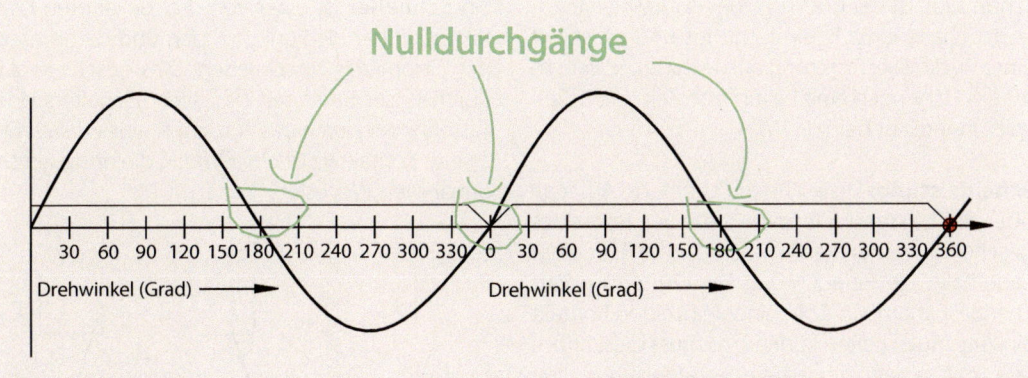

**Abb. 5** *Nulldurchgänge*

**Induktionsfelder** sind magnetische Felder, die um jeden stromdurchflossenen Leiter entstehen. Das heißt, überall dort wo Strom fließt, entsteht auch ein Magnetfeld (s. auch Abschn. 2.1). Die Forscher sind sich uneinig darüber, ob diese Induktionsfelder negative Folgen für die Gesundheit der Menschen haben können.

**Leitungsauslass** nennt man jene Leitungen, an die letztendlich z. B. Lampen oder Schutzkontaktsteckdosen angeschlossen werden. Installiert man also ein Haus, eine Wohnung oder auch nur ein Zimmer, muss man sich vorher überlegen, wo man eine Steckdose bzw. Licht haben möchte. Dorthin muss ein Leitungsauslass verlegt werden, da Licht und Gerät Leistung aufnehmen (s. Abschn. 2.1).

**Nulldurchgang:** Durch die Drehung eines Magneten in einer Kupferdrahtspule wird eine Spannung erzeugt (s. Abb. 5).

**Pin** ist die Bezeichnung für einen Steckerkontakt. So gesehen hat der Schutzkontaktstecker zwei Pins, welche in die Buchsen der Kupplung gesteckt werden.

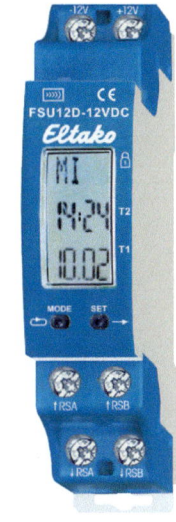

**Abb. 6** *Pins*

**Potentialfrei** bedeutet, dass z. B. ein Kontakt ohne feste (hardwaremäßige) Verbindung zu dem Potential, welches das Schalten des Kontaktes bewirkt, schaltet. Ist also ein Potential losgelöst von einem anderen Potential, obwohl sie doch miteinander zu tun haben, nennt man es potentialfrei. Dadurch ist das Potential weniger anfällig für Störungen. (*Potential* s. auch Abschn. 2.1)

**Reiheneinbaugerät** ist ein Bauteil, welches auf die genormte Tragschiene montiert wird. Diese hat eine bestimmte Größe, sodass alle Reiheneinbaugeräte auf ihr montiert werden können. Die Reiheneinbaugeräte sitzen meist in den Verteilungen.

Ein **Relais** ist ein elektromagnetischer Schalter. Das heißt, durch den Stromfluss durch eine Spule (gewickelter Kupferdraht) entsteht ein relativ großes Magnetfeld. Mit Hilfe dieses Magnetfeldes/dieser Magnetkraft erreicht man, dass sich Metalllamellen anziehen/verbiegen und somit öffnen oder schließen. Diese Lamellen sind die Kontakte. (s. auch Abschn. 2.2).

**Rollladen-Doppeltaster** sind spezielle Taster für die Ansteuerung von Rollladenmotoren. Diese besitzen zwei Wippen, eine für den „hoch"-Befehl, eine für den „runter"-Befehl. Da ein Motor nicht in beide Richtungen gleichzeitig fahren kann, sind diese Wippen gegeneinander verriegelt. Das bedeutet, dass wenn eine der Tasten gedrückt ist, die andere mechanisch verriegelt ist, sodass ein Drücken dieser verriegelten Taste nichts bewirkt.

**RS485 Bus** ist ein Bussystem. Mit Hilfe solcher Systeme können Datensignale schnell und sicher über zwei Leitungen übertragen werden. Man muss also nicht mehr jedem Bauteil eine extra Leitungen geben, sondern kann überall zwei Leitungen verlegen und mit Hilfe der Datenpakete, die über den Bus verteilt werden, weiß jedes einzelne Bauteil, was es zu tun hat. Der Vorteil des RS485 Bus gegenüber anderen Bussystemen ist seine relativ geringe Größe, das heißt, seine Chips sind klein und für installationstechnische Anwendungen trotzdem ausreichend leistungsfähig.

**Rückfallverzögerung** ist ein in weiten Teilen der Elektrotechnik bekannter Vorgang. Wie der Name

**Abb. 7** *Reiheneinbaugerät*

**Abb. 8** *Kammrelais*

schon sagt, ist der Rückfall eines Kontaktes verzögert. Schalte ich z.B. ein Licht aus und es ist mit einer Rückfallverzögerung ausgestattet, so leuchtet das Licht noch eine bestimmte Zeit nach. (Beispiel: Innenlicht beim PKW)

**Schaltleistung:** Dieser Begriff trifft eine Aussage über die Leistung, die mit Hilfe eines Kontaktes geschaltet werden kann. Möchte ich z.B. in einer Lagerhalle die Beleuchtung von 20 x 100 Watt Energiesparlampen über einen einzelnen Kontakt ein-/und ausschalten können, so muss dieser Kontakt mit einer minimalen Schaltleistung von 2000 Watt ausgelegt sein. Ist dies nicht möglich, könnte man die Gesamtschaltleistung auf mehrere Kontakte verteilen.

**Schaltnetzteile** sind Bauteile, die bei Bedarf Spannungen zur Verfügung stellen. Der Begriff „Netzteil" deutet schon darauf hin, dass es sich um eine nach dem Transformator gleichgerichtete Spannung, also um Gleichspannung handelt. Im Falle einer Wechselspannung, wäre von einem „reinen" Transformator die Rede. Nahezu jeder von uns besitzt in Form eines Handyakku-Ladegeräts ein Schaltnetzteil.

Die **Spulen-Verlustleistung** steht z.B. im Zusammenhang mit dem oben genannten Schaltnetzteil. Ist dieses Netzteil an Versorgungsspannung gelegt (Handyakku-Ladegerät in der Steckdose) so ist die Spule, also ein Teil des Transformators, in Betrieb. Obwohl am Ausgang des Netzteils kein Verbraucher eingeschaltet ist (kein Handy angesteckt). Die Leistung, die hier benötigt wird nennt man Spulen-Verlustleistung. Diese ist übrigens auch dann vorhanden, wenn ein Handy angesteckt ist.

Ein **Schließer** ist einer von drei bekannten Kontakten. Er hat die Funktion, sich und damit meist den Stromkreis zu schließen. Dies geschieht z.B. durch unser Betätigen des (Licht-)Schalters oder Tasters oder durch das Anziehen eines Relais. Die zweite Kontaktart ist ein „Öffner", die dritte ein sogenannter „Wechsler".

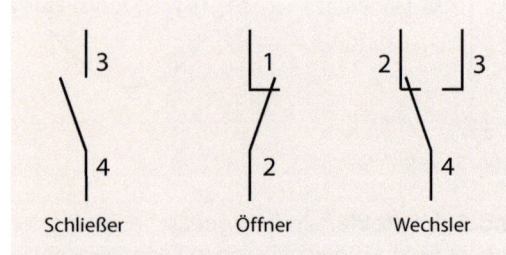

*Abb. 10* Gängige Kontaktarten

**Steuerspannung** ist die Spannung, mit der ein Bauteil zur Funktionsdurchführung angeregt wird. Möchte man also, dass eine 24 V Glühlampe leuchtet, so muss man mit 24 V ansteuern. Nimmt man zur Ansteuerung der Glühlampe nur 6 V, so leuchtet sie sehr schwach. Nähme man 230 V, so triebe diese Spannung so viele Elektronen durch den Glühdraht, dass dieser augenblicklich schmelzen würde. Ähnlich ist die Versorgungsspannung. Dieser Wert gibt an, welche Spannung an das Betriebsmittel gelegt werden muss, damit es überhaupt arbeiten kann. Im oben genannten Beispiel ist die Versorgungsspannung gleich der Steuerspannung.

**Stromversorgung** ist ein Begriff, der häufig falsch verwendet wird. Strom resultiert aus Spannung. Man sagt, die Spannung treibt den Strom. Somit

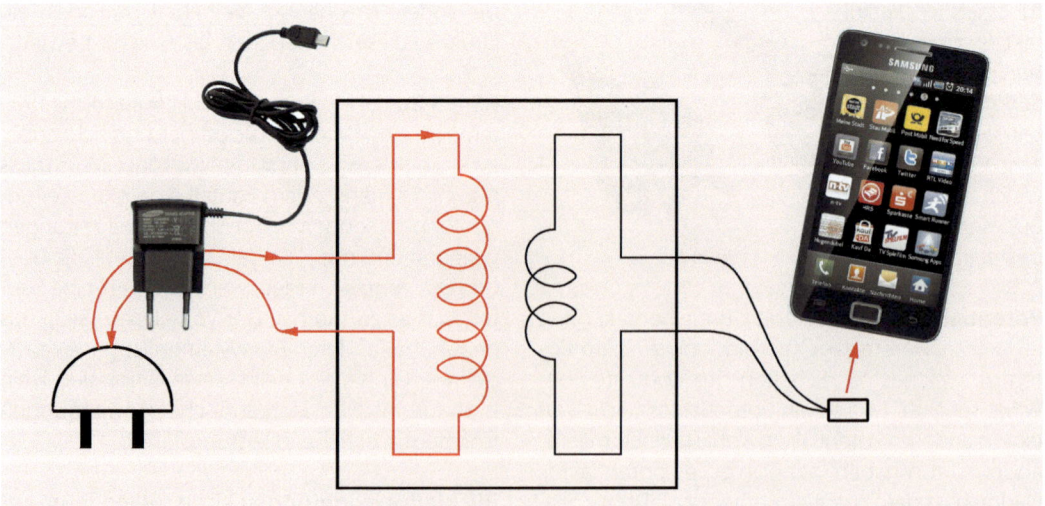

*Abb. 9* Auch ohne angestecktes Handy fließt im Netzteil Strom

müsste es eigentlich Spannungsversorgung bzw. Versorgungsspannung heißen (s. Steuerspannung).

**Tipp-Wendefunktion:** Hiermit wird erreicht, dass sich durch das Tippen eines Tasters die Drehrichtung des angeschlossenen Aktors ändert, zum Beispiel eines Rollladenmotors. Das Signal muss dabei ebenso wie bei der Doppelklick-Wendefunktion in der Empfangseinheit als solches erkannt und verarbeitet werden (bauteilabhängig).

Eine **Tragschiene** (auch Hutschiene) ist eine genormte Schiene, auf der in Verteilungen der Installationstechnik, aber auch im Schaltschrankbau, diverse Bauteile montiert werden. Durch die Normung erreicht man, dass nahezu alle Hersteller mit diesem Maß arbeiten und produzieren (s. auch „Reiheneinbaugerät").

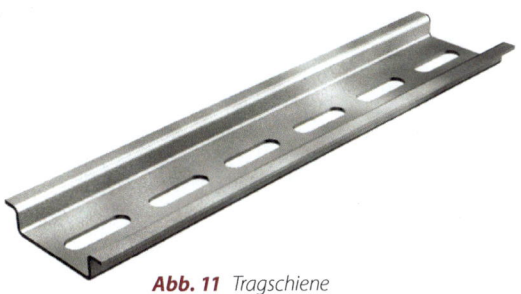

***Abb. 11*** *Tragschiene*

**Wippe** ist ein Begriff, der den von außen sichtbaren Teil eines Tasters/Schalters in der Elektroinstallation beschreibt. Man sagt auch „Schaltwippe" (s. auch „Flächentaster").

**Synchronisation** beschreibt einen Vorgang, der meist im Hintergrund abläuft, ohne dass die User dies merken. Bei einer Synchronisation gleicht sich ein System auf den neuesten Stand ab. Bauteile, die neu in das System gekommen sind, werden erkannt und integriert. Entfernte Bauteile werden im System gelöscht. Man kennt den Vorgang der Synchronisation auch vom Booten eines PCs nach einem Update.

**Zentralsteuerungstaster:** Von einem Zentralsteuerungstaster kann eine Funktion an alle eingelesenen Aktoren gesendet werden, wenn dieser so programmiert wurde. Somit könnten zum Beispiel über diesen Taster alle Rollladen mit einem Tastendruck nach oben gefahren werden.

**Zuordnungsliste:** Mit Hilfe dieser Liste wird schriftlich dokumentiert, welcher Sensor welchem Aktor zugeordnet ist. Das ist von außerordentlicher Wichtigkeit, denn sollte später eine Änderung in der Installation vorgenommen werden, muss der Ausführende wissen, welche Bauteile momentan miteinander arbeiten. Änderungen sollten ebenso in die Liste eingetragen werden.

Der Eltako-Funk
Zuordnungsliste Sensoren-Aktoren

Eltako
ELECTRONICS

Zuordnungsliste Sensoren-Aktoren

Objekt:

Eingelernt von: Seite:

Sensoren
Bitte laufende Nummer vergeben und diese eintragen.

Aktoren
Type und laufende Nummer eintragen

| FT | FHS | FMH | FIW | FKF | FHF | FSM | FBS | FSS | FTK | FBH | FAH | FAFT | FUT | FTR | FTF | FTS12 | FSU | Type | Nr |
|---|---|---|---|---|---|---|---|---|---|---|---|---|---|---|---|---|---|---|---|
| | | | | | | | | | | | | | | | | | | | |

S-5

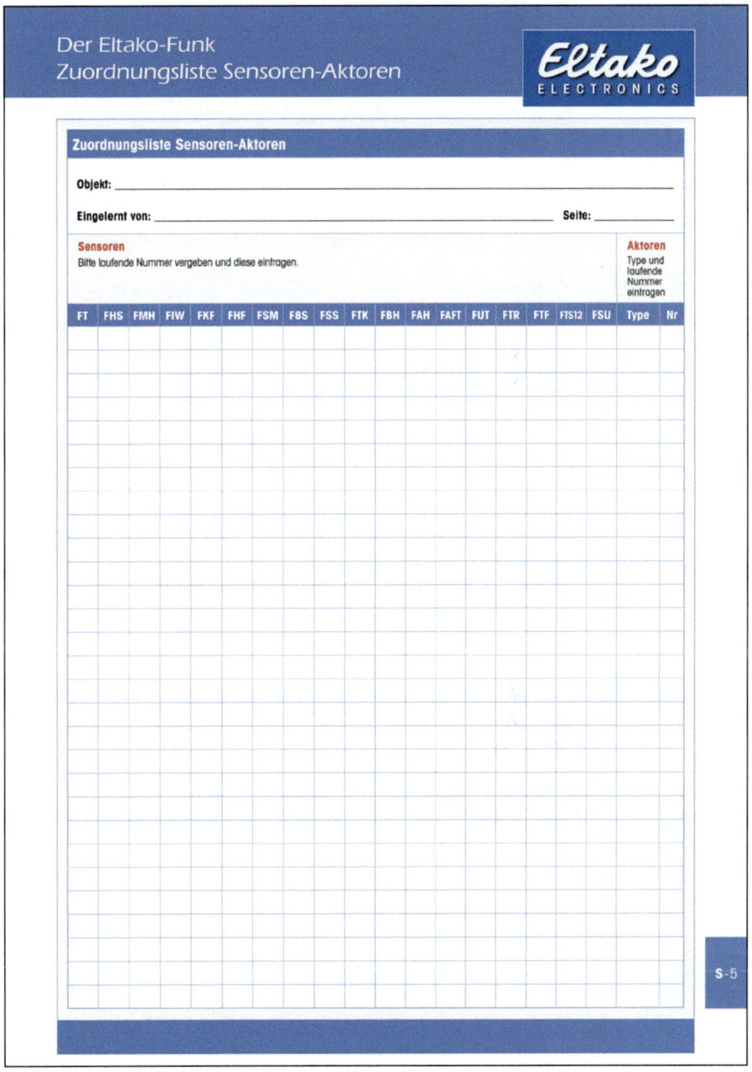

***Abb. 12*** *Beispiel einer Zuordnungsliste*

# LS 3.1

## Technische Systeme verstehen

# „Die Roboter kommen!"

### Einladung

Liebe Schülerinnen und Schüler,

auch in diesem Jahr findet wieder unser traditioneller Roboterwettbewerb statt. Wir laden alle interessierten Schülerinnen und Schüler ein, daran teilzunehmen. Zum Wettbewerb verwenden wir die Baukästen „LEGO Mindstorms NXT" und „Fischer-Technik Robo Mobile", die von der Schule zur Verfügung gestellt werden.

*Viel Spaß und gutes Gelingen!*
*Projektgruppe Roboterwettbewerb*

### Aufgabenstellung

Die Aufgabe umfasst das Entwickeln und Konstruieren eines autonomen, nicht ferngesteuerten Roboters. Es dürfen nur die von der Projektgruppe Roboterwettbewerb bereitgestellten Materialien benutzt werden. Der Roboter sollte in der Lage sein, selbstständig einen Parcours zu umfahren.

### Fahrbahn

Die Wettbewerbs-Durchläufe finden auf einer waagerechten Fahrbahn mit den Abmessungen 2,5 m · 1,5 m statt. Die Fahrbahn wird allseitig von einer 5 cm hohen Bande begrenzt.

### Die Regeln

1. Für den Roboter dürfen nur im Baukasten enthaltene Antriebsmotoren, Getriebeeinheiten und sonstige Baumaterial verwendet werden.
2. Die Verwendung anderer oder zusätzlicher Akkumulatoren ist nicht zulässig.
3. Die Dokumentation muss schriftlich erfolgen und der Projektgruppe Roboterwettbewerb vor der technischen Abnahme in schriftlicher Form vorgelegt werden.
4. Alle mechanischen Bauelemente und elektronischen Komponenten müssen in Art, Menge und Zweck sowohl schriftlich als auch in einer Zeichnung dokumentiert werden.

# Lernjobs

**1.**

Jeder Roboter ist ein technisches System. Um einen Roboter bauen und steuern zu können, muss man dessen Funktionsweise verstehen und die einzelnen Komponenten bzw. den Aufbau eines technischen Systems kennen. Überlegen Sie, welche Bestandteile ein technisches System umfasst und besprechen Sie diese in der Klasse.

**2.**

Für die Dokumentation ihres Roboters benötigen Thomas und Martin eine technische Skizze bzw. ein so genanntes Technologieschema, das den grundlegenden Aufbau und die Funktionsweise des Roboters darlegt. Fertigen Sie ein Technologieschema des Roboters an und diskutieren Sie es anschließend mit ihren Sitznachbarn. Welche Unterschiede gibt es und welche Gemeinsamkeiten? Arbeiten Sie Verbesserungen in Ihr Technologieschema ein.

**3.**

Ein Technologieschema ist ein vereinfachtes Abbild und gibt uns einen ersten Überblick über den Aufbau und die Funktionen des Roboters. Um genauere Kenntnisse über die Funktionsweise zu bekommen, ist es von Vorteil die Funktionseinheiten und deren Zusammenwirken in einem sogenannten Wirkschaltplan darzustellen. Erstellen Sie mit Hilfe Ihres Fachkundebuches einen Wirkschaltplan für den Roboter von Thomas und Martin.

**4.**

Ein Roboter muss programmiert werden, damit er die Eingangssignale verarbeiten kann. Vor dem eigentlichen Programmieren wird ein Programmablaufplan erstellt. Dieser Programmablaufplan, kurz PAP genannt, ermöglicht es dem Programmierer logische Verknüpfungen und Abfolgen in vereinfachter Weise darzustellen. Fertigen Sie mit Ihrem Sitznachbarn einen PAP für den Roboter an und stellen Sie Ihre Lösung anschließend der Klasse vor.

**5.**

Um die elektrischen Komponenten des Roboters funktionsgerecht mit dem Steuergerät verbinden zu können, soll ein Anschlussplan mit normgerechten Schaltzeichen erstellt werden. Helfen Sie Thomas und Martin dabei einen solchen Anschlussplan zu erstellen.

### 3.1.1 Das technische System „Roboter"

Ohne Roboter ist die Industriewelt heute nicht mehr vorstellbar. 2009 waren über 1 Mio. Industrieroboter und etwa 5,5 Mio. Service-Roboter in verschiedenen Einsatzgebieten weltweit tätig. Die Prognosen von IFR* Statistical Department Frankfurt am Main sehen bis Ende 2011 1,2 Mio. Industrieroboter und rund 17 Mio. Service-Roboter im weltweiten Einsatz.

Was ist eigentlich ein Roboter? Ein Roboter ist eine feststehende oder ortsveränderliche Maschine, die Aufgaben unter Verwendung eines bestimmten Programms erfüllt. So übernehmen Roboter, speziell Industrieroboter, immer mehr Aufgaben in der Produktion, die zuvor von Menschen ausgeführt wurden. Roboter werden beispielsweise im Automobilbau zu Handhabungszwecken sowie zum Kleben und Punktschweißen der Karosserien eingesetzt (Abb. 1). In Deutschland werden derzeit 234 Industrieroboter je 10 000 Beschäftigte eingesetzt. Damit tragen Roboter in einem erheblichen Maße zur Automatisierung bei.

(a)

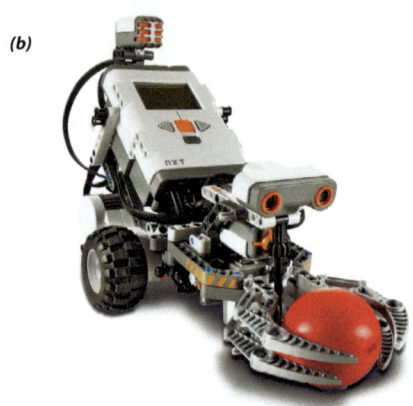

(b)

**Abb. 1**  Einsatz von Punktschweißrobotern im Automobilbau

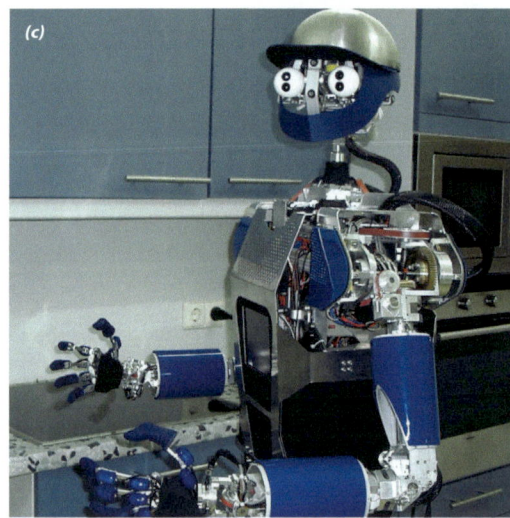

(c)

**Abb. 2**  Roboter zu Erkundungszwecken auf dem Mars (a), als Beispiel für spielerisches Lernen (b) und als Haushalthelfer (c)

Roboter werden aber nicht nur in Produktionsanlagen eingesetzt, sondern übernehmen auch Aufgaben, die für Menschen zu gefährlich oder schlicht unmöglich wären, so z. B. für militärische Zwecke, wie Aufklärung, Verteidigung oder Kampfmittelräumung oder auch zur Weltraumerkundung. Roboter werden also auch dort eingesetzt, wo Menschen unzumutbaren Gefährdungen ausgesetzt wären.

* International Federation of Robotics

Auch im privaten Haushalt hat der Roboter versuchsweise Einzug gehalten. So übernehmen sogenannte Haushaltroboter (Abb. 2 c) diverse Aufgaben wie Staubsaugen oder Rasenmähen und erleichtern uns damit das Leben. Der in Abb. 2 b gezeigte Roboter ist ein Beispiel für spielerisches Lernen.

Um einen Roboter technisch zu realisieren, werden verschiedene Disziplinen wie Mechanik, Elektrotechnik und Informatik miteinander kombiniert und einzelne Elemente zu einem technischen bzw. mechatronischen System zusammengesetzt. Ein mechatronisches System besteht aus Eingabeelementen, zum Beispiel Sensoren, die eine Eingangsgröße erzeugen, und aus Ausgabeelementen, z. B. Aktoren, die durch eine Steuerung miteinander verknüpft werden. Vereinfacht kann man ein mechatronisches System mit Hilfe des EVA-Prinzips darstellen (Abb. 3).

**Abb. 3** *EVA-Prinzip*

MERKE

**EVA-Prinzip: Eingangsgrößen werden verarbeitet und als Ausgangsgröße zur Verfügung gestellt.**

Stellt man sich einen Menschen als ein mechatronisches System vor, sind die Eingabeelemente die Sinnesorgane bzw. Sinne (Sehen, Hören, Tasten, Riechen, Wärmeempfinden etc.), die Ausgabeelemente entsprechen den Muskeln und Gliedmaßen. Die Steuerung/Verarbeitung übernimmt das Gehirn.

### Eingabeelemente

Neben mechanischen Schaltern, die aus einem oder mehreren Kontaktpaaren bestehen und mechanisch beispielsweise per Hand geöffnet oder geschlossen werden, kommen auch sogenannte Sensoren als Eingabeelemente zum Einsatz. Sensoren erfassen dabei im Allgemeinen nichtelektrische Größen eines Prozesses (IST-Wert), z. B. einen Weg, und erzeugen ein dieser Größe proportionales elektrisches Signal, das die Eingangsgröße im mechatronischen System ist (Abb. 4).

MERKE

**Sensoren erfassen nichtelektrische Größen und wandeln diese in elektrisch erfassbare Signale bzw. Ausgangsgrößen um.**

Man kann Sensoren in digitale, analoge und binäre Sensoren unterteilen. Sowohl digitale als auch analoge Sensoren können in ihrem Ausgangssignal viele Werte abbilden (Abb. 5). Sie dienen damit beispielsweise zum zahlenmäßigen Erfassen von Wegstrecken oder Temperaturen. Binäre Sensoren hingegen können als Ausgangssignal nur zwei Werte ausgeben, entweder den Wert 0 oder den Wert 1 (wahr/falsch). Hier werden wir uns allerdings nur den für die Steuerungstechnik gebräuchlichsten binären Sensoren widmen.

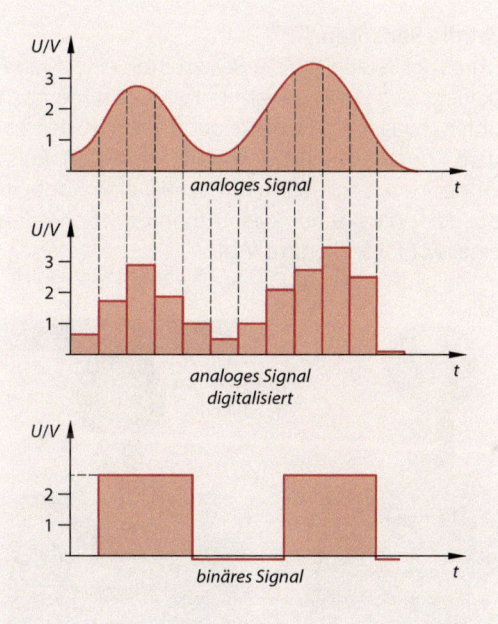

**Abb. 5** *Analoge und digitale Sensoren können innerhalb eines bestimmten Bereiches jeden beliebigen Wert erfassen und ausgeben. Binäre Sensoren hingegen können nur jeweils zwei Werte erfassen und ausgeben.*

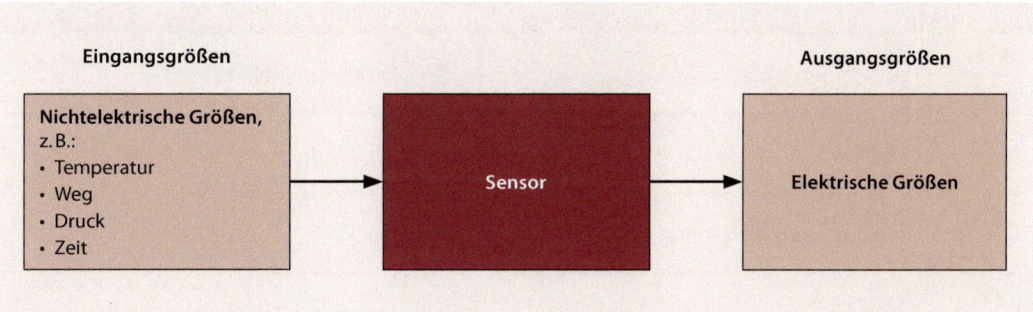

**Abb. 4** *Nichtelektrische Eingangsgrößen werden in elektrisch erfassbare Ausgangsgrößen umgewandelt*

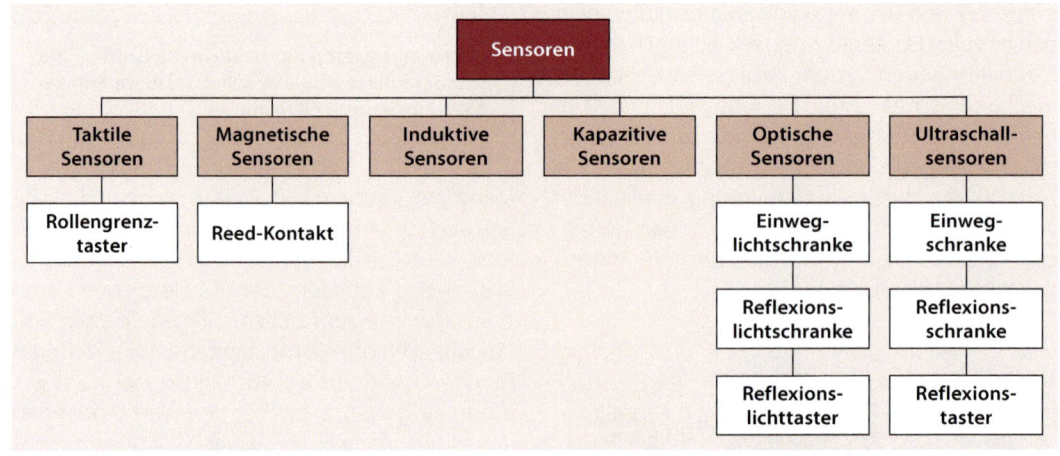

**Abb. 6**
*Übersicht über die Sensoren*

Sensoren lassen sich nach ihrem Wirkungsprinzip ordnen. Die Abb. 6 gibt eine Übersicht.

### Taktile Sensoren

Durch die Betätigung der Rolle mittels einer Kraft *F* bewegt sich die sogenannte Kontaktzunge nach unten, sodass ein Kontakt geöffnet und der andere Kontakt geschlossen wird (Wechsler). Beim Öffner bzw. Schließer fehlt jeweils eine Kontaktebene, sodass es nur zum Öffnen bzw. Schließen eines Kontaktes kommt (Abb. 7).

### Magnetische Sensoren

Ein Sensor mit einem Dauermagneten als Wirkprinzip wird als Reed-Kontakt bezeichnet (Abb. 8). Ein Reed-Kontakt besteht aus zwei in einem Glasröhrchen untergebrachten Metallzungen, die sich bei Annäherung einer Magnetkraft anziehen und damit einen Stromkreis schließen. Der Vorteil von Reed-Kontakten ist, dass sie im Gegensatz zu den taktilen Sensoren berührungsfrei arbeiten, eine lange Lebensdauer haben und in vielen Bereichen einsetzbar sind.

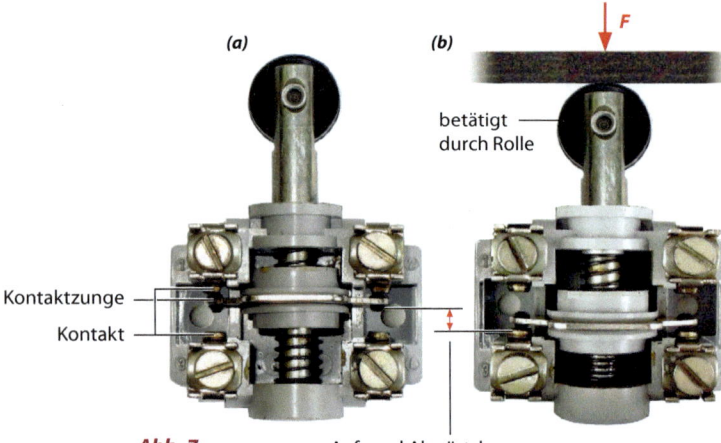

**Abb. 7**
*Rollengrenztaster (Wechsler) unbetätigt (a) und betätigt (b)*

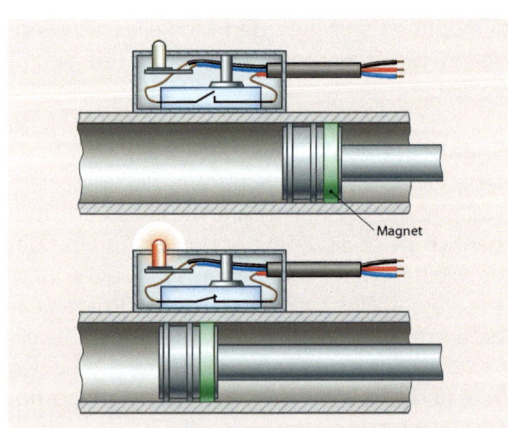

**Abb. 8** *Schematische Darstellung eines Reed-Kontaktes*

**Tabelle 1** *Alternative Betätigungsarten nach DIN 60617*

| Symbol | Betätigung durch | Symbol | Betätigung durch |
|---|---|---|---|
| ├── | Handantrieb, allgemein | ⊏── | Drücken, Notschalter |
| ⊏── | Drücken | ⊗── | Schlüssel |
| ◁▷─ | Annäherung (z. B. Näherungsschalter) | ◔── | Nocken |
| ◁◁▷─ | Berührung | ⌐⊏ | Pedal und Rolle |

## Induktive Sensoren

Bei einem induktiven Sensor wird von einer Spule im Sensor ein elektromagnetisches Feld erzeugt, das durch ein elektrisch leitendes Objekt beeinflusst werden kann.

Nach dem Induktionsgesetz entstehen durch das elektromagnetische Feld im elektrisch leitenden Objekt sogenannte Wirbelströme, die wiederum ein elektromagnetisches Feld erzeugen und damit dem elektromagnetischen Feld des Sensors entgegenwirken und dieses dadurch schwächen.

Dieser Energieentzug macht sich in der Verkleinerung der Schwingungsamplitude des elektromagnetischen Feldes bemerkbar, was der Sensor erfasst und ihn ab einen bestimmten Wert dazu veranlasst, in seinen zweiten Schaltzustand zu wechseln (Abb. 9 und 10).

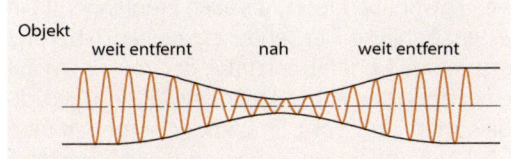

**Abb. 9** *Verkleinerung der Schwingungsamplitude des ausgesendeten elektromagnetischen Feldes des Sensors in Abhängigkeit zur Objektentfernung*

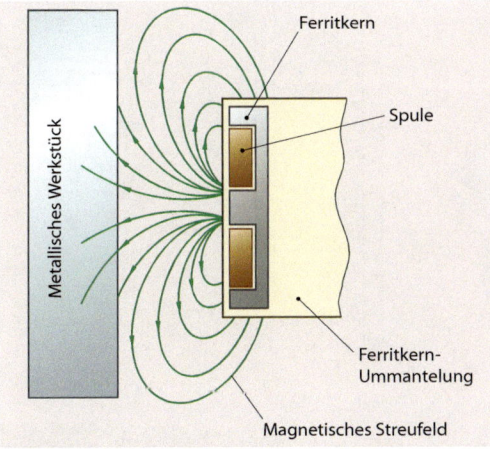

**Abb. 10** *Induktiver Sensor mit elektromagnetischem Feld am Sensorkopf*

Diese Sensoren gehören zu den Näherungsschaltern, da sie berührungslos arbeiten. Induktive Sensoren sind dabei unempfindlich gegen Schmutz und Staub, arbeiten sehr zuverlässig bei hoher Genauigkeit und sind verhältnismäßig preiswert. Nachteilig ist die Tatsache, dass induktive Sensoren nur Objekte mit elektrischer Leitfähigkeit, z. B. Metalle, Graphit, Säuren, Laugen Salzwasser, detektieren (aufspüren) können.

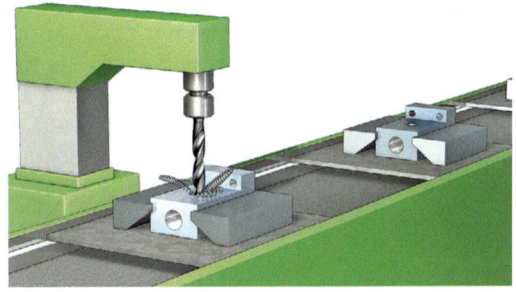

**Abb. 11** *Einsatz eines induktiven Sensors zur Positionsabfrage an einer automatischen Fertigungsstraße*

## Kapazitive Sensoren

Kapazitive Sensoren ähneln im äußeren Aussehen induktiven Sensoren. Im Gegensatz zum induktiven Sensor, erzeugt beim kapazitiven ein deformierter (aufgeklappter) Kondensator ein elektrisches Feld (Abb. 12).

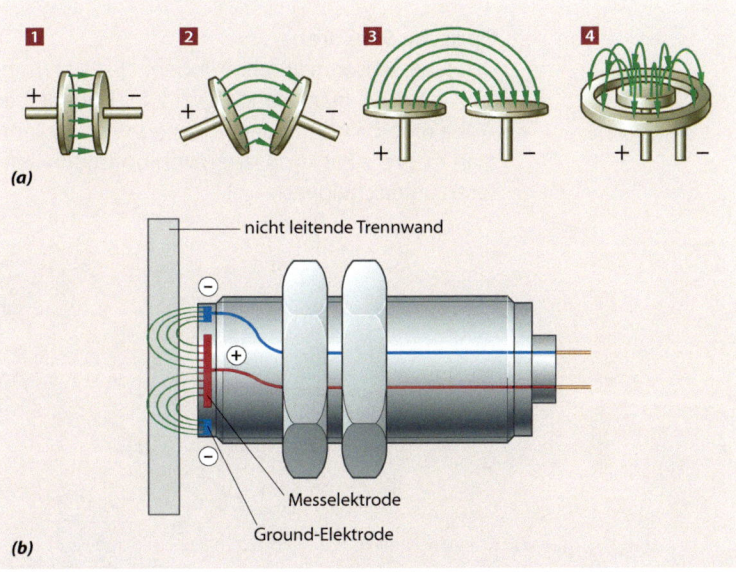

**Abb. 12** *Entstehung des Feldes an einem kapazitiven Sensor (a) und Sensor-Kopf in Anwendung (b)*

Kondensatoren haben die Eigenschaft, Ladungen zu speichern. Bewegt man ein Dielektrikum (nichtleitendes Material) in das elektrische Feld, steigt beim Kondensator das Vermögen Ladungen zu speichern und die Kapazität des Kondensators nimmt zu. Wird hingegen ein leitendes Material in das elektrische Feld eingebracht, wird das Vermögen Ladungen zu speichern geringer und die Kapazität des Kondensators sinkt. Innerhalb des Sensors befindet sich ein von außen mittels Potentiometer einstellbarer Schwingkreis, der durch die veränderte Kapazität des Kondensators beeinflusst wird. Die damit zusammenhängende Veränderung der Schwingungsamplitude wird erfasst und ab einem bestimmten Wert, der mit Hilfe eines Potentiometer eingestellt werden kann, wird ein Schaltvorgang auslöst. Vorteil des kapazitiven Sensors gegenüber des induktiven ist die Tatsache, dass neben Metallen auch fast alle Kunststoffe, Glas und Keramik, Holz, Alkohol, wasserhaltige Stoffe und Fette bzw. Öle erkannt werden können. Zudem ist auch der kapazitive Sensor gegenüber Schmutz und Staub unempfindlich und arbeitet sehr zuverlässig. Allerdings ist der kapazitive Sensor tendenziell teurer als der induktive.

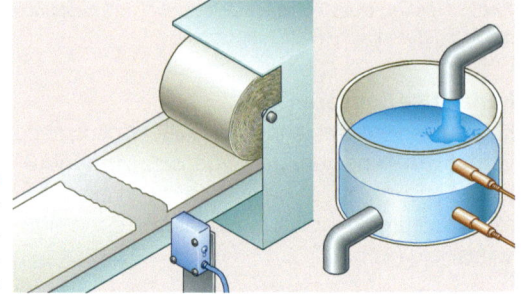

*Abb. 13*
*Anwendung kapazitiver Sensoren zur Bandabriss-überwachung oder Füllstandskontrolle*

### Optische Sensoren

Optische Sensoren arbeiten, indem ein Lichtstrahl (z. B. Infrarot) ausgesendet und in irgendeiner Weise unterbrochen oder reflektiert wird. So kann man mehrere Funktionsarten von optischen Sensoren unterscheiden.

Abb. 14 zeigt eine **Einweg-Lichtschranke**, die aus einem Sender (S) und einem Empfänger (E) besteht. Der Sender erzeugt hierbei einen Lichtstrahl (Laser, Infrarot), der vom gegenüberliegenden Empfänger aufgenommen wird. Wird dieser Lichtstrahl zwischen Sender und Empfänger durch einen Gegenstand unterbrochen, erkennt das der Empfänger und erzeugt ein Schaltsignal.

Von Vorteil ist, dass diese Art der Lichtschranke alle Objekte und Materialien erkennen kann, solange diese nicht transparent sind. Oftmals werden diese Lichtschranken dafür verwendet, um Personenschäden oder materielle Schäden an Anlagen zu vermeiden (Fahrstuhltüren, Garagentore) oder zur Sicherung von Gebäuden und Gegenständen in Form von Alarmanlagen.

Abb. 15 zeigt eine **Reflexionslichtschranke**. Im Unterschied zur Einweg-Lichtschranke befinden sich sowohl Sender (S) als auch Empfänger (E) in einem Gehäuse. Der Sender erzeugt auch bei diesem Modell einen Lichtstrahl, der von einem auf einer optischen Achse liegenden Reflektor zurückgeworfen und vom Empfänger aufgenommen wird. Unterbricht ein Gegenstand den Lichtstrahl, registriert dies der Empfänger und bewirkt eine Änderung des Schaltzustandes.

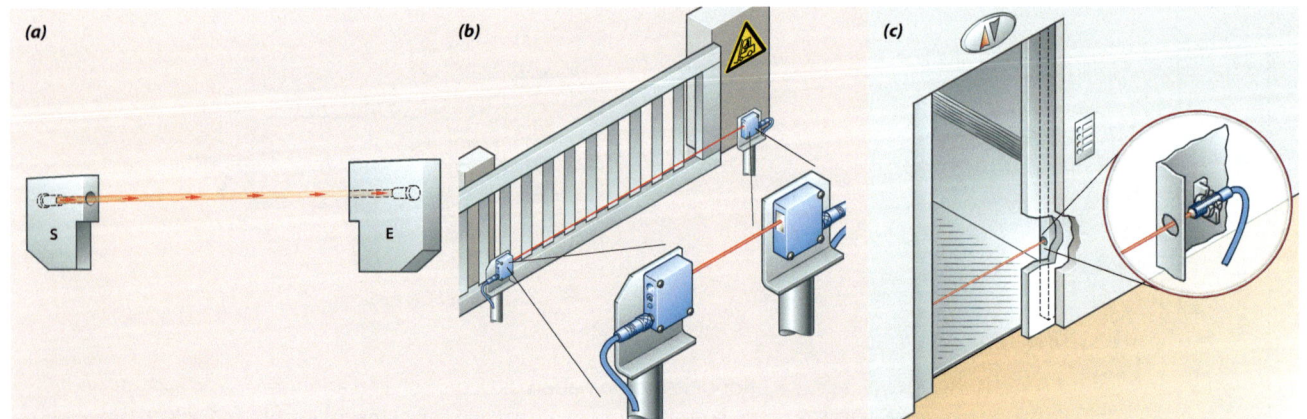

*Abb. 14* *Funktionsweise der Einweglichtschranke (a) und Anwendung bei der Torüberwachung (b) oder zur Türsteuerung an Personenaufzügen (c)*

*Abb. 15*
*Funktionsweise der Reflexionslichtschranke (a) und Anwendung bei der kontinuierlichen Überwachung einer Flaschenabfüllung (b)*

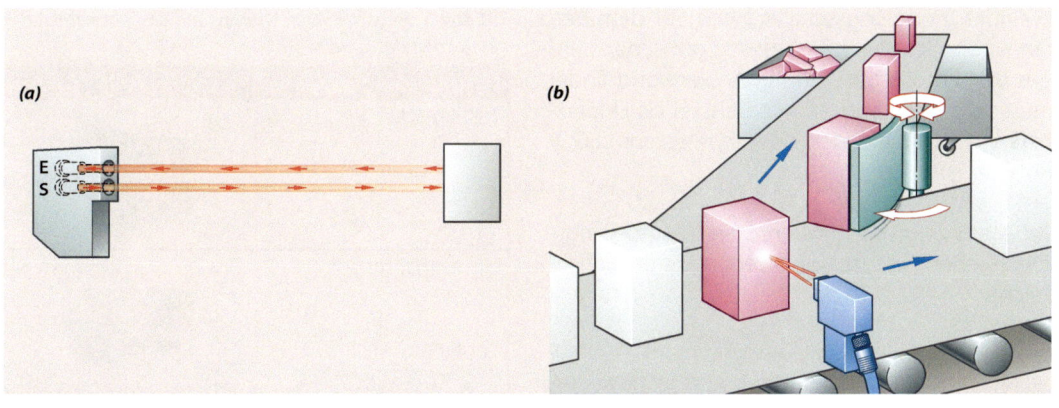

(a)

E
S

(b)

**Abb. 16** *Funktionsweise des Reflexionslichttasters, Sender und Empfänger in einem Gehäuse (a) und Anwendung beim Sortieren (b)*

Der in die Lichtschranke eingebrachte Gegenstand darf dabei nicht kleiner als der Reflektor sein, da der Lichtstrahl in diesem Fall trotzdem reflektiert würde.

Wie bei der Reflexionslichtschranke befinden sich im **Reflexionslichttaster** sowohl Sender (S) als auch Empfänger (E) in einem Gehäuse. Im Unterschied zur Reflexionslichtschranke arbeitet der Reflexionslichttaster allerdings ohne Reflektor. Stattdessen wertet der Empfänger des Sensors das Licht, das von dem Gegenstand selbst reflektiert wird, aus. Überschreitet die vom Gegenstand reflektierte Lichtmenge eine bestimmte Intensität wird ein Schaltvorgang ausgelöst.

Dabei hängt die reflektierte Lichtmenge von diversen Faktoren wie der Distanz, der Oberfläche (hell/dunkel, stumpf/glänzend) und der Größe des Gegenstandes ab. Ist zum Beispiel ein zu detektierender Gegenstand sehr klein oder sehr dunkel, kann über eine Potentiometer (Stellschraube am Sensor) eine hohe Empfindlichkeit eingestellt werden, sodass schon eine mit geringer Intensität reflektierte Lichtmenge einen Schaltvorgang auslösen kann.
Zum Einsatz kommen Reflexionslichttaster in der Regel immer dann, wenn Gegenstände unterschieden oder sortiert werden müssen (Größe, Reflexionsgrad, Farbe). Nach diesem Prinzip arbeitet auch der Lichtsensor in unserem Roboter-Baukasten.

## Ultraschallsensoren

Ultraschallsensoren sind die Allrounder der Sensoren. Sie können alle Gegenstände, unabhängig von Farbe, Transparenz, Größe und Material (auch optisch schwer erkennbare Materialien, z. B. Folien), erkennen, die richtige Justierung und Einstellung der Empfindlichkeit vorausgesetzt. Ultraschallsensoren eignen sich hervorragend für den Betrieb in extrem staubigen oder dunstigen Ar-

beitsumgebungen und sind für große Reichweiten bestens geeignet. Allerdings vereint ein Ultraschallsensor nicht nur Vorteile miteinander. Nachteile sind der sehr hohe Stromverbrauch sowie die sehr geringe Geschwindigkeit.

Auch bei den Ultraschallsensoren gibt es ähnlich den optischen Sensoren unterschiedliche Bau- bzw. Funktionsweisen.

Die **Einwegschranke** gleicht in ihrem Aufbau der Einweg-Lichtschranke. Sender und Empfänger liegen sich hierbei direkt gegenüber, sodass die Schaltstellung geändert wird, sobald ein Gegenstand den Schallstrahl unterbricht.
Die **Reflexionsschranke** mit Sender und Empfänger in einem Gehäuse und Reflektor auf der gegenüberliegenden Seite ändert immer dann ihre Schaltstellung, wenn der Reflektor von einem Gegenstand vollständig abgedeckt wird, ähnlich dem Prinzip der Reflexionslichtschranke.
Der **Reflexionstaster** ebenso mit Sender und Empfänger in einem Gehäuse aktiviert seine Schaltausgänge immer dann, wenn sich ein Gegenstand innerhalb eines zuvor definierten Schaltabstandes

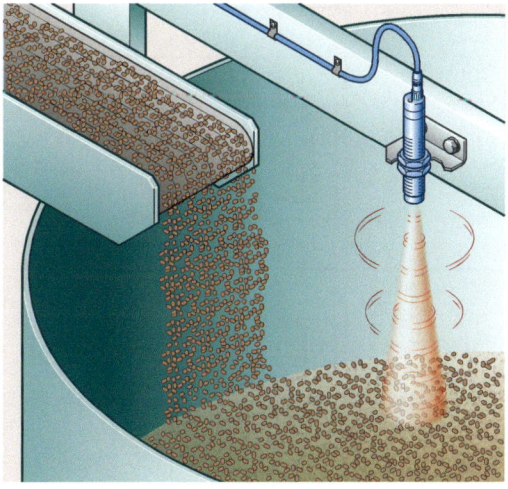

**Abb. 17** *Einsatz eines Ultraschallsensors zur Füllstandkontrolle von losem Schüttgut*

befindet (Näherungsschalter), was auf dem Verfahren der Schalllaufzeitmessung (zwischen Sender und Empfänger) beruht. Anwendung findet dieser Ultraschallsensor zum Beispiel als Einparkhilfe in Kraftfahrzeugen oder in unserem LEGO-Roboter.

Tabelle 2 zeigt die für Sensoren in steuerungstechnischen Schaltplänen verwendeten Schaltzeichen.

**Tabelle 2** *Schaltzeichen für Sensoren*

| Bezeichnung | Schaltzeichen | Erfassbare Materialien |
|---|---|---|
| Taktilere Sensoren (Rollengrenztaster) | | feste |
| Magnetischer Sensor (Reedkontakt) | | Magnete |
| Induktiver Sensor (Näherungsschalter) | | elektrisch leitfähige (auch Laugen und Säuren) |
| Kapazitiver Sensor (Näherungsschalter) | | sämtliche |
| Optischer Sensor (Näherungsschalter) | | sämtliche (je nach Ausstattung) |
| Ultraschallsensor (Näherungsschalter) | | sämtliche |

**Tabelle 3** *Eingabe-, Verarbeitungs- und Ausgabeelemente des Roboter-Baukastens*

| Eingabeelemente | |
|---|---|
| Tastsensor | |
| Ultraschallsensor | |
| Akustischer Sensor | |
| Optischer Sensor | |
| **Verarbeitungselement** | |
| Steuereinheit | |
| **Ausgabeelement** | |
| Gleichstrommotor | |

### Ausgabeelemente, Aktoren

In mechatronischen Systemen dienen als Ausgabeelemente in der Regel sogenannte Aktoren. Sie stellen die Verbindung zwischen Informationsverarbeitung und dem zu beeinflussenden Prozess dar, indem sie Informationssignale entgegennehmen und umsetzten (Tabelle 4).

Spricht man in der Technik von Aktoren versteht man darunter im Allgemeinen die sogenannten Energiewandler. Wie der Name sagt, wandeln Aktoren Energien in artunterschiedliche Energien um. Beispiele hierfür sind Elektromotoren, die elektrische Energien in mechanische (rotatorische) Energien umwandeln.

**MERKE**

Aktoren wandeln elektrische oder fluidische Energie in mechanische Energie um.

*Tabelle 4* Energiewandler

| Eingang | | Ausgang |
|---|---|---|
| **Elektrisch** | **Fluidisch** | |
| Hubmagnete wandeln elektrische Energie in mechanische (translatorische) Energie um. | Hydraulikzylinder wandeln fluidische Energie (Öldruck) in mechanische (translatorische) Energie um. | Mechanisch, translatorisch |
| Elektromotoren wandeln elektrische Energie in mechanische (rotatorische) Energie um. | Zahnradmotoren wandeln fluidische (Volumenstrom) in mechanische (rotatorische) Energie um. | Mechanisch, rotatorisch |

Neben elektromechanischen Aktoren, die elektrische Energie in mechanische umwandeln, gibt es auch sogenannte Fluidenergie-Aktoren, die hydraulische oder pneumatische Energie in mechanische umwandeln (Abb. 19). Die für uns wesentlichen Aktoren sind die elektromechanischen Aktoren, die nachfolgend behandelt werden.

### Elektromagnetische Aktoren – Hubmagnete

Aktoren, die elektromagnetisch funktionieren, bestehen in der Regel aus Spule und Anker, einem beweglichen Eisenkern. Wird die Spule mit Strom durchflossen, entsteht um die Spule herum ein elektromagnetisches Feld, das den Anker anzieht. Beispiele für Aktoren nach dieser Wirkungsweise sind die sogenannten Hubmagnete. Bei den Hubmagneten wird aufgrund der elektrischen Eingangsenergie der Anker linear verschoben, sodass eine mechanische, translatorische Energie als Ausgangsenergie entsteht.

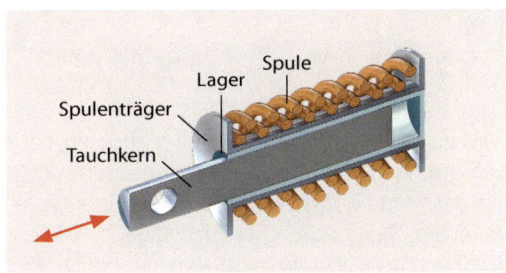

**Abb. 18** *Aufbau eines Hubmagneten*

### Elektrodynamische Aktoren – Gleichstrommotoren

Elektrodynamische Aktoren beruhen auf dem Prinzip zweier sich überlagernder Magnetfelder, die sich gegenseitig anziehen bzw. abstoßen (z.B. Drehstrommotor, Gleichstrommotor). Stellvertretend für alle Elektromotoren soll nun die Funktionsweise eines Gleichstrommotors näher untersucht werden.

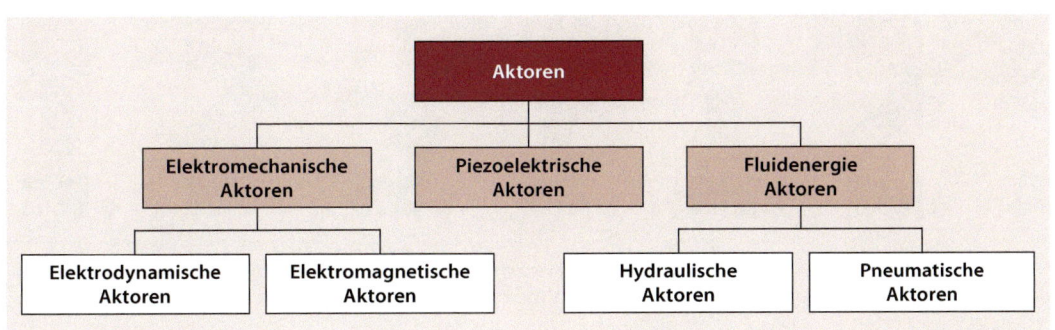

**Abb. 19**
*Übersicht über die Aktoren*

Durch das gute Drehzahlregelverhalten sind Gleichstrommotoren aus Industrie und Alltag nicht wegzudenken. Verwendung finden Gleichstrommotoren in Haushaltsgeräten, Kinderspielzeugen, in der Kfz-Elektrik in Form von Scheibenwischer- und Gebläsemotoren, aber auch in Werkzeugmaschinen, Walzstraßen und Gabelstablern.

Der innere Aufbau des Gleichstrommotors besteht vereinfacht aus einer Drahtspule (Rotor), einem umschließenden Magneten (Stator) und einer Welle (Abb. 20).

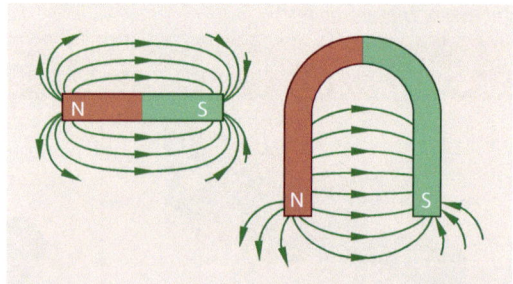

**Abb. 22** *vereinfachte schematische Darstellung eines magnetischen Feldes zwischen den Polen eines Dauermagneten*

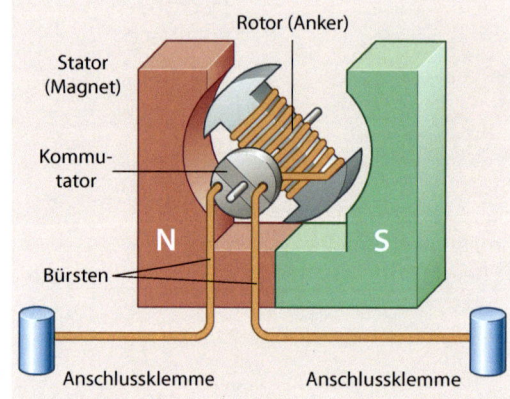

**Abb. 20**
*Gleichstrommotor*

Wird die Drahtspule mit Strom durchflossen, baut sich um die Spule herum ein magnetisches Feld auf, das man beispielsweise mit Hilfe einer Batterie, einem Telefondraht, einem Nagel und einer Büroklammer selbst ausprobieren kann (Abb. 21).

Allerdings wird nicht nur um die stromdurchflossene Spule ein Magnetfeld aufgebaut, sondern auch durch den umschließenden Magneten, d. h. Plus- und Minuspol liegen sich gegenüber und erzeugen dadurch ein zwischen den Polen liegendes Magnetfeld.

Im Gehäuse eines Gleichstrommotors überlagern sich diese beiden Magnetfelder, die sich entweder abstoßen oder anziehen und dadurch die Drahtspule, sowie die Motorwelle in Drehung versetzen. Der Rotor würde sich allerdings immer nur eine halbe Umdrehung drehen, da sich nach einer halben Drehung die anziehenden Pole gegenüberliegen (N–S), nicht mehr die sich abstoßenden (N–N) (Abb. 23).

Aus diesem Grund enthalten Gleichstrommotoren Kommutatoren, auch Stromwender genannt. Diese sorgen dafür, dass sich der Rotor nach einer halben Umdrehung (wenn sich Nord- und Südpol gegenüberstehen) weiterdreht. Dazu wird der Rotor einfach umgepolt, d. h. die Stromrichtung geändert, sodass sich die beiden Südpole wieder gegenüberstehen, die sich dann erneut abstoßen und den Rotor in Drehbewegung halten.

Auch die Motoren unseres Baukastens funktionieren auf diese Weise.

**Abb. 21**
*Magnetisches Feld, erzeugt mittels einer Batterie als Spannungsquelle, einer Spule mit einem Nagel als Kern und Telefondraht sowie einer Büroklammer.*

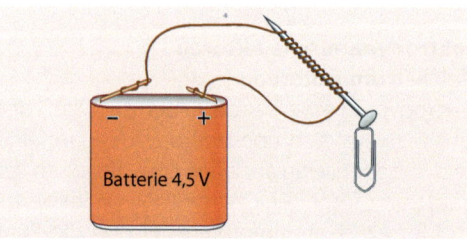

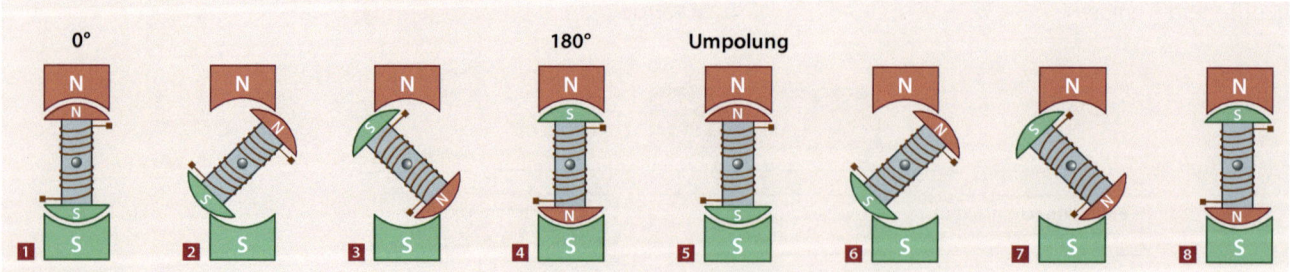

**Abb. 23** *Durch Abstoßung der sich gegenüberliegenden N-Pole wird der Rotor in Drehung versetzt Die Teilbilder 1 bis 4 zeigen die Rotordrehung um 180 Grad. In Teilbild 5 hat der Kommutator die Stromrichtung im Rotor geändert, sodass nun der N-Pol wieder oben und der S-Pol unten ist. Durch erneute Abstoßung wird die Umdrehung bis 360° fortgesetzt.*

## Verarbeitung

Ein wesentlicher Baustein eines mechatronischen Systems ist die **Steuerung** bzw. **Verarbeitung**. Aber zunächst soll noch der Begriff „*Black Box*" erklärt werden:

Die Black Box bildet – unter Ausblendung des inneren, oftmals sehr komplexen Aufbaus – nur das äußere Verhalten eines Objektes ab. Diese Verfahrensweise hilft, die Komplexität eines Objektes zu reduzieren und beschränkt die Untersuchung bzw. Beschreibung auf die Beziehung zwischen dem Input und dem Output (EVA-Prinzip).

Als Beispiel kann das NXT des LEGO-Roboters herangezogen werden. Wir kennen den inneren Aufbau des NXT nicht und interessieren uns auch nicht dafür. Für uns ist lediglich die Beziehung zwischen den Eingangsgrößen (Input) und den Ausgangsgrößen (Output) von Bedeutung.

## Unterschied zwischen Steuerung und Regelung

Eine **Steuerung** beeinflusst einen Prozess in bestimmter Weise. Dazu erhält sie Informationen von den Sensoren (Eingangsgrößen), wandelt diese um und stellt sie anschließend als definierte Ausgangsgrößen (Stellsignale) dem Aktor zur Verfügung. Der Aktor beeinflusst und verändert den Prozess. Steuerung wird auch als *Open Loop Control* bezeichnet, weil die Ausgangsgröße nicht erneut abgefragt wird.

> **MERKE**
>
> **Eine Steuerung ist ein offener Wirkungsablauf. Störgrößen werden nicht erfasst.**

Bei einer **Regelung**, auch als *Closed Loop Control* bezeichnet, wird die Prozessausgangsgröße erneut abgefragt und dem Regler zur Verfügung stellt (Rückkopplung). Der Regler vergleicht diesen IST-Wert mit einem SOLL-Wert, gibt ein entsprechendes Stellsignal aus und regelt somit den Prozess.

Wie in Abb. 24 gezeigt, kann bei einer Steuerung auf eventuell von außen auf den Prozess wirkende Störgrößen nicht reagiert werden. Eine Steuerung ist nur dann sinnvoll, wenn keine Störungen auf den Prozess wirken und das Systemverhalten gut beschreibbar ist.

> **MERKE**
>
> **Die Regelung ist ein geschlossener Wirkungsablauf, Störgrößen werden erfasst, ein IST-Wert wird mit einem SOLL-Wert verglichen und „ausgeregelt".**

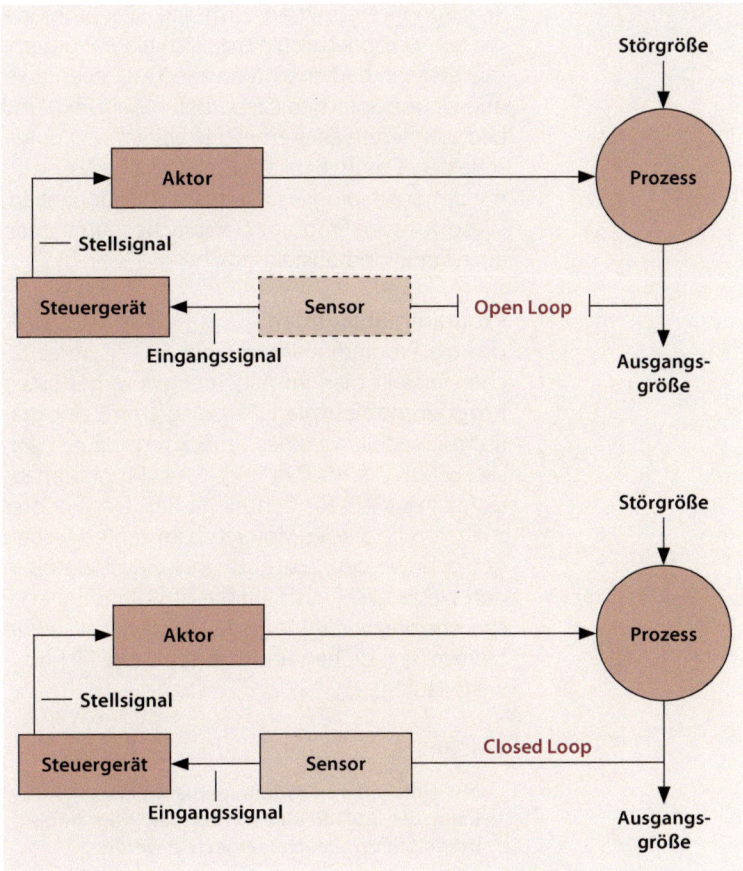

**Abb. 24** *Verdeutlichung des Unterschiedes zwischen Steuerung (open Loop) und Regelung (closed Loop)*

## Arten von Steuerungen

Signalverarbeitung kann auf unterschiedliche Weise erfolgen, man unterscheidet daher zwei Arten von Steuerungen: die verbindungsprogrammierte (VPS) und die speicherprogrammierte Steuerung (SPS). Bei der **verbindungsprogrammierten kontaktgebundenen Steuerung** erfolgt die Signalverarbeitung durch die in Beziehung miteinander stehenden Bauteile selbst und durch deren Verdrahtung. Meist werden hier Bauteile, wie Relais, Schütze, elektrische Signalglieder und Bedienelemente mit Leitungen verbunden, um diverse Verknüpfungen (z. B. UND, ODER) zu realisieren (s. Abschn. 3.2).

Im Gegensatz dazu arbeitet die **speicherprogrammierte Steuerung** mit Hilfe eines Steuergerätes, dessen Steuerungsablauf durch ein Programm vorgegeben wird. Vorteil von dieser Art der Steuerung ist, dass Änderungen im Steuerungsablauf durch eine Programmänderung einfach umzusetzen sind, im Gegensatz zur verbindungsprogrammierten Steuerung, bei der Änderungen im Steuerungsablauf eine umständliche Änderung der

Schaltung verursachen. Um eine SPS programmieren zu können, muss man sich einer Programmiersprache bedienen. Man kann zwischen textorientierten Sprachen (Steuerbefehle als Text) und bildorientierten (Steuerbefehle als Symbol) unterscheiden. Das im Baukasten befindliche NXT wird mit Symbolen programmiert, ist also bildorientiert. Diese Art der Programmiersprache nennt man auch Funktionsbausteinsprache.

### Programmablaufplan

Um die Programmierung einer SPS zu vereinfachen, erstellt man im Allgemeinen vorher einen **Programmablaufplan** (Flussdiagramm), eine grafische Darstellung eines Programmablaufs nach DIN 66001. Die Abb. 25 zeigt einen Programmablaufplanes (PAP) für den Alpha-Rex. Der Roboter soll mit Hilfe zweier Motoren zum Laufen/Gehen gebracht werden. Sollte sich ihm ein Hindernis in den Weg stellen, das mit Hilfe des Ultraschallsensors erkannt werden kann, soll er zunächst stehen bleiben, sich drehen und in eine andere Richtung weiterlaufen.

> **MERKE**
>
> **Mit Hilfe eines Programmablaufplanes (PAP) kann der Ablauf eines Prozesses/Programms graphisch vereinfacht dargestellt werden.**

Tabelle 5 zeigt eine Übersicht über die wichtigsten Symbole für Programmablaufpläne.

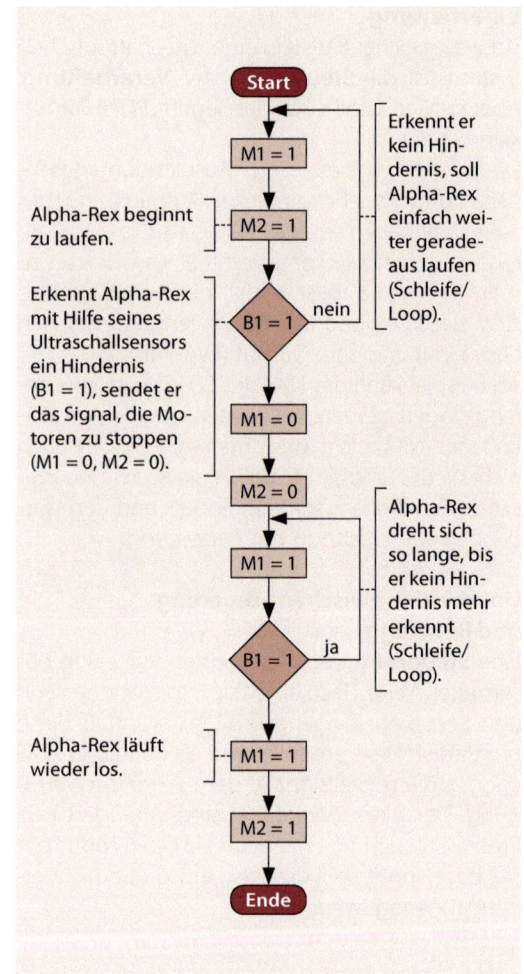

**Abb. 25** Programmablaufplan bzw. Flußdiagramm

**Tabelle 5** Symbole für Programmablaufpläne (Auswahl)

| Symbol | Bedeutung | Symbol | Bedeutung |
|---|---|---|---|
| ▭ | Verarbeitung, Verarbeitungseinheit | ⬭ | Grenzstelle (zur Umwelt), z. B. Anfang, Ende |
| ◇ | Verzweigung, Auswahleinheit | ○ | Verbindungsstelle |
| ⬠ | Schleifenbegrenzung Anfang | ─── | Verbindung, Verarbeitungsfolge, Zugriffsmöglichkeit |
| ⬡ | Ende | ‒ ‒ ⊏ | Bemerkung |

Ein Programmablaufplan kann auch den Prozess des Kaufes einer Bahnfahrkarte abbilden (Abb. 26).

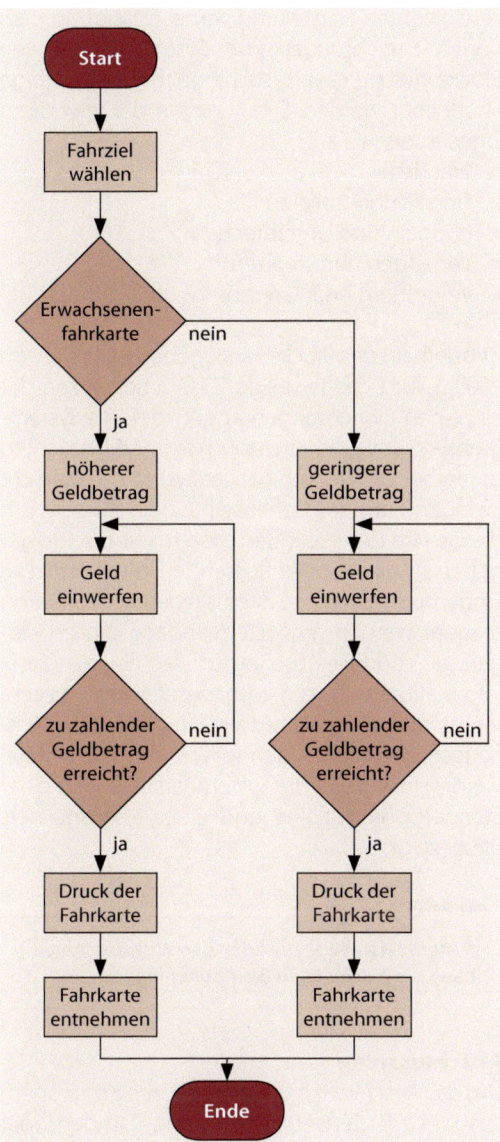

**Abb. 26** Beispiel eines Programmablaufplans für den Kauf einer Bahnfahrkarte

## 3.1.2 Darstellung von technischen Systemen

### Betrachtungsebenen

Ein reales technisches System ist nicht nur durch die Komponenten Sensor, Aktor und Verarbeitung beschreibbar. Um die Komplexität eines Systems erfassen zu können, hat sich eine stufenweise gegliederte Darstellung als hilfreich erwiesen. Nach DIN 40150 wird ein System in Teilsysteme untergliedert.

Beispielsweise ist der Roboter Alpha-Rex an sich das **technische System**, also die oberste Betrachtungsebene, die alle anderen zur Aufgabenerfüllung des Systems notwendigen Einrichtungen beinhaltet (Abb. 27).

Die zweite Betrachtungsebene sind die selbstständig verwendbaren und funktionsfähigen Einheiten, die sogenannten **Einrichtungen**, die aus Gruppen bzw. Elementen zusammengesetzt sind. Einrichtungen sind zum Beispiel Steuerung einschließlich der Trägerkonstruktion, das Beingestell einschließlich der Motoren oder die Sensoren einschließlich deren Trägerkonstruktion.

Die sogenannten **Gruppen**, die nicht selbstständig verwendbaren Einheiten, stellen die dritte Betrachtungsebene eines technischen Systems. Gruppen bestehen aus Elementen und sind im Falle des Alpha-Rex beispielsweise Sensoren, Motoren, Beingestelle oder die Trägerkonstruktion für das NXT. Auch der NXT Baustein ist in unserem Betrachtungsfall eine Gruppe.

Nach den Gruppen sind die **Elemente** die letzte Betrachtungsebene. Elemente können die einzelnen Bausteine und Verbindungselemente sein, aber auch die Elemente, aus denen sich beispielsweise die Motoren oder Sensoren zusammensetzen.

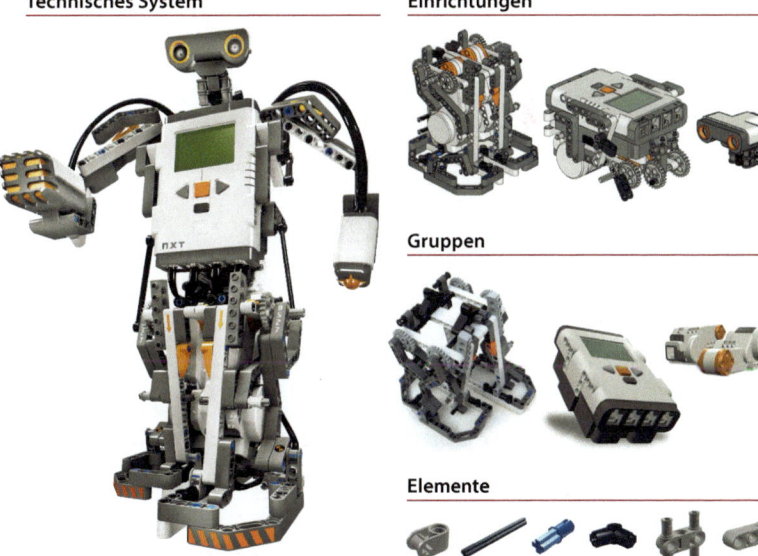

**Abb. 27** System, Einrichtung, Gruppe, Elemente

> **MERKE**
>
> Jedes technische System besteht aus Einrichtungen, Gruppen und Elementen.

Das Erstellen von Technologieschema und Systemdarstellung hilft, die Funktionsweise eines technischen bzw. mechatronischen Systems, des zugehörigen Prozesses und den Wirkungszusammenhang der Komponenten besser zu verstehen.

### Technologieschema

Ein Technologieschema ist ein vereinfachtes Abbild, das in schematischer Weise alle für die Steuerung des Prozesses wesentlichen Bestandteile und deren Funktionen erkennen lässt. So sollten beispielsweise die Eingabe- und Ausgabeelemente (Sensoren, Aktoren), das Steuergerät sowie die für die Funktion wichtigen mechanischen Einheiten lagerichtig gezeichnet werden. Details, die nicht zum Prozessverständnis beitragen, bleiben hier unberücksichtigt. Betrachtet man nun den Roboter, könnte ein entsprechendes Technologieschema wie folgt aussehen (Abb. 28).

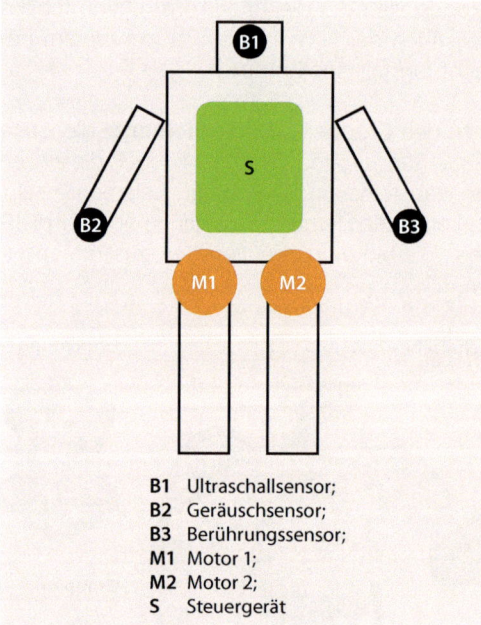

| B1 | Ultraschallsensor; |
|----|--------------------|
| B2 | Geräuschsensor; |
| B3 | Berührungssensor; |
| M1 | Motor 1; |
| M2 | Motor 2; |
| S  | Steuergerät |

*Abb. 28* Technologieschema

> **MERKE**
>
> **Ein Technologieschema ist die vereinfachte bildliche Darstellung eines technischen Systems und dessen Funktionsweise.**

### Blockschaltbild zur Darstellung eines Systems

Die Darstellung eines Systems als Black-Box ist für die Abbildung der Funktionsstruktur nicht ausreichend, da der innere Aufbau nicht gezeigt wird. Die Systemdarstellung zeigt daher alle wesentlichen Bestandteile eines mechatronischen Systems. Die Funktionsweise und die Wirkzusammenhänge werden als Blockschaltbild gezeichnet. Gerätetechnische Details werden in dieser vereinfachten Darstellung vernachlässigt, so dass nur die Einrichtungen eines Systems als einzelne Blöcke (Rechtecke) in sachlogischer Reihenfolge abgebildet werden. Die Funktion der jeweiligen Einrichtung wie z. B.

- Wandeln
- Tragen und Isolieren
- Koppeln und Unterbrechen
- Verbinden und Trennen
- Vergrößern und Verkleinern usw.

ist oberhalb des Blockes anzugeben. Mit Hilfe von Pfeilen wird das jeweilige Zusammenwirken der einzelnen Einrichtungen abgebildet. Als Systemgrenze dient eine Strichpunktlinie. Zu beachten ist hierbei, dass es sich bei der Systemgrenze nicht zwingend um das Gehäuse handelt, sondern um die Grenze des gesamten Systems und seine gegebenenfalls zu beeinflussende Umgebung. Die Eingangsgrößen des Systems (Energie, Stoff, Information) werden an Systemeingangspfeilen eingetragen und die Ausgangsgrößen (Energie, Stoff, Information) an Systemausgangspfeilen. Zu beachten ist, dass nicht immer alle Eingangs- bzw. Ausgangsgrößen vorhanden sein müssen. Als Beispiel werden in Abb. 29 die Systemdarstellungen einer Ständerbohrmaschine und eines Haartrockners die gezeigt.

> **MERKE**
>
> **Systemdarstellungen bilden den Wirkzusammenhang der einzelnen Teilkomponenten ab.**

### Anschlussplan

Um das Anschließen von elektrischen Komponenten wie z. B. Sensoren, Schaltern, Lampen oder Motoren an ein Steuergerät zu erleichtern, zeichnet der Techniker einen Anschlussplan. Dabei wird die Steuerung vereinfacht als „Black-Box" gezeichnet, wohingegen die elektrischen Komponenten normgerecht gezeichnet werden. Am Beispiel des Robo Mobile wird die Systematik veranschaulicht: Abb. 30 zeigt einen Roboter mit Lichtsucher und Hinderniserkennung, Abb. 31 die reale Verdrahtungsweise des Roboters und Abb. 32 den Anschlussplan mit genormten Symbolen.

> **MERKE**
>
> **Anschlusspläne stellen dar, wie die unterschiedlichen elektrischen Komponenten zu verbinden sind.**

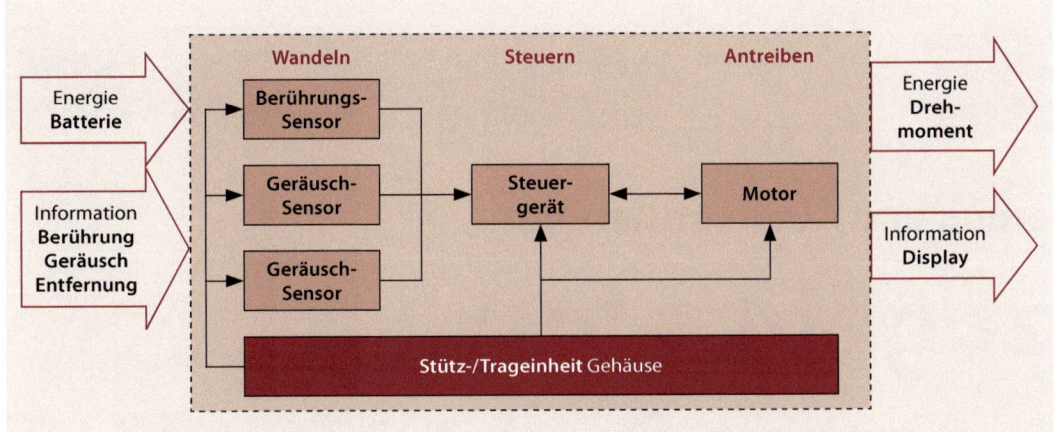

**Abb. 29**
*Systemdarstellung des Roboters*

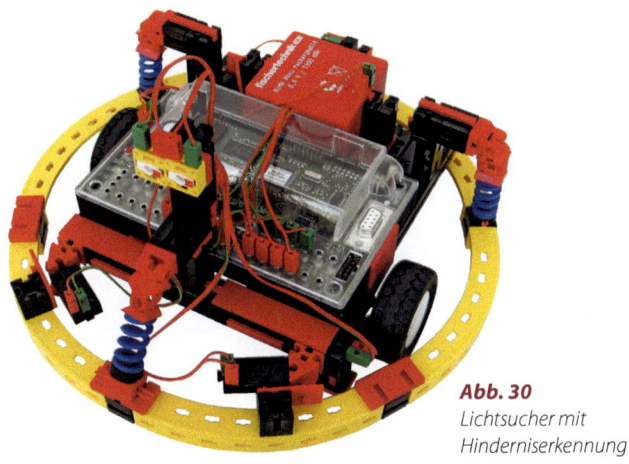

**Abb. 30**
*Lichtsucher mit Hinderniserkennung*

Auch bei der Beschaltung von professionellen Steuerungen, wie z. B. LOGO!, werden Anschluss-pläne verwendet. Abb. 33 zeigt eine Beschaltung des Steuergerätes mit Ein- und Ausgängen.

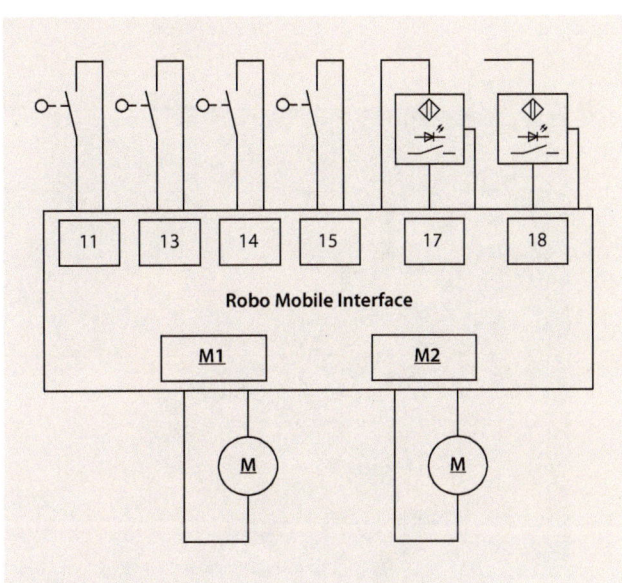

**Abb. 32** *Anschlussplan in normgerechter Wiedergabe*

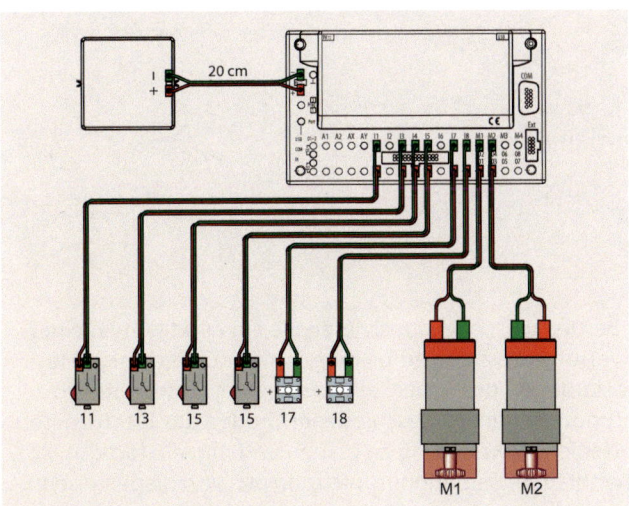

**Abb. 31** *Reale, aufwändige Verdrahtung: 11 … 15 taktile Sensoren; 17 … 18 optische Sensoren (Fototransistoren); M1 M2 Gleichstrommotoren*

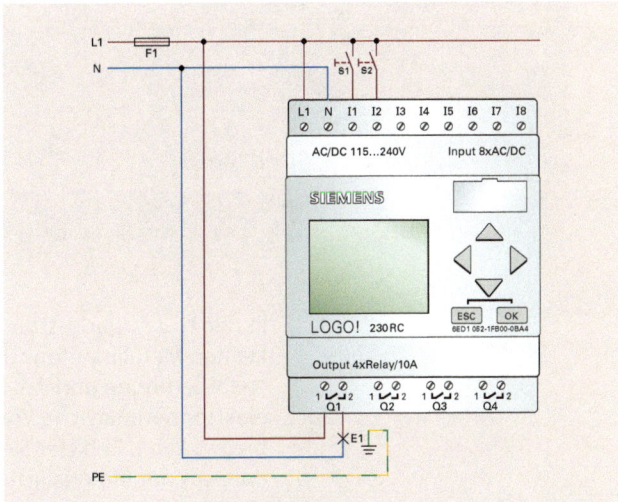

**Abb. 33** *Anschlusspläne sind auch bei der Kleinsteuerung LOGO! üblich.*

**Mechanisierung und Automatisierung**

# „Jetzt geht's los: Mein erstes Praktikum!"

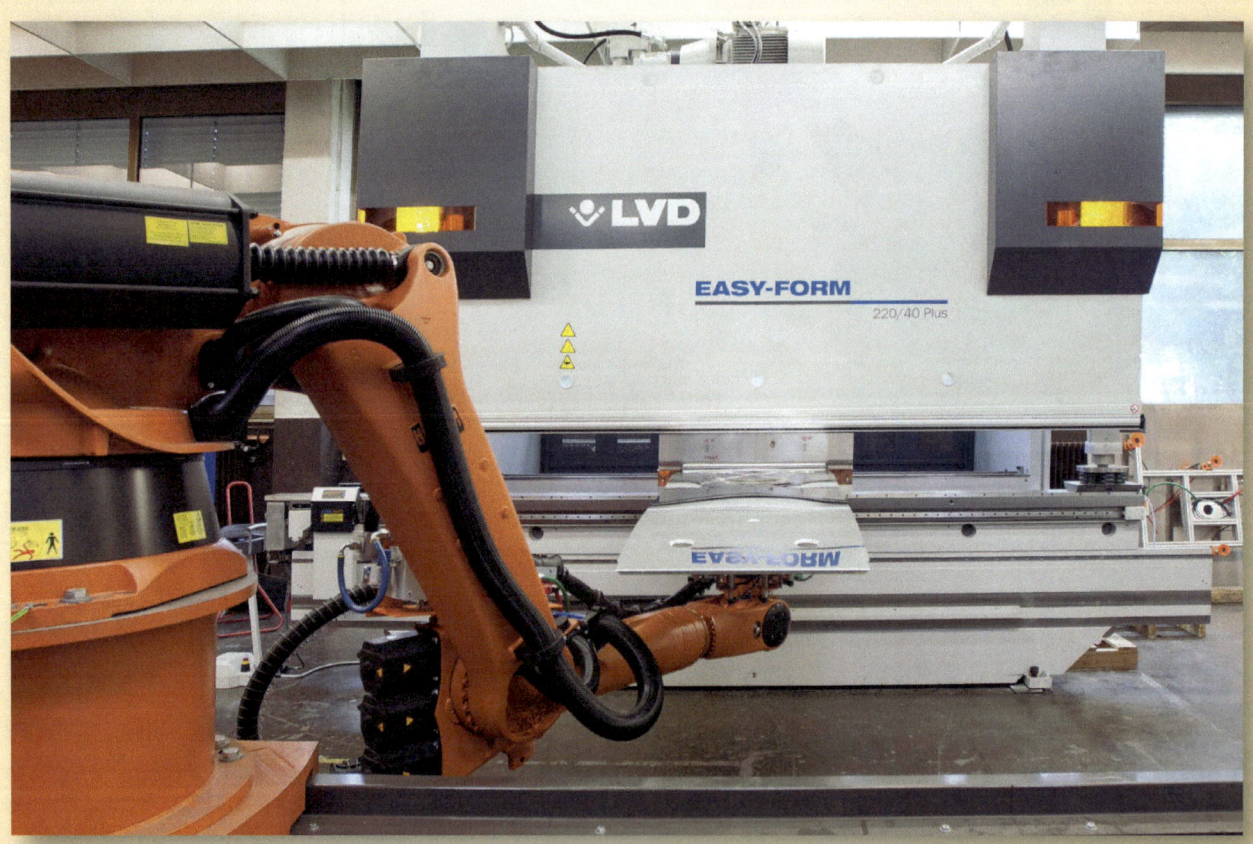

In der 11. Jahrgangsstufe der Berufsfachschule absolvieren Sie ein Praktikum in einer kleinen Metallbaufirma. Um wettbewerbsfähig zu bleiben, hat der Chef diverse Mechanisierungen und Automatisierungen des Arbeitsablaufs geplant. Er möchte eine elektropneumatische Vorrichtung, die Winkel verschiedener Größen aus Blechstreifen biegen kann. Er bittet Sie, eine solche Vorrichtung zu planen und ihm ein fertiges Konzept mit Materialliste, Schaltplänen, Bedienungsanleitung etc. vorzulegen und in einer kurzen Präsentation vorzustellen.

Um Ihnen die Planung zu erleichtern, hat er bereits eine Handskizze der Biegevorrichtung erstellt und eine Anforderungsliste geschrieben

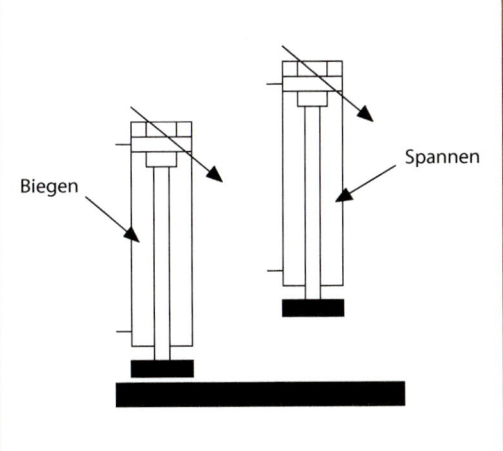

*Skizze der Biegevorrichtung*

# Lernjobs

### 1.

Diskutieren Sie in kleinen Gruppen von etwa 5 Personen, was das Wort Mechanisierung bedeutet. Stellen Sie dem Begriff Mechanisierung den der Automatisierung gegenüber und arbeiten Sie den Unterschied heraus. Vervollständigen Sie anschließend Ihre Ergebnisse mit Hilfe des Fachkundebuches. Visualisieren Sie Ihre Ergebnisse auf einem Plakat und stellen Sie es der Klasse vor.

### 2.

Sie haben bei dem Gespräch mit dem Chef wenig verstanden und haben nicht die geringste Ahnung, was „elektropneumatisch" bedeutet. Erarbeiten Sie gemeinsam mit einem Mitschüler das Kapitel Elektropneumatik und fassen Sie die wichtigsten Inhalte in Form eines Handouts zusammen.

### 3.

Um geeignete Bauteile für die Anlage zum Winkel-Biegen auswählen zu können, sind Kenntnisse über Aufbau und Funktionsweise von elektropneumatischen Bauteilen notwendig. Stellen Sie alle benötigten Bauteile in einer Tabelle zusammen und notieren Sie kurz deren Funktionsweise. Zeichnen Sie anschließend ein vollständiges Technologieschema der geplanten Vorrichtung. Nutzen Sie dafür ein gängiges Zeichenprogramm.

### 4.

Für die Inbetriebnahme müssen die einzelnen Bauteile über Leitungen miteinander verbunden werden. Erstellen Sie dafür alle erforderlichen Schaltpläne. Vergleichen Sie Ihre Lösung mit der Ihres Sitznachbarn, notieren Sie Unterschiede und Gemeinsamkeiten. Optimieren Sie anschließend gemeinsam die Lösungen.

### 5.

Zur Bedienung der Anlage und zur Vermeidung und Behebung von Bedienfehlern, ist eine schriftliche Anleitung notwendig. Erstellen Sie eine Bedienungsanleitung für die Biegevorrichtung.

### 3.2.1 Mechanisierung

**Begriffsbestimmung**

Mechanisierung bedeutet, dass eine Maschine Funktionen innerhalb einer Produktionskette übernimmt. Eingesetzt werden Maschinen vor allem dort, wo hoher Energie- bzw. Kraftaufwand erforderlich ist. Steuerungs-, Regelungs- und Kontrollfunktionen dagegen, werden weiterhin vom Menschen übernommen. Mechanisierung befreit oder entlastet den Menschen von körperlich schwerer Arbeit. Durch die Mechanisierung von einzelnen Arbeitsschritten, können zudem die Produktion gesteigert und die Kosten gesenkt werden, da Arbeitskräfte eingespart werden.

> **MERKE**
>
> **Energieaufwändige Arbeiten werden bei der Mechanisierung von einer Maschine übernommen. Die Steuerung der Maschine bleibt weiterhin in der Hand des Menschen.**

Anwendungsbeispiele

**Mechanisierung in der Landwirtschaft:** 1840 waren zum Ernten, Einfahren und Dreschen von einem Hektar Weizen 42 Menschen nötig, wollte man die Arbeit an einem Tag schaffen (Abb. 1).

Mit der Erfindung einer einfachen Mähmaschine (1880) (Abb. 2) und später eines Flügelmähers (Abb. 3), der das Getreide nach dem Mähen gleich zum Binden positionierte, wurde die Arbeit weiter erleichtert, sodass die Feldarbeit von ca. 10 Personen geschafft werden konnte.

1925 konnte durch den Einsatz von Traktoren, Mähbindern (Abb. 4) und Dreschmaschinen (Abb. 5) das 1 Hektar große Weizenfeld von sechs Menschen innerhalb eines Tages bestellt werden.

1951 hingegen, schaffte diese Arbeit eine einzige Person und brauchte dazu nicht einmal einen Tag.

Heute gibt es bereits Mähdrescher, die eine Flächenleistung von 3 Hektar je Stunde erreichen. (Abb. 6)

*Tabelle 1* *Reduzierung des Arbeitskräftebedarfs – Steigerung der Produktivität (Technik spart Menschen – zur Ernte von 1 ha Weizen waren erforderlich:*

| Jahr | benötigte Arbeitskraft |
|------|------------------------|
| 1840 | 42 Menschen |
| 1880 | 10 Menschen |
| 1925 | 6 Menschen |
| 1951 | 1 Mensch |
| 2010 | 0,1 Mensch |

**Mechanisierung im Haushalt:** Heute wird ein Akkubohrer anstelle des früheren Handbohrers eingesetzt. Der Akkubohrer (Abb. 7) spart Kraft, Zeit und Energie. Ebenso erleichtern Personenaufzug, Brotschneidemaschine oder Handrührgerät dem Menschen das Leben.

*Abb. 1* *Bauern bei der Weizenernte mit der Sense*

*Abb. 2* *Bauer mit einfacher Mähmaschine inkl. Pferdezug*

*Abb. 3* *Flügelmäher*

*Abb. 4* *Mähen mit Traktor und Mähbinder*

*Abb. 5* *Dreschmaschine*

*Abb. 6* *Moderner Mähdrescher mit Korntank*

**Abb. 7** *Akkubohrer für den privaten Bereich*

**Abb. 8** *CNC-Drehautomat*

**Mechanisierung in der industriellen Fertigung** bedeutet vor allem eine Steigerung der Produktivität. Mühsame Fertigungen von Hand werden dank der Mechanisierung von Maschinen übernommen (Einsatz einer Fräsmaschine, anstatt per Hand feilen oder sägen).

### 3.2.2 Automatisierung

**Begriffsbestimmung**

Die bei der Mechanisierung dem Menschen obliegende Steuerungs- und Regelungsfunktion, übernimmt bei der Automatisierung fast vollständig der sogenannte Automat. Sinnvoll ist der Einsatz von Automaten bei ständig wiederkehrenden Arbeiten, da Automaten in der Lage sind, Arbeitsprozesse selbstständig zu steuern oder zu regeln. Der Mensch hat dann nur noch eine Überwachungsfunktion.

> **MERKE**
>
> **Bei der Automatisierung übernimmt der Automat neben der eigentlichen Arbeit vollständig die Steuerungs- und Regelungsaufgaben, während der Mensch den Prozess nur noch überwacht.**

Anwendungsbeispiele

**Automatisierung in der industriellen Fertigung:** Durch die Automatisierung in der industriellen Massenfertigung erreicht man eine stabile Fertigungsqualität, eine hohe Produktivität und eine Entlastung des Menschen von körperlich schwerer und eintöniger Arbeit. Häufig überwacht der Mensch den Produktionsprozess nur noch. Eine Folge davon ist, dass der Bedarf an gering qualifizierten Arbeitern sinkt, gleichzeitig aber der Bedarf an qualifizierten Fachkräften zur Bedienung, Überwachung, Reparatur und Instandhaltung der komplizierten Automaten steigt. Abb. 8 zeigt einen CNC- Drehautomat.

**Automatisierung in der Landwirtschaft** spielt eine geringere Rolle, hauptsächlich deshalb, weil bei der Arbeit auf dem Feld auf ständig sich ändernde Rahmenbedingungen (z.B. Witterungseinflüsse) reagiert werden muss.

**Automatisierung im Haushalt:** Wir nutzen teilautomatisierte Waschautomaten, vollautomatisierte Kaffeemaschinen (Abb. 9) oder „selbsteinkaufende" Kühlschränke. Die Zukunft könnte das automatisierte Haus sein (Abb. 10).

**Abb. 9** *Kaffeevollautomat*

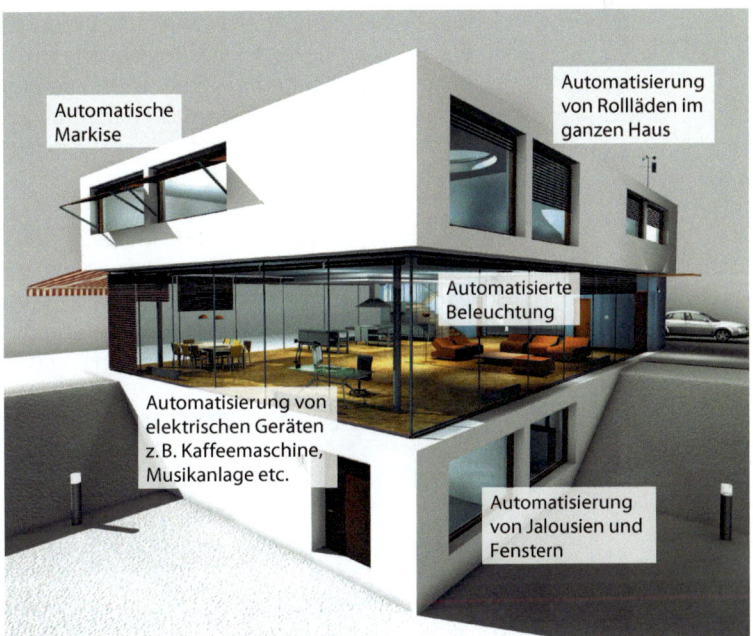

Automatische Markise

Automatisierung von Rollläden im ganzen Haus

Automatisierte Beleuchtung

Automatisierung von elektrischen Geräten z.B. Kaffeemaschine, Musikanlage etc.

Automatisierung von Jalousien und Fenstern

**Abb. 10** *Automatisiertes Haus*

### 3.2.3 Grundlagen der Elektropneumatik

Als Teil des Automatisierungsprozesses spielt die Elektropneumatik eine wichtige Rolle im industriellen und handwerklichen Fertigungs- und Steuerungsprozess. Elektropneumatik arbeitet mit Druckluft, die aus der Umgebung komprimiert wird.

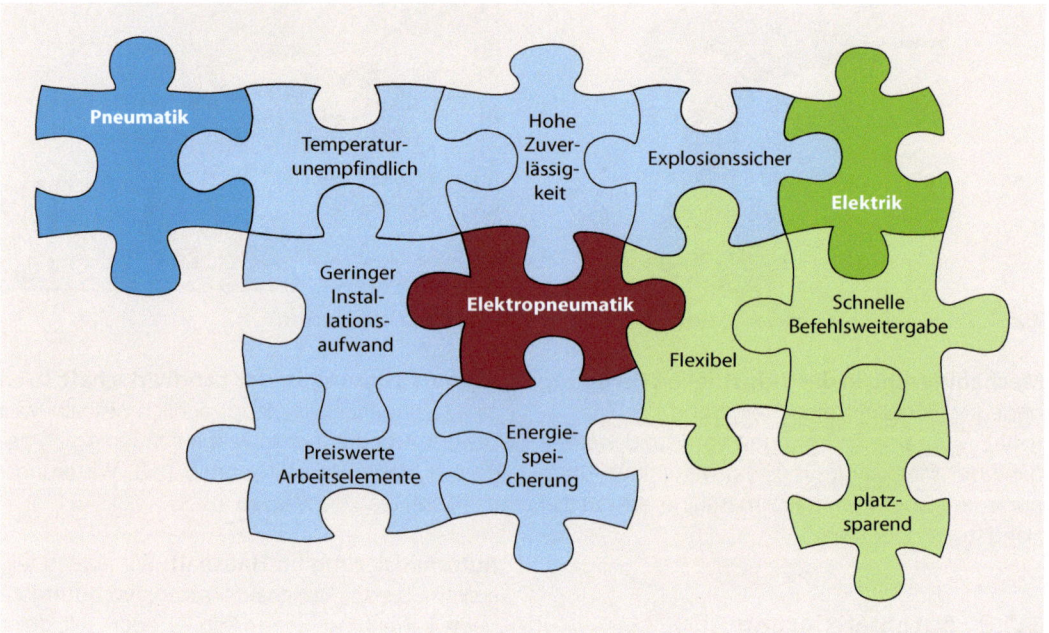

**Abb. 11**  *Elektropneumatik vereint die Vorteile der Pneumatik mit denen der Elektrik*

Über Handtaster oder berührungslos arbeitende Sensoren werden Eingabesignale erfasst und durch eine elektrische bzw. elektropneumatische, verbindungs- oder speicherprogrammierte Steuerung verarbeitet. Die Druckluft ist das Energie abgebende Arbeitsmedium. Sie lässt beispielsweise Zylinder ein- und ausfahren.

Durch die Kombination von pneumatischen Aktoren und elektrischen bzw. elektropneumatischen Bauteilen zur Steuerung der Druckluft, werden die Vorteile einer elektrischen Steuerung mit denen der Pneumatik vereint. So werden komple-

xere Steuerungen als bei der rein pneumatischen realisierbar.

Häufig wird die Elektropneumatik für Aufgaben in der Handhabungstechnik verwendet, um beispielsweise Positionieraufgaben, Sortier- und Förderarbeiten zu erledigen (Abb. 12) oder um Werkstücke zu spannen. Aber auch in der Fertigungstechnik kommen elektropneumatische Anlagen zur Anwendung z. B. in Form von kleineren Pressen (Abb. 13) oder kleineren Stanz-, Präge-, und Stempelmaschinen oder als Vorschubeinheit von Werkzeugen.

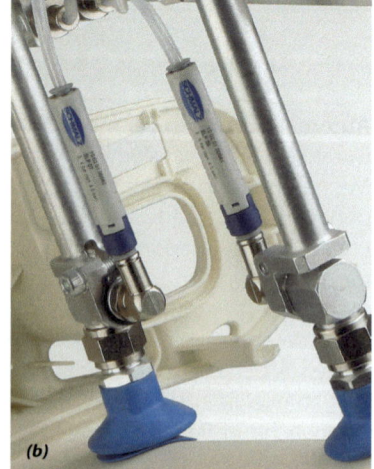

**Abb. 12**  *Anwendung pneumatischer Antriebe beim Montieren (a) und Handhaben (b)*

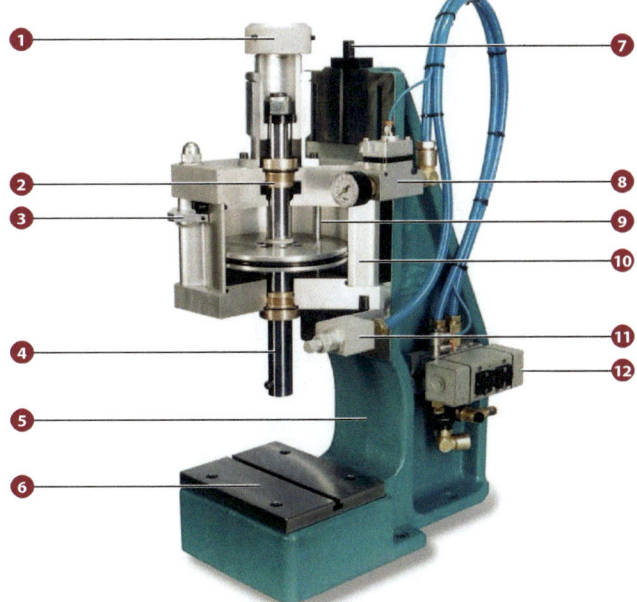

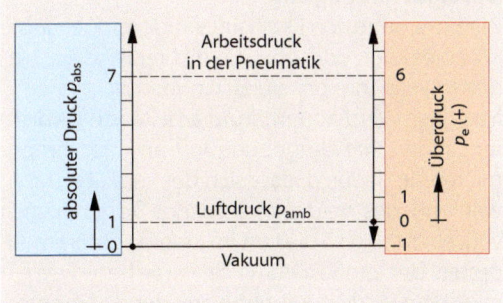

① Hubverstellung
② Rückhub-Endlagendämpfung
③ Kolben für magnetischen Sensor
④ Kolbenstange aus verchromten Stahl
⑤ Gestell aus Gusseisen mit vorbereiteter Tischbohrung
⑥ Geschliffene T-Nut-Platte
⑦ Verstellung der Öffnungsweite
⑧ Ventil zur Werkzeugabfallsicherung
⑨ Verdrehsicherungsstange
⑩ Zylinderrohr aus harteloxierter Aluminiumlegierung
⑪ Verstellung der Absenkgeschwindigkeit
⑫ Steuerventil (ISO-Baureihe)

**Abb. 13** *Aufbau einer pneumatischen Presse*

## Betriebsdruck in der Elektropneumatik

Unter *Druck* in der Elektropneumatik versteht man den sogenannten Überdruck $p_e$ von Druckluft. Er wird innerhalb eines Systems auch als Betriebsdruck bezeichnet. Als Bezugspunkt dient der Atmosphärendruck (s. Abb. 14).

Der Begriff Atmosphärendruck besagt, dass die Luft (Atmosphäre) die uns umgibt, bzw. ihre Gewichtskraft, einen gewissen Druck auf uns ausübt. Dieser auf die Erde ausgeübte Luftdruck ist abhängig von der Höhe des Messortes. Dementsprechend ist der Luftdruck auf dem Mount Everest (8848 m über dem Meeresspiegel) mit 0,334 bar deutlich unter dem normalen Luftdruck von 1,013 bar (gemessen auf Meeresspiegelniveau). Der auf Meereshöhe gemessene Luftdruck (Atmosphärendruck) wird auch als $p_{amb}$ bezeichnet.

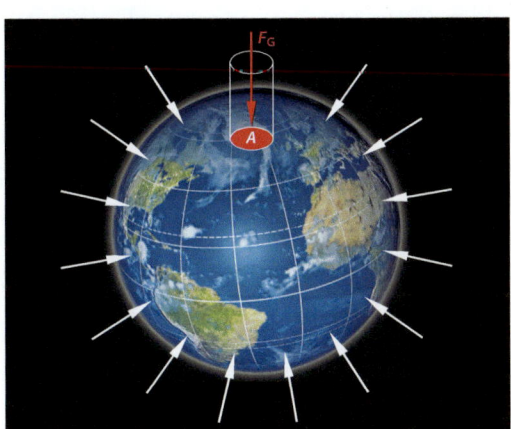

**Abb. 14** *Darstellung des atmosphärischen Drucks*

**Abb. 15** *Arten des Druckes und deren Beziehung zueinander*

Der **absolute Druck $p_{abs}$** ergibt sich durch die Addition von atmosphärischen Druck $p_{amb}$ und dem Überdruck $p_e$.

$$p_{abs} = p_{amb} + p_e$$

Das heißt: Befüllt man einen Behälter mit komprimierter Luft, entsteht in ihm ein Überdruck. Man geht dabei von der Annahme aus, dass innerhalb eines Behälters ein atmosphärischer Druck $p_{amb}$ von etwa 1 bar herrscht, so dass in einem Behälter, in dem ein absoluter Druck $p_{abs}$ von 6 bar herrscht, der Überdruck $p_e$ etwa 5 bar beträgt:
6 bar = 1 bar + 5 bar.

> **MERKE**
>
> **Die Summe aus dem atmosphärischen Druck $p_{amb}$ und dem Überdruck $p_e$ ist der absolute Druck $p_{abs}$.**

Das Formelzeichen des Druckes ist *p*, seine Einheit wird in bar oder Pascal angegeben.

| Druck | Formelzeichen | Einheit |
|---|---|---|
| | *p* | bar oder Pa |

1 bar = 100 000 Pa

Durch die Druckluft werden verschiedene Aktoren, hauptsächlich Druckluftzylinder betrieben. Dabei wirkt der im System herrschende Luftdruck (Betriebsdruck) auf die Zylinderkolbenfläche und bewirkt, dass dieser mit einer bestimmten Kraft aus- bzw. einfährt (Abb. 16).

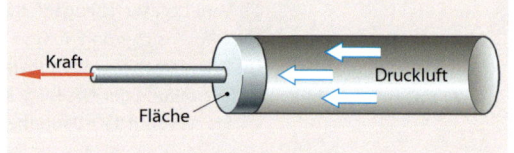

**Abb. 16**
*Druckluft wirkt auf die Kolbenfläche und veranlasst das Ausfahren des Druckluftzylinders.*

### Drucklufterzeugung
Zur Erzeugung von Druckluft werden sogenannte Kompressoren oder auch Verdichter mit verschiedenen Verdichterprinzipien eingesetzt.
Nach dem Verdrängerprinzip arbeitende Verdichter saugen ihre Umgebungsluft an und komprimieren sie dadurch, dass sich der Verdichterraum während des Verdichtervorgangs kontinuierlich verkleinert und so die Luft im Inneren zusammenpresst. Um große Drücke zu erreichen, werden nach dem Verdrängerprinzip arbeitende Kompressoren eingesetzt. Häufig handelt es sich dabei um sogenannte **Kolbenverdichter**, wobei man zwischen **Hub- und Drehkolbenverdichtern** unterscheiden kann. Bei einem Hubkolbenverdichter verdichtet ein Kolben durch eine lineare transla-torische Bewegung die Luft im Verdrängerraum, während beim Drehkolbenverdichter eine rotierende Welle für die Verdichtung der Luft sorgt.

Der **Hubkolbenverdichter** funktioniert ähnlich einer Fahrradpumpe. Durch den Rückhub des Kolbens wird Druckluft über ein Ventil (Rückschlagventil) angesaugt. Anschließend wird durch den Vorhub die eingesaugte Luft zusammengepresst und über Leitungen abtransportiert. Durch den ständigen Wechsel von Einsaugen, Komprimieren und Ausstoßen der Druckluft kann kein gleichbleibender Volumenstrom gefördert werden.

Der **Membranverdichter** arbeitet nach dem gleichen Funktionsprinzip wie der Hubkolbenverdichter. Allerdings ist der Kompressorraum durch eine Membran vom mechanischen Teil (Hubkolben) des Kompressors getrennt. So kann das für den mechanischen Hub notwendige Schmiermittel die Druckluft nicht verunreinigen, weshalb diese Kompressoren häufig in der chemischen oder pharmazeutischen Industrie eingesetzt werden.

Sollen hingegen große Volumenströme gefördert werden, verwendet man **Strömungs- oder Turboverdichter**. Eine sich drehende Turbine mit einem Laufrad saugt Luft an, versetzt diese in Strömung und beschleunigt sie. Diese Bewegungsenergie wird dadurch, dass sich die Luft anschließend nicht frei entfalten kann, in Druckenergie umgewandelt. Je nach Bauart unterscheidet man zwischen Radial- und Axialverdichtern.

Ein Verdichter kann also beim Komprimieren von Luft ein aus der Umgebungsluft angesaugtes Volumen mit einem Atmosphärendruck $p_{amb}$ von ca. 1 bar, auf einen beinahe beliebigen Überdruck mit abhängigem Volumen verdichten.

**Tabelle 2** *Bauarten von Verdichtern*

| Kolbenverdichter | | | Strömungs- bzw. Turboverdichter | |
|---|---|---|---|---|
| Hubkolbenverdichter | | Drehkolbenverdichter | Strömungsverdichter | |
| Kolbenverdichter | Membranverdichter | Schraubenverdichter | Axialverdichter | Radialverdichter |

Verdrängerprinzip | Umgekehrtes Turbinenprinzip

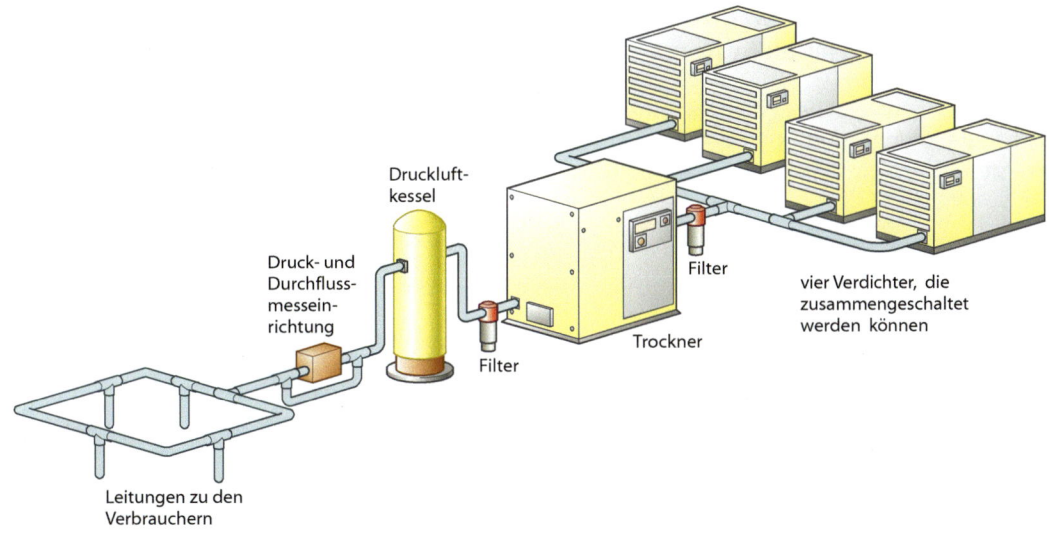

**Abb. 17** *Schematische Darstellung einer Druckluftaufbereitungsanlage mit Verdichtern*

## Druckluftaufbereitung

Um Druckluft technisch nutzen zu können, wird sie nach dem Verdichten aufbereitet. Die Schmutz- und Staubpartikel sowie die Feuchtigkeit aus der Umgebungsluft würden sonst den Verschleiß der beweglichen Teile und Dichtungen beschleunigen, verölte Ventile oder Korrosion bewirken und können zu einem Betriebsausfall führen. Tritt dann Druckluft aus dem System aus, kann die Qualität der zu verarbeitenden Produkte leiden und ein Produktionsausfall ist die Folge.

Die Druckluftaufbereitungsanlage (Abb. 17) setzt sich aus Druckluftspeicher, Trockner und Filtern zusammen und befindet sich überwiegend hinter dem Verdichter (Kompressor).

**Druckluftspeicher** stabilisieren den Luftdruck, gleichen Druckschwankungen im System aus, die durch die plötzliche Entnahme großer Mengen Druckluft entstehen. So wird ein kontinuierlicher Volumenstrom auch beim Einsatz von Hubkolbenverdichtern möglich.

**Trockner** trocknen die Druckluft, um Korrosion an den pneumatischen Bauteilen zu verhindern.

**Filter** reinigen die Druckluft von Staub- und Schmutzpartikeln, eventuell auch von Kompressorenöl. Sie vermeiden erhöhten Verschleiß und damit Schäden an der elektropneumatischen Anlage.

**Wartungseinheit** ist Teil der Aufbereitungsanlage einer Druckluftanlage. Sie ist dort positioniert, wo die Druckluft auch tatsächlich zum Einsatz kommt,

nämlich in unmittelbarer Nähe der Stellelemente (Ventile) und Arbeitselemente. Innerhalb der Wartungseinheit wird die Druckluft nochmals gefiltert. Ein Wasserabscheider sorgt dafür, dass restliche Feuchtigkeit abgeleitet wird. Ein Öler versetzt die Druckluft mit einem feinen Ölnebel, sodass die beweglichen Bauteile geschmiert werden. Zusätzlich hat die Wartungseinheit ein Druckregelventil, das den Systemdruck steuert und konstant hält (s. Druckregelventil).

Die Wartungseinheit ist gemeinsam mit der Druckluftquelle als Versorgungselement fester Bestandteil jedes pneumatischen Schaltplans (Abb. 18).

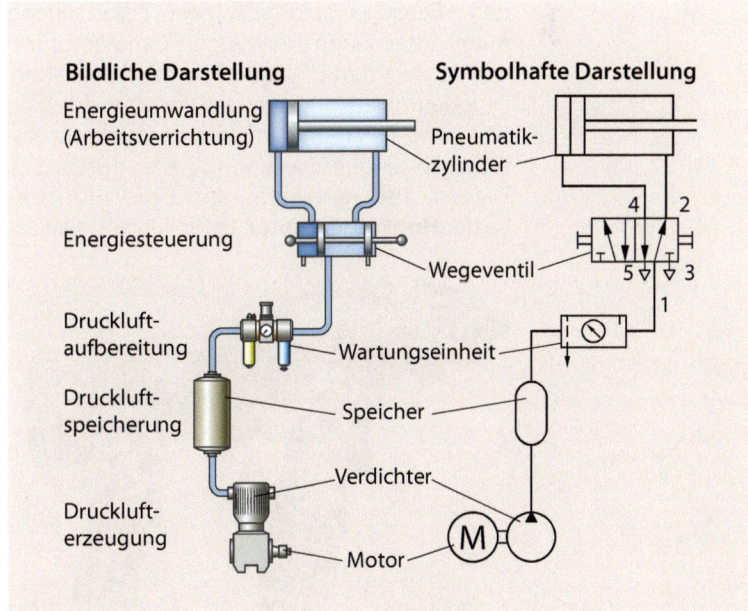

**Abb. 18** *Pneumatischer Schaltplan mit Wartungseinheit und Druckluftquelle*

### 3.2.4 Bauteile eines elektropneumatischen Systems

Das elektropneumatische System kann man in Antriebs-, Steuerungs- und Signaleingabe-Elemente einteilen.

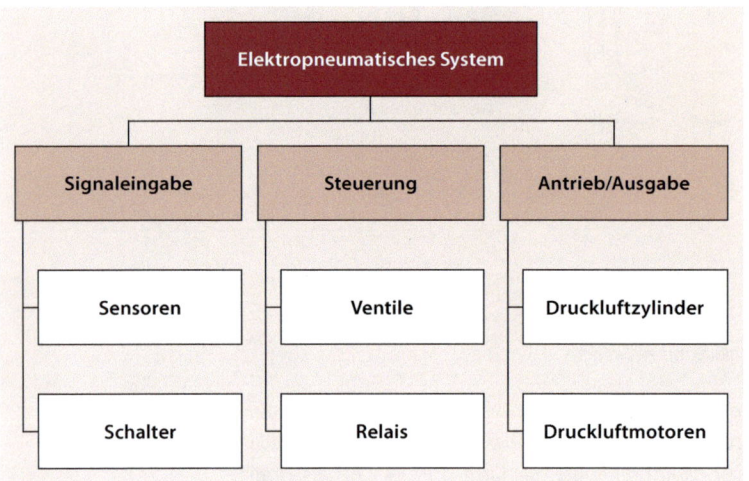

*Abb. 19*  Übersicht über die Bauteile eines elektropneumatischen Systems

*Abb. 22*  Druckluftkolbenmotor

umgekehrter Hubkolbenkompressor mit dem Zusatz, dass die lineare translatorische Bewegung des Kolbens über ein Pleuel in eine rotierende Bewegung gewandelt wird.

### Bauteile des Antriebssystems

Als Antriebe kommen in der Elektropneumatik Druckluftmotoren, häufiger aber Druckluftzylinder zum Einsatz.

### Druckluftmotoren

Druckluftmotoren wandeln pneumatische Energie in rotatorische mechanische Energie (Drehbewegung) um und werden häufig in explosionsgefährdeten Bereichen eingesetzt. Auch in Verbindung mit handgeführten Werkzeugen kommen Druckluftmotoren zum Einsatz, z.B. in Kfz-Werkstätten. Druckluftmotoren überzeugen vor allem durch ihren geringen Wartungsaufwand und die meist einfache, kostengünstige und robuste Ausführung. Die einfachste Ausführung eines Druckluftmotors ist der **Hubkolbenmotor**. Er funktioniert wie ein

### Druckluftzylinder

Druckluftzylinder wandeln die pneumatische Bewegungsenergie in eine lineare mechanische Bewegungsenergie um. Dafür wird ein Kolben, der sich innerhalb eines Zylinders befindet, durch Druckluft hin und her bewegt.

*Doppeltwirkender Zylinder*

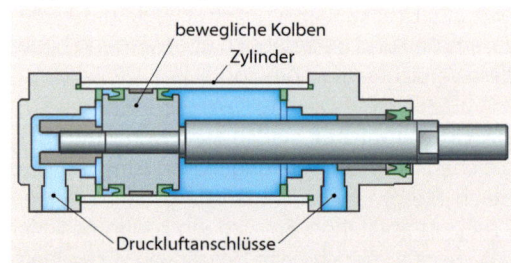

*Abb. 23*  Doppeltwirkender Zylinder als Schnittbild

Die Druckluft gelangt über die Druckluftanschlüsse in den Zylinderraum. Dort drückt die Luft mit einer bestimmten Druckkraft auf die Kolbenfläche und setzt sie in Bewegung, sodass der Kolben in seine jeweilige Endlagen fährt.

Zylinder mit zwei Druckluftanschlüssen nennt man doppeltwirkend. Das heißt, beide Endlagen des Zylinders werden durch die Beaufschlagung mit Druckluft erreicht. Der Zylinder kann sowohl mit dem Vorhub als auch mit dem Rückhub Arbeit verrichten und somit vielfältig eingesetzt werden.

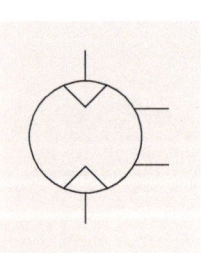

*Abb. 20*  Schaltsymbol eines Druckluftmotors

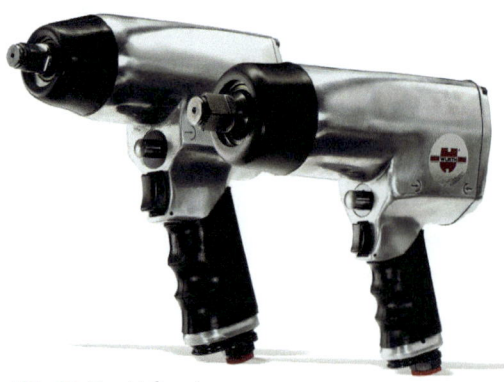

*Abb. 21*  Druckluftwerkzeuge

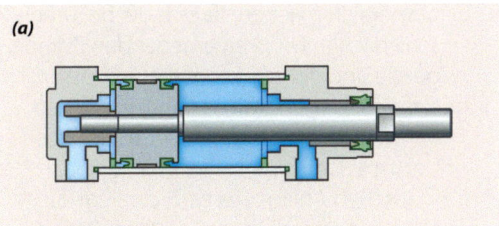

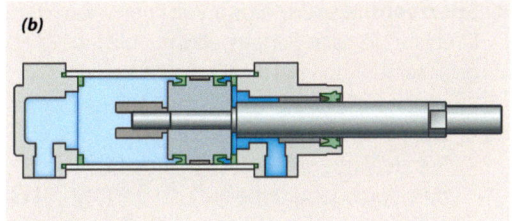

**Abb. 24** *Zylinder mit ein- (a) und ausgefahrener (b) Kolbenstange als Schnittbild*

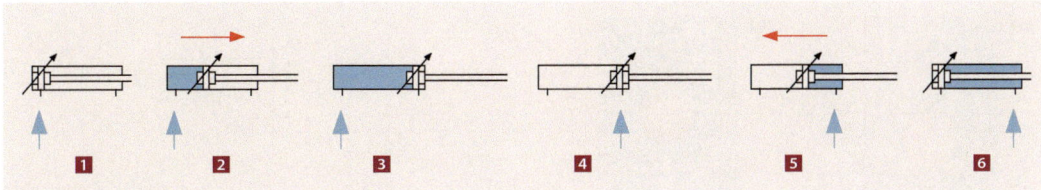

**Abb. 25** *Funktionsweise eines doppeltwirkenden Zylinders*

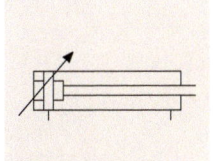

**Abb. 26** *Schaltzeichen eines doppeltwirkenden Zylinders mit Endlagendämpfung*

*Einfachwirkender Zylinder*

Einfachwirkend nennt man einen Zylinder, der eine Endlage durch die Beaufschlagung mit Druckluft erreicht, die andere Endlage allerdings mit Hilfe einer Rückstellfeder. Der mit einer Feder ausgestattete Hub (in unserem Beispiel der Rückhub) wird dann eingeleitet, wenn die Federkraft größer ist als die der Druckluft.

Damit der Kolben nicht so hart in die Endlage fährt und den Zylinder zerstört, werden Endlagendämpfer eingesetzt. Diese versperren den direkten Abfluss der Druckluft, sodass die Abluft nur über eine kleine einstellbare Öffnung entweichen kann. Dadurch baut sich im letzten Teil des Zylinderraumes ein Luftpolster auf, welches die Geschwindigkeit des Kolbens zunehmend reduziert, sodass der Kolben langsam in seine Endlage „gleitet".

Damit ein erhöhter Geräuschpegel vermieden wird, werden in die Luftauslässe der Zylinder und anderer Bauteile Schalldämpfer eingesetzt (s. Abb. 29). Aufgrund der vielfältigen Anwendungsmöglichkeiten und Einsatzgebiete der Elektropneumatik gibt es sehr viele verschiedene Zylinderbauarten. Es wird sich auf die beiden beschriebenen Zylinder beschränkt.

Schalldämpfer

**Abb. 29** *5/2-Wegeventil mit Schalldämpfer*

**Bauteile der Steuerung**

Um eine elektropneumatische Anlage zu steuern, braucht man Ventile und Relais (Abb. 30).

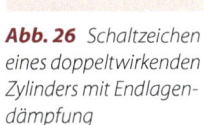

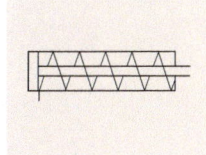

**Abb. 28** *Schaltzeichen eines einfachwirkenden Zylinders*

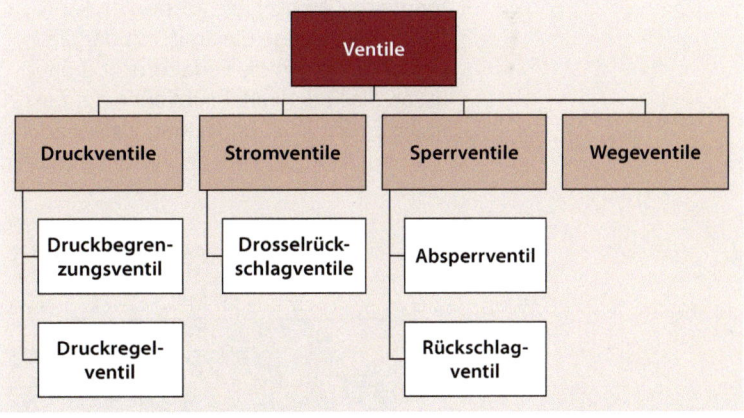

**Abb. 30** *Übersicht über Ventile*

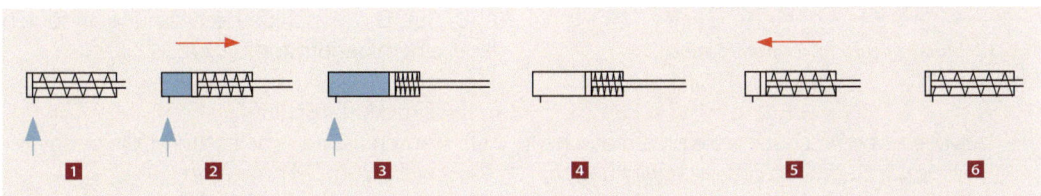

**Abb. 27** *Funktionsweise eines einfachwirkenden Zylinders*

■ **Sperrventile** sperren den Volumenstrom der Druckluft je nach Schaltstellung vollständig ab oder geben ihn vollständig frei.
- *Absperrventile* schließen oder öffnen den Durchfluss in beide Richtungen.
- *Rückschlagventile* geben in eine Richtung den Durchgang unbeeinflusst frei (Abb. 31 b), während der Durchgang in Gegenrichtung vollständig gesperrt ist (Abb. 31 a).

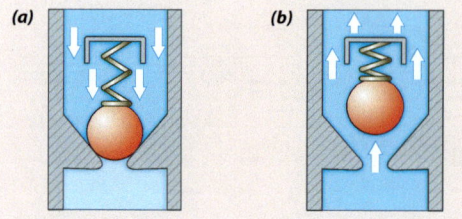

*Abb. 31*
*Rückschlagventil,*
*geschlossen (a)*
*und offen (b)*

■ **Druckventile** begrenzen bzw. regeln den Druck der durchströmenden Luft, indem der Durchgang mehr oder weniger geöffnet ist.
- *Druckbegrenzungsventile (DBV)* werden eingesetzt, um pneumatische Anlagen vor zu großen Drücken zu schützen, weshalb sie auch als Überdruckventile bezeichnet werden. In einer pneumatischen Anlage sitzt ein DBV in aller Regel am Druckluftbehälter. Dabei wird bei Erreichen des zuvor über eine Schraube eingestellten Maximaldrucks an der Eingangsseite 1, der Ausgang 2 entgegen einer Federkraft geöffnet, sodass die überschüssige komprimierte Luft ins Freie abströmen kann (Abb. 32). Solange die Kraft, mit der die Druckluft gegen die Feder drückt größer ist als die Federkraft, bleibt auch der Ausgang geöffnet. Wird die Kraft kleiner als die Federkraft, schließt der Ausgang wieder.

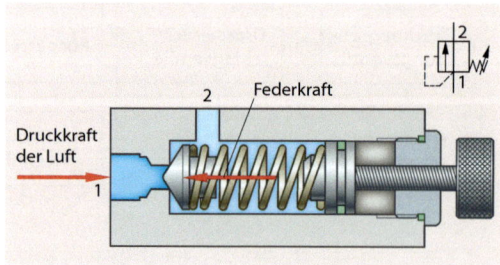

*Abb. 32 Druckbegrenzungsventil und Symbol (Überdruckventil)*

- *Druckregelventile* schützen die pneumatische Anlage vor zu großen Druckschwankungen, die kompressorbedingt auftreten, Ventile schädigen und eine genaue Steuerung

unmöglich machen, da sich die bei unterschiedlichen Drücken ergebenden Zylindergeschwindigkeiten kaum steuern lassen. Das Druckregelventil gewährleistet einen konstanten, einstellbaren Betriebsdruck, der im Leistungsteil einer elektropneumatischen Anlage bei ca. 6 bar liegt. Ein Druckregelventil ist in aller Regel Bestandteil der Wartungseinheit.

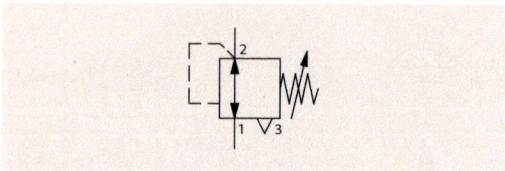

*Abb. 33 Symbol eines Druckregelventils*

■ **Wegeventile** bilden als Stellelement die Signalausgabeeinheit im elektropneumatischen System. Wegeventile öffnen je nach Schaltstellung verschiedene Durchgänge, sodass die Druckluft an den Arbeitselementanschlüssen ansteht, die wiederum Arbeit verrichten.
Die Pfeile innerhalb der Symbole zeigen dabei die freien Durchgänge und die entsprechende Durchflussrichtung der Druckluft an.

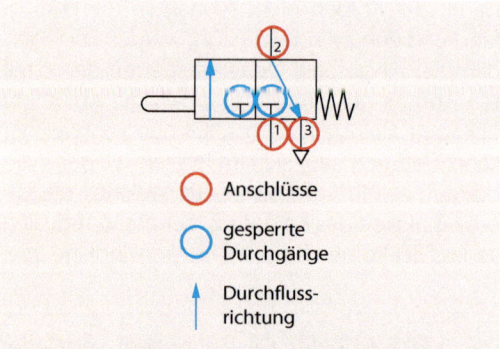

*Abb. 34 Symbol eines Wegeventils. Die Pfeile innerhalb des Symbols zeigen die freien Durchgänge und die Durchflussrichtung der Druckluft.*

Wegeventile unterscheidet man nach drei Kriterien:

*1. Anzahl der vorhandenen Anschlüsse*
Es gibt Ventile mit drei, vier oder fünf Anschlüssen (Abb. 35). Die Anschlussbezeichnungen folgen dabei einem genormten System.

1 = Druckluftanschluss
2 (4) = Anschluss für Arbeitsleitung, die beispielsweise zum Zylinder führt
3 (5) = Anschluss für die Abluft, in der Regel mit Schalldämpfer zur Geräuschdämmung.

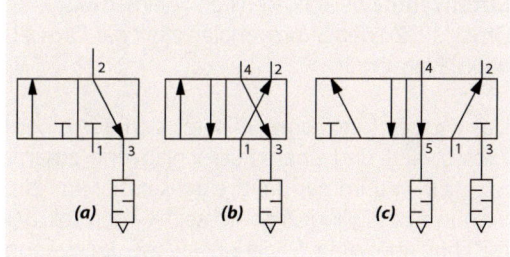

**Abb. 35** *Wegeventil mit drei (a), mit vier (b) und mit fünf Anschlüssen (c)*

### 2. Anzahl der Schaltstellungen

Je nach Anzahl von Schaltstellungen haben Wegeventile eine Ruhestellung (R) und eine bzw. zwei (linke/rechte) Arbeitsstellungen (A). Die verschiedenen Schaltstellungen können über unterschiedliche mechanische oder elektrische Betätigungsarten erreicht werden. So zeigt Abb. 36 ein 3/2 Wegeventil, welches mit Hilfe einer Magnetspule in die Arbeitsstellung gebracht wird und federrückgestellt ist, d.h. die Ruhestellung wird über eine Feder erreicht. Abb. 37 zeigt ein 5/3 Wegeventil, welches die Arbeitsstellungen jeweils über die Betätigung eines Elektromagneten erreicht und die Ruhestellung über eine Rückstellfeder.

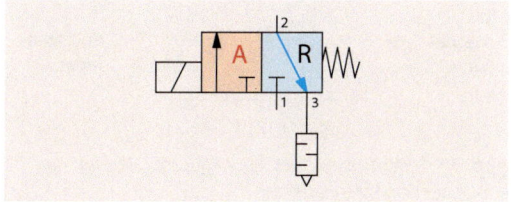

**Abb. 36** *Wegeventil mit zwei Schaltstellungen*

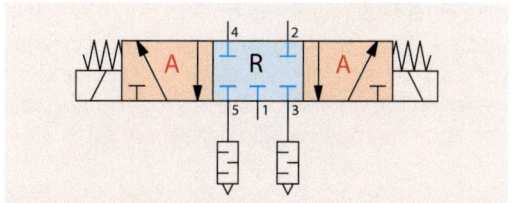

**Abb. 37** *Wegeventil mit drei Schaltstellungen*

### 3. Mono- oder Bistabilität

Je nachdem, ob ein Wegeventil federrückgestellt ist oder nicht, ist es monostabil oder bistabil. Wird ein Wegeventil mit einer Feder in die Ruhestellung gebracht, ist es monostabil, d.h. es befindet sich nur in der Arbeitsstellung wenn ein elektrisches Signal anliegt. Liegt hingegen kein Signal an, bringt die Feder das Ventil in seine Ruhestellung (Abb. 38)

**Tabelle 3** *Bauarten von Wegeventile, deren Symbole und Verwendung*

| Bauarten von Wegeventilen | Betätigung | | Verwendung |
| --- | --- | --- | --- |
| | Elektromagnet/Feder | Elektromagnet beidseitig | |
| **3/2-Wegeventil (Sperrruhestellung)** | monostabil | Magnetimpuls, bistabil | Ansteuern eines einfach wirkenden pneumatischen Zylinders |
| **5/2-Wegeventil** | monostabil | Magnetimpuls, bistabil | Ansteuern eines doppelt wirkenden pneumatischen Zylinders |
| **5/3-Wegeventil** | | federrückgestellt, monostabil | Ansteuern eines doppelt wirkenden pneumatischen Zylinders, wenn das Halten auf jeder Position gefordert ist (z. B. Energieausfall, Notaus) |

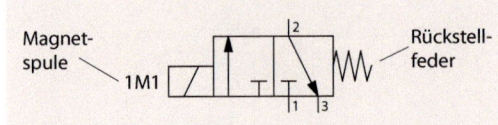

**Abb. 38** *Federrückgestelltes 3/2-Wegeventil, Betätigung erfolgt über eine Magnetspule*

Wird die Ruhestellung eines Wegeventils nicht mit Hilfe einer Feder erreicht, sondern durch ein elektrisches Signal, spricht man von bistabilen Wegeventilen, da sich die Schaltstellung nur ändert, wenn ein Impuls anliegt. Diese Wegeventile werden auch als Impulsventile bezeichnet (Abb. 39).

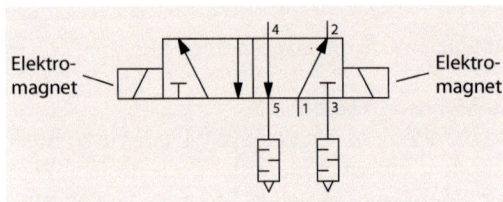

**Abb. 39** *Bistabiles 5/2-Wege-Magnetimpulsventil*

Die Bezeichnung folgt einem einfachen Muster, das in den Abb. 40 und 41 vorgestellt wird:

**Abb. 40** *Bezeichnungssystem der Wegeventile*

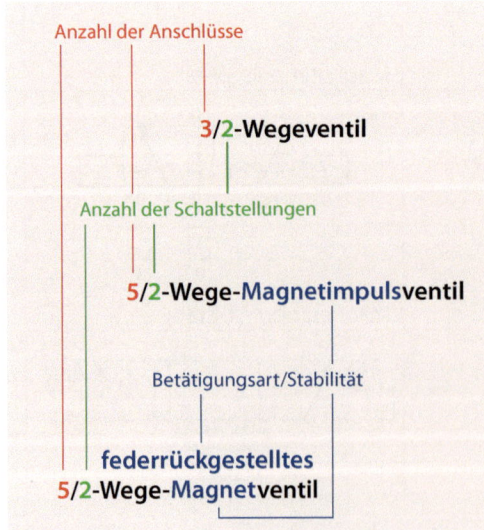

**Abb. 41** *Bezeichnungssystem der Wegeventile*

**Stromventile** beeinflussen den Volumenstrom der Druckluft. Zu den Stromventilen zählt das Drosselrückschlagventil.

Das *Drosselrückschlagventil* setzt sich aus einem Drosselventil und einem Rückschlagventil zusammen. Es wird immer dann eingesetzt, wenn der Vorhub eines Zylinders gedrosselt werden soll, der Rückhub aber nicht. Beziehungsweise dann, wenn beide Hübe bei konstanter Vorschubgeschwindigkeit (s. Abluftdrosselung) gedrosselt werden sollen. Die Drosselstelle des Ventils verengt dann den Leitungsquerschnitt, sodass weniger Luft diese Stelle passieren kann. Der Leitungsquerschnitt der Drosselstelle ist über eine Einstellschraube regulierbar. Beim Drosselrückschlagventil wird die Drosselstelle nur in eine Richtung passiert, sodass der Volumenstrom, der sich in die entgegengesetzte Richtung bewegt, ungedrosselt passieren kann.

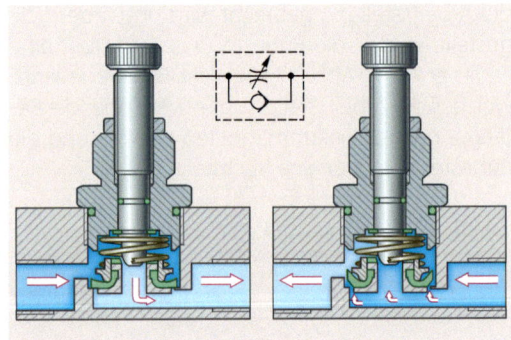

**Abb. 42** *Drosselrückschlagventil*

**Abluftdrosselung**

Um Aus- bzw. Einfahrgeschwindigkeiten von Zylindern zu reduzieren, nutzt man das Prinzip der Abluftdrosselung. Dabei wird Luft, die durch den Hub aus dem Zylinderkolbenraum herausgedrückt wird, gedrosselt. So entsteht im Zylinderkolbenraum ein Luftpolster, ähnlich dem der Endlagendämpfung. Diese Art der Drosselung bewirkt, dass dem Zylinder der volle Volumenstrom zur Verfügung steht und der Luftdruck an der Kolbenfläche gleichmäßig ansteht, für eine konstante Bewegung des Zylinders (Abb. 43).

Der entgegengesetzte Effekt ist bei der Zuluftdrosselung gegeben. Hier wird die in den Zylinder strömende Luft gedrosselt. Muss nun ein Zylinder große Massen bewegen, ist die zugeführte, in ihrem Volumenstrom gedrosselte Luft nicht ausreichend, um mit konstantem Druck die Zylinderbewegung auszuführen. Der Zylinder bewegt sich nur ruckartig (Slip-Stick-Effekt, Abb. 44).

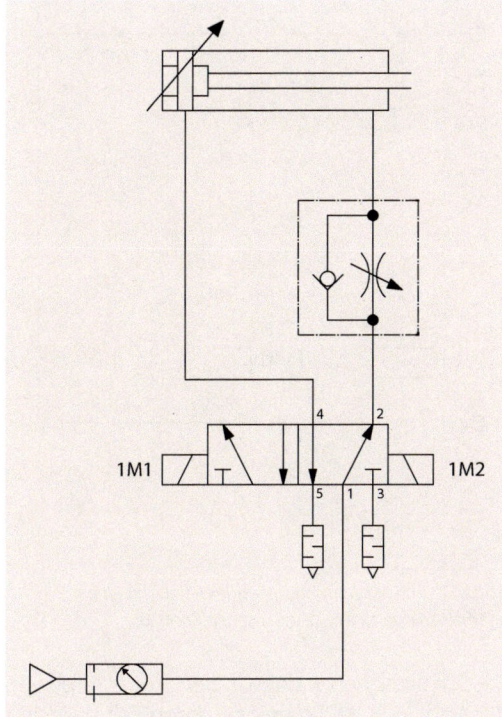

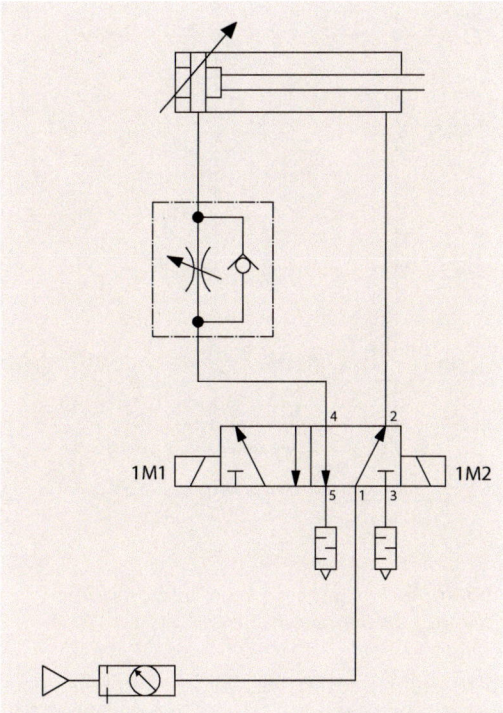

**Abb. 43** *Drosselung des Vorhubes – Abluftdrosselung*

**Abb. 44** *Drosselung des Vorhubes – Zuluftdrosselung*

MERKE

**Die Abluftdrosselung ist der Zuluftdrosselung vorzuziehen, da unerwünschtes Ruckeln des Zylinders vermieden wird.**

## Relais

In der Elektropneumatik werden Relais (elektromagnetische Schalter) dann eingesetzt, wenn Signale vervielfältigt oder umgekehrt werden sollen. In einem Relais werden Kontakte mit Hilfe eines Elektromagneten geschlossen bzw. geöffnet.

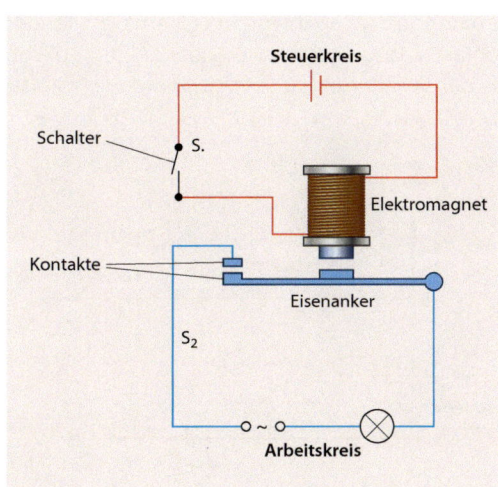

**Abb. 45** *Aufbau eines Relais (vereinfachte Darstellung)*

Ein Relais besteht prinzipiell aus zwei voneinander getrennten Stromkreisen (Abb. 45). Wird der sogenannte Steuerkreis mit Hilfe eines Tasters, Schalters oder Sensors geschlossen, wird der Elektromagnet magnetisch und zieht einen im Arbeitskreis befindlichen Eisenanker an. Dadurch wird der Arbeitskreis geschlossen und die Lampe leuchtet. Je nach Bauart können in einem Relais mehrere Kontakte (Öffner, Schließer, Wechsler) geschaltet werden, sodass mit einem einzigen Schalter im Steuerkreis, gleichzeitig mehrere Kontakte im Arbeitskreis geschlossen oder geöffnet werden können. Deshalb spricht man auch von einer Signalvervielfältigung und Signalumkehr (Abb. 46 und 47).

MERKE

**Ein Relais ist ein elektromagnetischer Schalter, der Signale vervielfältigt und umkehrt.**

Im Schaltplan werden Relais und dazugehörige Kontakte mit dem Buchstaben K gekennzeichnet. Unterhalb eines Relais wird eine Kontakttabelle, auch Schützspiegel genannt, angelegt. Sie beschreibt die verwendeten Kontakte eines Relais (Öffner/Schließer) und zeigt in welchem Strompfad sich die Kontakte befinden (vgl. Abb. 46 und Abb. 47).

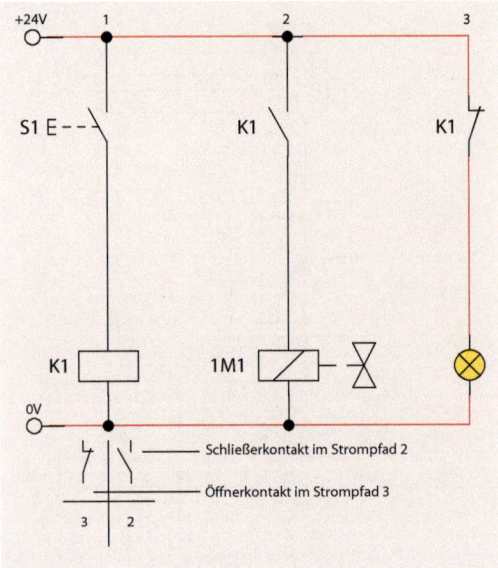

**Abb. 46** *Relais im spannungsfreien Zustand mit einem geöffneten und einem geschlossenen Kontakt*

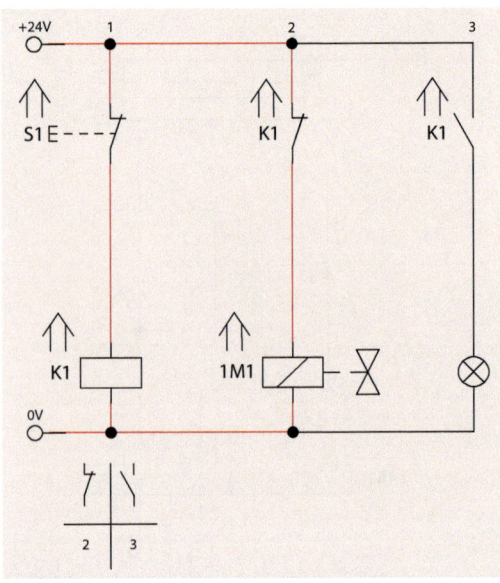

**Abb. 47** *unter Spannung stehendes Relais mit einem geöffneten und einem geschlossenen Kontakt*

In der Steuerungstechnik werden statt Relais häufig Schütze verbaut, da diese für das Schalten hoher Leistung besser geeignet sind.

### Relais mit Sonderfunktion

Zeitrelais sind Relais mit zusätzlichen elektronischen Komponenten, die es beispielsweise erlauben, Zylinder zeitversetzt zu einem Signal ein- bzw. ausfahren zu lassen. Man unterscheidet bei den Zeitrelais zwischen dem abfallverzögerten und dem anzugsverzögerten Relais.

> **MERKE**
>
> **Anzugsverzögerte Relais schließen/öffnen erst eine bestimmte Zeit nachdem die Magnetspule unter Spannung gesetzt wurde.**
> **Abfallverzögerte Relais schließen bzw. öffnen ihre Kontakte eine bestimmte Zeit nachdem die Magnetspule abgeschaltet wurde (Abb. 48).**

Die Schaltzeichen werden in den Stromlaufplänen der Abb. 49 (S. 117) gezeigt. Bei den Zeitrelais sind die Öffner- und Schließerkontakte zusätzlich gekennzeichnet.

### Elemente der Signaleingabe

Signaleingabeelemente sind in der Elektropneumatik hauptsächlich Schalter, Taster und Sensoren (Sensoren s. Abschn. 3.1).

### Taster und Schalter

Wird ein Schalter oder Taster betätigt, schließt oder öffnet ein Kontakt, sodass eine leitende Verbindung hergestellt oder unterbrochen wird. Ein elektrischer Stromkreis wird geschlossen oder geöffnet.

Je nach Bauart unterscheidet man zwischen Schaltern und Tastern. Während bei einem Schalter der Kontakt solange geschlossen oder geöffnet bleibt, bis der Schalter erneut betätigt wird (Lichtschal-

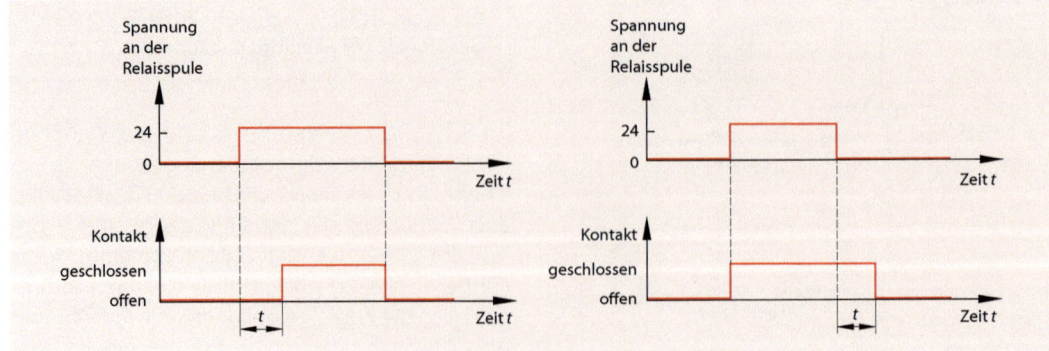

**Abb. 48** *Zeitablaufdiagramm für ein anzugsverzögertes und ein abfallverzögertes Relais mit Schließerkontakt*

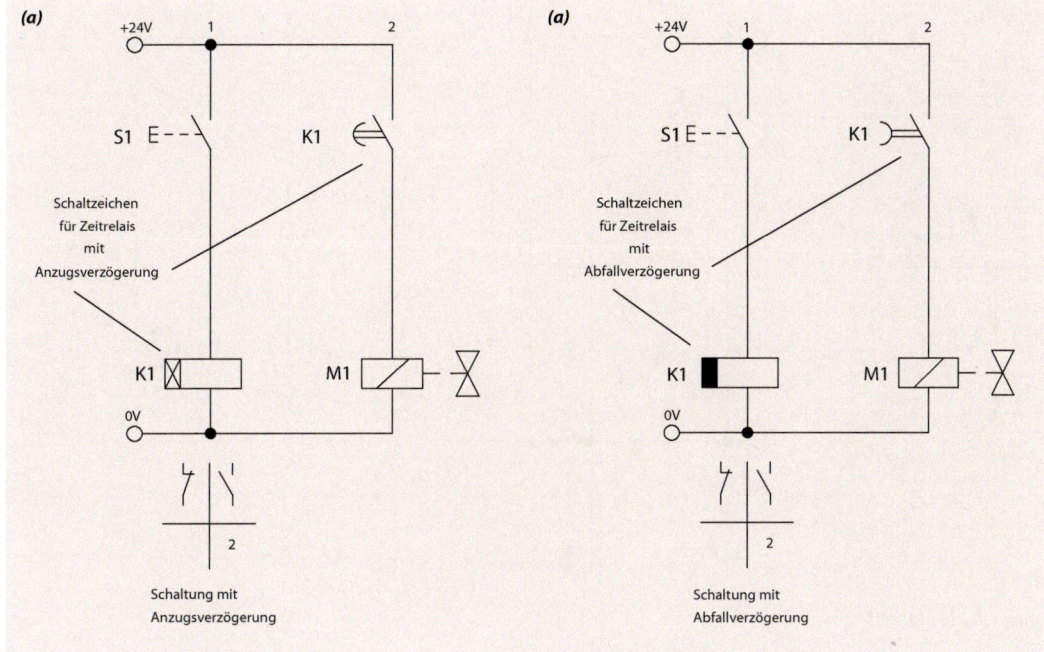

**Abb. 49** Stromlaufpläne mit anzugsverzögertem (a) und abfallverzögertem Relais (b)

ter), schließen bzw. öffnen die Kontakte bei einem Taster nur solange, wie dieser Taster auch tatsächlich betätigt wird (Türklingel)

Es gibt unterschiedliche Schalter-Ausführungen, so dass auch hier zwischen Schließer, Öffner und Wechsler und unterschiedlichen Betätigungsarten (Abb. 50) unterschieden wird.

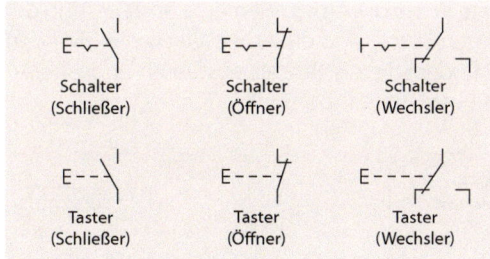

**Abb. 50** Übersicht über Schaltsymbole

## Reedkontakte zur Abfrage der Zylinderendlagen

Für viele Steuerungsaufgaben ist es unerlässlich die Endlagen der Zylinder abzufragen, um dadurch neue Schaltvorgänge auszulösen. Diese sogenannte Endlagenabfrage wird in der Regel mit Reedkontakten durchgeführt. Die Reedkontakte werden dafür mit einer speziellen Halterung direkt an dem Zylinder angebracht. Ausgelöst wird der Reedkontakt durch einen Magneten im Inneren des Zylinders. Ein Reedkontakt im pneumatischen Schaltplan und Stromlaufplan ist in Abb. 54 dargestellt. Die meisten Reedkontakte (und auch andere Sensoren) haben drei Anschlüsse. Der braune Anschluss (BN) und der blaue Anschluss (BU) dienen der Spannungsversorgung. Der schwarze Anschluss (BK) gibt bei betätigtem Reedkontakt den Schaltimpuls.

**Abb. 51** Wippschalter

**Abb. 52** Kippschalter

**Abb. 53** Drehschalter

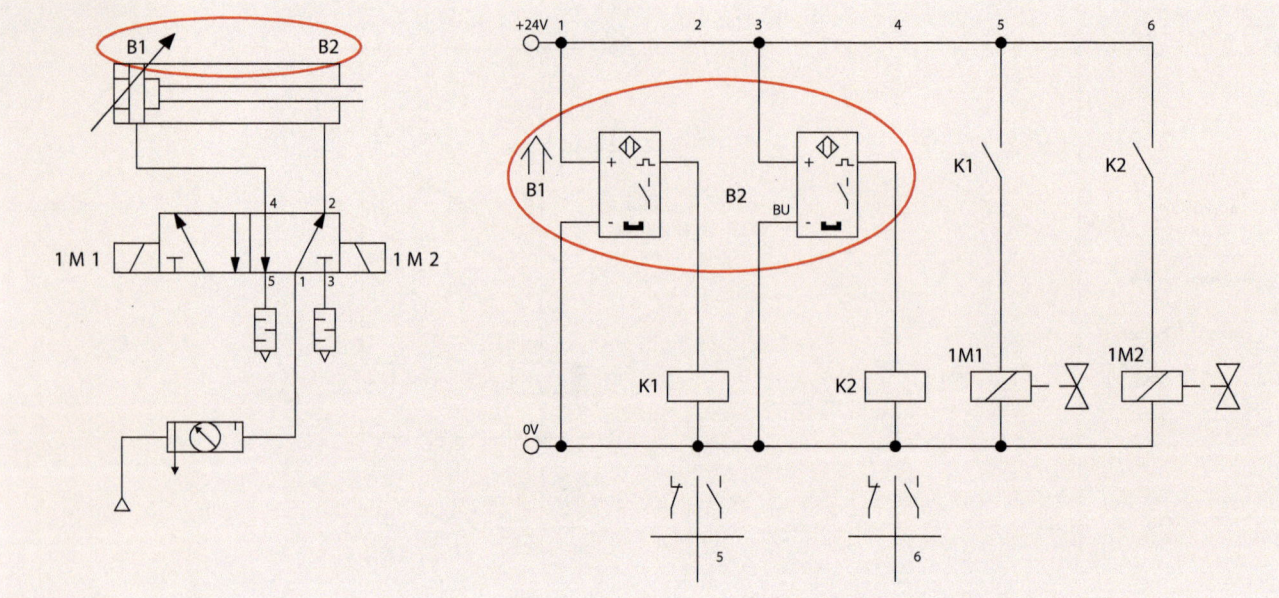

**Abb. 54** *Schaltung mit Reedkontakten (rot markiert)*

In Ruhestellung betätigte Reedkontakte werden mit einem Pfeil nach oben als betätigt gekennzeichnet (gilt für alle betätigten Signaleingabeelemente).

**Abb. 55** *Doppeltwirkender Zylinder mit Reedkontakten zur Endlagenabfrage*

### 3.2.5 Erstellen und Zeichnen von Schaltplänen

Für Planung und Bau von elektropneumatischen Anlagen sind Schaltpläne notwendig, die die Funktion des technischen Systems schematisch erschließen und die Fehlersuche vereinfachen. Schaltpläne verwenden zur Darstellung der Bauteile sogenannte Schaltzeichen, die in der DIN ISO 1219-1 (pneumatische Bauelemente) bzw. in DIN EN 60617 (elektronische Bauteile) genormt sind.

Da elektropneumatische Steuerungen aus pneumatischen und elektrischen Komponenten bestehen, sind zwei unterschiedliche Schaltpläne erforderlich, um die einzelnen Schaltungssegmente zu zeichnen und miteinander in Beziehung zu bringen.

**Pneumatischer Schaltplan**

Der pneumatische Schaltplan setzt sich in der Regel aus Arbeitselementen, Stellelementen und Versorgungselementen zusammen. Die Darstellung der Elemente im Schaltplan folgt einer festen Struktur: Auf der untersten Ebene stehen die Versorgungselemente (Wartungseinheit und Druckluftquelle), die das pneumatische System mit Druckluft versorgen. Die zweite Ebene ist für die Stellelemente (Wegeventile) reserviert, die auf direkte Weise die Arbeitselemente ansteuern. In der dritten Ebene sind die Arbeitselemente (Zylinder) zu finden, die die Befehle ausführen und eine Arbeit verrichten (Abb. 56).

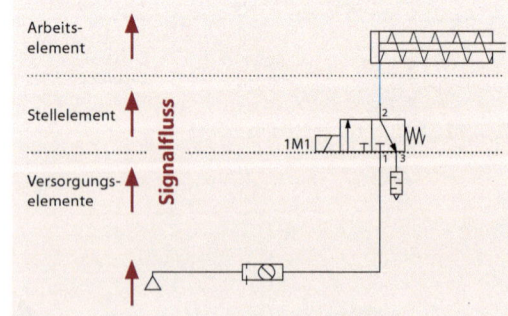

**Abb. 56** *Übersicht über die Elemente eines pneumatischen Schaltplanes innerhalb einer elektropneumatischen Steuerung*

┌─ **MERKE**

Pneumatische Schaltpläne bestehen aus Versorgungselementen, Stellelementen und Arbeitselementen.

## Elektrischer Schaltplan (Stromlaufplan)

Pneumatische Schaltpläne allein lassen die Funktion der Steuerung nicht erkennen. Deshalb werden zusätzlich **elektrische Schaltpläne (Stromlaufpläne)** benötigt. Elektrische Schaltpläne beinhalten Signaleingabeelemente, Relais inklusive deren Kontakte, Magnetspulen der Wegeventile und sonstige elektrische Betriebsmittel. Stromlaufpläne in aufgelöster Darstellung beschränken sich auf eine Darstellung der Bauteile mit ihren Verbindungen, ohne den räumlichen oder den funktionalen Zusammenhang zu beschreiben. Dabei wird die Schaltung in ihre einzelnen Strompfade aufgelöst und es gilt, Leitungskreuzungen zu vermeiden. Um das zu gewährleisten, können die unterschiedlichen Komponenten eines Bauteils (z. B. ein Relais) ohne zusammenhängende Darstellung eingezeichnet werden. Die verschiedenen Öffner- und Schließerkontakte eines Relais, können im gesamten Schaltplan verteilt sein. Das hat den Vorteil, dass bei großen Anlagen die Schaltung nachvollzogen werden kann. Zusammenhänge können nur durch die normgerechte Bezeichnung der Schaltungsbestandteile hergestellt werden.

Um innerhalb des Stromlaufplans die Übersicht zu behalten, werden auf der linken Seite alle Taster, Sensoren und Relais angeordnet und rechts davon die Magnetspulen der Wegeventile (vgl. hierzu Abb. 57).

Nach DIN EN61082 sind bei der normgerechten Erstellung der Stromlaufpläne einige Regeln zu beachten.

1. Die Anordnung der Betriebsmittel erfolgt nach Energiefluss ohne Rücksicht auf die räumliche Anordnung.
2. Jedes Betriebsmittel erhält einen senkrechten Strompfad.
3. Strompfade dürfen sich nicht kreuzen.
4. Strompfade werden von links nach rechts durchnummeriert.
5. Relais und ihre Kontakte erhalten die gleiche Bezeichnung.
6. Die Kennzeichnung der einzelnen Betriebsmittel hat nach DIN EN 61346 zu erfolgen.
7. Taster, Sensoren etc. sollten auf ein Relais gelegt werden, damit man die Vorteile dieses Relais, wie Signalvervielfältigung oder Signalumkehr, nutzen kann (z. B. bei Schaltungserweiterungen).

*Tabelle 4* Kennbuchstaben für Betriebsmittel nach DIN EN 61346-2

| Betriebsmittel | Kennbuchstabe |
|---|---|
| Sensor, Reedkontakte | B |
| Taster, Schalter | S |
| Relais und deren Kontakte | K |
| Magnetspule | M |

**MERKE**

**Stromlaufpläne bestehen aus Signaleingabeelementen und Verarbeitungselementen.**

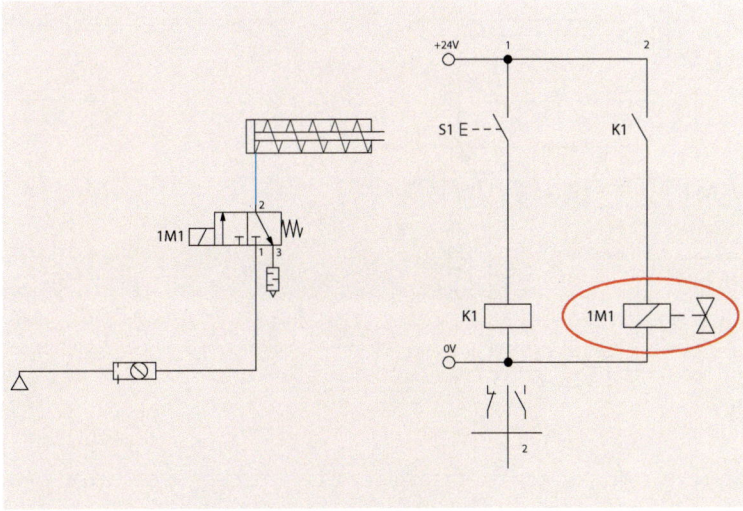

*Abb. 57* Stromlaufplan in aufgelöster Darstellung

*Abb. 58* Einfache pneumatische Schaltung mit dazugehörigem Stromlaufplan und normgerechter Bezeichnung der Schaltungsbestandteile

Die Verbindung zwischen pneumatischem Schaltplan und Stromlaufplan stellen die Magnetspulen her, die die Wegeventile betätigen.

**Selbsthaltung**

Oftmals soll in der Elektropneumatik mit einem kurzen Schaltimpuls ein länger andauernder Schaltzustand erreicht werden. Um dies nicht nur mit Schaltern, sondern auch mit Tastern zu erreichen, wird eine sogenannte Selbsthaltung initiiert. Dabei wird mit Hilfe eines Relais und eines Schließerkontaktes ein paralleler Stromkreis geschlossen (Abb. 59 ff.).

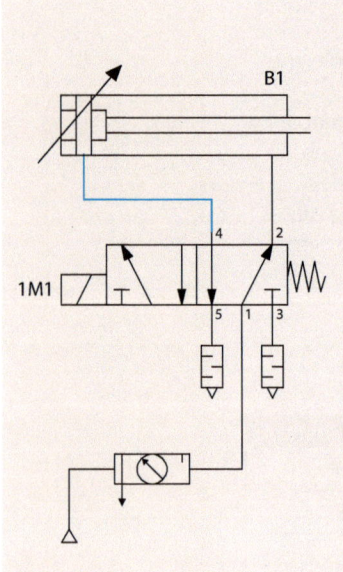
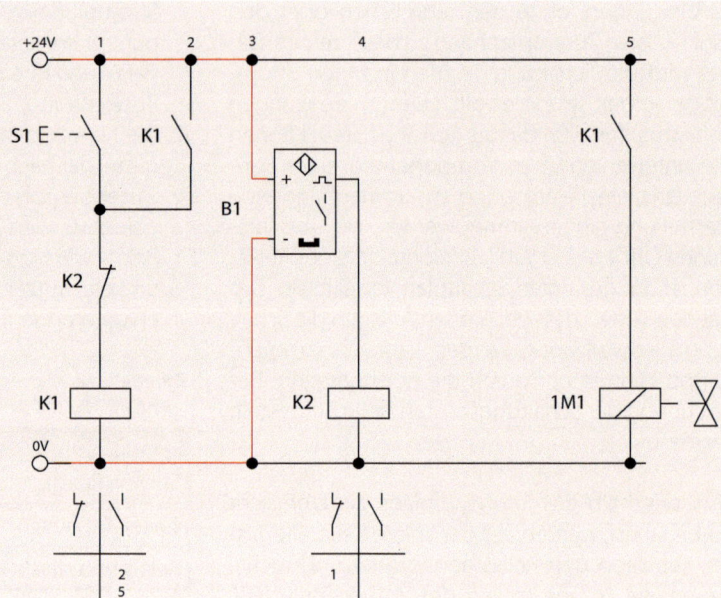

**Abb. 59** *Elektropneumatische Schaltung mit Selbsthaltung*

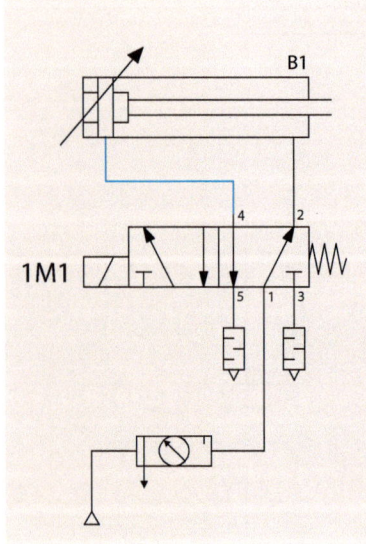
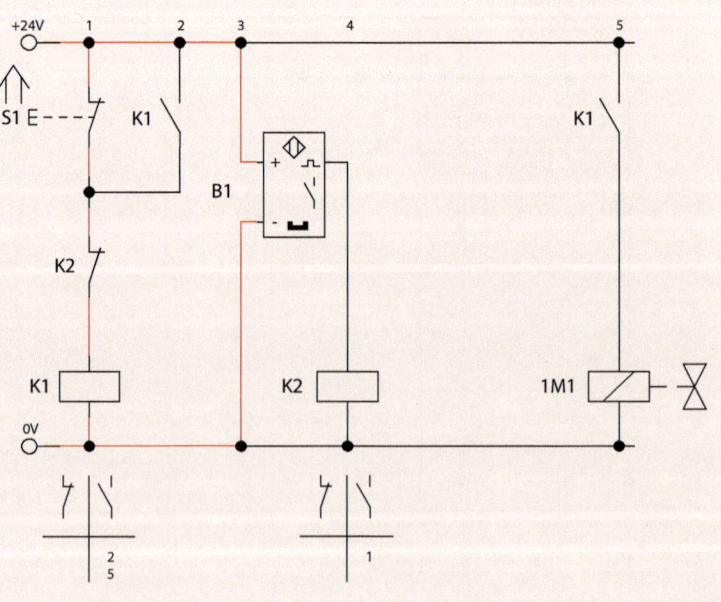

**Abb. 60** *Über den Taster S1 wird der Stromkreis geschlossen.*

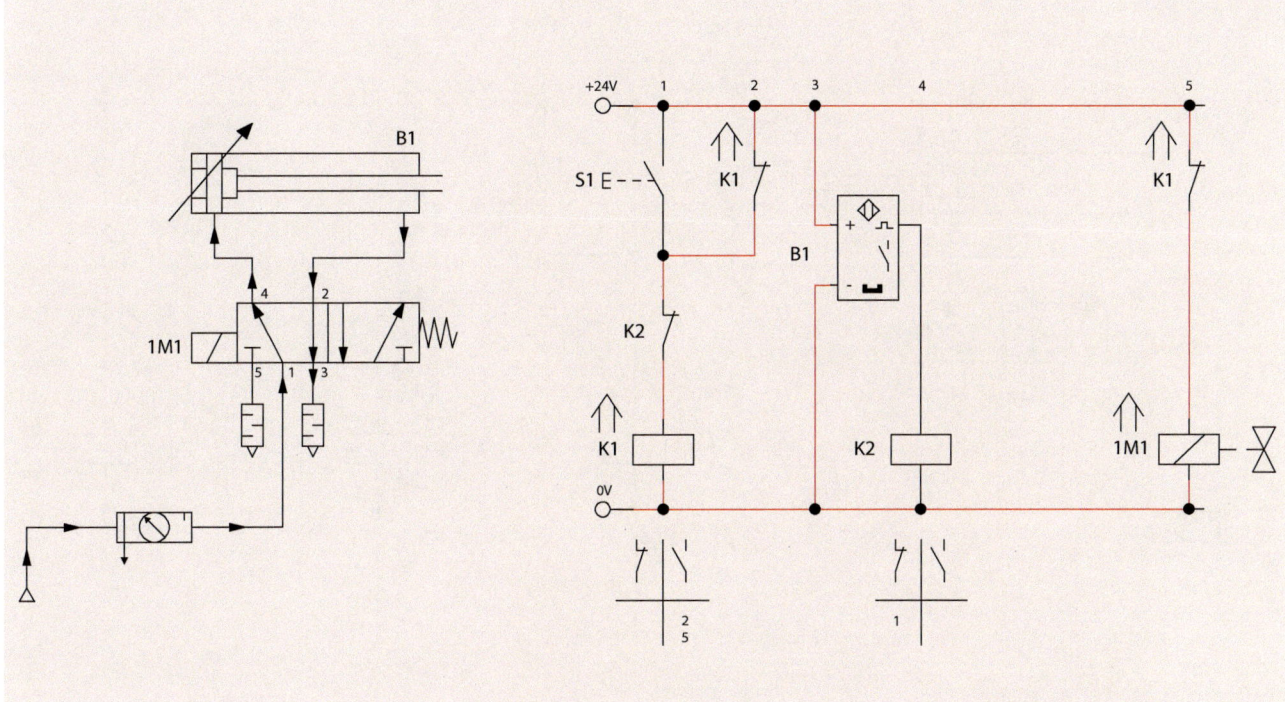

**Abb. 61**  *Relais K1 wird mit Spannung versorgt und schließt den Kontakt im Pfad 2.*

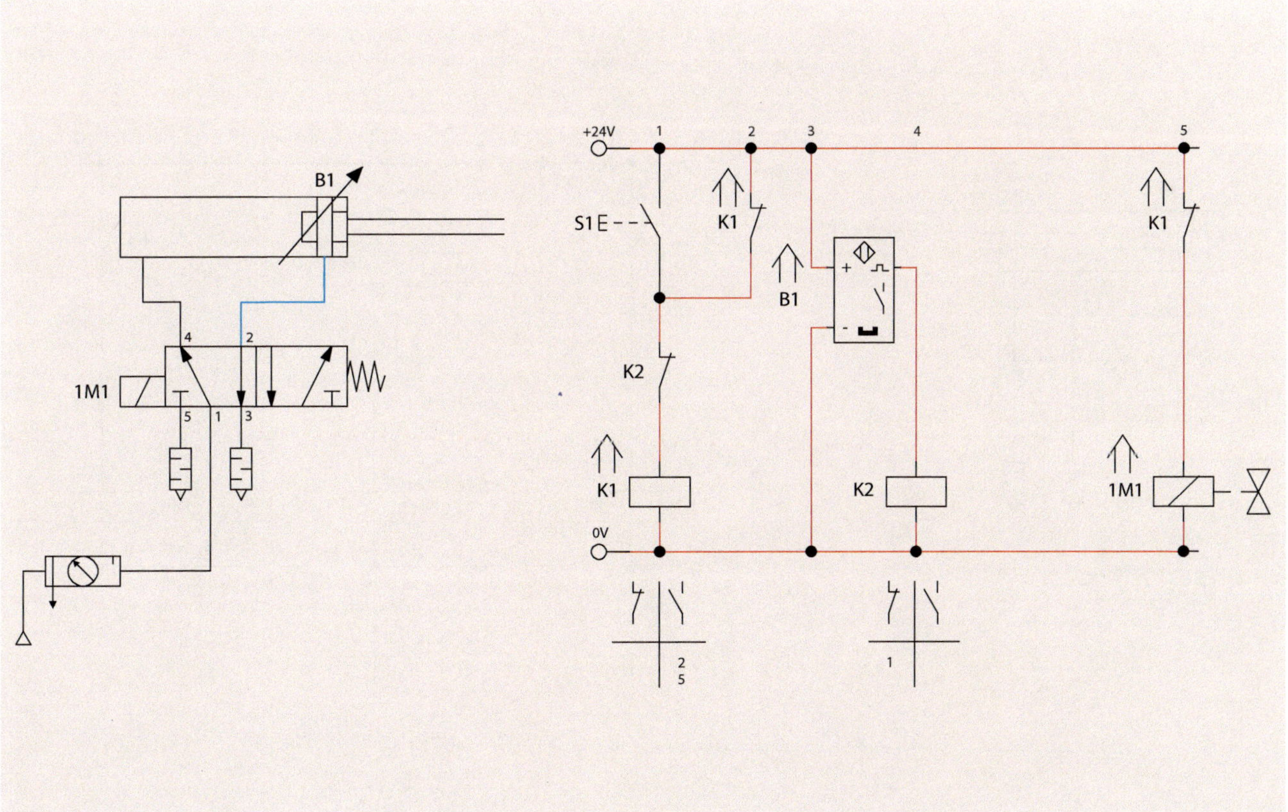

**Abb. 62**  *Durch die Selbsthaltung von K1 bleibt der Kontakt in Strompfad 5 auch ohne Betätigung von S1 geschlossen und der Zylinder kann ausfahren.*

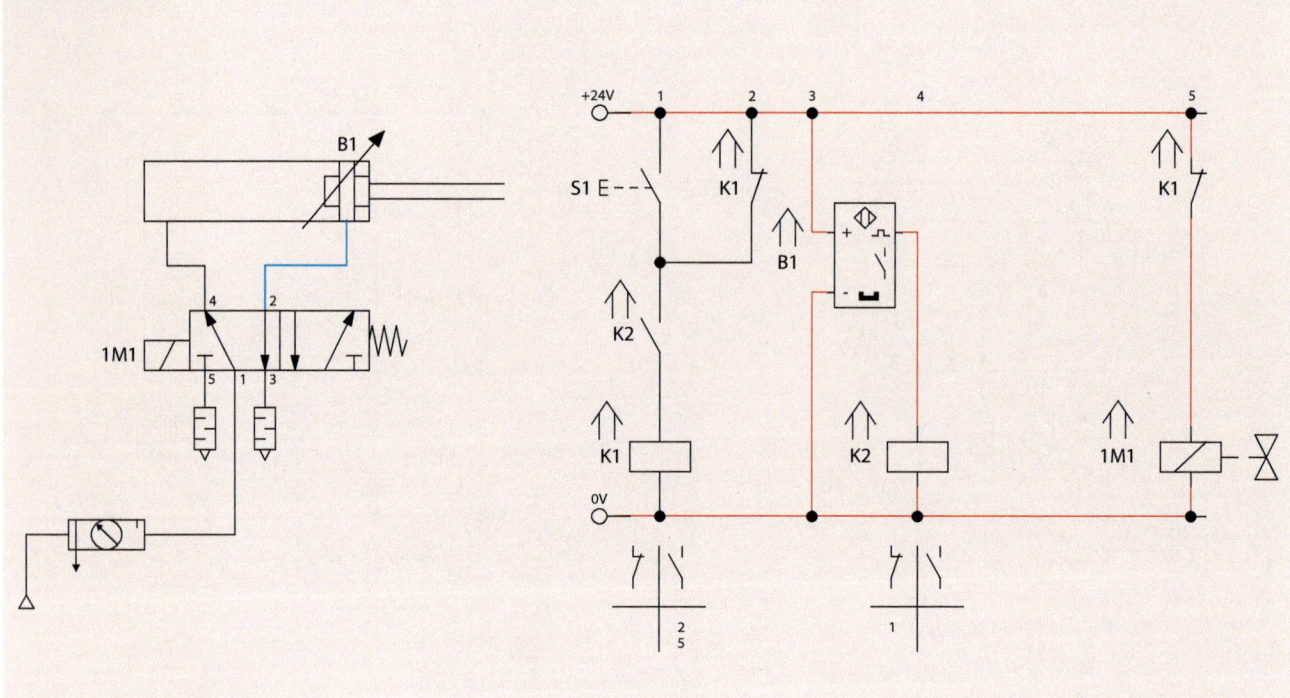

**Abb. 63** *Zum Aufheben der Selbsthaltung muss der Reedkontakt B1 durch den vollständig ausgefahrenen Zylinder betätigt werden, wodurch K2 anzieht und seinen Kontakt im Strompfad 1 öffnet.*

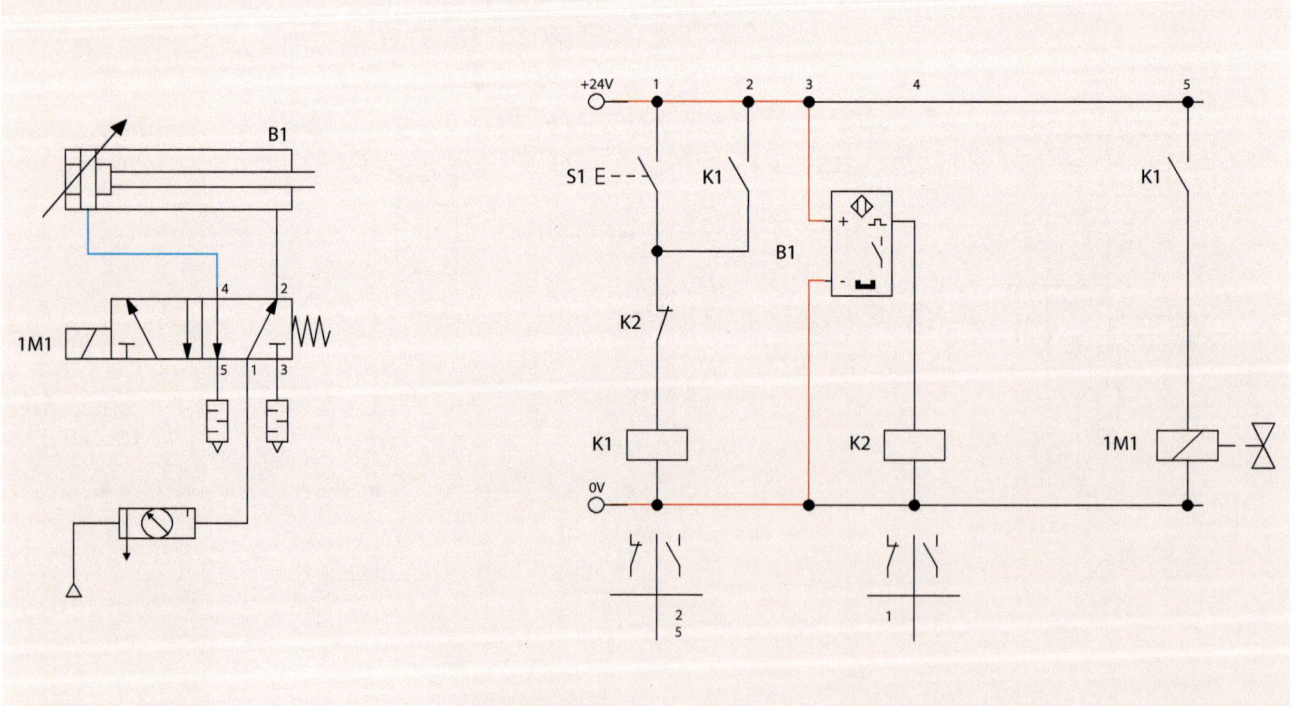

**Abb. 64** *K1 fällt ab, öffnet den Kontakt in Strompfad 5 und der Zylinder fährt ein*

## 3.2.6 Fehlersuche in elektro-pneumatischen Steuerungen

Unsachgemäße Bedienung, Verschleiß, Material-ermüdung, Verschmutzung sowie fehlerhafte Steuerungen, Montage- und Verdrahtungsfehler sind häufige Ursachen für Anlagestillstand oder Störungen. Um die Fehlerursachen finden zu können, ist eine systematische Vorgehensweise notwendig.

### Systematik der Fehlersuche

1. Zum Auffinden eines Fehlers ist ein fundiertes Anlagenverständnis bzw. Funktionsverständnis notwendig. Dafür werden alle zur Verfügung stehenden Anlagendokumente wie Schalt-pläne, Technologieschemata oder Wirkschalt-pläne analysiert. Die Anlage wird in Teilsysteme eingeteilt, denen die entsprechenden Funktionen zugewiesen werden.
2. Im zweiten Schritt findet eine Aufnahme des Istzustandes statt, d. h. die Störung wird konkret beschrieben.
3. Der Fehlerort wird eingekreist und mögliche Fehlerursachen werden notiert.
   – Druckluftversorgung überprüfen
   – Spannungsversorgung überprüfen
   – Druckluftzylinder (Aktoren) auf Leicht-gängigkeit per Hand überprüfen (Vorsicht nur in drucklosem Zustand, Verletzungsgefahr)
   – Ventile überprüfen
   – Anlage im Betrieb testen

4. Ist der Fehlerort eingekreist, folgt die eigentliche Fehlersuche. Dafür ist ein PAP hilfreich, welches die einzelnen Fehlersuchschritte beschreibt und das weitere Vorgehen systematisiert.

### Beispiel einer Fehlersuche

Die in einem Technologieschema dargestellte Prägeeinrichtung prägt Münzen, die auf einem Förderband transportiert werden.

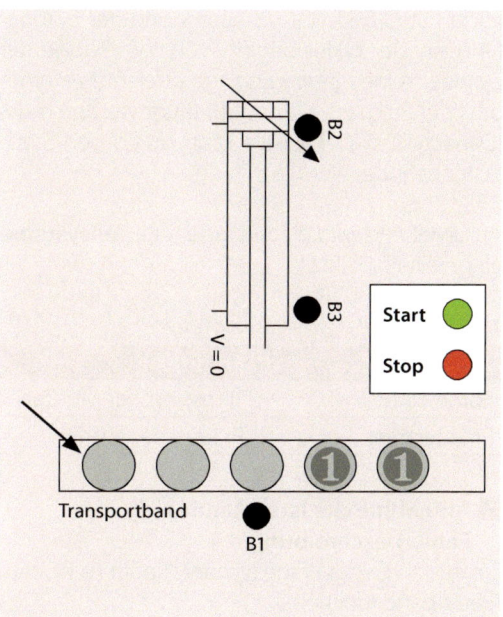

**Abb. 65** *Technologieschema Prägeeinrichtung*

**Hinweis:** Die beschriebene Fehlersuchsystematik spricht in erster Linie den steuerungstechnischen Laborunterricht in der Schule an. In der betrieblichen Wirklichkeit müssen darüber hinaus besondere Sicherheitsvorkehrungen berücksichtigt werden, auf die hier nicht weiter eingegangen wird.

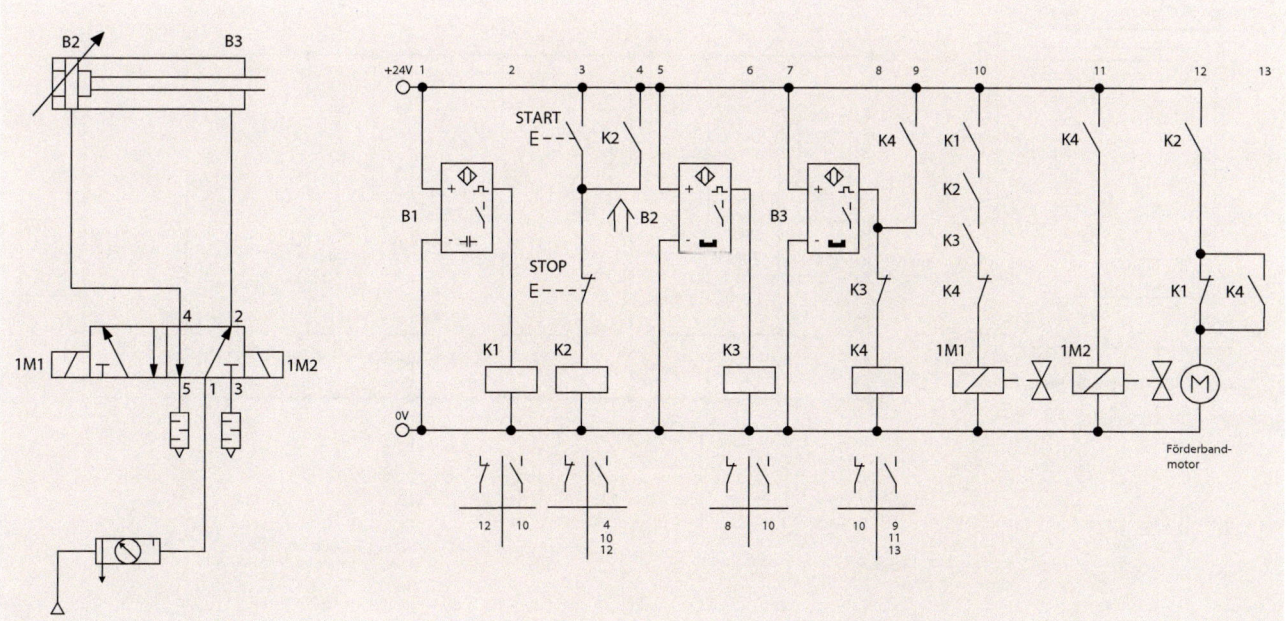

**Abb. 66** *Schaltpläne Prägeeinrichtung*

## 1 Analyse der Anlage

Auf die Analyse der Schaltpläne und des Technologieschemas folgt eine **Funktionsbeschreibung des Prägevorgangs:**

Sobald der Starttaster betätigt wird, beginnt sich der Förderbandmotor zu drehen und das Förderband setzt sich in Bewegung. Meldet B1 ein Werkstück, stoppt der Motor. Befindet sich der Zylinder in der hinteren Endlage (B2), fährt er aus und prägt ein Werkstück. Sobald er seine vordere Endlage erreicht hat (B3), startet der Motor und der Zylinder fährt ein. Der Zyklus beginnt von vorn, sobald der Zylinder seine hintere Endlage erreicht hat, ohne dass der Starttaster erneut betätigt werden muss (Dauerzyklus). Der Zyklus kann durch den Stoptaster beendet werden.

Anschließend wird die Anlage in ihre **Teilsysteme** eingeteilt (Tabelle 5):

*Tabelle 5* Einteilung der Anlage in Teilsysteme

| Teilsystem | Funktion |
|------------|----------|
| Fördereinheit | Transport der Münzen |
| Prägeeinheit | Prägen der Münzen |

## 2 Aufnahme des Istzustandes/ Fehlerbeschreibung

Ein Ausfahren des Prägezylinders findet nicht statt. Förderband funktional.

## 3 Der Fehlerort wird eingekreist und mögliche Fehlerursachen notiert.

1. Druckluftversorgung überprüfen ☑ ☐
2. Spannungsversorgung überprüfen ☑ ☐
3. Druckluftzylinder (Aktoren) auf Leichtgängigkeit per Hand überprüfen (Vorsicht! Nur im drucklosen Zustand! Verletzungsgefahr!) ☑ ☐
4. Ventile überprüfen (Handbetätigung falls vorhanden) ☑ ☐
5. Anlage im Betrieb testen ☑ ☐

Die Durchführung der oben beschriebenen Fehlersuche bringt das Ergebnis, dass der Fehler im Bereich der Steuerung (falsch gesteckte Druckluftleitungen; Verdrahtungsfehler) oder der Signaleingabe (defekte Bauteile) zu suchen ist, wie die eingekreisten Bereiche in Abb. 67 zeigen

**MERKE**

Sind die Sensoren B1 und B2 in Dreileitertechnik angeschlossen, kann man den geschalteten Zustand an einer leuchtenden LED und damit die Funktionsfähigkeit erkennen.

Um die Relais zu testen, müssen die jeweiligen Signaleingabeelemente betätigt werden, (so schließt man gleichzeitig Verdrahtungsfehler aus).

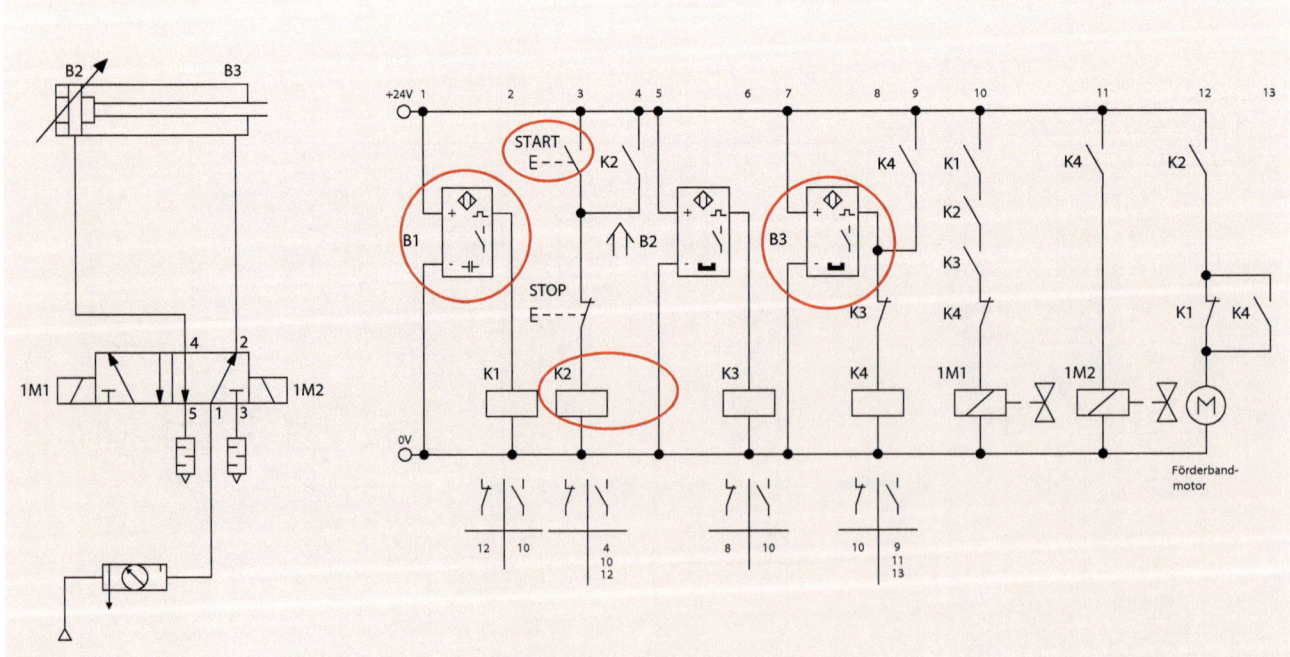

**Abb. 67** Schaltplan mit möglichen Fehlerquellen

## MERKE

Befindet man sich in einem elektropneumatischen Labor, kann man die Funktionalität der Relais ebenfalls an einer leuchtenden LED erkennen, andernfalls muss mit einem Voltmeter überprüft werden, ob an der Spule Spannung anliegt.

Bei der Überprüfung von 1M1 geht man wie bei der Überprüfung eines Relais vor.

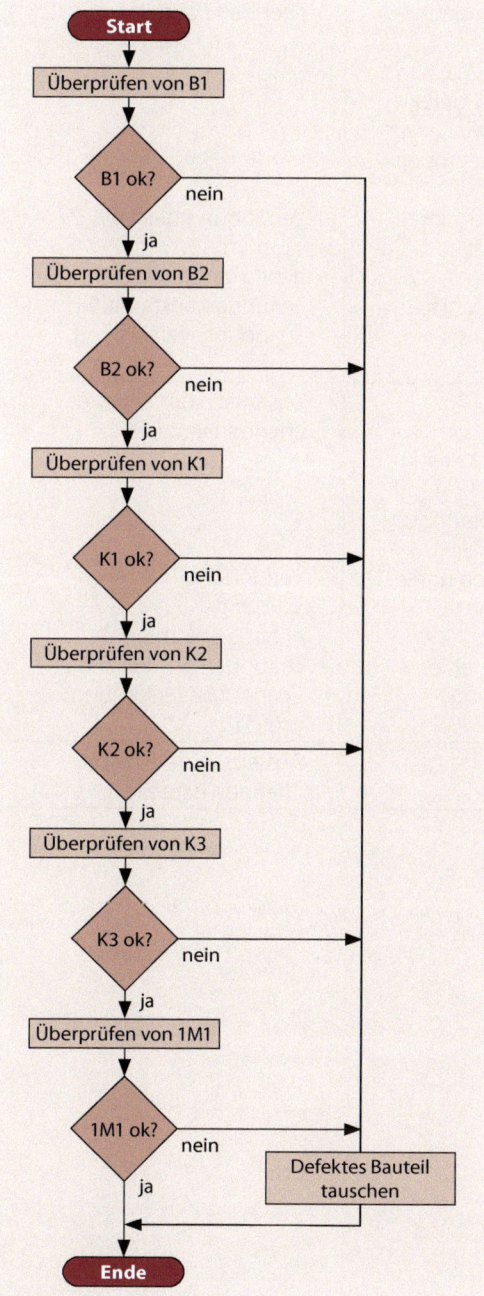

**Abb. 68** Programmablaufplan zur Fehlersuche

## Bedienungsanleitung

Bedienungsanleitungen geben dem Benutzer eines technischen Gerätes oder dem Bediener einer technischen Anlage Informationen zur Funktion und sicheren Bedienung und können bei der Fehlersuche hilfreich sein. Häufig findet man in Bedienungsanleitungen in tabellarischer Form auch Hinweise auf häufig auftretende Störungen und deren Ursachen sowie deren Behebung.

Für die Prägevorrichtung soll exemplarisch eine Bedienungsanleitung vorgestellt werden.

Zum Starten der Anlagen grünen Starttaster betätigen.

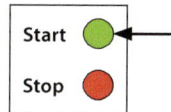

Das Förderband läuft an und transportiert die Werkstücke Richtung Prägestempel.

Meldet B1 ein Werkstück, stoppt das Förderband und der Prägezylinder fährt aus und prägt ein Werkstück. Sobald der Prägevorgang beendet ist, fährt das Förderband wieder an und der Zyklus kann von vorn beginnen, ohne dass der Starttaster erneut betätigt werden muss. Die Anlage läuft im Dauerzyklus.

Durch Betätigen des roten Stoptasters wird der Dauerzyklus beendet.

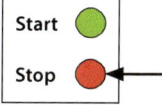

## Sicherheitshinweise

Anlage darf nur von fachkundigem Personal bedient werden. Vor Gebrauch Bedienungsanleitung lesen.
Sämtliche Wartungs- und Reparaturarbeiten dürfen nur in drucklosem und spannungsfreiem Zustand ausgeführt werden.

Vorsicht, es droht Verletzungsgefahr durch Zylinderbewegung. Nicht manuell in den Prägeprozess eingreifen. Es droht Quetschgefahr.

Gehörschutz tragen.

**Tabelle 6** *Häufige Fehler lt. Bedienungsanleitung*

| Störung | mögliche Ursache | Maßnahmen zur Fehlerbehebung |
|---|---|---|
| Förderband läuft nicht an | – Starttaster defekt<br>– B3 defekt<br>– Gleichstrommotor defekt<br>– Relais K2, K4 defekt<br>– Verdrahtungsfehler oder defekte Verbindungen<br>– fehlende Spannungs- versorgung | – Austausch der entspre- chenden Bauteile<br><br><br><br>– richtig verdrahten<br>– Leitungen austauschen<br>– Spannungsversorgung prüfen |
| Prägezylinder fährt nicht aus | – defekte Signaleingabe- elemente (B1, B2 oder Starttaster)<br>– defekte Relais (K1, K2, K3)<br>– Magnetspule 1m1 defekt<br>– Stellelement defekt (5/2-Wege-Magnetimpuls- ventil)<br>– Druckluftleitungen unter- brochen/verstopft<br>– Verdrahtungs-/<br>– Verschlauchungsfehler<br>– fehlende Spannungs- versorgung | – Austausch der entspre- chenden Bauteile<br><br><br><br><br><br>– Verbindung herstellen/ säubern<br>– richtig verdrahten<br>– Leitungen austauschen<br>– Spannungsversorgung prüfen |
| Prägezylinder fährt nicht ein | – B3 defekt<br>– Relais K4 defekt<br>– Magnetspule 1M2 defekt<br>– Stellelement defekt (5/2-Wege-Magnetimpuls- ventil)<br>– Druckluftleitungen unter- brochen/verstopft<br>– Verdrahtungs-/ Verschlauchungsfehler<br>– fehlende Spannungs- versorgung | – Austausch der entspre- chenden Bauteile<br><br><br><br>– Verbindung herstellen/ säubern<br>– richtig verdrahten<br>– Leitungen austauschen<br>– Spannungsversorgung prüfen |
| Förderband stoppt nicht | – B1 defekt<br>– K1 defekt | – Austausch der entspre- chenden Bauteile |

**Unfallverhütungsvorschriften in der Pneumatik**

1. Alle Bauteile, z. B. Ventile, Zylinder und Motoren müssen fest und sicher in der Montageplatte arretiert werden.

2. Beschädigte Bauteile müssen sofort ersetzt werden.

3. Fehlende oder defekte Ventil- oder Zylinderanschlüsse und Verschraubungen müssen sofort ersetzt werden.

4. Undichte Leitungen dürfen wegen der auftretenden Drücke nicht verwendet werden.

5. Druckschläuche mit defekten Schlauchenden dürfen nicht benutzt werden.

6. Die Montage, Fehlerbeseitung und Demontage darf nur im drucklosen Zustand erfolgen (Druckluft abgesperrt).

7. Die Kolbenstangenwege sind frei von Schläuchen und Bauteilen zu halten.

8. Bei der Überprüfung von Endschaltern sind diese vom Kolbenstangenweg zu entfernen; d. h., montierte Endschalter niemals von Hand betätigen. Quetschgefahr!

9. Werkzeuge stets frei von Öl und Fett halten und nicht mit öligen Händen arbeiten.

10. Zulässige Höchstdrücke dürfen niemals überschritten werden.

### Verbindungsprogrammierte kontaktlose Steuerungen

# „Grünes Licht für die Carrera-Bahn"

Thomas und Frank wollen ihre Carrera-Bahn mit einer Start-Ampelanlage versehen. Nacheinander sollen Glühlämpchen leuchten (rot – rot und orange – grün) und zusätzlich soll, wenn das grüne Lämpchen leuchtet, ein Relais (K4) Spannung auf die Fahrbahn schalten, damit ein möglicher Fehlstart ausgeschlossen werden kann.

Thomas und Frank haben in der Berufsfachschule gelernt, kontaktgebundene Steuerungen zu entwerfen. Für ihre Ampelanlage haben sie sich folgende Steuerung einfallen lassen:

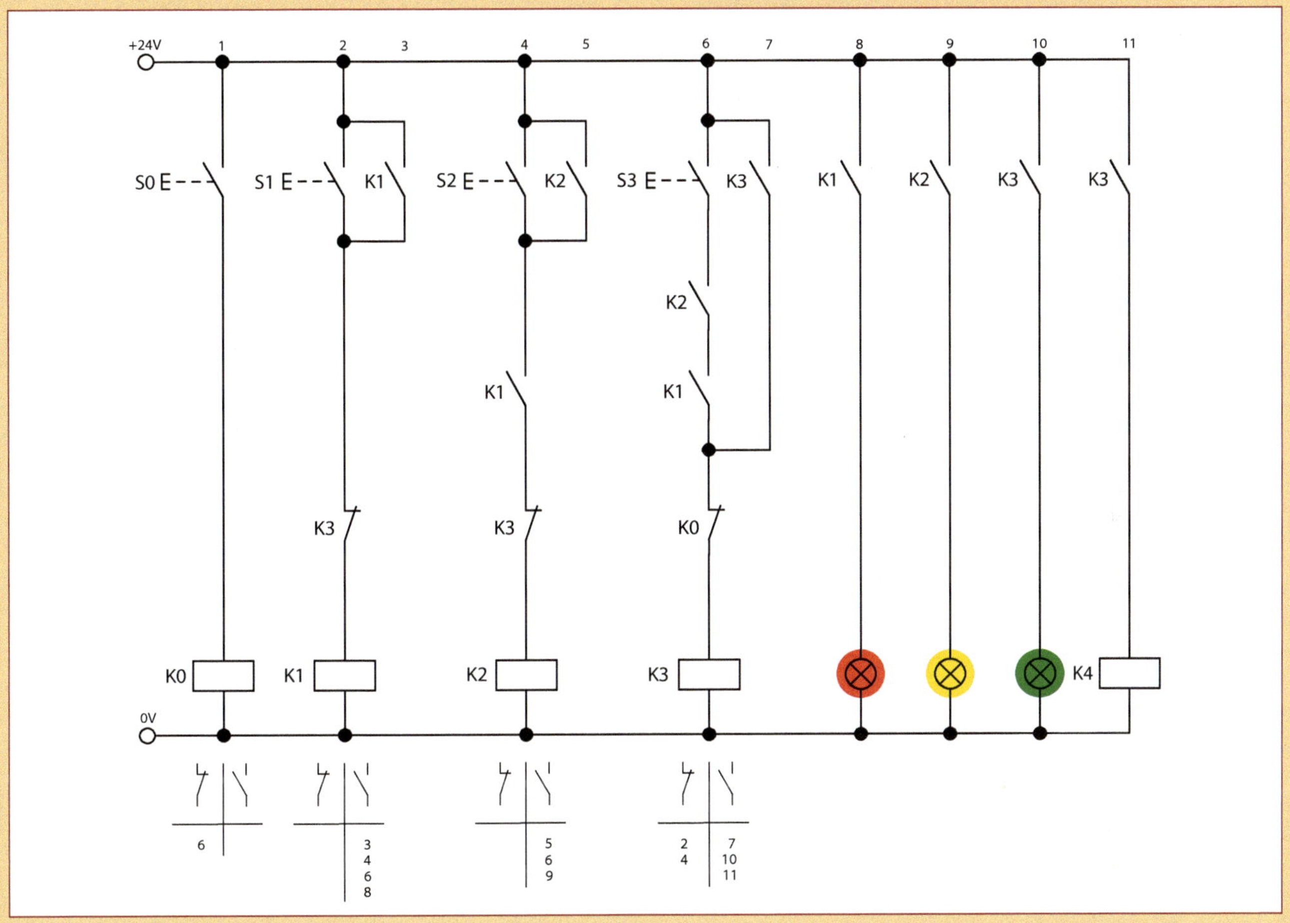

Steuerung der Ampelanlage

# Lernjobs

**1.**

Thomas und Frank sind die Kosten für fünf Relais zu hoch. Außerdem würde diese Schaltung relativ viel Platz beanspruchen. In der Schule haben sie gelernt, dass es mit logischen Grundverknüpfungsgliedern aus der Digitaltechnik ebenfalls möglich ist, Steuerungen aufzubauen. Diese Grundverknüpfungsglieder gibt es in kostengünstigen IC's (integrierten Schaltkreisen) zu kaufen. Helfen Sie Thomas und Frank, sich in die Digitaltechnik einzuarbeiten.

**2.**

Analysieren Sie die Schaltung von Thomas und Frank und erstellen Sie die Schaltfunktion in Form einer schaltalgebraischen Beschreibung der kontaktgebundenen Steuerung.

**3.**

Wandeln Sie die Schaltung von Thomas und Frank in eine digitale Schaltung mit Grundverknüpfungsgliedern um und dokumentieren Sie diese digitale Schaltung.

### 3.3.1 Einführung in die Digitaltechnik

In Lernsituation 3.2 haben wir bereits die verbindungsprogrammierte kontaktgebundene Steuerung mit Relais und Schützen als Steuerelemente kennengelernt. Die Steuerungstechnik versucht, die Anzahl der beweglichen Steuerelemente möglichst gering zu halten. Dabei wird die kotaktgebundene Steuerung durch eine kontaktlose Steuerung ersetzt. Deren Vorteil liegt vor allem in der langen Lebensdauer, da keine Materialabnutzung auftritt, und im erheblich geringeren Platzbedarf.

Am Beispiel der Prägevorrichtung aus Lernsituation 3.2 (S. 123) soll gezeigt werden, wie aus einer verbindungsprogrammierten kontaktgebundenen Steuerung eine verbindungsprogrammierte kontaktlose Steuerung mit logischen Grundverknüpfungen aus der Digitaltechnik wird.

### 3.3.2 Logische Grundverknüpfungen mit Kontakten

Digitalschaltungen sind aus Signaleingabe- bzw. Steuerelementen aufgebaut, die nur zwei Schaltzustände aufweisen, z.B. ein Schalter oder Kontakt kann nur folgende zwei Schaltzustände einnehmen: **AUS** und **EIN**.

**Abb. 2**  *Schalter (a) Kontakt (b)*

In Tabelle 1 (S. 131) sind exemplarisch Anordnungen von Schaltern bzw. Kontakten gezeigt und deren Eigenschaften beschrieben.

**Funktionstabellen**

In Abb. 3 sind die Kontakte von K1 und K2 in Reihe geschaltet. Demnach handelt es sich um eine UND-Schaltung.

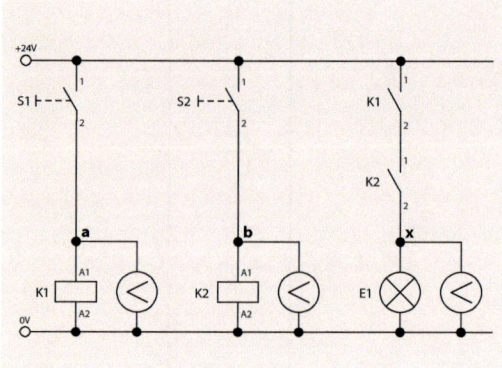

**Abb. 3**  *UND-Schaltung mit Schützen*

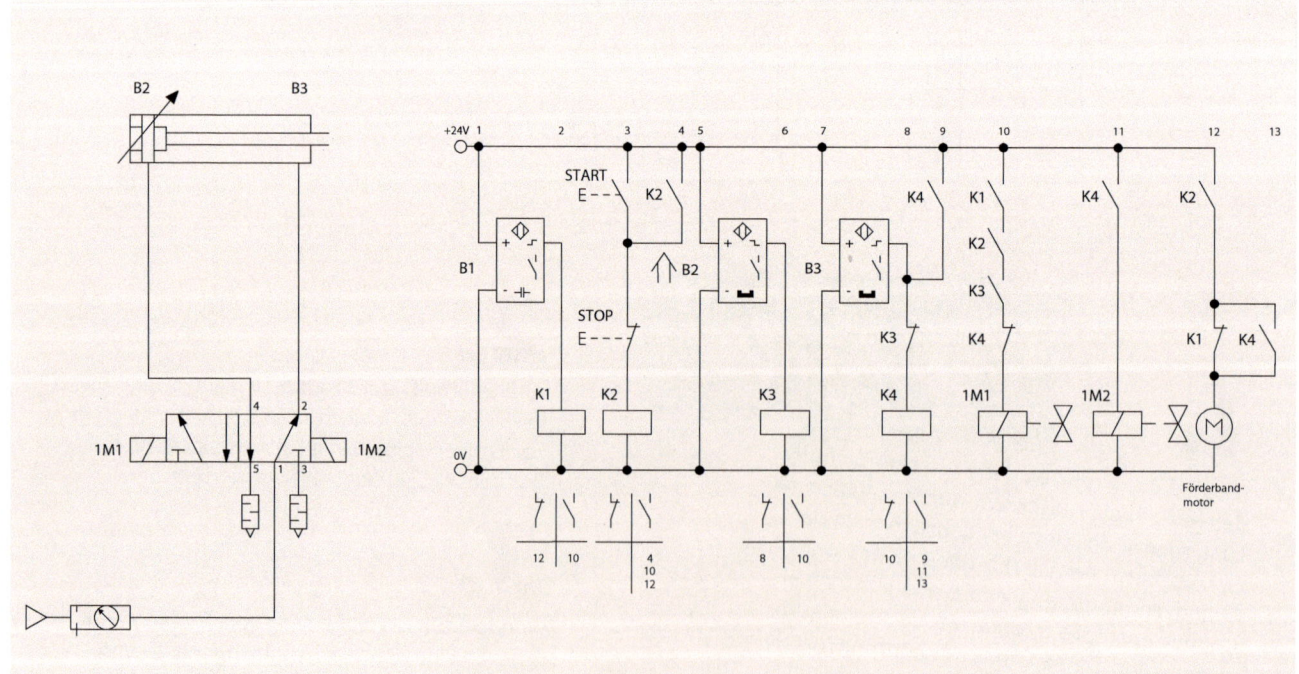

**Abb. 1**  *Verbindungsprogrammierte kontaktgebundene Steuerung der Prägevorrichtung*

***Tabelle 1*** *Anordnung von Schaltern und Kontakten*

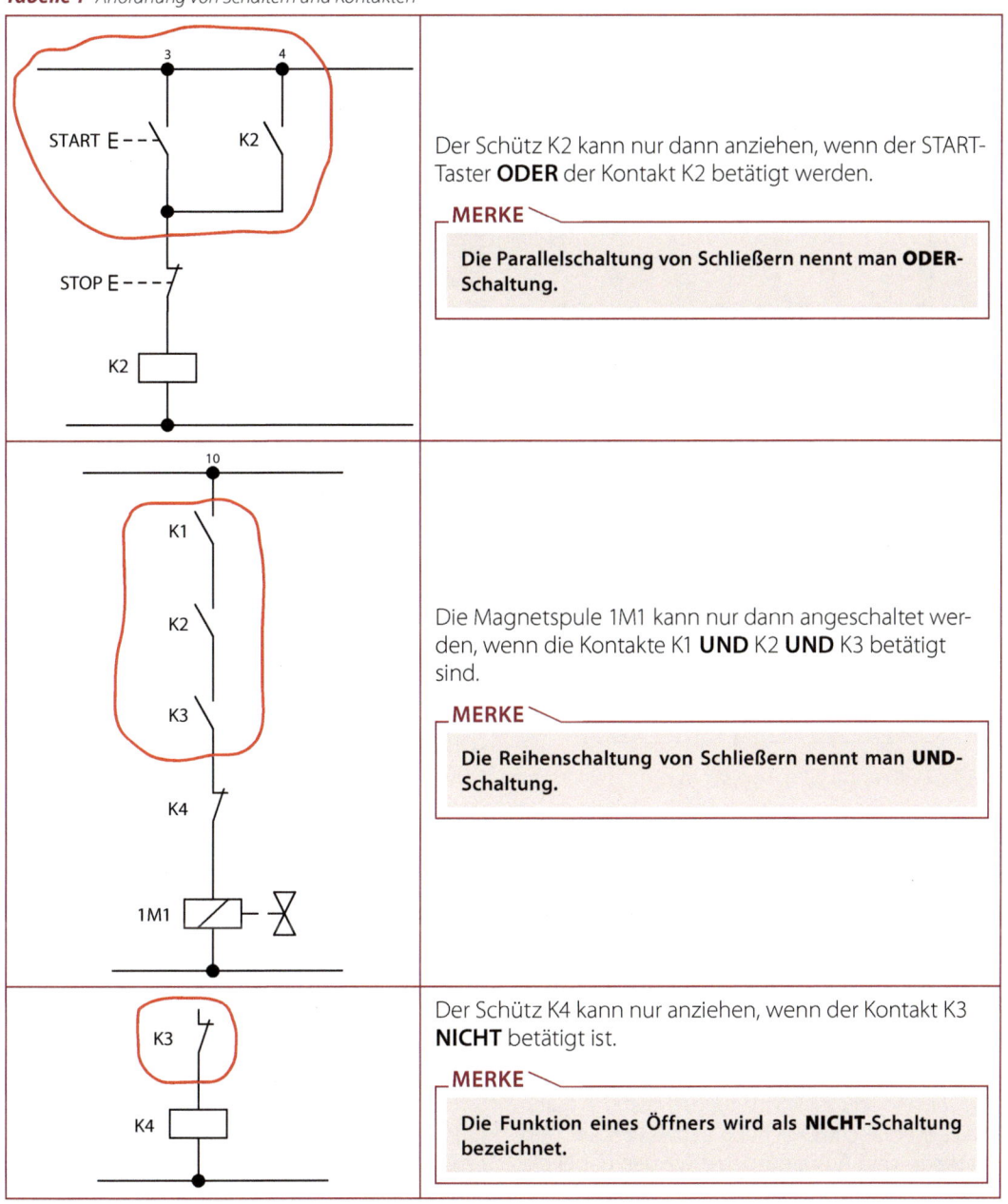

Der Schütz K2 kann nur dann anziehen, wenn der START-Taster **ODER** der Kontakt K2 betätigt werden.

**MERKE**

Die Parallelschaltung von Schließern nennt man **ODER**-Schaltung.

Die Magnetspule 1M1 kann nur dann angeschaltet werden, wenn die Kontakte K1 **UND** K2 **UND** K3 betätigt sind.

**MERKE**

Die Reihenschaltung von Schließern nennt man **UND**-Schaltung.

Der Schütz K4 kann nur anziehen, wenn der Kontakt K3 **NICHT** betätigt ist.

**MERKE**

Die Funktion eines Öffners wird als **NICHT**-Schaltung bezeichnet.

Wird der Taster S1 in Abb. 3 (S. 130) betätigt, liegt am Schütz K1 eine Spannung von 24 V an. Mit anderen Worten haben wir an **a** einen Pegel von 24 V. Betätigen wir Taster S2 haben wir an **b** einen Pegel von 24 V. Sind die Kontakte K1 und K2 geschlossen, leuchtet die Lampe E1 und an **x** messen wir ebenfalls einen Pegel von 24 V.

Erfasst man den Ausgangspegel an x in Abhängigkeit von den möglichen Kombinationen der Eingangspegel an a und b und stellt diese in Form einer Tabelle dar, erhält man die Funktionstabelle (Tabelle 2). Sie gibt Auskunft über das elektrische

Verhalten der Schaltung. Der Einfachheit halber wird der niedrige Pegel (0 V) mit L (englisch Low) und der höhere Pegel mit H (englisch High) bezeichnet. In unserem Beispiel bedeutet das für L = 0 V und für H = 24 V.

***Tabelle 2*** *Funktionstabelle für die UND-Schaltung*

| b | a | x |
|---|---|---|
| L | L | L |
| L | H | L |
| H | L | L |
| H | H | H |

Für die ODER- und NICHT-Schaltung ist nach gleichem Verfahren die Funktionstabelle zu erstellen:

*Tabelle 3* Funktionstabelle für die ODER-Schaltung

| b | a | x |
|---|---|---|
| L | L | L |
| L | H | H |
| H | L | H |
| H | H | H |

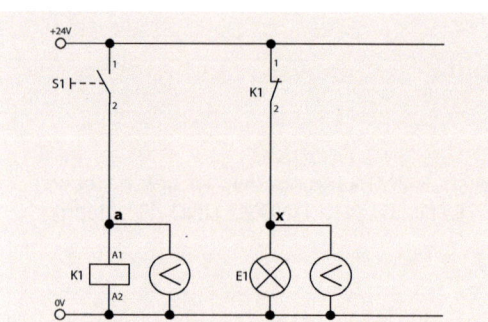

**Abb. 4** ODER-Schaltung mit Schützen

*Tabelle 4* Funktionstabelle für die NICHT-Schaltung

| a | x |
|---|---|
| L | H |
| H | L |

**Abb. 5** NICHT-Schaltung mit Schütz

**MERKE**

Die Bezeichnung L für den niedrigeren Pegel und H für den höheren Pegel ist allgemein gültig und unabhängig von der Betriebsspannung der Steuerung.

### Wahrheitstabellen, schaltalgebraische Gleichungen und Schaltzeichen

Das Verhalten digitaler Schaltungen lässt sich durch schaltalgebraische Gleichungen beschreiben. Den Eingangs- und Ausgangspegel werden dabei die Werte 0 und 1 zugeordnet.

L-Pegel  ➜  0
H-Pegel  ➜  1

Damit lassen sich aus den Funktionstabellen die Wahrheitstabellen ableiten.

Die Grundverknüpfungen lassen sich als schaltalgebraische Gleichungen schreiben.

*Tabelle 6* Schaltalgebraische Gleichung

| Schaltung: | Operatoren: |
|---|---|
| UND | ∧ |
| ODER | ∨ |
| NICHT | − |
| **Schaltalgebraische Gleichung:** | **Lies:** |
| $x = a \wedge b$ | x ist gleich a UND b |
| $x = a \vee b$ | x ist gleich a ODER b |
| $x = \bar{a}$ | x ist gleich a NICHT |

In Schaltplänen für kontaktlose Steuerungen werden die Grundverknüpfungen mit folgenden Schaltzeichen dargestellt:

*Tabelle 7* Grundverknüpfungen

| Schaltung | Schaltzeichen |
|---|---|
| UND | a — & — x; b |
| ODER | a — ≥1 — x; b |
| NICHT | a — 1 —o x |

Hinweis: In Schaltplänen wird die NICHT-Schaltung häufig nur als offener Kreis an die Ein- bzw. Ausgänge der Schaltzeichen von UND und ODER gezeichnet.
z.B.:

a — ≥1 —o — 1 —o x; b

a — ≥1 —o x; b

*Tabelle 5* Wahrheitstabelle

| UND-Schaltung | | | ODER-Schaltung | | | NICHT-Schaltung | |
|---|---|---|---|---|---|---|---|
| b | a | x | b | a | x | a | x |
| 0 | 0 | 0 | 0 | 0 | 0 | 0 | 1 |
| 0 | 1 | 0 | 0 | 1 | 1 | 1 | 0 |
| 1 | 0 | 0 | 1 | 0 | 1 | | |
| 1 | 1 | 1 | 1 | 1 | 1 | | |

### 3.3.3 Umwandlung einer verbindungs- programmierten kontakt- gebundenen Steuerung in eine verbindungsprogrammierte kontaktlose Steuerung

Jede Steuerung arbeitet nach dem EVA-Prinzip (vgl. Abschn. 3.1.1, S. 89). Zur Umwandlung einer verbindungsprogrammierten kontaktgebunde- nen Steuerung in eine verbindungsprogrammierte kontaktlose Steuerung müssen zunächst die Ein- und Ausgänge festgelegt werden. Diese ergeben sich aus den Eingabe- und Ausgabeelemente der Steuerung nach dem EVA-Prinzip. Bei unserem Beispiel der Prägevorrichtung haben wir folgende Ein- und Ausgabeelemente:

**Tabelle 8** *Ein- und Ausgabeelemente der verbindungs- programmierten kontaktlosen Steuerung*

| Eingabeelemente | Ausgabeelemente |
|---|---|
| START-Taster S1 STOP-Taster S0 Sensor B1 Sensor B2 Sensor B3 | Magnetspule 1M1 Magnetspule 1M2 Förderbandmotor M |

Die Grundschaltungen mit den Kontakten, Sen- soren und Tastern werden im nächsten Schritt schaltalgebraisch beschrieben.

Für unser Beispiel der Prägevorrichtung ergeben sich folgende schaltalgebraische Gleichungen (Ta- belle 9):
Die Steuerung der Prägevorrichtung ist nun kom- plett mit Hilfe der schaltalgebraischen Gleichun- gen beschrieben. Im nächsten Schritt werden die Grundverknüpfungen mit den entsprechenden Schaltzeichen in einem Schaltplan gezeichnet. In der Digitaltechnik werden alle Eingabeelemente als Schließer dargestellt. Die Öffner sind in der NICHT-Schaltung berücksichtigt worden.

**Tabelle 9** *Schaltalgebraische Gleichungen der verbindungsprogrammierten kontaktlosen Steuerung*

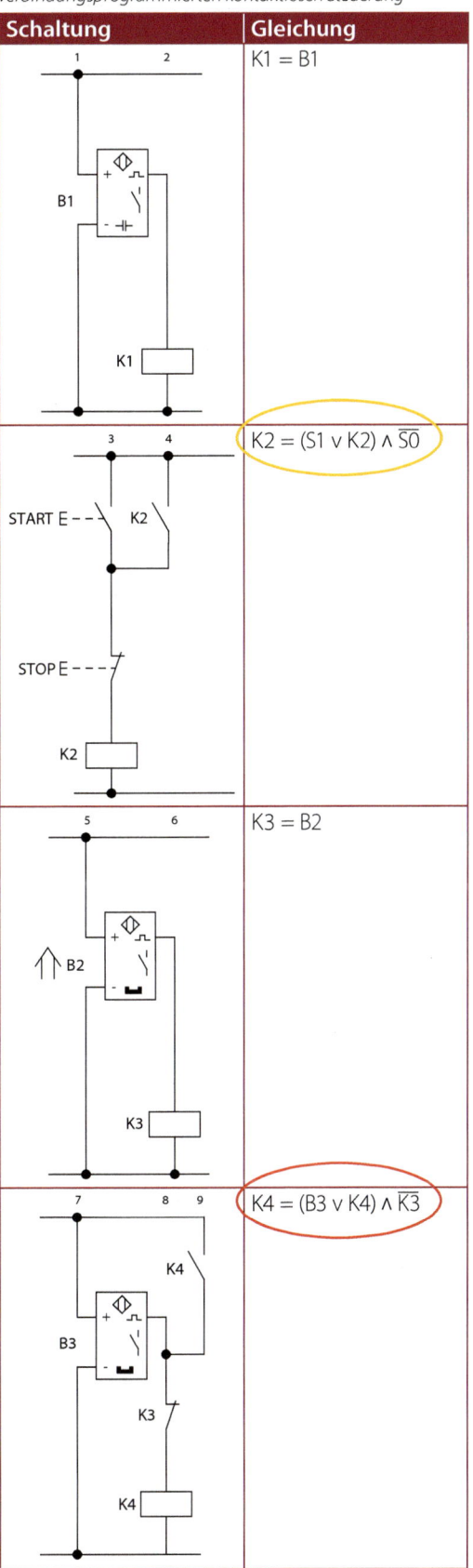

| Schaltung | Gleichung |
|---|---|
| | $K1 = B1$ |
| | $K2 = (S1 \lor K2) \land \overline{S0}$ |
| | $K3 = B2$ |
| | $K4 = (B3 \lor K4) \land \overline{K3}$ |

*Tabelle 9* *(Fortsetzung)*

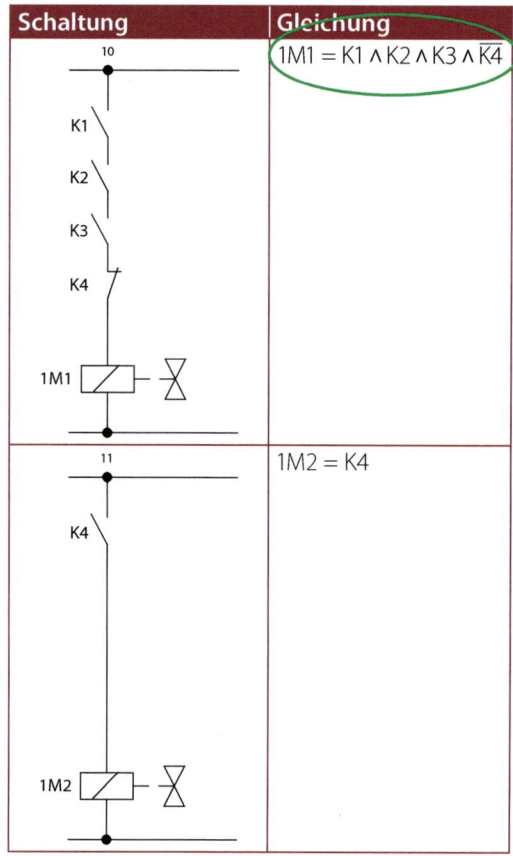

| Schaltung | Gleichung | Schaltung | Gleichung |
|---|---|---|---|
| 10 | $1M1 = K1 \wedge K2 \wedge K3 \wedge \overline{K4}$ | 12    13 | $M = K2 \wedge (\overline{K1} \vee K4)$ |
| 11 | $1M2 = K4$ | | |

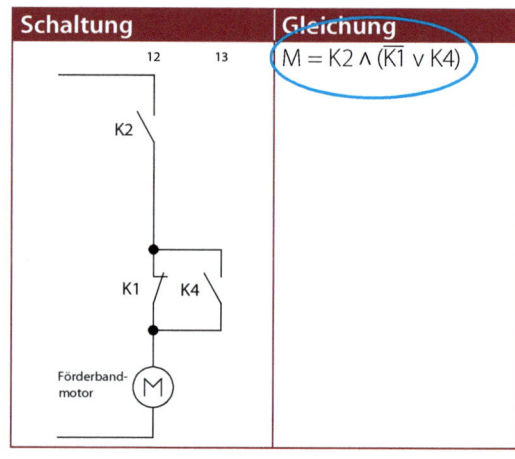

Beim Zeichnen des Schaltplans aus den schaltalgebraischen Gleichungen beginnt man in der Regel mit dem Term in der Klammer.

Mithilfe eines Digi-Trainers ist es möglich, digitale Schaltungen mit ICs aufzubauen und zu testen (Abb. 7).

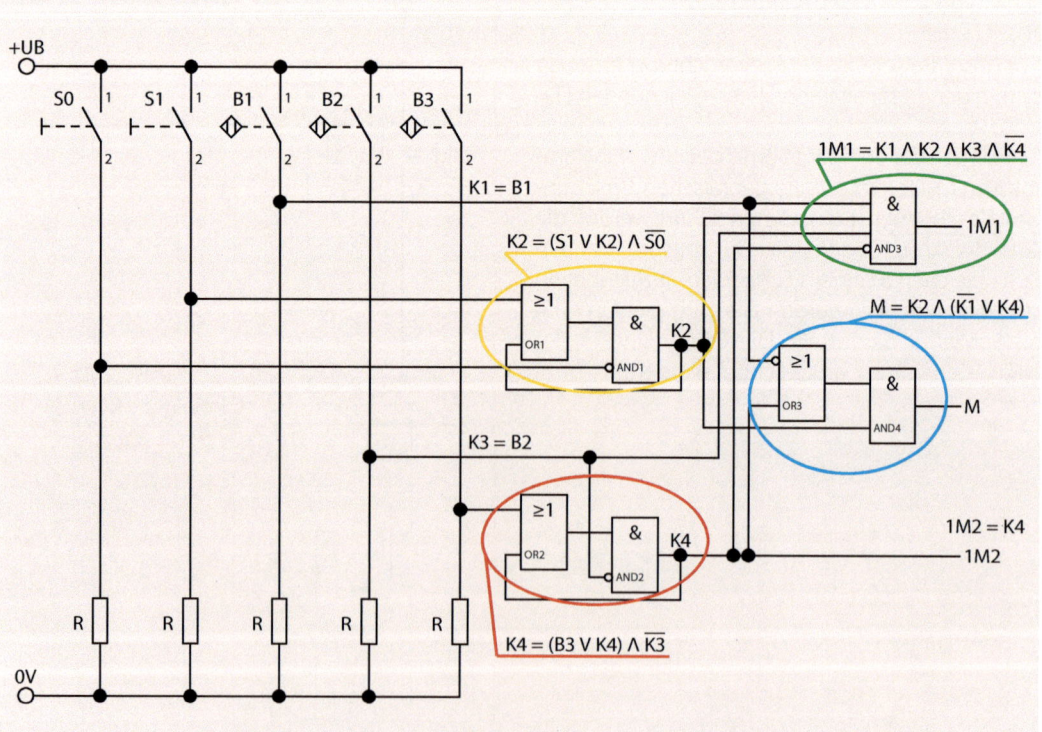

**Abb. 6** *Schaltplan der verbindungsprogrammierten kontaktlosen Steuerung der Prägevorrichtung*

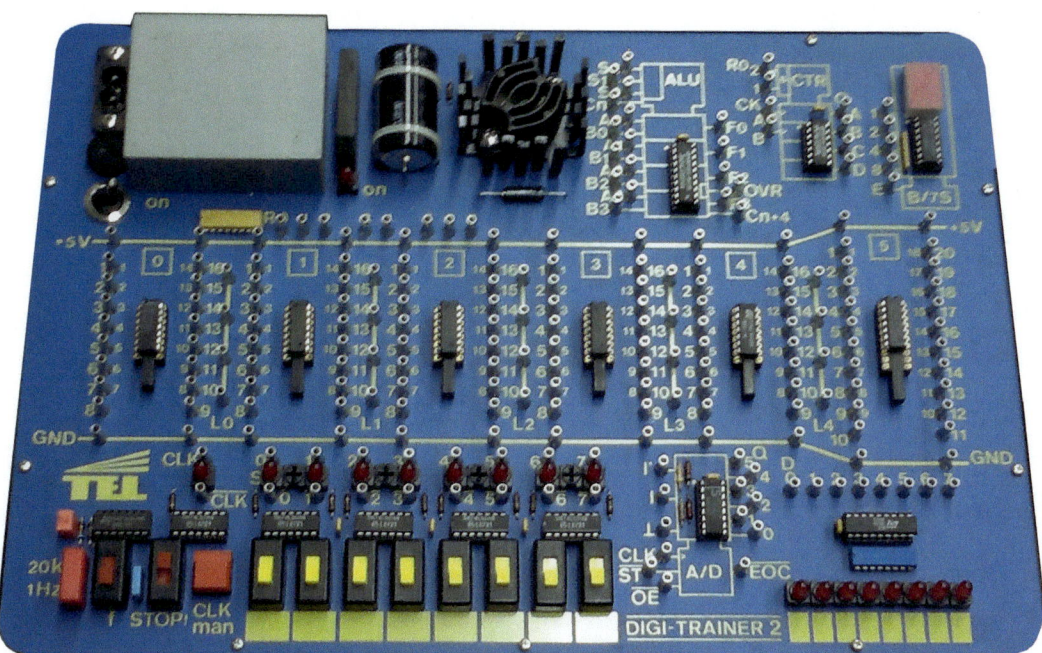

**Abb. 7** Digi-Trainer

## Nachrüstung einer Papierschneidemaschine

# „Gefahr erkannt, Gefahr gebannt!"

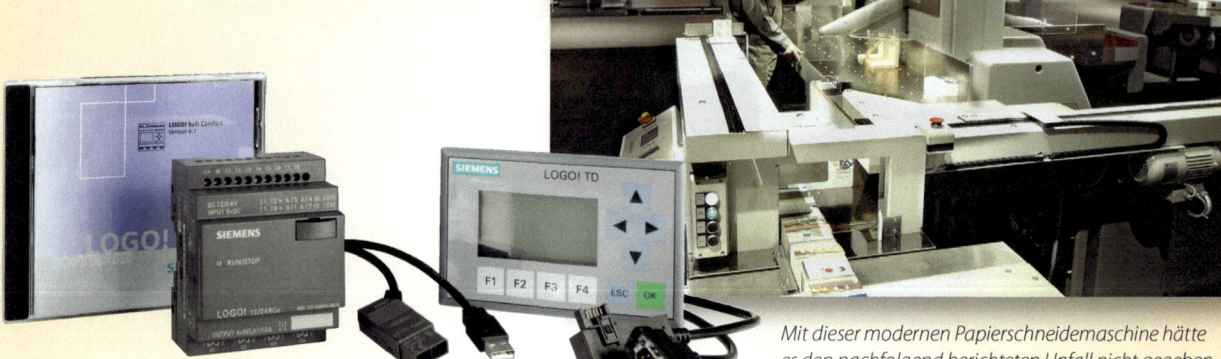

*Mit dieser modernen Papierschneidemaschine hätte es den nachfolgend berichteten Unfall nicht gegeben.*

# Hanauer Spezielle

### Das Intelligenzblatt der Rhein-Main-Region

### Arbeitsunfall in einer Papierfabrik

**Hanau:** Gestern ereignete sich ein schwerer Arbeitsunfall in einer Papierfabrik.

Ein Mitarbeiter, der mit dem Zurichten von Papierbögen an einer Papierschneidemaschine beschäftigt war, verletzte sich schwer.

Nach ersten Ermittlungen der Polizei und der Berufsgenossenschaft hatte die Papierschneidemaschine aus den 60er Jahren erhebliche Sicherheitsmängel. Sie wurde sofort stillgelegt. Die Firma „Geistesblitz" wurde beauftragt, eine Lösung für den ordnungsgerechten Weiterbetrieb der Maschine zu erarbeiten.

Die Papierfabrik setzt sich mit Ihnen in Verbindung. Ein Teil des Schreibens können Sie hier lesen:

...

An die Firma
Geistesblitz Steuerungstechnik GmbH
Hanau

Sehr geehrte Damen und Herren,

in unserer Papierfabrik befindet sich ein Papierschneidegerät, das den technischen Anforderungen nicht mehr entspricht.

Wir beauftragen Sie, die Maschine soweit zu ändern, dass sie den berufsgenossenschaftlichen Standards genügt.

...

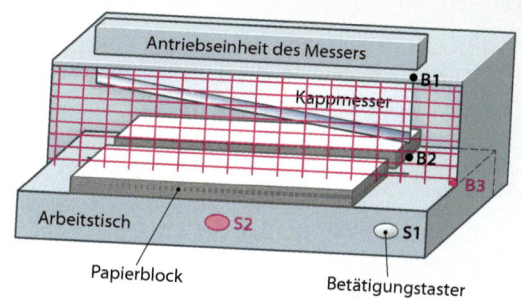

B1: Obere Endlage des Kappmessers
B2: Untere Endlage des Kappmessers
B3: Abfrage Schutzgitter
S1 und S2: Betätigungstaster für beide Hände

*Skizze des Technologieschemas der Papierschneidemaschine*

Nachdem Sie sich mit den Unterlagen der bestehenden Anlage auseinandergesetzt haben, ergeben sich in Absprache mit den Technikern folgende Neuerungen rot im Technologieschema und im Schaltplan der Papierschneidemaschine:

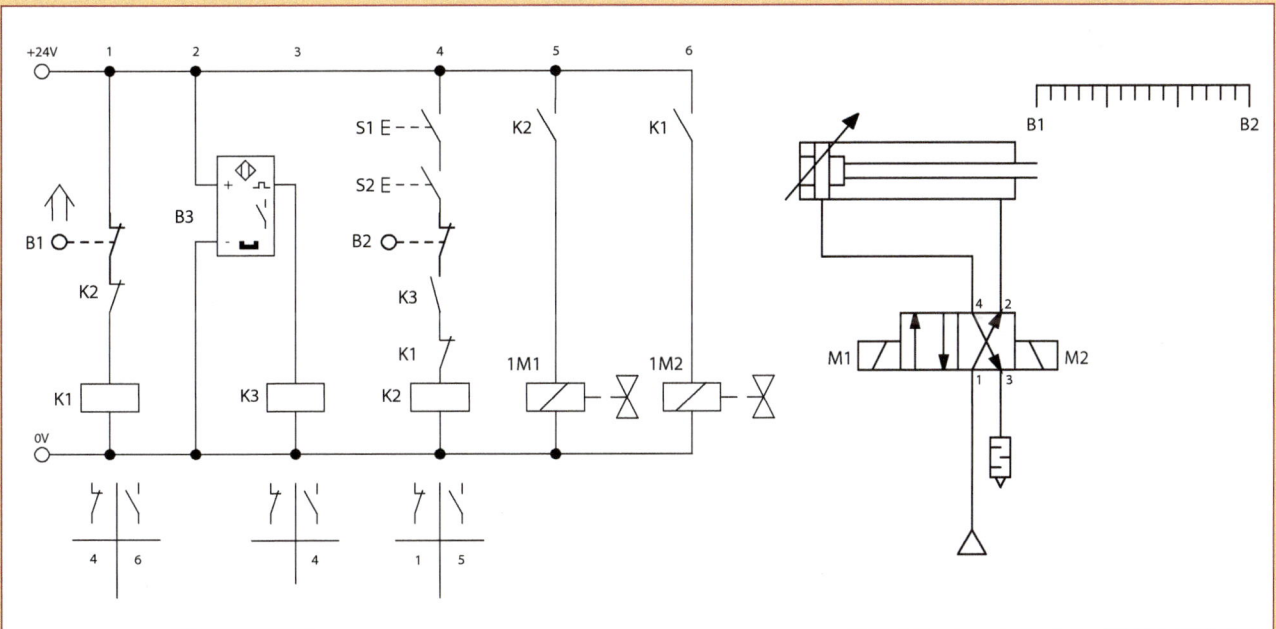

*Schaltplan der Steuerung für die Papierschneidemaschine nach der technischen Änderung*

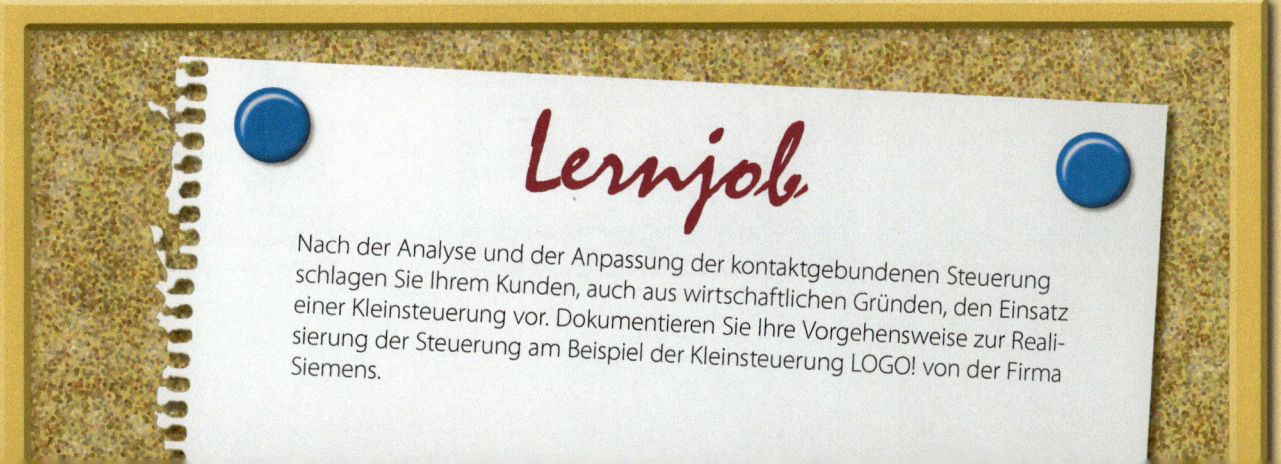

# Lernjob

Nach der Analyse und der Anpassung der kontaktgebundenen Steuerung schlagen Sie Ihrem Kunden, auch aus wirtschaftlichen Gründen, den Einsatz einer Kleinsteuerung vor. Dokumentieren Sie Ihre Vorgehensweise zur Realisierung der Steuerung am Beispiel der Kleinsteuerung LOGO! von der Firma Siemens.

### 3.4.1 Funktionsweise einer LOGO!-Steuerung

LOGO! ist eine Kleinsteuerung der Firma Siemens, mit der einfache Steuerungen aus der Haus- und Installationstechnik, wie z. B. die Beleuchtungsanlage in einer Wohnung, Treppenhausbeleuchtungen oder Markisensteuerungen automatisiert werden können. Aber auch Motoren für Torsteuerungen und Transportbänder sowie Lüfteranlagen sind mit LOGO! steuerbar.

Die prinzipielle Funktionsweise kann in kurzer Form wie folgt beschrieben werden:

Über Eingabeelemente (z. B. Schalter, Taster, Sensoren) werden der Steuerung Informationen geliefert **(Eingabe)**. Anhand des gespeicherten Programms reagiert die Steuerung auf die Eingangssignale **(Verarbeitung)**. Dabei erzeugt die Steuerung Ausgangssignale, die über Aktoren (z. B. Motoren, Schützspulen, Magnetventile) einen Prozess in gewünschter Weise beeinflussen **(Ausgabe)**.

Mit Kleinsteuerungen können Steuerungsaufgaben mit überschaubarem Hardwareaufwand und ohne das Erlernen einer komplizierten Programmiersprache programmiert werden. Abb. 1 zeigt die Grundausführung eines LOGO!-Moduls mit den Ein- und Ausgängen sowie Bedienelementen und Schnittstellen.

Die Abb. 2 zeigt ein Beispiel für die Beschaltung der LOGO!-Steuerung. Dabei werden die Steuerung über die Klemmen L+ und M mit einer Spannung von 24 V versorgt und die Schalter S1 und S2 an die Eingänge der I1 und I2 der LOGO! ange-

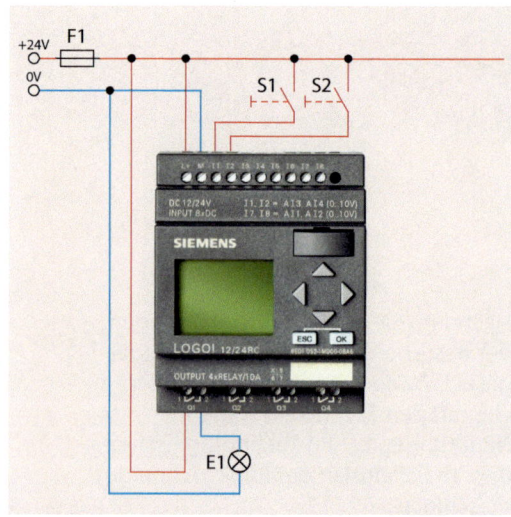

***Abb. 2*** *Beschaltung der Logo!-Steuerung mit den Ein- und Ausgängen*

schlossen. Die Ansteuerung der Lampe E1 erfolgt über den Ausgang Q1.

### 3.4.2 Erstellung eines Programms mit der LOGO!Soft Comfort

Die LOGO! der Firma Siemens kann über ihr Bedienfeld oder über ein leicht handhabbares PC-Programm mit dem Namen LOGO!Soft Comfort programmiert werden.

Nachfolgend wird die Programmierung und Simulation am Beispiel der Wechselschaltung (vgl. S. 71) mit dem Programm LOGO!Soft Comfort Schritt für Schritt durchgeführt.

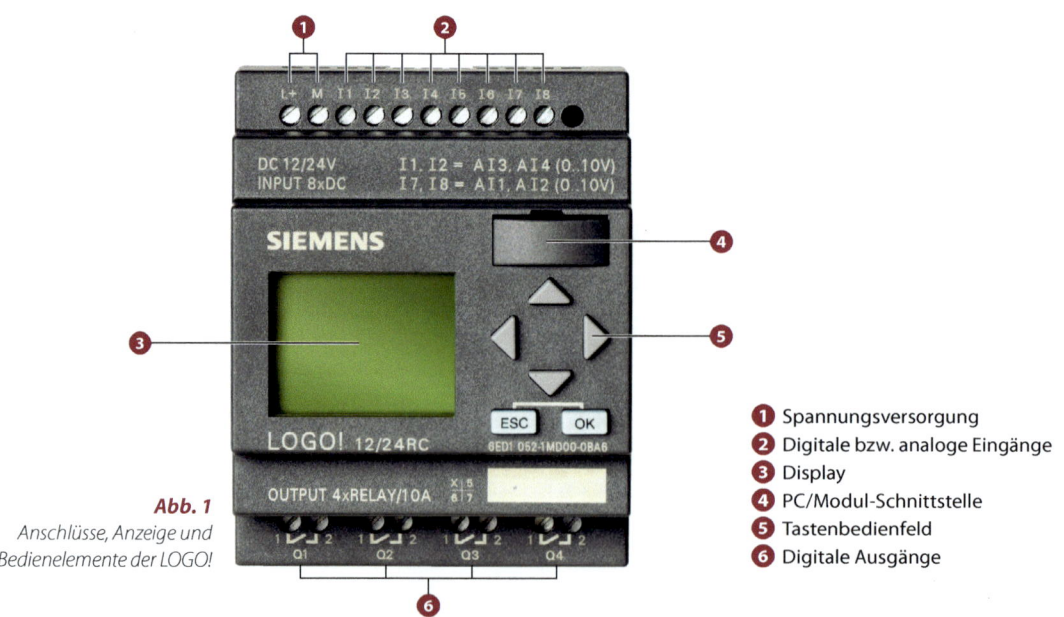

***Abb. 1***
*Anschlüsse, Anzeige und Bedienelemente der LOGO!*

❶ Spannungsversorgung
❷ Digitale bzw. analoge Eingänge
❸ Display
❹ PC/Modul-Schnittstelle
❺ Tastenbedienfeld
❻ Digitale Ausgänge

## Programmeingabe

### 1 Programm starten

Öffnen des Programms durch Doppelklick auf das Desktop-Symbol von LOGO!Soft Comfort.

**Abb. 3**
*Desktop-Symbol von LOGO!Soft Comfort*

### 2 Neuer Schaltplan öffnen

Startbildschirm von LOGO!Soft Comfort erscheint. Mit *Neu* ❶ neuer Schaltplan ❷ öffnen. Im Fenster „Eigenschaften" können Daten zum Projekt eingetragen werden, die später auf jeder Seite eines Ausdrucks im normgerechten Rahmen angezeigt werden.

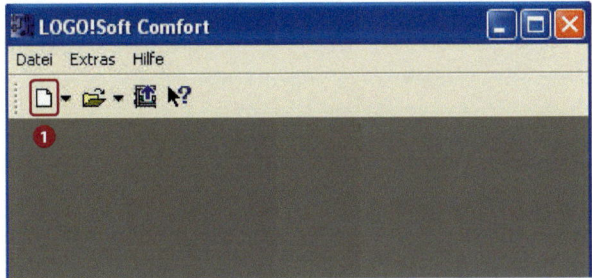

**Abb. 4** *Öffnen des Schaltplans und Vergabe von Eigenschaften*

### 3 Katalog

Es öffnet sich der Schaltplan, auf dem die benötigten Funktionen eingefügt werden. Am linken Bildschirmrand befindet sich der Katalog ❶. In ihm befinden sich alle zur Verfügung stehenden Elemente, die zur Programmerstellung verwendet werden können.

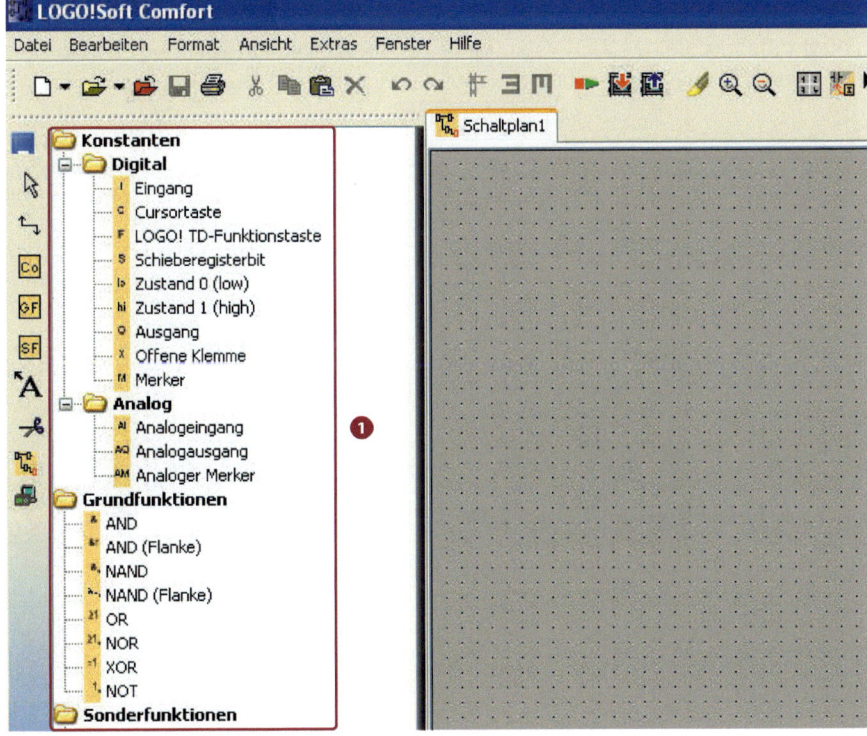

**Abb. 5** *Katalog mit den zur Verfügung stehenden Elementen*

### 4 Ein- und Ausgänge einfügen

Zum Einfügen der notwendigen Objekte werden die Objekte im Katalog markiert und in den Schaltplan eingefügt. Zum Einfügen der Objekte gibt es zwei Möglichkeiten:

1. Objekte per Drag & Drop in den Schaltplan ziehen oder

2. Objekte per Mausklick in den Schaltplan einfügen.

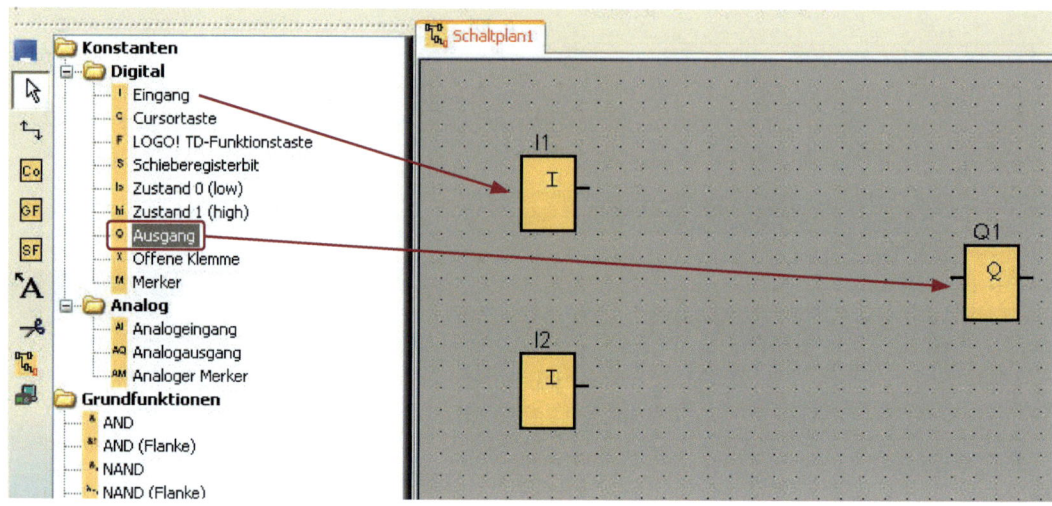

**Abb. 6** *Einfügen von Ein- und Ausgängen*

Es ist ratsam, den „Konstanten"-Objekten über das Menü „Bearbeiten" aussagekräftige Anschlussnamen zu geben.

### 5 Verknüpfungen einfügen

Für die Funktion der Wechselschaltung sind drei Grundfunktionen notwendig. Aus dem Katalog werden zwei UND-Verknüpfungen und eine ODER-Verknüpfung in den Schaltplan eingefügt. Dabei werden die Verknüpfungen durch Aktivierung mit der Maus auf dem Schaltplan platziert.

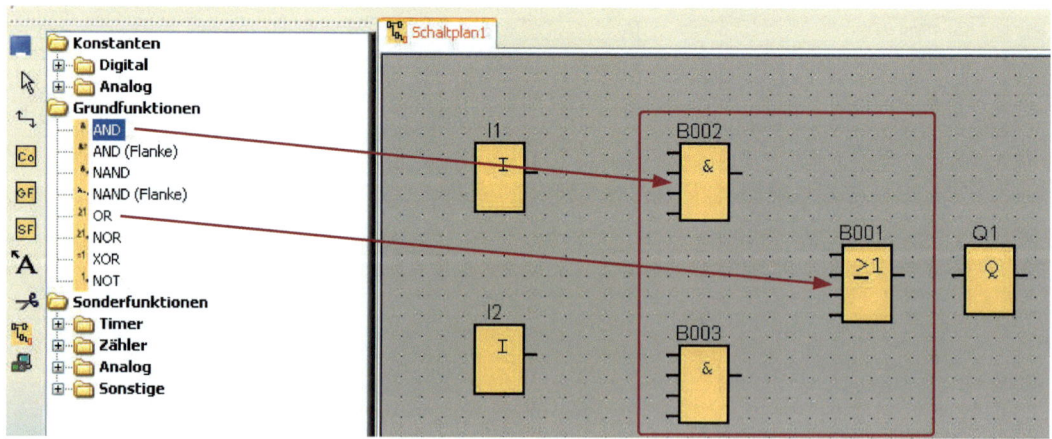

**Abb. 7** *Verknüpfungen einfügen*

## 6 Elemente „verdrahten"

Um die einzelnen Elemente zu verbinden, muss der Button „*Verbinden*" ❶ angewählt werden. Hat man gerade einen Block auf der Arbeitsfläche platziert, kann man auch ohne Umschalten Verbindungen einfügen. Die Verbindungen zwischen den einzelnen Anschlüssen der Elemente werden mit gedrückter Maustaste hergestellt. Durch die Verbindungen werden die Funktionen sowie die Signalverläufe der Steuerung festgelegt.

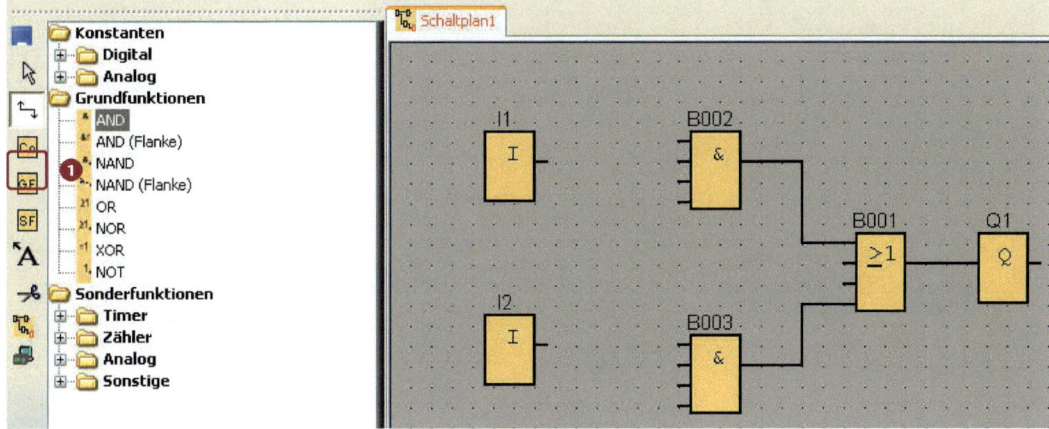

***Abb. 8*** *Verdrahten von Elementen*

↰ Button „*Verbinden*"

⇖ Button „*Selektieren*": Zum Verschieben von Elementen und Leitungen auf dem Schaltplan.

## 7 Programm speichern

Die Abbildung zeigt die fertig verdrahtete Wechselschaltung. Ist die Schaltung fertig verdrahtet, kann sie abgespeichert ❶ werden.

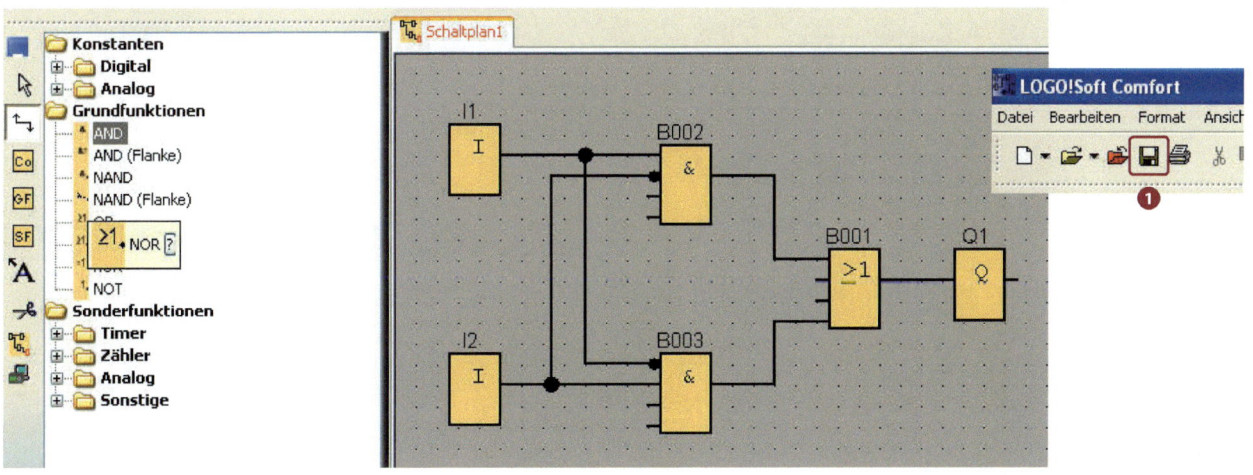

***Abb. 9*** *Programm Wechselschaltung*

---

**MERKE**

**Die nicht benötigten Anschlüsse der Grundverknüpfungen müssen nicht beschaltet werden und können somit offen bleiben. Die Signalinvertierungen an den Eingängen der UND-Verknüpfungen erhält man durch einen Doppelklick an dem gewünschten Eingang.**

---

**8** **Kommentare einfügen**

Durch das Einfügen von Textfeldern wird das Programm leichter verständlich. Mit der Maus das gewünschte Objekt markieren **1** → rechte Maustaste → *Blockeigenschaften* wählen **2** → *Kommentar* wählen **3** und den gewünschten Kommentar schreiben → *OK* **4**

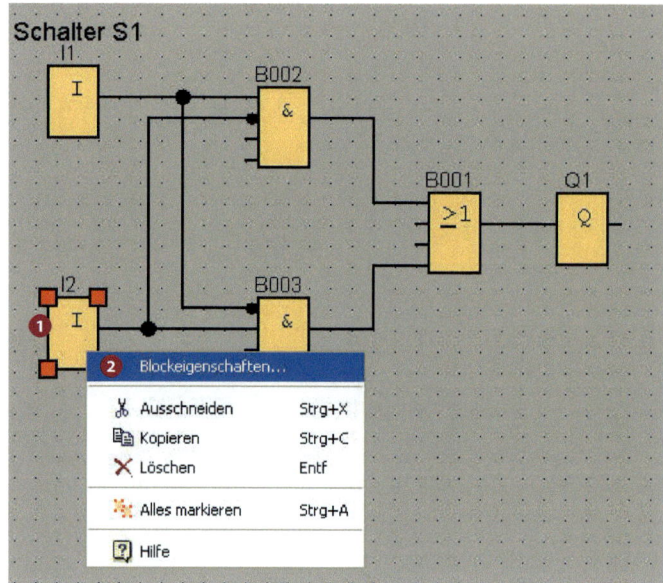

**Abb. 10**
*Kommentare einfügen*

**9** **Funktionsblöcke parametrieren**

Für die Simulation der Schaltung ist es notwendig den Eingängen die richtige Funktion zuzuweisen. In unserem Beispiel handelt es sich bei S1 und S2 um Schalter. Die Schalterfunktion muss den beiden Schaltern zugewiesen werden.

Mit der Maus das gewünschte Objekt markieren **1** → rechte Maustaste → *Blockeigenschaften* wählen **2** → *Simulation* wählen **3** und die gewünschte Eigenschaft *(Schalter)* dem Eingang zuweisen → *OK* **4**

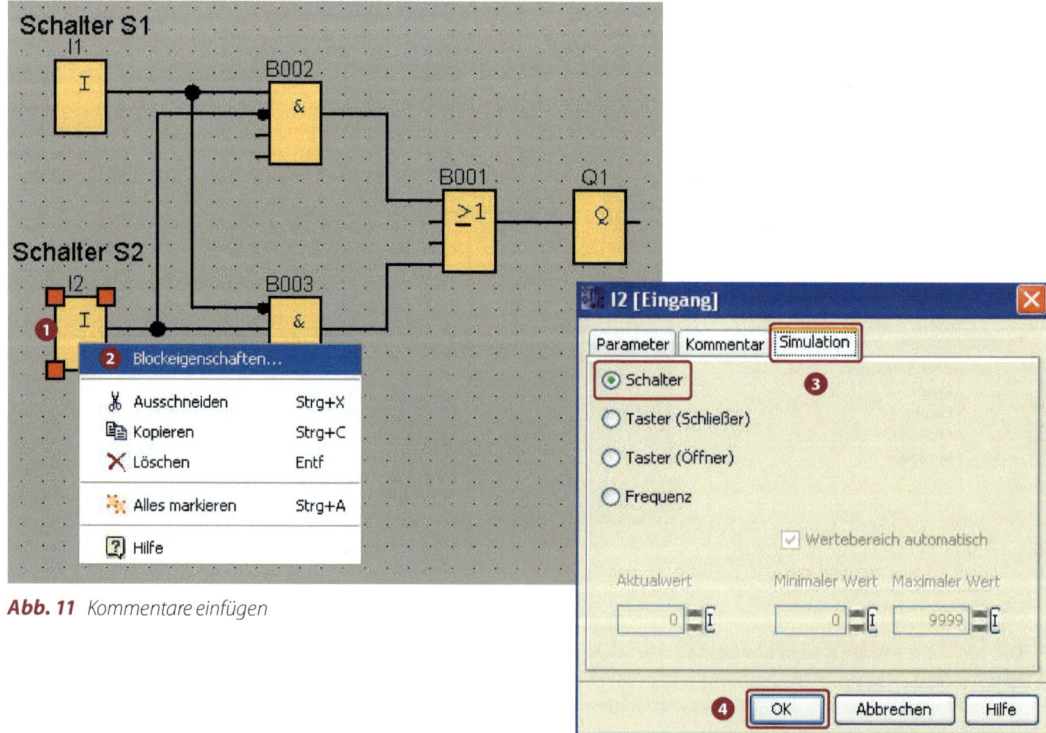

**Abb. 11** *Kommentare einfügen*

### 3.4.3 Programmsimulation mit LOGO!Soft Comfort

Um Programme sicher in Betrieb nehmen zu können und eventuell aufgetretene Fehler beheben zu können, bietet LOGO!Soft Comfort die Möglichkeit, Programme ohne Hardware mittels Simulation zu testen. Dazu wird nach der Eingabe des Programms der Button *„Simulation"* aktiviert. Der Vorteil ist, dass man das Programm „stückweise" entwickeln und testen kann.

 Button *„Simulation"*

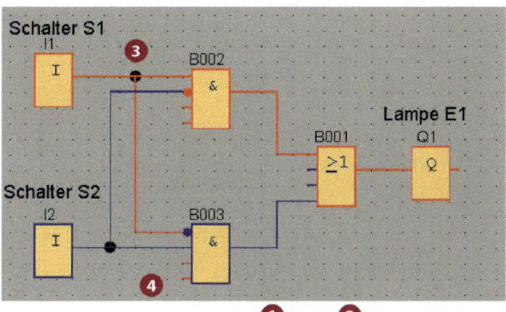

**Abb. 12** Programm-simulation

Nachdem der Simulationsmodus aktiviert wurde, erscheinen am unteren Bildrand alle in der Schaltung verwendeten Ein- und Ausgänge. In unserem Beispiel die Schalter S1 und S2 ❶ sowie der Ausgang Q1 ❷ zur Ansteuerung der Lampe E1. Die Funktion der Wechselschaltung kann jetzt simuliert werden, indem jeder Schalter durch Mausklick aktiviert bzw. deaktiviert werden kann und der Signalzustand am Ausgang Q1 beobachtet wird.

---

**MERKE**

- Bei der Simulation reagiert das Programm auf Änderungen der Eingangssignale wie in einer realen Anlage.
- Elemente und Signalleitungen die ein „1"-Signal führen, sind rot hervorgehoben ❸
- Elemente und Signalleitungen die ein „0"-Signal führen, sind blau hervorgehoben ❹
- Führen Ausgänge „1"-Signal, leuchtet die dazugehörige Anzeige ❷
- Nach der erfolgreichen Simulation des Programms erfolgt das erneute Speichern!

---

**MERKE**

Die Demoversion des Programmpaketes LOGO! Soft Comfort verfügt bei der Programmerstellung und der Simulation über den gesamten Funktionsumfang. Als Einschränkung gegenüber der Vollversion ist die Online-Kommunikation mit LOGO!-Geräten gesperrt.

---

### 3.4.4 Übertragung des Programms in die LOGO!-Steuerung

Nach der Erstellung und der Simulation kann das Steuerungsprogramm in die LOGO!-Steuerung (Hardware) übertragen werden. Um LOGO! mit einem PC koppeln zu können, wird das LOGO!-PC-Kabel benötigt. Durch das Entfernen der Abdeckkappe an der LOGO!-Steuerung kann das Kabel dort angeschlossen werden. Die andere Seite des Kabels wird mit der USB-Schnittstelle des PC's verbunden. Die LOGO! wird mit dem LOGO! USB-PC-Kabel oder seriellen RS232-Kabel an den Computer angeschlossen. Die neueste Generation wird über eine Ethernet-Schnittstelle programmiert.

Bevor ein Programm in die LOGO! übertragen werden kann, muss sich das LOGO!-Modul im Stopp-Zustand befinden. Dies erreicht man dadurch, dass man vom PC aus den Button *„Betriebsart"* ❸ anwählt oder am LOGO!-Modul die Tasten *ESC* und *STOP* betätigt. Nach Anzeige der Verbindung am Display (Abb. 14) wird das Programm durch Anklicken des Button *„PC ➜ LOGO"* ❹ in die Steuerung übertragen. Nach erfolgter Datenübertragung wird die Verbindung zum PC automatisch beendet.

Am unteren Bildrand der LOGO!-Arbeitsfläche kann dem Infofenster und der Statuszeile entnommen werden, ob die Übertragung des Programms erfolgreich war (Abb. 15).

**Abb. 13** Buttons zur Programmübertragung

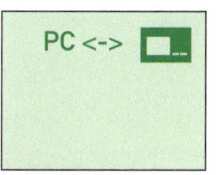

**Abb. 14** Displayanzeige bei der Programmübertragung

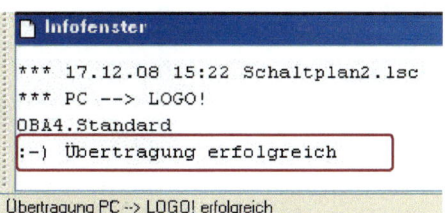

**Abb. 15** Infofenster und Statuszeile

---

**MERKE**

An den LOGO!-Komponenten sind keine Einstellungen für die Programmübertragung nötig. Das ist nur bei älteren Geräten erforderlich.

---

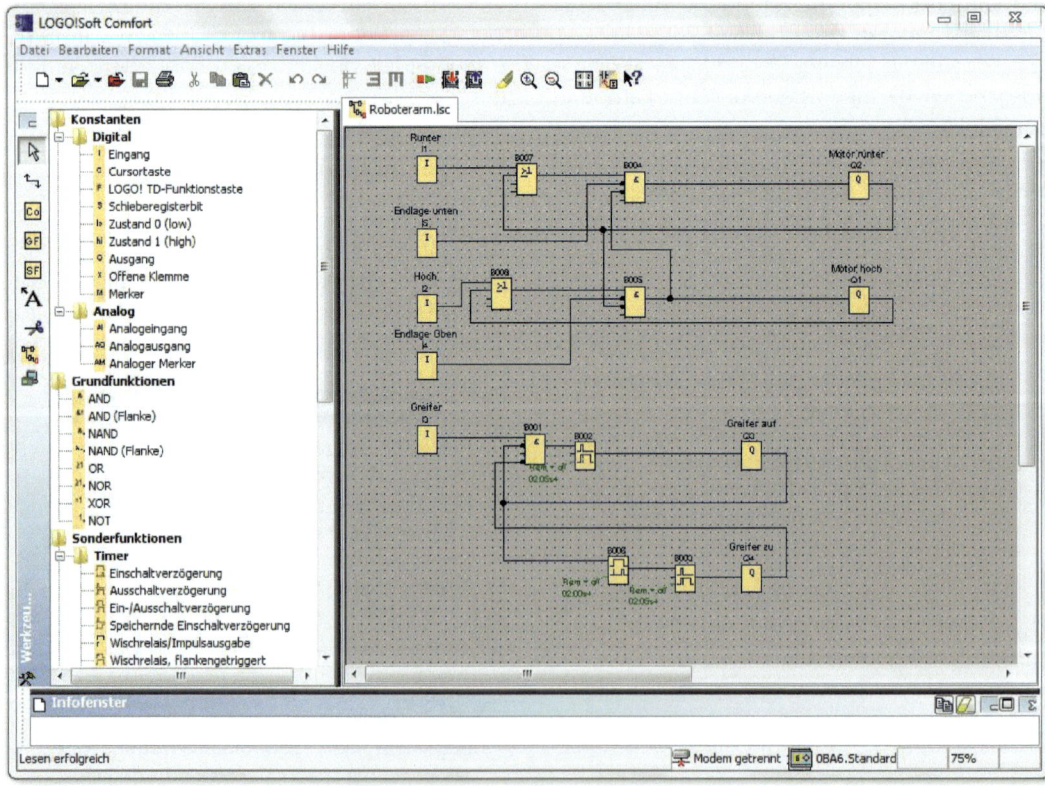

*Abb. 16* Anwendungsbeispiel für die Programmierung eines Roboterarms mittels LOGO!

## Starten der LOGO!-Steuerung

Wurde das Steuerungsprogramm erfolgreich in das LOGO!-Modul übertragen, muss die Steuerung neu gestartet werden. Der Betriebsartenwechsel kann über den Button *„Betriebsart"* ❶ (Abb. 17) erfolgen oder direkt am Gerät vorgenommen werden (s. Display).

Es erscheint das abgebildete Menü. Mit der Taste ▽ bewegen die das Zeichen > bis auf Start.

```
> Program ..
  PC/Card ..
  Clock ..
  Start
```

**Abb. 17** Button *„Betriebsart"*

Dazu muss die ESC-Taste gedrückt werden.

```
PC <-> ▭
Stop?
Press ESC
```

Durch das Drücken der Taste OK wird das LOGO!-Modul gestartet.

```
  Program ..
  PC/Card ..
  Clock ..
> Start
```

## Grundkomponenten von Computern

# „Hardware –
# harte Fakten"

Herr Glück besitzt seit vielen Jahren eine kleine Elektrofirma. Seine Frau kümmert sich um die Buchhaltung. Doch der alte Computer arbeitet inzwischen sehr langsam, neue Programme lassen sich auf dem alten System nicht mehr installieren und nach einem Systemabsturz waren wichtige Daten unauffindbar. Den Nadeldrucker mochte Frau Glück wegen seiner Lautstärke noch nie. Außerdem gibt es die passenden Farbbänder nur über den Spezialversand. Herr Glück entschließt sich zum Kauf eines neuen Computers. Allerdings hat er keine Übersicht über den Computermarkt und braucht Hilfe bei der Anschaffung. Deshalb bittet er Sie um Beratung beim Computerkauf.

Diese Beratung beinhaltet, ihm einen grundsätzlichen Überblick über Computerbestandteile, Peripheriegeräte und Software zu geben. Beachten Sie bei der Beratung welche Hardware Herr Glück wirklich benötigt, auch um die Kosten angemessen zu halten.

# Lernjobs

**1.**

Geben Sie Herrn Glück eine Übersicht über Hardware, Peripheriegeräte und Schnittstellen.

**2.**

Vergleichen Sie unter Berücksichtigung der Büro-Erfordernisse Komplettangebote aus aktueller Werbung. Verwenden Sie dazu geeignete Medien.

**3.**

Herr Glück hat sich für einen Computer entschieden. Finden Sie nun geeignete Argumente dafür, damit auch gleich ein neuer Monitor und ein neuer Drucker angeschafft werden. Geben Sie Frau Glück Tipps, wie sie ihren Arbeitsplatz einrichten sollte.

**4.**

Die Arbeit kann beginnen. Führen Sie Frau Glück in die Welten von Datenschutz, Datensicherheit und Datensicherung ein. Helfen Sie beim Finden geeigneter Passwörter.

**Hinweis:**
**Ein Computer besteht aus verschiedenen Bauteilen und ist ohne Software nicht einsetzbar. Deshalb bilden erst Hardware und Software gemeinsam eine funktionsfähige Einheit.**

### 4.1.1 Übersicht über das System „Computer"

Computer
Hardware
Software
Programmier-sprachen
Anwender-software
System-software

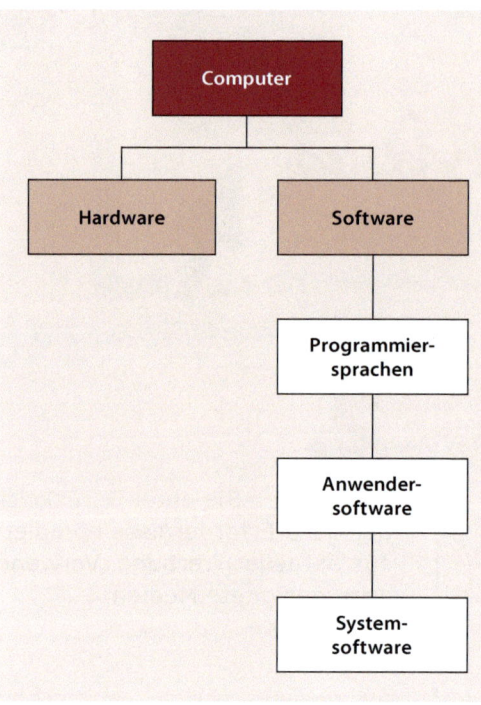

***Abb. 1*** *Hard- und Software bilden eine funktionsfähige Einheit*

**Hardware** sind alle „körperlichen" Bestandteile eines Computers, wie Monitor, Tastatur, Computergehäuse, DVD/CD-Laufwerk usw., also „alles, was man anfassen kann".

In Verbindung mit der **Systemsoftware** entsteht eine funktionsfähige Einheit. Die Systemsoftware steuert sämtliche Abläufe beim Betrieb eines Computers, zudem ist sie die Basis für die Ausführung der **Anwendersoftware**. So wird beim Start eines Computers zuerst die Systemsoftware (z. B. ein Betriebssystem) geladen, bevor der Anwender seine Anwendersoftware (z. B. Word, Spiele) starten und nutzen kann.

Die Hardware eines Computers kann unterschiedlich eingeteilt werden. Der folgenden Grafik liegt das EVA-Prinzip zugrunde (Abb. 2). Sie zeigt, wie man einzelne Computerbestandteile nach dem Eingabe-, Verarbeitungs- und Ausgabe-Prinzip einordnen kann.

Durch das Zusammenspiel von Hard- und Software wird ein Computer zu einem Arbeitsgerät. Durch den Anschluss weiterer Geräte, wie Drucker, Blu-ray-Brenner, USB-Stick, Scanner, WebCam oder Dolby-Surround-Soundkarte, wird der Computer zu einem individuellen Arbeitsmittel.

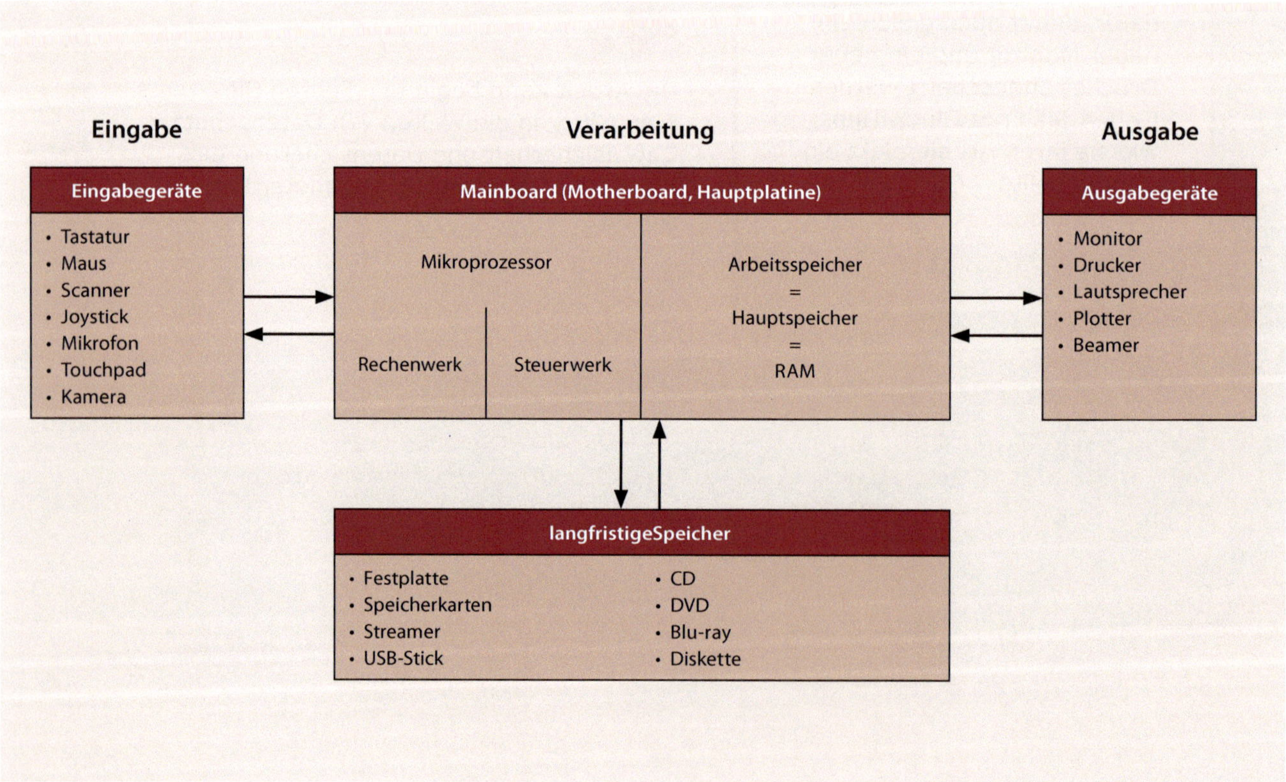

Eingabe
Verarbeitung
Ausgabe
Eingabegeräte
• Tastatur
• Maus
• Scanner
• Joystick
• Mikrofon
• Touchpad
• Kamera
Mainboard (Motherboard, Hauptplatine)
Mikroprozessor
Rechenwerk
Steuerwerk
Arbeitsspeicher
=
Hauptspeicher
=
RAM
Ausgabegeräte
• Monitor
• Drucker
• Lautsprecher
• Plotter
• Beamer
langfristigeSpeicher
• Festplatte
• Speicherkarten
• Streamer
• USB-Stick
• CD
• DVD
• Blu-ray
• Diskette

***Abb. 2*** *Einteilung der Hardwarekomponenten nach dem EVA-Prinzip*

**Abb. 3** Bauformen von Personalcomputern

## 4.1.2 Bauformen von Personalcomputern

Computer begleiten uns im Alltag, ob in der Waschmaschine zu Hause, dem ABS-System im Auto oder an der Kasse beim Einkaufen – überall trifft man auf diese informationsverarbeitenden Systeme.
Bei Personalcomputern unterscheidet man verschiedene Bauformen (Abb. 3):

Vor der Anschaffung eines Computers steht die Entscheidung für eine der Bauformen. Drei Fragen sind dafür ausschlaggebend:
- Bleibt der PC an einem festen Standort oder wird er an unterschiedlichen Orten benötigt?
- Sind die Austauschbarkeit oder Erweiterbarkeit von Komponenten wichtig?
- Wie viel Platz habe ich für den PC und seine Peripheriegeräte?

**Notebooks** (Laptops) zeichnen sich dadurch aus, dass sie an verschiedenen Orten einsetzbar sind. Sie arbeiten mit einem Akku über einige Zeit ohne Stromanschluss. Weiterhin brauchen sie wenig Platz und sind für Businessanwendungen gut geeignet. Qualitativ hochwertige Notebooks haben in Gebrauch und Zuverlässigkeit keine Nachteile gegenüber den anderen Bauformen. Hat man sich für ein Notebook entschieden, ist es allerdings aufwändig und oft teuer seine Komponenten zu verändern.

Ein **Desktop** (*engl.* desk für Schreibtisch und top für Oberfläche) hat eine Baugröße, die es erlaubt, ihn auf einem Tisch zu platzieren. Dadurch ist der Zugriff auf Schalter, Tastatur, Schnittstellen und die Laufwerke sehr benutzerfreundlich. Zudem kann der Monitor auf das Desktop-Gerät gestellt werden. Der Desktop ist ideal für den Homebereich, da hier nach Notwendigkeit einzelne Komponenten nachgerüstet werden können.

Der **Tower** ist relativ groß und muss auf dem Boden platziert werden. Für Computerbastler oder professionelle Anwendungen eignet sich dieser besonders gut, da durch seine einfache Erweiterbarkeit und dem verfügbaren Bauraum Komponenten nach- und aufgerüstet werden können. So besteht auch die Möglichkeit mehrere Festplatten einzubauen.

Komplettsysteme sind in unterschiedlichster Ausstattung verfügbar. Entsprechend seiner Erfordernisse und mit dem Basiswissen über die Hardwarebestandteile ist der passende Computer leicht zu finden. Da sich aber wesentliche Parameter und Technologien sehr schnell ändern, sollte man eine professionelle Beratung durch FachverkäuferInnen in Anspruch nehmen. Die unterschiedliche Ausstattung erschwert den Preisvergleich zwischen einzelnen Systemen.

## 4.1.3 Computerkomponenten

### Mainboard
Auf dem Mainboard (Motherboard, Hauptplatine, s. Abb. 4) befinden sich u. a. der Mikroprozessor, das gesamte Bussystem, die Arbeitsspeicher-Module, das CMOS für Systemeinstellungen, Steckplätze für Erweiterungskarten, externe Schnittstellen für Maus und Tastatur sowie diverse Anschlussmöglichkeiten (z. B. USB).

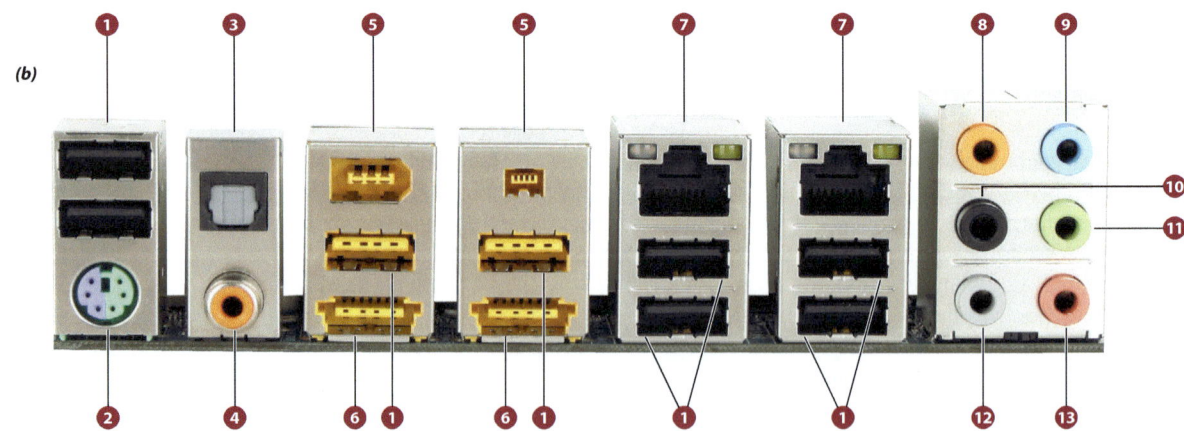

*(a)*

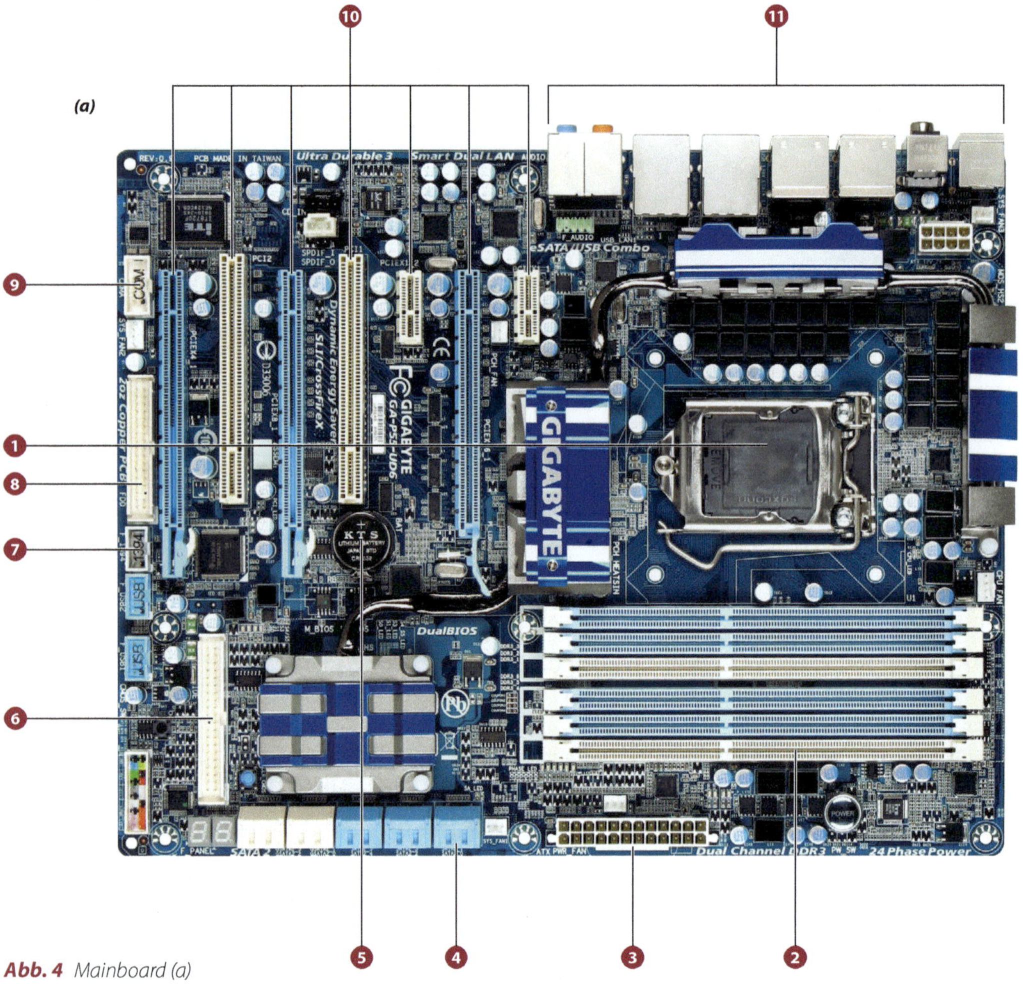

❶ CPU-Sockel
❷ Slots für Arbeits-
   speicher (blau/weiß:
   DDR3-Module)
❸ Hauptstromanschluss
❹ Festplattenanschlüsse
❺ CMOS-Batterie
❻ IDE-Anschluss, z. B. für
   optische Laufwerke
❼ Fire-Wire-Anschluss
❽ Disketten-Anschluss
❾ COMA, serieller
   Anschluss
❿ Steckplätze für
   Erweiterungskarten
⓫ Rückblenden-
   Anschlüsse

**Abb. 4** *Mainboard (a)
und externe Schnittstellen (b)*

*(b)*

❶ USB-Anschluss
❷ PS/2-Anschluss für Maus oder Tastatur
❸ Optischer S/PDIF-Ausgangsanschluss;
   ermöglicht Digitalaudioausgabe zu einem
   externen Audiosystem
❹ Koaxialer S/PDIF-Ausgangsanschluss;
   ermöglicht Digitalaudioausgabe zu einem
   externen Audiosystem

❺ IEEE 1394a-Anschluss, schneller Datenaustausch zwischen Computer und Multi-
   media- oder anderen Peripheriegeräten
❻ eSATA/USB-Kombo-Anschluss, Anschluss externer Festplatten und anderer USB-Geräte
❼ LAN-Anschluss, Internetverbindung
❽ Mittel-/Subwoofer-Lautsprecherausgangs-
   anschluss

❾ Line-In-Anschluss, Verbindung von
   optischen Laufwerk oder Playern
❿ Rücklautsprecherausgangsanschluss
⓫ Line-Out-Anschluss, Anschluss von Kopf-
   hörern oder Lautsprechern
⓬ Seitenlautsprecherausgangsanschluss
⓭ Mikrofoneingangsanschluss

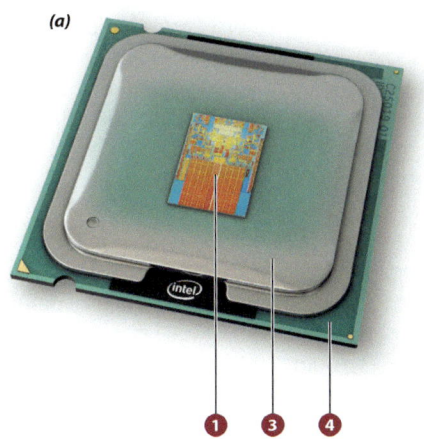

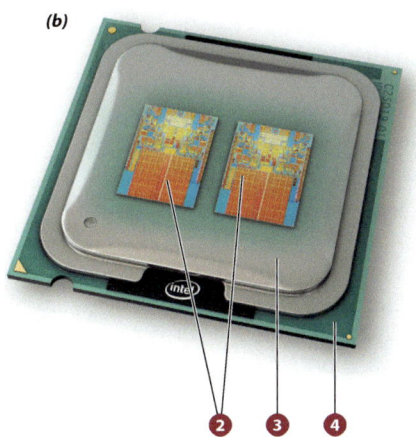

**1** Der Chip mit zwei Rechen-kernen trägt auf einer Fläche von 107 mm² 410 Millionen Transistoren.

**2** Mikroprozessor Quad Core: Jeder der beiden Chips be-steht aus jeweils zwei Rechen-kernen.

**3** Diese Metallkappe schützt den Prozessor und sorgt für gute Wärmeableitung.

**4** Substrat/Träger: Platine, die den Chip trägt und die Verbin-dung zu Motherboard und Chipsatz des PCs herstellt.

*Abb. 5*
*Intel Core 2 Duo (a),*
*Quad Core (b) und*
*Core i7 (c)*

## Mikroprozessor

Mikroprozessoren (CPU *engl.* **C**entral **P**rocessing **U**nit) werden nicht nur im klassischen Computer eingesetzt. Man findet sie in allen Lebensberei-chen: in Stereoanlage, Waschmaschine, im ABS des Autos, in Kassen, Geldautomaten usw.

Die CPU ist die Hauptkomponente und zentrale Verarbeitungseinheit eines Computers. Sie orga-nisiert den gesamten Datenverkehr im System (mit über 100 Mio bis zu 1,7 Mrd. Transistoren).

Abb. 5 zeigt den Aufbau eines Mikroprozessors.

Der Chip – das Herzstück eines Computers – ist so groß wie eine Cent-Münze (ca. 12,7 x 12,7 mm).

Die Chips werden nicht einzeln hergestellt, son-dern auf sogenannten Wafern. Das sind Silizium-scheiben mit einem Durchmesser von 300 mm und einer Dicke von 775 µm (0,775 mm). Darauf werden in Reinräumen in aufwändigen Arbeits-schritten die Chips hergestellt.

Der Mikroprozessor hat einen geregelten gleich bleibenden Takt, der durch einen kleinen Schwing-quarz gesteuert wird. Die Geschwindigkeit, mit der das Steuerwerk und alle anderen Bestandteile des Mikroprozessors Daten verarbeiten können, ist die Taktfrequenz. Die Frequenz wird in Hz (Hertz) angegeben. Da die Taktfrequenzen heute aber im Millionen- und Milliardenbereich liegen, werden die Taktraten in MHz (Megahertz) und GHz (Giga-hertz) angegeben.

1 GHz = 1 Milliarde Schaltimpulse je Sekunde

Die Prozessoren werden durch neue Technolo-gien und Materialien immer schneller. Inzwischen werden Mikroprozessoren mit 6 Kernen und Takt-frequenzen von 3,2 bis 3,6 GHz angeboten, d.h., dass der Chip 3,2 bis 3,6 Milliarden Arbeitsschritte je Sekunde erledigt. Weil sich der Prozessor bei in-tensiver Belastung stark erhitzt, wird er entweder

**Abb. 6** *Abmessungen eines Chips*

**Abb. 7** *Wafer (a) und in Vergrößerung sichtbare Chips im Vergleich mit einer Cent-Münze (b)*

durch Kühlelemente oder durch einen auf den Prozessor montierten kleinen Lüfter gekühlt.

Der Mikroprozessor eines Computers kann Buchstaben, Befehle und sämtliche Informationen nur in digitaler Form verarbeiten. Das bedeutet, dass der Prozessor nur mit sogenannten Bits arbeiten kann, die jeweils den Wert 0 oder 1 annehmen können. Diese Bits werden in Achtergruppen zu einem Byte zusammengefasst. Ein Byte entspricht dabei einem Zeichen. Ein leistungsstarker Computer schafft die Umwandlung in Bits und deren Verarbeitung in extrem hoher Geschwindigkeit.

Auf dem Prozessor sind ein Steuerwerk und ein Rechenwerk integriert. Beide sind aber nicht sichtbar voneinander getrennt.

Aufgaben des Steuerwerks (Control Unit):
- verantwortlich für zeitliche Folge und Entschlüsselung der Befehle
- steuert die Abarbeitung eines Programms
- lesen von Daten aus dem RAM
- speichern von Daten im RAM
- Verarbeitung der Eingaben und Ausgaben peripherer Geräte

Aufgaben des Rechenwerks:
- verknüpft Daten miteinander
- durchführen von Rechenoperationen

**MERKE**

> **Der Mikroprozessor mit integriertem Rechen- und Steuerwerk verarbeitet die Befehle und organisiert den Datenverkehr des Computers.**

### Arbeitsspeicher

Der Arbeitsspeicher (RAM *engl.* **R**andom **A**ccess **M**emory = Direktzugriffsspeicher) besteht aus mehreren Chips und ist das schnellste Speichermedium im Computer. Seine Zugriffszeit liegt im Nanosekundenbereich.

1 Nanosekunde = 0,000'000'001 Sekunden

***Abb. 8*** *RAM-Modul nach Spezifikation DDR3*

Der Arbeitsspeicher in einem Computer dient dazu, Daten, die während eines Programmablaufes benötigt werden, kurzfristig zu speichern. Dabei verändert sich der Inhalt des Arbeitsspeichers ständig, weil immer wieder Daten gelöscht und neue gespeichert werden.

Beim Einschalten des Computers ist der Arbeitsspeicher erst einmal leer. In der Startphase sorgt das BIOS (*engl.* **B**asic **I**nput **O**utput **S**ystem) dafür, dass der Computer ein paar Dinge über sich selbst erfährt. Dieses rudimentäre „Betriebssystem" ist im ROM (*engl.* **R**ead **O**nly **M**emory = Nur-Lese-Speicher) untergebracht und wird beim Hochfahren des Rechners gestartet. Der PC „erfährt" dabei, dass er das Betriebssystem von der Festplatte starten muss. Dann werden die wichtigsten Daten des Betriebssystems und der Anwendungsprogramme von der Festplatte in den Arbeitsspeicher geladen. Je größer dieser Arbeitsspeicher ist, desto mehr Daten können dort bereitgehalten werden. Daten vom Arbeitsspeicher sind schneller verfügbar als von der Festplatte. Während der Arbeit am Computer versuchen die Programme zunächst viele Daten im Arbeitsspeicher abzulegen. Bei der Größe des Arbeitsspeichers sollte man also nicht sparen.

Die Größe des Arbeitsspeichers beträgt heute üblicherweise 4 Gigabyte (je nach Betriebssystem und Anwendungen). Beispiele für den Arbeitsspeicherbedarf sind in Tabelle 1 genannt.

***Tabelle 1*** *Arbeitsspeicherbedarf*

| Betriebs-system | Einfache Büroanwen-dungen | Speicher-aufwändige Programme (z. B. Grafik- und CAD-Software) |
|---|---|---|
| Windows XP | 512 MB | 1 GB |
| Windows Vista | 2 GB | 4 GB |
| Windows 7 | 2 GB | 4 GB |

**MERKE**

> **RAM speichert Befehle und Daten für den Direktzugriff, er ist ein flüchtiger Speicher, d.h. beim Ausschalten des Computers gehen sämtliche Daten im Arbeitsspeicher verloren. Wichtig für die Arbeit mit dem Computer ist deshalb die regelmäßige Datensicherung!**

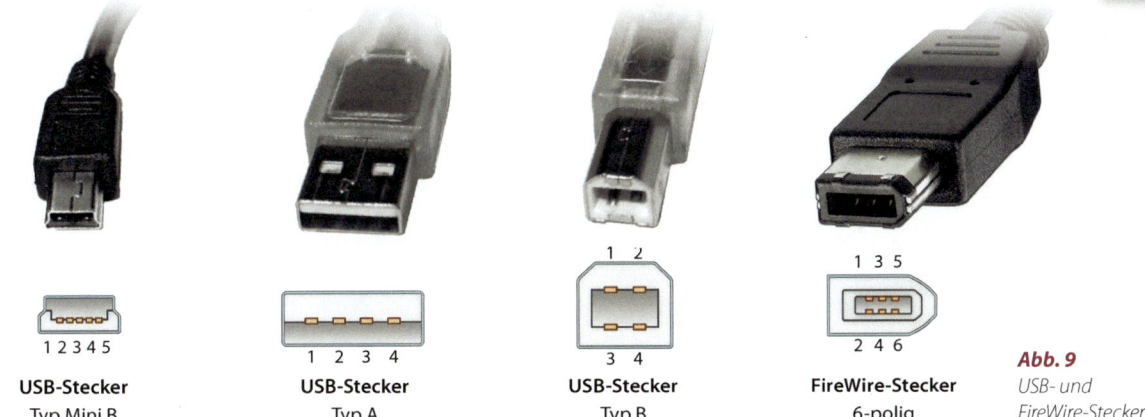

| USB-Stecker | USB-Stecker | USB-Stecker | FireWire-Stecker |
| Typ Mini B | Typ A | Typ B | 6-polig |

**Abb. 9**
*USB- und FireWire-Stecker*

## Schnittstellen für externe Geräte

Die meisten externen peripheren Geräte, wie z.B. Drucker und Scanner, können heute über die **USB 2.0-Schnittstelle**, aktuell auch USB 3.0 (*engl.* **U**niversal **S**erial **B**us) angeschlossen werden. Man benötigt für unterschiedliche Geräte also keine unterschiedlichen Anschlüsse am Computer. Viele Geräte funktionieren auch ohne zusätzliche Softwareinstallationen.

Deshalb sollte man darauf achten, dass die USB-Schnittstellen ausreichend vorhanden und gut erreichbar sind (u.a. auch an der Frontseite des Computers).

Die **FireWire Schnittstelle** wird vor allem zur schnellen Übertragung von Mediadateien genutzt, aber auch zum Anschluss externer Massenspeicher wie DVD-Brenner, Festplatten etc. oder zur Verbindung von Unterhaltungselektronikkomponenten. FireWire wird aber im zunehmenden Maße durch USB abgelöst.

**Abb. 10**
*FireWire-Anschlussbuchse*

Weitere Anschlussmöglichkeiten an der Computerrückseite zeigt die Abb. 11.

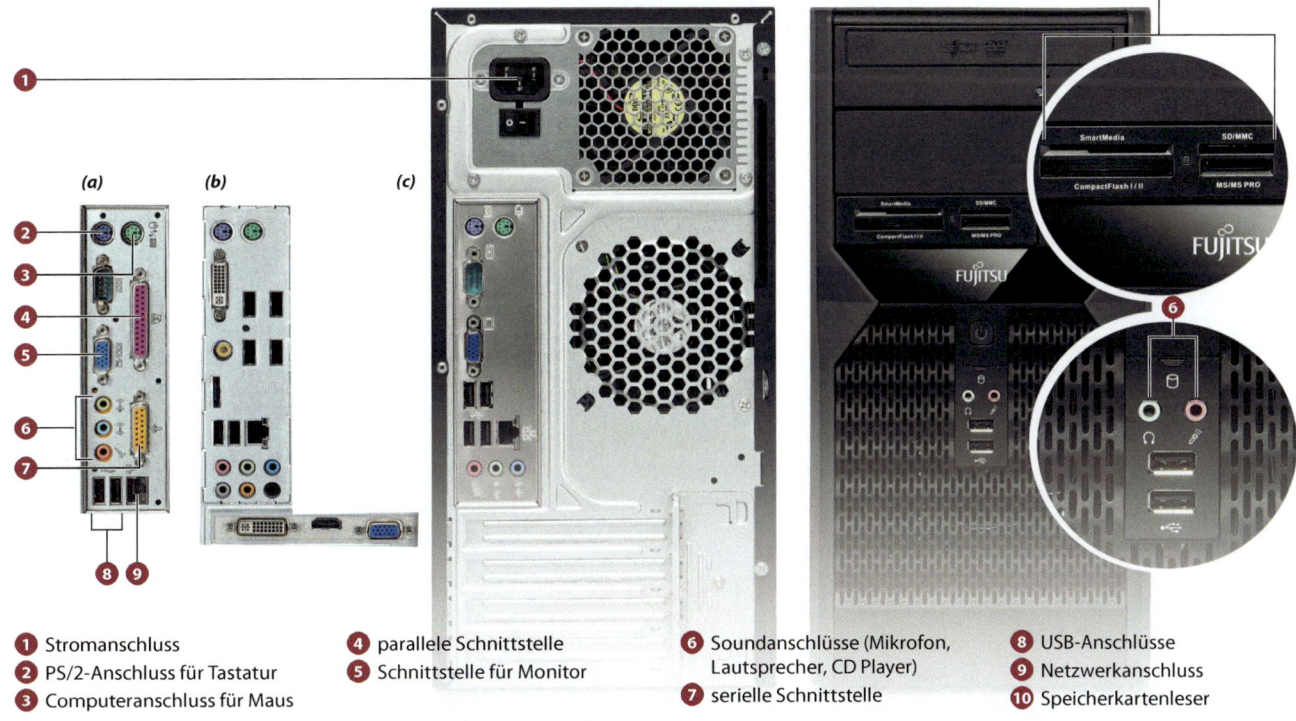

1 Stromanschluss
2 PS/2-Anschluss für Tastatur
3 Computeranschluss für Maus
4 parallele Schnittstelle
5 Schnittstelle für Monitor
6 Soundanschlüsse (Mikrofon, Lautsprecher, CD Player)
7 serielle Schnittstelle
8 USB-Anschlüsse
9 Netzwerkanschluss
10 Speicherkartenleser

**Abb. 11** *Rückseite eines PCs mit verschiedenen Anschlussmöglichkeiten:*
*(a) Die parallelen und seriellen Schnittstellen haben weitgehend ihre Bedeutung verloren, da die meisten externen Geräte mit USB-Anschluss ausgestattet sind.*
*(b) Anschlüsse eines PCs mit eingesteckter Grafikkarte und Anschlüsse eines PCs mit On-board-Grafik (c)*

### 4.1.4  Eingabe- und Ausgabegeräte

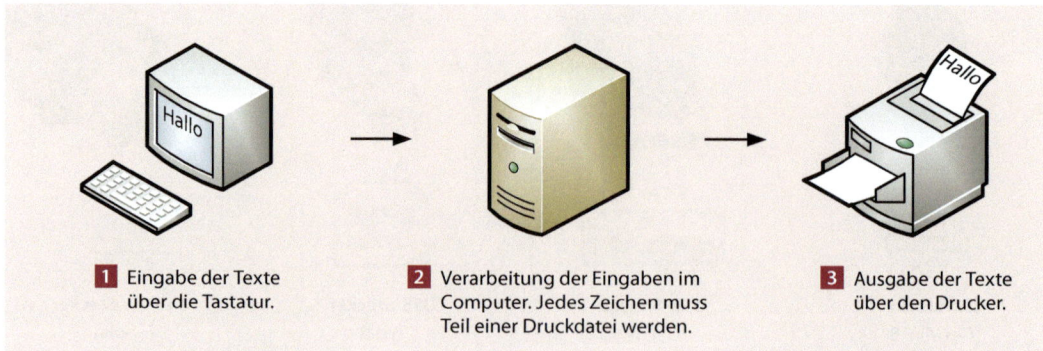

**1** Eingabe der Texte über die Tastatur.

**2** Verarbeitung der Eingaben im Computer. Jedes Zeichen muss Teil einer Druckdatei werden.

**3** Ausgabe der Texte über den Drucker.

**Abb. 12** *Von der Dateneingabe zur -verarbeitung und -ausgabe am Drucker*

**Abb. 13** *Computermaus (a) und Spacenavigator (b) für CAD-Anwendungen*

**Computermaus**

Genauso, wie Sie die Maus auf dem Tisch bewegen, wandert auf dem Monitor ein kleiner Pfeil, der Cursor. Mit ihm können Sie bestimmte Elemente auf dem Bildschirm ansteuern und auswählen.

Die Grundfunktionen kann man wie folgt beschreiben:

Zeigen            → Cursor wird auf ein Bildschirmobjekt bewegt
Klicken           → kurzer Klick mit der rechten oder linken Maustaste
Doppelklicken     → zweifaches Klicken mit linker Maustaste
Anfassen/Ziehen   → mit gedrückter Maustaste ein Objekt verschieben

Optische Mäuse haben die mechanischen Mäuse fast vollständig ersetzt. Sie funktionieren auf allen Flächen, die nicht spiegeln, lackiert oder beispielsweise aus Glas sind.

Die Maus wird über eine PS/2 Schnittstelle oder, immer häufiger, über USB angeschlossen. Ob eine kabellose Maus sinnvoll ist, muss jeder selbst entscheiden, da diese auch leicht in Papieren und Aktenbergen verschwinden kann.

**MERKE**

**Die Maus ist ein Eingabegerät, bewegt einen kleinen Zeiger, den Cursor, über den Bildschirm und ermöglicht so die Bedienung des Computers. Durch Drücken der Maustasten werden bestimmte Funktionen ausgelöst.**

**Abb. 14** *Tastatur*

1. Funktionstastenblock
2. erweiterter Schreibmaschinen-block
3. Cursortastenblock
4. numerischer Tastenblock
5. Shift, Erzeugung der 2. Tasten-belegung; z. B. Großbuchsta-ben, Komma
6. Caps Lock, Permanente Umschaltung auf 2. Tasten-belegung
7. Alternativ Germany, Erzeu-gung der 3. Tastenbelegung; z. B. @, {, [
8. Tabulator, Sprung an eine bestimmte Stelle
9. Windows Taste, Öffnen/Schließen des Startmenüs
10. Entferntaste, löscht hinter dem Cursor (rechts)
11. Einfügetaste, Um-schalten zwischen Einfüge- und Über-schreibmodus
12. Backspace, löscht vor dem Cursor (links)
13. Position 1 Taste, Cursor springt zum Zeilenanfang
14. Ende Taste, Cursor springt zum Zeilenende
15. Bild auf, blättert eine Bild-schirmseite nach oben (zurück)
16. Bild ab, blättert eine Bild-schirmseite nach unten (vor)
17. Escape Taste, beenden eines Befehls

## Tastatur

Die Tastatur dient überwiegend der Eingabe von Zeichen. Man unterteilt sie in vier Funktionsbereiche: Schreibmaschinen-, Funktionstasten-, Cursortasten- und numerischen Tastenblock (Abb. 14):

Weiterhin gibt es für viele Funktionen des Betriebs-systems und der Anwendungssoftware Tasten-kombinationen, so beispielsweise für:

| | | |
|---|---|---|
| Windows: | Alt + F4 | → schließt aktives Windowsfenster |
| | Alt + Tabulator | → Umschaltung zwi-schen geöffneten Programmen |
| Office: | Strg + A | → alles markieren |
| | Strg + S | → Speicherbefehl |

Bei den meisten Programmen gibt es die Mög-lichkeit solche Tastenkombinationen selbst einzu-richten.

**MERKE**

Die Tastatur ist das wichtigste Eingabegerät des Computers. Sie ist in vier Funktionsbereiche eingeteilt: Funktionstastenblock, numerischer Tastenblock, Cursortastenblock und erweiterter Schreibmaschinenblock

## Monitore

Der Nutzer kommuniziert über den Monitor mit dem Computer. Das geschieht sofort nach dem Einschalten, wenn er am Monitor den Bootvorgang bis zur Betriebsbereitschaft verfolgen kann.

Außer den Meldungen des Betriebssystems kann der Computer aber auch eine Menge anderer Dinge auf dem Monitor darstellen; zum Beispiel: Texte, Zahlen, Grafiken, Videos.
Grundsätzlich unterscheidet man zwei Arten von Monitoren, wobei der Röhrenmonitor weitgehend durch den Flachmonitor abgelöst wurde.

Zur Angabe der Bildschirmgröße wird die Diagonale gemessen. Hierbei ist der sichtbare Bereich entscheidend. Die Einheit der Bildschirmdiagonale ist (aufgerundet) Zoll.
(1" = 2,54 cm)

Die Tendenz geht zu immer größeren Monitoren. Für die Bürotätigkeit sind 17"-Monitore üblich.

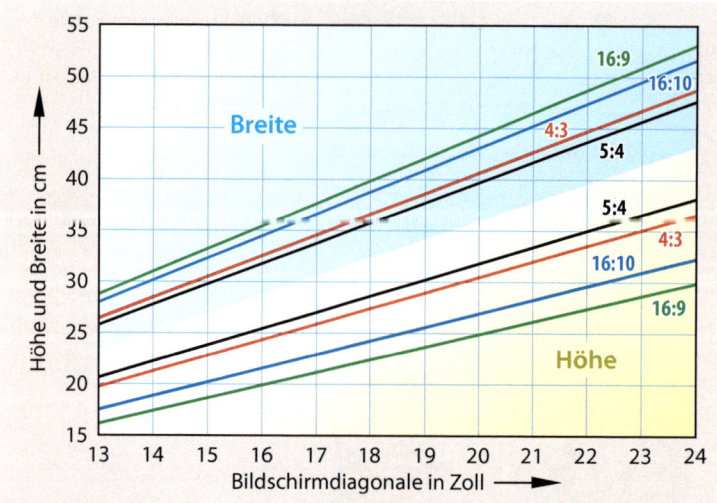

**Abb. 15** *Bildschirmdiagonale*

Wie gut ein Monitor „abbilden" kann, hängt von der Art des Monitors und der Grafikkarte ab. Wesentlicher Faktor ist die Auflösung. Was das bedeutet, wollen wir uns einmal genauer mit einer Lupe ansehen (Abb. 17).

Wenn man einen Teil des Monitordisplays stark vergrößert, erkennt man, dass alles was auf dem Monitor dargestellt wird, aus einer Vielzahl kleiner Punkte besteht. Diese werden Pixel genannt. Das Verhältnis von Pixel x Pixel nennt man Auflösung. Das Bild auf dem Monitor ist also wie ein Mosaik aufgebaut. Je kleiner die einzelnen Mosaiksteinchen (Pixel) sind, umso mehr Pixel gibt es und umso klarer wird das Bild.

Ein Monitor, der nur 640 x 480 Pixel darstellen kann, gibt also ein weniger gutes Bild wieder als einer, der 1024 x 768 Bildpunkte zeigt. Die Einteilung des Monitors in Pixel erfolgt durch die Grafikkarte (insofern der Monitor die Auflösung zulässt).

Tabelle 2 zeigt die Entwicklung der Grafik-Standards. VGA wurde Ende der achtziger Jahre des vorherigen Jahrhunderts eingeführt und ist heute Vergangenheit.

**Tabelle 2** *Entwicklung der Grafikstandards*

| Grafikkarte | Auflösung | Pixel |
|---|---|---|
| VGA | 640 x 480 | 307.200 |
| SVGA | 800 x 600 | 480.000 |
| HSVGA | 3200 x 2400 | 7.680.000 |
| HD | 1920 x 1080 | 2.073.600 |

Es ist wichtig, dass der Monitor zur Grafikkarte des Computers passt, sonst bleibt der Bildschirm mitunter schwarz. Die Grafikkarte befindet sich auf dem Mainboard auf einem Steckplatz oder bei einfachen Systemen „on board", d.h. als Chip auf dem Mainboard.

Bei der on-board-Variante benutzt der Grafikchip Ressourcen des Arbeitsspeichers für die Bildentstehung. Diese Grafiklösung ist nicht so leistungsfähig, für Büroanwendungen aber ausreichend. Möchte man am Computer spielen oder aufwandige Video- und Grafikbearbeitungen machen, sollte man sich für eine separate Grafikkarte mit eigenem Video-RAM entscheiden.

Viele Hersteller von Grafikkarten geben auf ihren Verpackungen die maximale Auflösung an. Diese Maximalauflösung lässt sich in der Regel aber nur mit einem analogen Anschluss nutzen. Beim Röhrenmonitor ist das kein Problem. Bei modernen TFT-Monitoren empfiehlt es sich, den digitalen DVI-Anschluss mit seiner besseren Bildqualität zu

**Abb. 16** *Grafikkarte mit separatem Lüfter*

nutzen (*engl.* **D**igital **V**isual **I**nterface). Der DVI-Ausgang der Grafikkarte bietet aber oft nur eine geringere Auflösung, deshalb sollte man beim Neukauf darauf achten, dass der moderne TFT-Monitor mit der maximalen Auflösung der Grafikkarte übereinstimmen.

---

**MERKE**

Der Monitor ist ein Ausgabegerät des Computers. Er dient zur Anzeige von Befehlen, Texten, Grafiken, Bildern und Filmen.

---

Beim **Röhrenmonitor** (CRT *engl.* **c**athod **r**ay **t**ube – Kathodenstrahlröhre) hat die Grafikkarte die Aufgabe, den Bildschirm in Pixel einzuteilen und den zur Zeichen- bzw. Bildentstehung erforderlichen Elektronenstrahl zu steuern: Dieser Elektronenstrahl ist entweder EIN- oder AUS-geschaltet, also digital und bewegt sich zeilenweise von oben links nach unten rechts über den Monitor.

Wenn er ein Pixel beleuchten muss, geht er AN und wenn auf dem Bildschirm nichts erscheinen soll bleibt er AUS. In unserem Beispiel (Abb. 18) würde das bedeuten, dass der Elektronenstrahl in der ersten Zeile AUS bleibt, in der 2. Zeile Pixel 3 bis 6 beleuchtet, in der 3. Reihe nur das Pixel 3 usw.
Die Beleuchtung des Monitors geschieht mehrmals in einer Sekunde. Das wird Bildwiederholfrequenz genannt und in Herz (Hz) angegeben. Die heutige gängige Bildwiederholfrequenz von 70 bis 85 Hz bedeutet also, dass der gesamte Bildschirm 70- bis 85-mal in der Sekunde vom Elektronenstrahl abgetastet wird. Ist die Bildwiederholfrequenz langsamer, würde das Bild „flackern". Auch die Bildwiederholfrequenz wird von der Grafikkarte gesteuert.

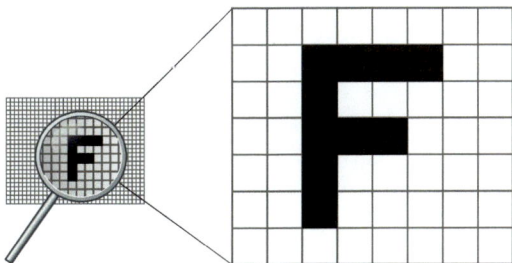

**Abb. 17** *Betrachtung eines Bildausschnitts*

Bei den **Flachmonitoren** haben sich die TFT Displays (*engl.* **T**hin **F**ilm **T**ransistor) basierend auf einer Flüssigkeitskristallanzeige durchgesetzt. Hier wird das Monitorbild nicht zeilenweise aufgebaut, sondern der Monitor bleibt ständig beleuchtet.

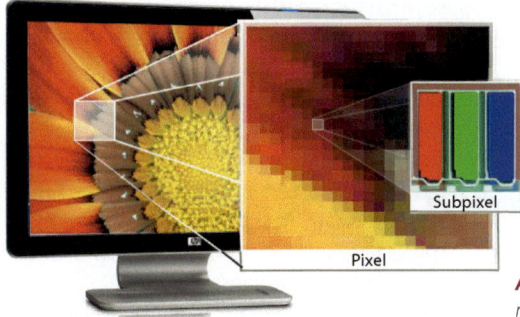

**Abb. 18** *Flachmonitor mit TFT-Display und Bilddarstellung aus sub-Pixeln*

Das Licht wird durch mehrere Leuchtstoffröhren erzeugt, wobei aber nur das Licht einer bestimmten Wellenlänge gleichmäßig über den Monitor verteilt wird. Jedem Leuchtpunkt (Pixel) sind flüssige Kristalle, ein Farbfilter und ein Transistor zugeordnet. Die Millionen von Transistoren funktionieren wie eine Art Schalter und sind einzeln ansteuerbar. Je nachdem welche Spannung der einzelne Transistor erzeugt, verändert sich die Lage der Kristalle und damit das Licht, das den Farbfilter durchdringt.

Bei einem Farb-TFT Display besteht jedes Pixel aus jeweils drei Sub-Pixeln mit den drei technischen Grundfarben Rot, Grün und Blau. Abb. 18 zeigt wie diese Sub-Pixel innerhalb des quadratischen „Haupt-Pixels" eine Streifenstruktur ergeben.

Der Flachmonitor bietet gegenüber dem Röhrenmonitor entscheidende **Vorteile**:

- Platz sparend
- geringes Gewicht
- Strom sparend
- weitgehend strahlungsfrei
- geringe Wärmeentwicklung
- scharfes und kontrastreiches Bild
- nur geringe Reflexionen

Ein **Nachteil** von Flachmonitoren sind die Helligkeitsunterschiede im Bild, die vom Betrachtungswinkel abhängen. Bei zu kleinem Blickwinkel muss man zum Arbeiten direkt vor dem Bildschirm sitzen. Bei dem Kauf eines TFT-Monitors gibt es noch andere Kriterien, welche zu beachten sind. So sollte die Reaktionszeit der Transistoren, das heißt die Zeit des Farbwechsels eines Pixels, max. 25 ms betragen.
Eine hohe **Leuchtkraft** sorgt für Brillanz und leuchtende Farben. Die Leuchtkraft wird in „Candela" gemessen, wobei ein Candela der Leuchtkraft einer Kerze auf einem Quadratmeter entspricht. Ein gutes Bild wird ab ca. 200 Candela dargestellt. Je höher die Leuchtkraft ist, desto besser wird die Darstellung.

Das **Kontrastverhältnis** beschreibt das Leuchtverhältnis von schwarzen und weißen Pixeln. Der Wert sollte mindestens 500 zu 1 betragen.

Für einen optimalen Blick auf den Monitor sorgen höhenverstellbare Bildschirme. Je nach Bedarf kann die Höhe zu jeder Zeit verändert werden.

Nicht zu unterschätzen ist die Anzahl und Art der **Fehlerpixel**. Wenn man bedenkt, wie viel Millionen Transistoren auf einem Bildschirm arbeiten, ist ein Fehler nicht unwahrscheinlich. Die Anzahl der Fehlerpixel wird in der Fehlerpixelklasse I–IV festgelegt und die Art der Fehler in den drei Fehlertypen unterteilt.

Der Fehlertyp 1 ist mit einem ständig weiß leuchtenden Pixel der besonders störende Fall. Ein ständig schwarzer Pixel wird als Fehlertyp 2 eingestuft. Am wenigsten stört, wenn einer der drei Farbsubpixel rot, grün, blau oder schwarz leuchtet, was den Fehlertyp 3 definiert.

Tabelle 3 gibt einen Überblick über die Pixelfehlerklassen und Fehlertypen. Die Pixelanzahl bezieht sich jeweils auf eine Million Pixel.

*Tabelle 3* Pixelfehlerklassen

| PixelfehlerKlasse | Fehlertyp 1 | Fehlertyp 2 | Fehlertyp 3 |
|---|---|---|---|
| I | 0 | 0 | 0 |
| II | 2 | 2 | 5 |
| III | 5 | 15 | 50 |
| IV | 50 | 150 | 500 |

## Bildschirmarbeitsplätze ergonomisch einrichten

Die ergonomische Einrichtung eines Computerarbeitsplatzes wird oft vernachlässigt. Sitzt man aber täglich am Computer sollte man auf eine ordentliche Arbeitshaltung achten. Dazu gehört in erster Linie ein Augenabstand zum Bildschirm von ca. 50 bis 70 cm. Die erste Zeile des Bildschirms sollte genau in Augenhöhe sein und die Bildschirmfläche parallel zum Gesicht.

Gerade in der Schule, wo ständig ein Schülertausch in den Computer-Kabinetten erfolgt, ist es sinnvoll, höhenverstellbare Stühle anzuschaffen. So kann sich jeder Schüler vor Unterrichtsbeginn seine Stuhlhöhe so einstellen, dass sich die Unterarme parallel zum Schreibtisch befinden. Eine gesunde Sitzhaltung hat man dann, wenn die Beine parallel stehen und die Knie etwas unter Hüfthöhe sind. Die Füße sollten flach auf den Boden stehen oder durch eine Fußstütze gehalten werden.

Lichtreflektionen und -blendungen lassen sich vermeiden, indem man den Bildschirm nicht direkt ans Fenster stellt. Tageslicht oder eine künstliche Beleuchtung müssen seitlich auf den Monitor fallen.

Und auch hierfür wurden Verordnungen geschaffen. Die *Verordnung über Sicherheit und Gesundheitsschutz bei der Arbeit an Bildschirmgeräten* können Sie unter http://www.gesetze-im-internet.de/bildscharbv/nachlesen.

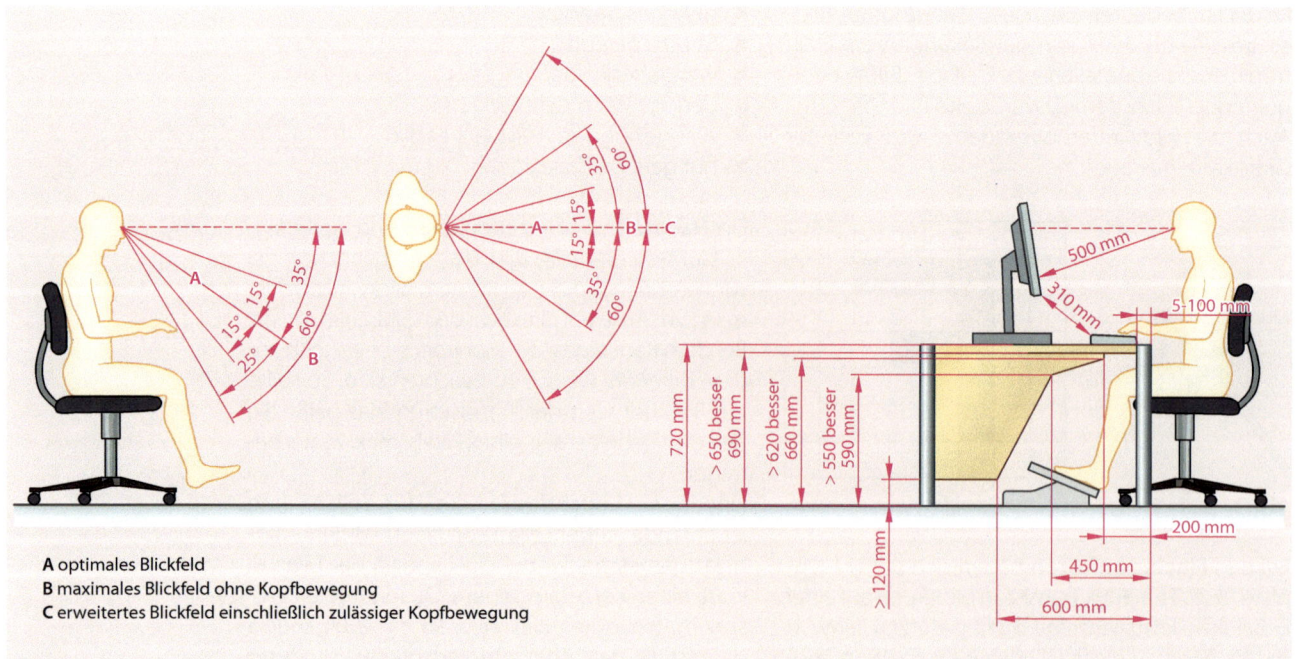

**A** optimales Blickfeld
**B** maximales Blickfeld ohne Kopfbewegung
**C** erweitertes Blickfeld einschließlich zulässiger Kopfbewegung

*Abb. 19* Ergonomie am Arbeitsplatz

## Drucker

Drucker dienen dazu, Texte, Bilder und andere Dokumente auf mechanische Weise auf Papier zu bringen.

Zwei Arten von Druckern haben sich durchgesetzt. Zum einen der **Tintenstrahldrucker** und zum anderen der **Laserdrucker**. Früher verwendete Nadeldrucker, Banddrucker etc. findet man außer bei Spezialanwendungen wie Durchschlagdrucken kaum noch.

Tintenstrahl- und Laserdrucker bieten hohe Druckgeschwindigkeit und Ausgabequalität. Auch die Ergebnisse beim Farbausdruck sind durchaus vergleichbar. Für welchen Drucker man sich entscheidet, hängt vom Druckvolumen und nicht zuletzt von den Anschaffungs- und Betriebskosten ab.

In einem Büro, in dem viele Briefe, Rechnungen und Angebote ausgedruckt werden sollen, ist ein Schwarz/Weiß (Monochrom) Laserdrucker angebracht. Beim häufigen Druck rechnen sich die etwas höheren Anschaffungskosten. Für die private Nutzung ist ein Farbtintenstrahldrucker meist ausreichend, da die Anschaffungskosten nicht ganz so hoch sind und trotzdem eine Spitzenfarbqualität für Farbfotos erreicht werden kann.

Zu überlegen sind ebenfalls Multifunktionsgeräte, die zugleich faxen, kopieren und scannen können.

> **MERKE**
>
> **Drucker ermöglichen die Ausgabe der mittels Computer erzeugten Text- und Bilddokumente.**

## 4.1.5 Langfristige Speicher und Datensicherung

Menschen haben nicht all ihr Wissen im Kopf – Computer auch nicht (auf ihrer Festplatte).

Genauso, wie wir Menschen Bücher oder Notizzettel benutzen, um Wissen aufzubewahren, gibt es auch für den Computer verschiedene Möglichkeiten, zum Beispiel Festplatten, CDs, DVDs, USB-Sticks.

Die Entwicklung der Speicherkapazitäten und Speichermedien verläuft rasant. Andere Speichermedien wie z.B. Lochkarte und Diskette haben heute nur noch Museumswert.

Die Grundeinheit der Speicherkapazität ist Byte. Bei der Angabe der Speichergrößen verwendet man Vorsilben (Tabelle 4):

*Tabelle 4* Einheiten der Speicherkapazität

| **Kilo**byte (KB) | 1024 Byte |
|---|---|
| **Mega**byte (MB) | ca. 1 Mill. Byte (genau: 1024 kB) |
| **Giga**byte (GB) | ca. 1 Mrd. Byte (genau: 1024 MB) |
| **Tera**byte (TB) | ca. 1 Billion Byte (genau: 1024 GB) |

## Festplatte

Das wohl wichtigste Speichermedium eines Computers ist die interne Festplatte. Sie dient dem langfristigen Speichern von Daten. Diese Speicherung erfolgt magnetisch.

**Abb. 20** *Laserdrucker, Tintenstrahldrucker sowie Verbrauchsmaterialien*

**Abb. 21** *Standardmaße für moderne Festplatten: 3,5", 2,5", 1,8" und 1" (a) und Größenvergleich zu einem Dominostein (b)*

Im Inneren der Festplatte befinden sich übereinander mehrere starre Platten, die meist aus Aluminium oder Glas bestehen. Die magnetische Schicht darauf ist ca. 0,1 μm dick.

Die Platten drehen sich mit einer Geschwindigkeit von bis zu 10 000 Umdrehungen je Minute. Das entspricht einer Geschwindigkeit von 361 bis 482 km/h. Je schneller sich die Festplatte dreht, desto kürzer ist die Zugriffszeit. Die **Zugriffszeit** ist die Zeit, die benötigt wird, um auf Daten zuzugreifen. Bei einer Festplatte beträgt diese 8 bis 9 Millisekunden (ms) oder 0,008 bis 0,009 Sekunden.

Jede Platte einer Festplatte hat zwei Schreib-/Leseköpfe, mit denen Daten magnetisch geschrieben oder gelesen werden können. Beim Schreiben und Lesen von Daten bewegt sich der Zugriffskamm und steuert die Schreib-/Leseköpfe über die sich drehenden Platten.

Der Schreib/Lesekopf schwebt bei der Festplatte auf einem Luftpolster von 1,14 μm. Das sind umgerechnet 0,00114 mm. Die Abb. 24 zeigt, warum Festplatten staubfrei (nicht luftdicht) verschlossen sein müssen. Fremdpartikel in einer Festplatte würden einen Headcrash (Lese-/Schreibkopf berührt die Oberfläche des Speichermediums der Festplatte) verursachen und die Festpatte zerstören. Deshalb darf man eine Festplatte niemals öffnen!

Die angebotenen Festplattenkapazitäten (d. h. die Menge an Daten, die gespeichert werden kann) vergrößern sich ständig. Die ersten Festplatten hatten eine Kapazität von 10 MB (Megabyte). Heute sind es einige TB (Terrabyte). Das verführt dazu, immer mehr Programme und Daten zu speichern, sodass auch die größte Festplatte schnell belegt ist. Aber auch die heutigen Benutzeroberflächen und Anwendungsprogramme benötigen immer mehr Speicherplatz.
Externe Festplatten sind eine gute Alternative, um Daten zu sichern. Sie lassen sich mittels USB-oder SATA-Anschluss problemlos an den Computer anschließen. Beim Neukauf sollte man die Festplatten hinsichtlich der Ausstattung (z. B. leiten Kunststoffgehäuse die Wärme nicht so gut ab), Zugriffszeiten und Speicherkapazitäten vergleichen.

Festplattenausfälle gehören zu den häufigsten Ursachen von Datenverlusten. Das bedeutet nicht, dass Festplatten unsichere Speicher sind. Mit einem RAID-System (*engl.* **R**edundant **A**rray of **I**ndependent **D**isc – redundante Anordnung unabhängiger Festplatten), also einem Zusammenschluss von Festplatten, kann eine zuverlässige Datensicherung erfolgen. So werden beim RAID1-System zwei Festplatten genutzt, wobei die Daten der einen Platte auf die andere Platte „gespiegelt" werden. Fällt nun eine Platte aus, können die Daten der Sicherungsplatte weiterhin gelesen werden. Die zweite Festplatte dient dabei ausschließ-

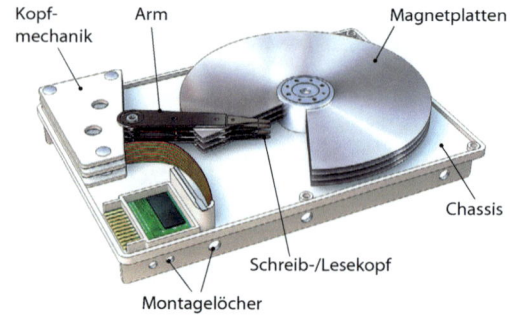

**Abb. 22** *Aufbau einer Festplatte mit den einzelnen Platten sowie Schreib-/Leseköpfen*

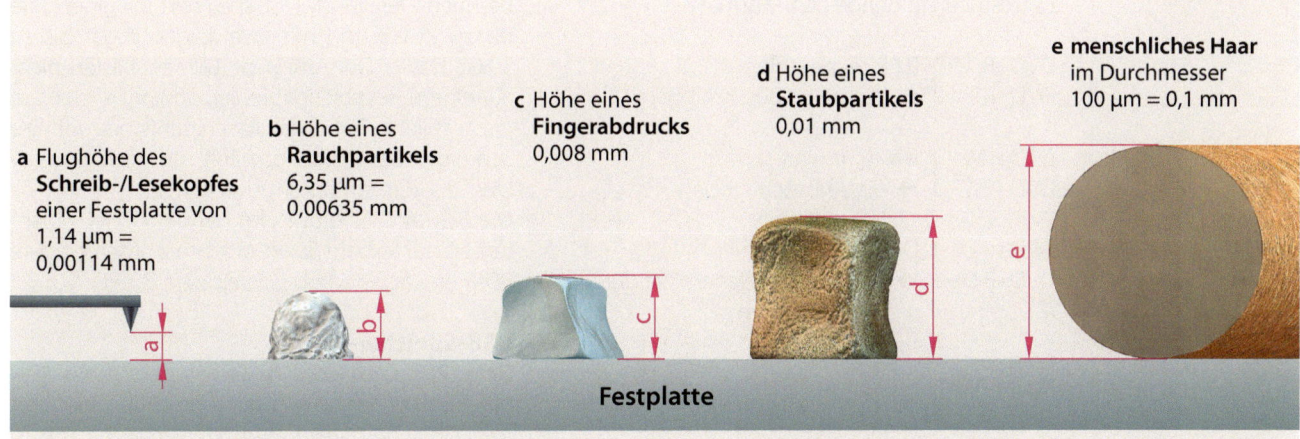

**Abb. 23** Abstand des Schreib/Lesekopfes zu den Speicherplatten sowie die zerstörerische Größe von Fremdpartikeln

lich der Datensicherung und bringt keinerlei Geschwindigkeitsvorteile. Für diese Fälle wurden u. a. die Systeme RAID1.5, 5 und 10 entwickelt, für die allerdings mehr als zwei Festplatten benötigt werden.

**MERKE**

> Die Festplatte besteht aus einem Stapel mehrerer Scheiben, in deren Zwischenräumen die gleiche Anzahl von Schreib-/Leseköpfe parallel arbeiten. Die Daten werden magnetisch gespeichert.

### SSD

Das Speichermedium der Zukunft ist das SSD (**S**olid **S**tate **D**rive), das wie eine magnetische Festplatte eingebaut und verwendet wird. Es enthält

**Abb. 24** Speicherchips in einem Solid State Drive

aber keine rotierenden Scheiben und andere bewegliche Teile, da nur Speicherchips verwendet werden. Vorteile eines Solid State Drive sind mechanische Robustheit, sehr kurze Zugriffszeiten, niedriger Energieverbrauch und nahezu Geräuschfreiheit. Nachteil ist der gegenwärtig noch sehr hohe Preis im Vergleich zu Festplatten mit gleicher Kapazität.

### CD, DVD und BD

CD (**C**ompact **D**isc), DVD (**D**igital **V**ersatile **D**isc) und BD (**B**lu-ray **D**isc) gehören zu den optischen Speichermedien, die durch optische Abtastung (mittels Laser) gelesen und/oder beschrieben werden können. Die Abmessungen der Rohlinge für diese drei Speicherformate sind gleich groß.

Wesentliche Unterscheidungskriterien für den Nutzer sind die maximale Speicherkapazität und die (Wieder-) Beschreibbarkeit. Je nach Bedarf fällt die Wahl des entsprechenden Laufwerks aus. Entscheidender Vorteil der einheitlichen Größe ist, dass man auch kombinierte Laufwerke für alle drei Formate einbauen kann. Speziell für Laptops mit begrenztem Platz ist das von Nutzen.

Eine **CD** hat üblicherweise eine Speicherkapazität von 700 MB, das entspricht 300 000 Textseiten auf DIN A4 geschrieben oder 80 Minuten Musik. Um auf der selben Rohlinggröße noch mehr Dateien speichern zu können, wurden neue Technologien entwickelt.

Auf **DVD** können je nach Ausführung 4,7 GB (Single Layer) oder 8,5 GB (Double Layer) gespeichert werden. Für Spielfilme und Sicherungskopien ist das meist ausreichend.

Es existieren folgende DVD-Formate:

DVD+R   } R für recordable
DVD–R   } ➔ (einmalig) beschreibbar

DVD+RW  } RW für rewrite
DVD–RW  } ➔ wiederbeschreibbar

DVD+R DL } DL für Double Layer
DVD–R DL } ➔ doppelter Speicherplatz durch zwei Schichten

DVD-RAM } RAM
        } ➔ Speicherung wie auf Festplatte möglich

Die im Handel angebotenen DVD-Laufwerke können sowohl CDs als auch DVDs lesen und in Ausführung als Brenner auch beschreiben (brennen).

Die **Blu-ray Disc (BD)** wurde als Nachfolger der DVD entwickelt. Sie bietet eine höhere Datenrate und Speicherkapazität. Blu-ray-Disc-Brenner können ebenfalls alle CD und DVD Formate lesen und brennen. Die Blu-ray Disc speichert mit einer Lage bis zu 25 GB und mit zwei Lagen sogar bis zu 50 GB Daten. Der Ausdruck „Blu-ray" basiert nicht auf einem Rechtschreibfehler, obwohl er sich auf die bläuliche Farbe des Laserstrahls bezieht. Die Schreibweise wurde gewählt, um sich „Blu-ray Disc" als Markennamen zu sichern.

Die Blu-ray Disc gibt es im Handel in drei Varianten: als nur lesbare *BD-ROM*, einmal beschreibbare *BD-R* und als wiederbeschreibbare *BD-RE*.

### USB-Speicher-Stick

Der USB-Stick ist ein USB-Massenspeicher. Als USB-Massenspeicher bezeichnet man Geräte die über die USB-Schnittstelle (*engl.* **U**niversal **S**erial **B**us) kommunizieren. Mit USB ausgestattete Geräte oder Speichermedien können im laufenden Betrieb mit dem Computer verbunden werden. Die Geräte und deren Eigenschaften werden automatisch erkannt.

Zu USB-Massenspeichern gehören neben den Speichersticks auch andere Massenspeicher, die über USB an einen Computer angeschlossen werden, wie z.B. Digitalkameras oder externe Festplatten.

**Tabelle 5** *Beschreibungsdichte von CD, DVD und Blu-ray*

| Speichermedium | CD – Compact Disc | DVD – Digital Versatile Disc | BR – Blu-ray |
|---|---|---|---|
| Speichervolumen | 0,7 GB | 4,7 GB | 25 GB |
| Spurabstand | 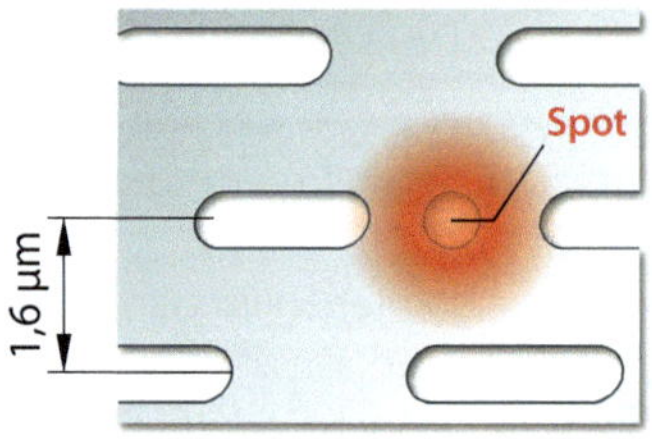 1,6 µm / Spot | 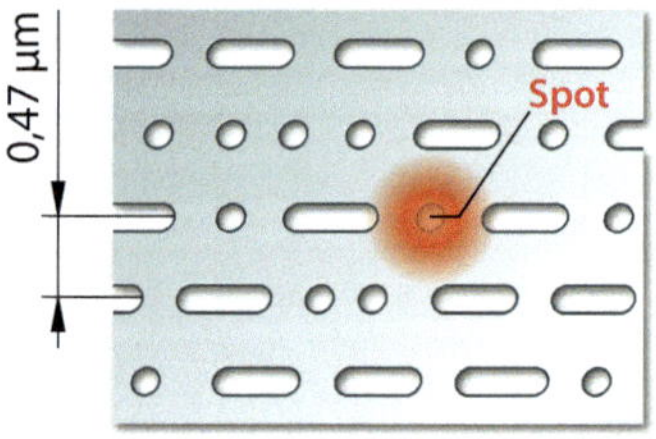 0,47 µm / Spot | 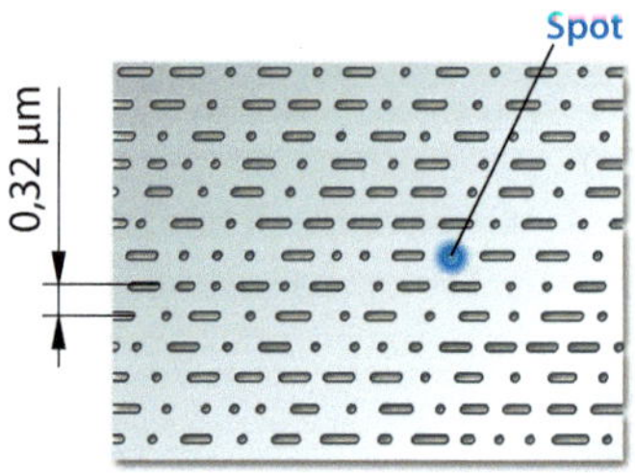 0,32 µm / Spot |
| Kleinste Pitlänge | 0,8 µm | 0,40 µm | 0,15 µm |
| Speicherdichte | 0,41 GB/inch$^2$ | 2,77 GB/inch$^2$ | 14,73 GB/inch$^2$ |
| Substrat | 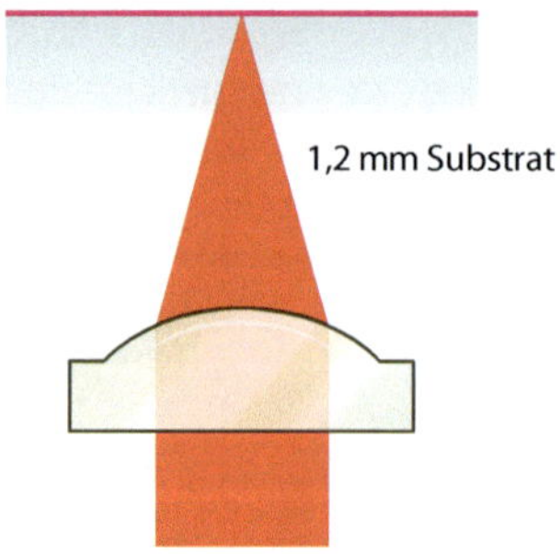 1,2 mm Substrat | 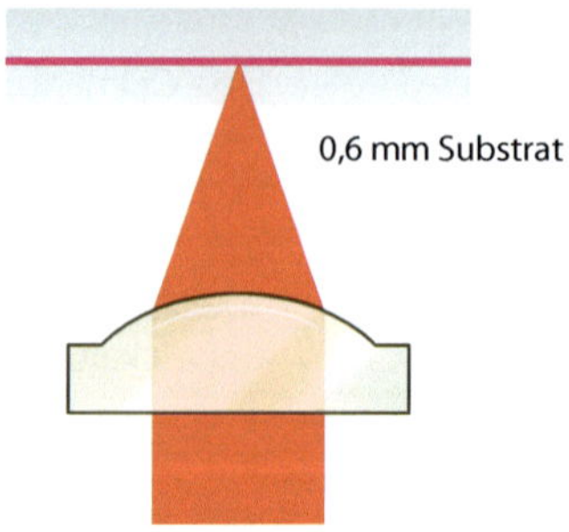 0,6 mm Substrat | 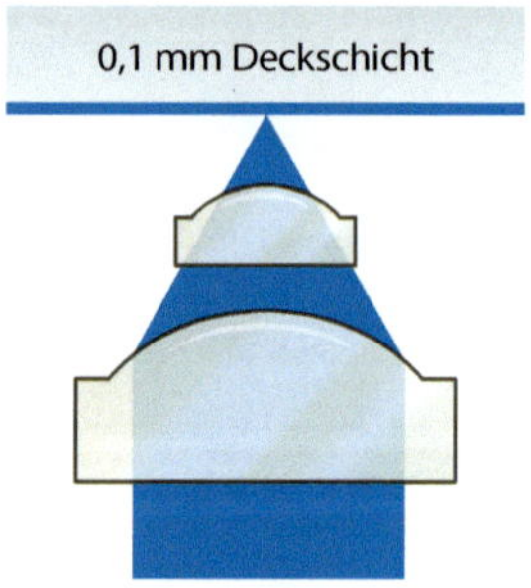 0,1 mm Deckschicht |
| Wellenlänge | 780 nm | 650 nm | 405 nm |

*Abb. 25*

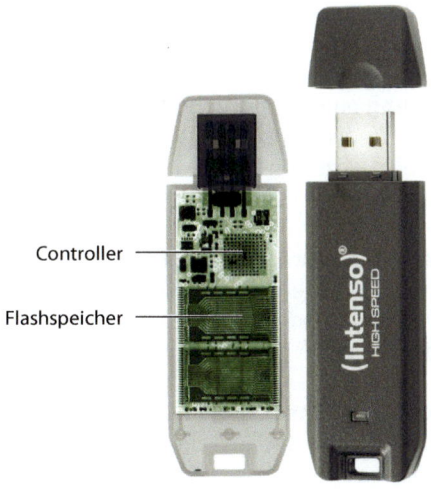

Controller

Flashspeicher

*Abb. 26* USB-Speicher-Stick

Der USB-Speicher-Stick (kurz USB-Stick) hat eine höhere Speicherkapazität und eine höhere Zugriffsgeschwindigkeit als Disketten oder CD-ROMs. Wegen seiner einfachen Handhabung, seiner Robustheit beim Transport und seiner Speichergröße ist er ein gängiges Speichermedium für den Datenaustausch. Die Abb. 26 zeigt den Aufbau eines USB-Sticks. Das Speichermedium ist in einem festen Gehäuse untergebracht. Die Daten werden elektronisch in einem sogenannten **Flash-Speicher** gespeichert und können bis zu 10 Jahren erhalten bleiben.

Das Speichern von Daten auf einen USB-Stick erfolgt durch elektrische Vorgänge. Bits werden in Form elektrischer Ladungen auf einen Speicherchip (Floating Gate) gespeichert. Ein Isolator umgibt diesen Chip, damit er von der Stromzufuhr abgeschnitten wird. Dies ist notwendig, damit dort gespeicherte Ladungen nicht verloren gehen. Nur wenn Daten gelesen oder übertragen werden, können sie in Form von Elektronen die Isolation durch eine Art Tunnel queren.
Speicherkapazität: 8 MB bis 64 GB
Lesegeschwindigkeit: ca. 20 MB/s
Schreibgeschwindigkeit: ca. 15 MB/s

**MERKE**

Ältere Betriebssysteme benötigen entsprechende Treiber um USB-Sticks zu erkennen. Dies ist meist bei Geräten die vor dem Jahr 2000 entwickelt wurden der Fall. Ebenso ist zu beachten, dass ein USB-Stick nicht einfach während der Datenübertragung vom Computer getrennt werden darf. Es kann sonst zum Datenverlust und im schlimmsten Fall zu einem Kurzschluss kommen, der den Stick zerstört.

Um Datenverlust zu vermeiden, sollte man dem Betriebssystem über „Hardware sicher entfernen" (Symbolleiste) mitteilen, dass die Verbindung getrennt werden soll.

**MERKE**

USB-Sticks sind keine Speichermedien für eine zuverlässige Datensicherung!

**Streamer**

Streamer sind magnetische Bandspeicher, die meist nur für große Datensicherungen (Backup) verwendet werden. Sie erfordern ein separates Laufwerk. Je nach Bandgröße und Datenvolumen muss das Band umständlich gewechselt werden.

Beim Kauf eines PC Systems sollte man sich überlegen, welche Ansprüche man hat. So sind die Handhabbarkeit, Speichergrößen und Zuverlässigkeit wichtige Entscheidungskriterien.

**Datensicherung**

Bei der täglichen Arbeit am Computer greifen wir regelmäßig auf unsere Daten zu. Erst wenn ein Computer streikt, wird man sich bewusst, welchen Wert die Daten haben. Für Firmen ist ein Computerausfall existenzbedrohend. Verlorene Mitarbeiterdaten, fehlende Bestellungen, unbearbeitete Rechnungen und entgangene Umsätze können selbst nach wenigen Stunden enorme Kosten verursachen. Datenverlust kann verschiedene Ursachen haben:

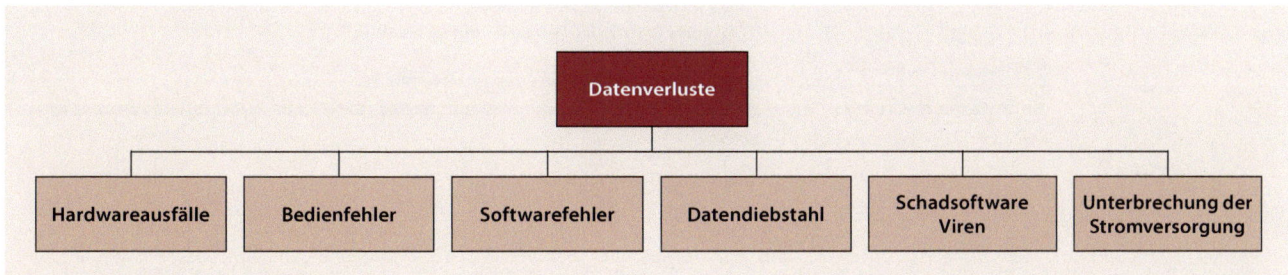

*Abb. 27* Ursachen von Datenverlusten

Genauso wie ein Festplattencrash kann ein einfacher Stromausfall oder das unabsichtliche Löschen zum Verlust von Daten führen. Gut, wenn man mit regelmäßigen Backups vorgesorgt hat

Unter Windows 7 wird eine Sicherungssoftware kostenlos mitgeliefert. Mit ein paar Klicks kann man unterschiedlichste Sicherungen auf unterschiedlichen Datenträgern vornehmen.
Unter *Start* und *Systemsteuerung* wählt man den Eintrag *Sicherung des Computers* erstellen.

Im nun folgenden Fenster hat man drei Auswahlmöglichkeiten:

**❶ Erstellung eines Systemabbildes**
(Kopie der für Windows wichtigen Laufwerke; es können keine einzelnen Dateien bei einer Wiederherstellung ausgewählt werden.)

**❷ Systemreparaturdatenträger erstellen**
(„Rettungs-CD" erstellen. Bei schweren Fehlern kann Windows wieder gestartet und mit dem Systemabbild wieder hergestellt werden.)

**❸ Sicherung eigener Dateien**
(Unter Einstellungen ändern kann man Laufwerke und Dateien auswählen.)

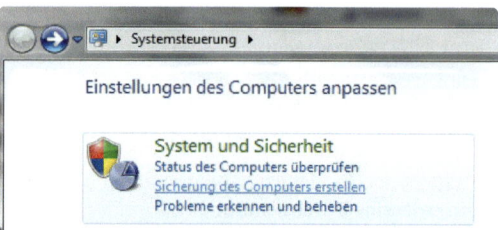

*Abb. 28*

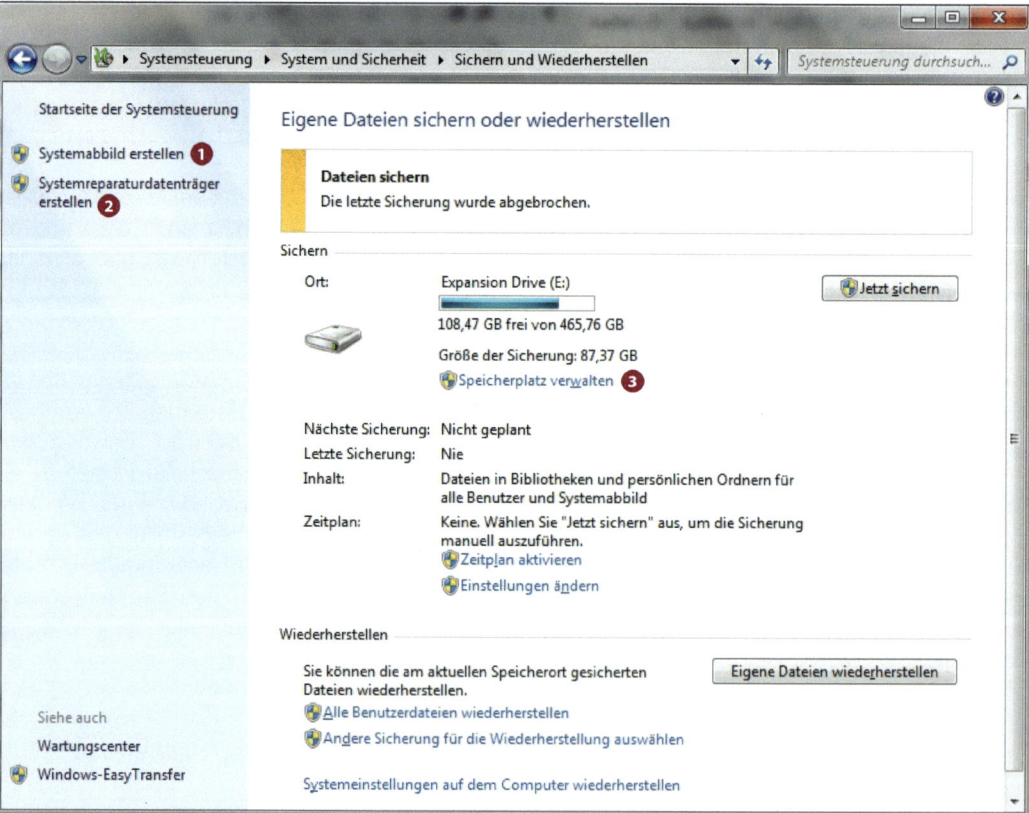

*Abb. 29* *Datensicherung unter Windows 7*

Die Backup Funktion erstellt ein Image, das die komplette Festplatte oder einzelne Partitionen auf lokalen Festplatten oder besser auf externen USB- oder Firewire-Laufwerken speichert. Weiterhin können bootfähige USB-Sticks, CDs oder DVDs erstellt werden, um bei Bedarf die Softwareinstallation und die Daten aus dem gespeicherten Image wiederherzustellen.

Der Markt bietet zudem Lösungen von auf Datensicherung spezialisierten Softwarefirmen, die oft mehr Bedienungskomfort bieten.

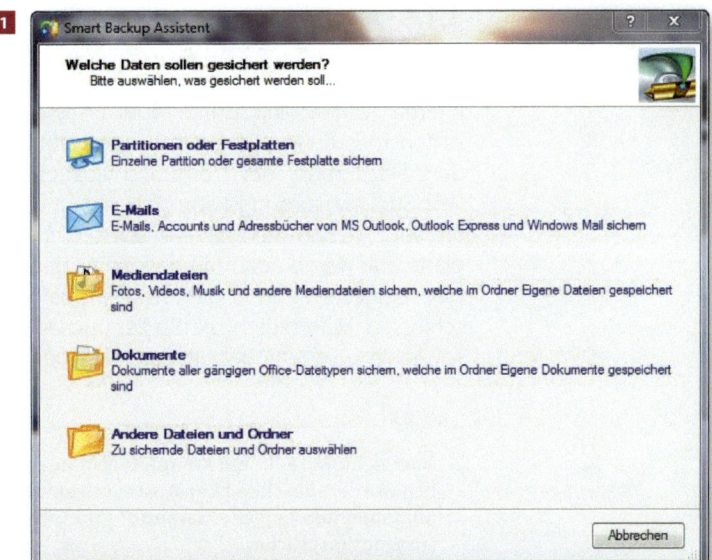

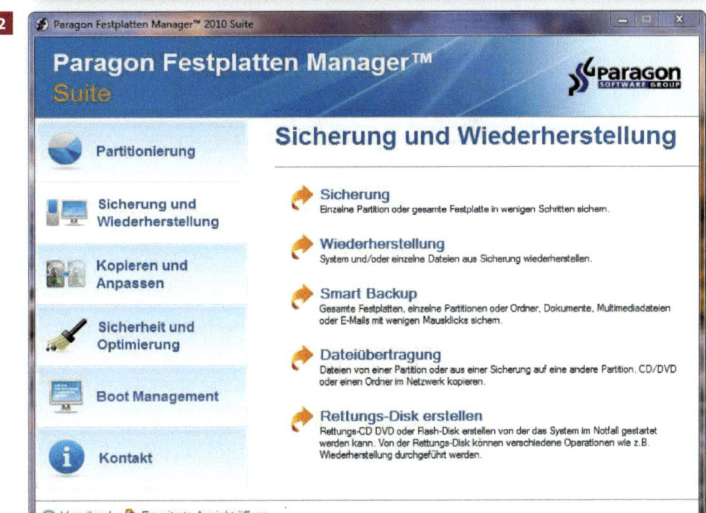

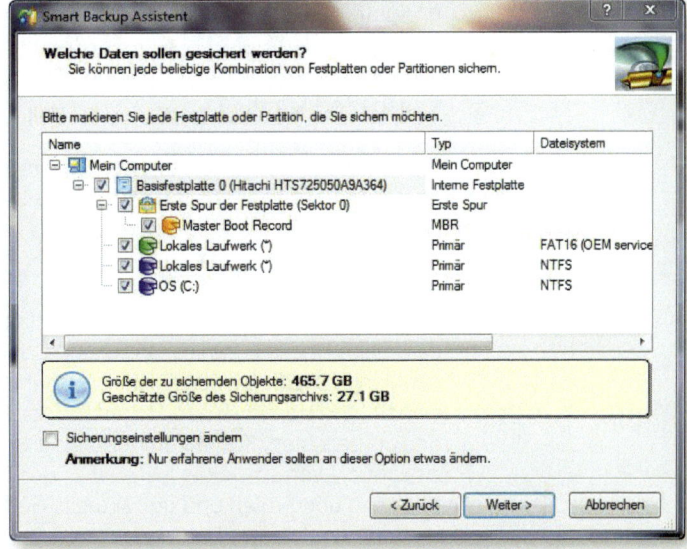

**Abb. 30** *Das Schweizer-Messer für die Festplatte*

**Abb. 31** *Datensicherung mit dem Paragon Festplattenmanager*

### 4.1.6 Austausch von Hardwarekomponenten

Interne Festplatten, Sound- oder andere Steckkarten müssen ins PC-Gehäuse eingebaut werden. Dazu muss der Computer ausgeschaltet, vom Stromversorgungskabel getrennt und aufgeschraubt werden. Steckkarte, Arbeitsspeicher, Festplatte o. ä. werden dann in den jeweiligen Steckplatz eingesteckt und/oder ans Mainboard angeschlossen. Hilfe bieten die Bedienungsanleitung sowie die Supportangebote des Herstellers.

**┌ MERKE ┐**

**Aber Achtung! Falls ein Komplettsystem erworben wurde, erlöschen beim Austausch einzelner Komponenten jegliche Garantie- und Gewährleistungsansprüche.**

Bei allen Arbeiten im Inneren des PCs sollten Sie Vorsichtsmaßnahmen treffen:

- PC ausschalten und den Netzstecker ziehen.
- Sämtliche Anschlusskabel abziehen, um sicherzustellen, dass der PC spannungsfrei ist.
- Keine magnetischen Schraubenzieher verwenden.
- Vor dem Umgang mit Computerkomponenten sind elektrostatische Aufladungen durch Erdung abzubauen (Anfassen eines blanken Heizungsrohrs oder einer nicht lackierten Wasserleitung).
- Beim Einbau von Steckkarten sind Kontakte des PC, der PCI-Karte oder des RAM-Speichers möglichst nicht zu berühren.
- Alle Arbeiten erfolgen immer gewaltfrei.
- Kontrollieren Sie, ob die Erweiterungskarten richtig in den Steckplätzen platziert und ggf. arretiert (RAM-Module) sind und alle Kabel angesteckt sind.

Oft liegen den neu erworbenen Hardwarekomponenten CDs oder DVDs mit den Gerätetreibern bei. Die Installationen sind benutzergeführt und die Beibehaltung der empfohlenen Einstellungen ist ratsam.
Beim Umrüsten eines PCs gehört es zur Tradition, dass beim Neustart zunächst nichts passiert, d. h. der Monitor bleibt schwarz. Hier gilt es, Ruhe zu bewahren und nochmals alle Sicherheitsvorkehrungen zu beachten, Kontakte und Kabelanschlüsse zu kontrollieren sowie die Installation der Gerätetreiber zu überprüfen und ggf. aktuelle Gerätetreiber aus dem Internet herunterzuladen. Im Notfall hilft (hoffentlich) der Support.

### 4.1.7 Datenschutz und Datensicherheit

Das Ziel des Datenschutzes ist der Schutz der Privatsphäre und somit das Recht auf Selbstbestimmung. Doch was heißt das genau?
Grundsätzlich ist jeder der Herr (oder die Frau) seiner Daten und kann selbst über deren Preisgabe und Verwendung (wie z. B. Alter, Beruf, Wohnort u. a.) entscheiden. Unbefugten soll der Zugang und die Nutzung der Daten verwehrt bleiben. Dafür wurde das Bundesdatenschutzgesetz (BDSG) beschlossen. Es regelt den respektvollen Umgang mit persönlichen Daten. Gespeicherte personenbezogene Daten müssen besonders gut vor unbefugtem Zugriff geschützt werden.
Persönliche Daten sind Angaben, die einer Person zugeordnet werden können. Das sind z. B. Name, Alter, Adresse, Telefonnummer. Selbst ein Bild einer Person ohne Namen zählt zu den persönlichen Daten, soweit man diese eindeutig erkennen kann. Diese persönlichen Daten darf niemand ohne Zustimmung weiterverwenden, außer Behörden und Verwaltungen.

Soweit zur Theorie. Doch wie oft wundern wir uns über Telefonanrufe oder persönlich adressierte Briefe von Firmen, mit denen wir niemals Kontakt hatten bzw. haben wollten. In der Praxis werden Datensätze zwischen Firmen geschäftsmäßig ausgetauscht. Rechtlich ist das nicht zulässig, aber oft werden die Firmen nicht zur Verantwortung gezogen.
Beachten Sie deshalb Folgendes, wenn Sie persönliche Daten freiwillig herausgeben:
- Sie haben das Recht, zu erfahren, wer diese Daten erhebt, wofür sie verwendet werden.
- Sie haben Anspruch darauf, zu erfahren, welche Daten andere über Sie speichern und wie man diese Informationen erhalten hat.
- Sie können verlangen, dass falsche oder unvollständige Informationen korrigiert werden.
- Nicht mehr für den ursprünglichen Zweck benötigte Daten müssen gelöscht werden.

Größte Vorsicht ist beim Einstellen von Informationen ins Internet geboten. Überlegen Sie sich ganz genau, welche Informationen Sie der Welt preisgeben wollen. Das Löschen der von Ihnen selbst eingestellten Daten ist noch recht einfach, aber vielleicht hat in der Zwischenzeit jemand Ihre Informationen gedownloadet oder auf anderen Webseiten eingestellt. Und wahrscheinlich sind auch Kopien in den Speichern der Suchmaschinen erstellt worden. Informationen aus dem Internet vollständig zu entfernen ist nahezu unmöglich.

Das Internet gaukelt dem Benutzer Anonymität vor, die es nicht gibt. Durch automatisch zugewiesene IP-Adressen für die Nutzung des Internets lässt sich jede über Ihren Computer aufgerufene Webseite nachvollziehen. Der Computer speichert in der Chronik (Tastenkombination „Strg + H" im Internet Explorer) jede besuchte Webseite.

**Passworte** werden beim Umgang mit dem Computer für viele Zwecke benötigt. Um diese nicht zu vergessen, ist man versucht, ein simples Standardpasswort für alles zu benutzen. Das ist aber ein gewaltiges Sicherheitsrisiko.
Erstellt ein Benutzer ein Passwort, wird dieses nicht als Wort im System hinterlegt. Mit einer mathematischen Funktion wird es in eine Art Code umgewandelt. Dieser wird auch Hash genannt. Je länger das Passwort, desto länger auch der Hashwert. Diese Umwandlung des Klartextes in den Hashwert kann nur in eine Richtung erfolgen, da der Hashwert weniger Informationen als der Klartext enthält. Und trotzdem gibt es zu jedem Hashwert nur ein Passwort.

**Sichere Passworte** bestehen aus mindestens acht Zeichen bestehen, Buchstaben groß und klein, Ziffern, Sonderzeichen, aber keine Anführungszeichen und kein ß. Für die Erstellung eines sicheren Passwortes kursieren im Internet sogenannte Passwortgeneratoren. Aber mal ehrlich. Wer kann sich eine unlogische Kombination von Zahlen, Buchstaben und Sonderzeichen merken? Diese Zufallskombinationen sind als gängige Passwörter unbrauchbar, weil man sie sich kaum merken kann.

> **MERKE**
>
> **Passworte nicht aufschreiben oder speichern!**

Eine gute Methode für die Kreation eines Passwortes ist die Abkürzung von Sätzen: So kann aus dem Satz: „**J**eden **M**ontag **u**m **8 n**ervt **m**ich **m**ein **K**lassenleiter." das Passwort „JMu8nmmK" entstehen. Dieses steht in keinem Wörterbuch und enthält die wichtigsten Elemente.

## 4.1.8  Gewährleistung und Garantie

Welche Rechte hat man als Käufer im Falle eines Defekts? Der Verkäufer ist in einem solchen Fall immer der erste Ansprechpartner. Im Zusammenhang mit Reklamationen sind zwei Begriffe zu un-terscheiden, die umgangssprachlich oft miteinander vermischt werden:

Die Gewährleistung ist eine gesetzliche Verpflichtung des Verkäufers, während die Garantie eine freiwillige Leistung des Verkäufers darstellt. Beide werden allerdings ausgeschlossen, wenn der Kunde den Defekt verursacht, oder eine Eigenreparatur versucht hat. Der Abschluss einer Garantieleistung, egal über welchen Zeitraum, ersetzt nicht die Gewährleistung.

**Gewährleistung (oder Mängelhaftung):** Kauft man einen Computer (oder auch Einzelkomponenten) im Handel, hat man immer durch den entstehenden Kaufvertrag für zwei Jahre nach Übergabedatum einen Gewährleistungsanspruch. Diese Gewährleistung umfasst die Beseitigung von Mängeln, die zum Kaufzeitpunkt schon bestanden haben (z. B. kaputtes Laufwerk) oder spätere Defekte, wenn die Ursache für diese Defekte schon bei Kauf vorhanden waren (z. B. bricht nach häufiger Nutzung ein Bauteil wegen einer schon beim Kauf fehlenden Schraube heraus). Genau darin kann aber ein Problem liegen. Nach den ersten sechs Monaten muss man nämlich selbst beweisen, dass der Mangel schon bei Kauf vorlag.

**Garantie:** Im Gegensatz zur Gewährleistung versteht man unter einer Garantie eine freiwillige und frei gestaltbare Dienstleistung. Der Zustand einer Ware beim Kauf ist bedeutungslos, da immer die Funktionsfähigkeit über einen bestimmten Zeitraum garantiert wird (z. B. kann die Garantie auch dann in Anspruch genommen werden, wenn die o. g. Schraube irgendwann innerhalb der Garantiefrist bricht). Eine Garantiehöchstdauer beträgt in Deutschland 30 Jahre.
Häufig wird eine Bring-In-Garantie oder eine Vor-Ort-Garantie bei einem Computerkauf angeboten. Je nach Garantiebedingungen muss bei einer Bring-In-Garantie der Computer zum Händler oder einem Servicepartner gebracht werden (und Irgendwie auch wieder abgeholt werden). Bei einer Vor-Ort-Garantie kommt meist innerhalb eines zugesicherten Zeitraums ein Servicetechniker nach Hause.

> **MERKE**
>
> **Gewährleistung über zwei Jahre ist ein gesetzlicher Anspruch.**
> **Garantie ist eine freiwillige und frei gestaltbare Leistung.**

### System- und Anwendungssoftware installieren und nutzen

# „Software – nichts für Weicheier!"

Herr Glück hat für seine Firma neben neuen Computern auch neue Anwendungssoftware gekauft. Seine Frau, die das Büro organisiert, ist „begeistert", muss sich aber in das neue Bedienungskonzept einarbeiten. Die Zeit drängt, da die Lohnabrechnungen erstellt werden müssen. Für die nächste Messe sind Werbeprospekte und eine Präsentation zu gestalten. Geben Sie Frau Glück eine Einführung in die neue Office-Software!

# Lernjobs

**1.**

a) Erklären Sie, was beim Einschalten des Computers passiert.
b) Welche Programme sind für welche Aufgaben geeignet?

**2.** Ergründen Sie das Bedienungskonzept der neuen Textverarbeitung und nutzen Sie elementare Funktionen:
- Menüführung
- Formatierungen (Zeichen, Absätze, Seiten)
- Gestaltungsmöglichkeiten von Texten
- Serienbrief-Erstellung

**3.**

Frau Glück hat für ihre Berechnungen bisher immer den Taschenrechner verwendet und die Zahlen in ein Textverarbeitungsprogramm übertragen. Überzeugen Sie Frau Glück davon, künftig eine Tabellenkalkulationssoftware zu nutzen. Gehen Sie speziell auf folgende Schwerpunkte ein:
- Menüführung
- Formatierungen
- Formeleingabe
- Nutzen von Funktionen

**4.**

Stellen Sie die Umsatzzahlen für eine gute Anschaulichkeit in geeigneten Diagrammen dar! Formatieren Sie diese so, dass sie dem Chef, Herrn Glück, vorgelegt werden können.

**5.**

Was kann eine Präsentationssoftware? Erstellen Sie eine Präsentation zu einem elektrotechnischen Thema!

### 4.2.1 Was ist Software?

**Software** – das Gegenstück zur Hardware – ist ein Sammelbegriff für die Gesamtheit ausführbarer Programme und den Konfigurationsdaten. Sie dient dazu, Aufgaben zu erledigen, indem sie vom Prozessor ausgewertet wird und damit einen Teil der Geräte-„Hardware" steuert. Daten, die zur Verarbeitung bestimmt sind, werden meist nicht als Software verstanden.

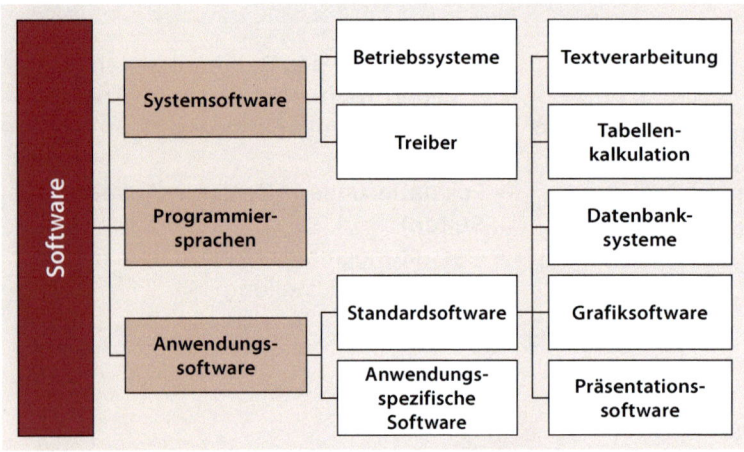

**Abb. 1** *Übersicht über die Softwarekategorien*

### 4.2.2 Betriebssysteme

Ein **Betriebssystem** (*engl.:* OS, **O**perating **S**ystem) ist die Software, die die Verwendung, also den Betrieb, eines Computers ermöglicht. Es verwaltet den Speicher, die Ein- und Ausgabegeräte und steuert die Ausführung der Anwendungssoftware. Es besteht in der Regel aus einem Betriebssystemkern (*engl.:* kernel), der die Hardware des Computers verwaltet, sowie Programmen, die dem Start des Betriebssystems und dessen Konfiguration dienen. Zu diesen Komponenten zählen Bootloader, Gerätetreiber, Systemdienste, Programmbibliotheken und Dienstprogramme.

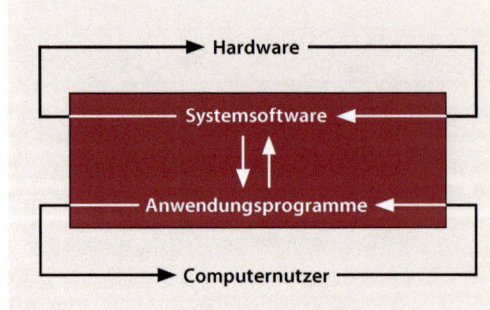

**Abb. 2** *System: Hardware-Software-Mensch*

**Aufgaben des Betriebssystems:**

- Einleitung der Startprozedur des Computers
- Koordination aller Ein- und Ausgabevorgänge der Computereinheiten
- Organisation der Speicher- und Dateiverwaltung
- Kontrolle der korrekten Verarbeitung und des Transports der Daten im System
- Anwendungsprogramme installieren und starten

**Vergleich der drei häufig verwendeten Betriebssysteme**

Drei Betriebssysteme haben sich auf dem Markt etabliert:

- *Microsoft Windows XP, Vista, 7*
- *Apple Mac OS X*
- *Linux*, das von einer weltweiten Entwickler- und Nutzergemeinde kontinuierlich weiterentwickelt wird. Linux ist nur ein Betriebssystemkern. Es wird weitere System- und Anwendersoftware benötigt, die in sogenannten Distributionen, wie z. B. openSUSE, Ubuntu oder Knoppix, enthalten ist.

**Abb. 3** *Logos der etablierten Betriebssysteme*

Beim Kauf von Komplettsystemen ist überwiegend das Betriebssystem Windows vorinstalliert. Beim ersten Start sind nur einige Eingaben für die Administrierung zu machen. Die dabei verwendeten Passwörter unbedingt gut merken!!

Auf Apple-Computern ist Mac OS installiert. Techniker und Tüftler setzen auf Linux. Etwa 80 % der PC-Nutzer arbeiten mit Windows.

Alle aktuellen Betriebssysteme lassen sich benutzergeführt installieren. Drei Dinge sind bei Installation in eigener Regie zu beachten:

- vorher Gedanken über eine eventuelle Aufteilung (Partitionierung) der Festplatte machen
- alle vergebenen Namen und Passwörter gut merken
- vor dem Surfen im Internet den Virenscanner aktualisieren und die Firewall aktivieren

**Microsoft Windows 7**

Das Wartungscenter kann den Status des Virenscanners und der Firewall überwachen und Systemsicherungen anlegen. Die Firewall ist standardmäßig aktiv und für fast alle Geräte liefert das Betriebssystem die Treiber mit.

Da Windows das Hauptangriffsziel von Hacker-Attacken ist, müssen alle Sicherheitslücken regelmäßig geschlossen werden. Das geschieht planmäßig jeden zweiten Dienstag im Monat am *Windows Patch-Day* (auf Grund der Zeitverschiebung ist er bei uns mittwochs). An diesem Tag werden gebündelt alle Neuerungen freigegeben. Für besonders kritische Lücken gibt es aber auch außerplanmäßige Updates, die das System unter dem Update-Manager automatisch lädt und installiert. Die zu installierende Software muss erst durch den Benutzer (oder Administrator) freigegeben werden. Dann werden bei der Installation Bibliotheken auf die Festplatte geschrieben und diverse Einträge in Registerdatenbanken gemacht – auch das geschieht ohne weitere Eingaben durch den Nutzer. Die meisten Programme lassen sich über die Systemsteuerung vollständig deinstallieren.

### Mac OS X
Dieses Betriebssystem darf laut Apple-Lizenzbestimmungen nur auf Apple-Hardware genutzt werden.
Wegen der relativ geringen Verbreitung sind nur wenige Computer-Viren im Umlauf. Trotzdem sollte man die standardmäßig ausgeschaltete Firewall aktiven. Für Updates gibt es keine festen Zeitpläne, ein Update-Manager prüft regelmäßig, ob Aktualisierungen vorliegen.
Die Installation von Programmen unter OS X ist denkbar einfach: Das gewünschte Tool wird in den Programmordner gezogen. Fertig! Für die Deinstallation wird der Ordner einfach gelöscht. Bei der Bereitstellung von Hardware-Treibern hat Mac OS X trotz aktualisierter Datenbank noch Nachholbedarf.

### Linux
Dieses Betriebssystem ist kostenlos, darf frei verwendet, verändert und in ursprünglicher oder veränderter Form weiterverbreitet werden. Es wird von Softwareentwicklern weltweit kontinuierlich weiterentwickelt.
Da Linux nur ein Betriebssystemkern ist (Kernel), wird weitere Software benötigt, um ein komplettes und nutzbares Betriebssystem zu erhalten. Beispiele für solche Linux-Distributionen sind Ubuntu, openSUSE und Knoppix, die ein vielfältiges Paket mit Anwendungssoftware für unterschiedliche Zwecke enthalten. Linux findet oft im Server-Bereich Anwendung, während es im privaten Gebrauch eine eher geringe Rolle spielt.
Auch für Linux sind Viren im Umlauf, allerdings nur sehr wenige. Die Firewall ist standardmäßig inaktiv. Bei den Linux-Distributionen entscheidet quasi der Programm-Manager darüber, ob sich

ein Programm komfortabel installieren lässt oder nicht. Ist das neue Programm nämlich nicht auf seiner Liste, lässt sich dieses oft nur mit komplizierten Kommandozeilen-Befehlen aufsetzen. Für alles was über die Standardtreiber hinausgeht, sollte man besser einen Informatiker bei der Hand haben.

**Abb. 4** *Programme deinstallieren*

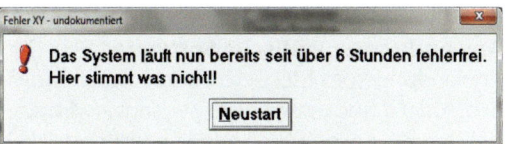

**Abb. 5** *ungewöhnliche Fehlermeldung*

### Bootvorgang
Unter Booten versteht man die Gesamtheit aller Vorgänge die ein Computer vom Einschalten bis zur Anwendungsbereitschaft durchläuft.

**1 Einschalten des PC-Systems**
- Die Komponenten werden mit Strom versorgt und können so initialisiert werden.
- Das BIOS wird aufgerufen.

**2 Laden des BIOS vom BIOS-ROM**
- Das BIOS (Basic Input/Output System) wird geladen und kontrolliert alle Vorgänge auf dem Motherboard.

**3 Power-On-Self-Test**
- POST überprüft, ob die grundlegenden Komponenten des PCs funktionsfähig sind (z. B. Grafikkarte, Arbeitsspeicher, Tastatur, Festplatte usw.).

**4 Laden der CMOS-Information**
- Alle individuellen Einstellungen, die im BIOS geändert werden können, werden geladen.

**5 Suche nach bootfähigem Medium**
- Auf Speichermedien, wie z. B. HDD, CD, USB, wird nach dem „Boot-Bit" gesucht. Es wird die festgelegte Bootreihenfolge abgearbeitet.
- Bei Start von Festplatte wird der MBR (master boot record) eingelesen.

**6 Start des Bootmanagers**
- Der Bootloader wird geladen.

**7 Betriebssystem wird gestartet**
- Es übernimmt die Kontrolle über sämtliche Vorgänge.
- Die Benutzeroberfläche wird geladen.

**Abb. 6** *Bootvorgang beim Start von Windows*

### 4.2.3 Anwendungssoftware

Anwendungsprogramme sind die Programme, mit denen der Nutzer unmittelbar zu tun hat. Mit diesen Programmen macht er seine eigentliche Arbeit, z. B. Zeichnungen, Briefe, Rechnungen erstellen. Anwendungssoftware lässt sich wie folgt unterteilen:

**Anwendungsspezifische Software**

Anwendungsspezifische Software – auch Individual- oder Branchensoftware genannt – wird speziell für die Ansprüche eines Kunden entwickelt und ist in der Regel im Handel nicht erhältlich. Außerdem muss diese Software gewartet und das Personal geschult werden, daher ist der Preis oft sehr hoch.

**Standardsoftware**

Diese Programme sind Massenware und werden für die häufigsten Erfordernisse programmiert. Vorteile der Standardsoftware:

- Kosten für den Erwerb sind niedriger
- oft ausgereifter und daher weniger fehleranfällig
- einfache Verknüpfung verschiedener betrieblicher Aufgaben (beispielsweise können in einem Office-Paket die berechneten Daten aus einer Kalkulation in ein Textdokument integriert werden)
- professioneller Support durch den Softwarehersteller
- wegen der weiten Verbreitung ist neues Personal oft mit dem Programm bereits vertraut
- vereinfachter Dateiaustausch

Nachteile der Standardsoftware:

- passt nicht immer präzise zu den betrieblichen Abläufen und Anforderungen
- Abhängigkeit von dem Softwarelieferanten
- oft überflüssige Funktionen

- innerbetriebliche Abläufe müssen häufig an die Standardsoftware angepasst werden

Als Beispiele für Standardsoftware werden hier einige Programme aus dem Microsoft Office Paket gezeigt.

**Tabelle 1** *Bestandteile des Microsoft Office-Paketes*

| | Name des Programms | Einsatz |
|---|---|---|
| | Word | Dokumente erstellen und bearbeiten |
| | Excel | Kalkulieren, Daten analysieren, freigeben und verwalten |
| | PowerPoint | dynamische Präsentationen erstellen |
| | OneNote | Notizen und Informationen verwalten |
| | Outlook | E-Mail-Konten, Adressen und Termine verwalten |
| | Publisher | Dokumente entwerfen, layouten und veröffentlichen |
| | Access | Daten in Datenbanken verwalten, freigeben, überwachen und sichern |

**Lizenzmodelle**

Anwendungsprogramme werden überwiegend auf Datenträgern wie CD und DVD oder auch im Internet zum Download angeboten und müssen installiert werden. Vor der Installation sollte man sich mit den allgemeinen Geschäftsbedingungen des Anbieters vertraut machen. In der Regel erwirbt man ein Nutzungsrecht. Je nach Lizenzmodell darf Software nicht weitergegeben oder gar kopiert werden. Nachfolgend werden die Lizenzmodelle und Softwarevarianten erläutert:

- **Freeware**
ist kostenlos, darf genutzt, kopiert und weiterverbreitet werden, solange es nicht kommerziell erfolgt.

- **Shareware**
darf als Prüf-vor-Kauf-Software frei kopiert und weitergegeben werden. Bei diesen Programmen wird man nach einer bestimmten Zeit oder Anzahl von Programmstarts aufgefordert, eine Programmlizenz zu kaufen. Nach Zahlung einer Gebühr an den Programmautor wird aus der Probe- eine Vollversion.

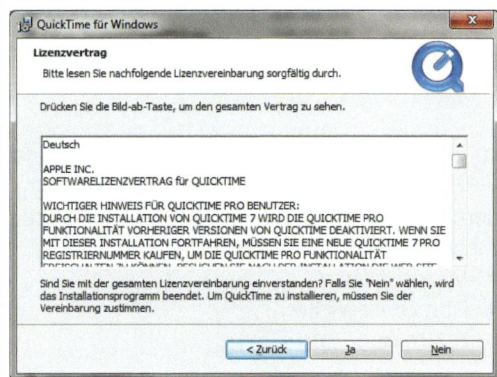

**Abb. 7** *Softwarelizenzbedingungen*

- **Vollversion**
ist ein Programm ohne Einschränkungen. Eine solche Programmlizenz wird in der Regel käuflich erworben.

- **Beta-Version**
ist eine Programmversion, die noch nicht zum Verkauf freigegeben ist. Sie wird auch Vor- oder Testversion genannt.

- **Programmversion**
meint die Versionsnummer. Je höher, umso aktueller ist in der Regel das Programm. Sie wird auch oft mit dem Jahr des Erscheinens gekennzeichnet. Aus Marketing-Gründen wird mitunter das Folgejahr genannt.

- **Plug-In-Programm**
ist ein Hilfsprogramm, das die Funktion eines Programms erweitert, z.B. Programme zur Umwandlung oder Anzeige von bestimmten Dateiformaten.

- **Bugfix**
ist ein Patch zum Beheben von Programmfehlern. Diese Patches werden auf den Websites der Software-Hersteller kostenlos zum Download angeboten.

- **Service-Pack**
ist eine Zusammenstellung von Bugfixes bzw. Verbesserungen, die in bestimmten Zeitintervallen zum Download bereitstehen.

- **Update**
aktualisiert ein bereits installiertes Anwendungsprogramm, oft erforderlich bei Aktualisierung des Betriebssystems oder Systemkomponenten, beinhaltet selten neue Funktionen und ist in der Regel kostenlos.

- **Upgrade**
ist eine Verkaufsoption für eine neue Programmversion, sie ist in der Regel kostenpflichtig, aber preiswerter als eine Vollversion.

## Softwareinstallation

Bei der Softwareinstallation werden nach dem Einlegen des Datenträgers oder beim Start einer Downloaddatei diverse Sicherheitsabfragen getätigt. Anschließend wird ein Installationsassistent geöffnet und führt den User beim Installieren des neuen Programms: Nach Anzeige der Softwarelizenzbedingungen, die akzeptiert werden müssen, erfolgt oft eine Abfrage, ob das Programm „vollständig" oder „benutzerdefiniert" installiert werden soll. Der Einfachheit halber empfiehlt sich die Einstellung „vollständig". Ein weiteres Abfragefenster bezieht sich auf den Speicherort der Dateien. Auch hier kann man dem angebotenen Installationspfad folgen. Dann wird der Fortschritt der Installation gezeigt und zum Abschluss die Nachricht „Software wurde erfolgreich installiert!" oder „Fertigstellen?" (Abb. 8).

***Abb. 8***
*Installationsschritte am Beispiel
der Microsoft Office 2010*

### 4.2.4 Texte schreiben und bearbeiten

Texte für Geschäftsdrucksachen müssen professionell erstellt und bearbeitet werden. Ebenso werden Rechnungen und Angebote heute ausschließlich mit dem PC erstellt. Der Standard-Funktionsumfang eines Textverarbeitungsprogrammes beinhaltet:

- Formatierungsmöglichkeiten
- Rechtschreibhilfe
- Synonymwörterbuch
- automatische Erstellung von Inhaltsverzeichnissen
- Bilder und Grafiken einfügen
- Serienbriefe erstellen
- paralleles Arbeiten an mehreren geöffneten Dokumenten
- Suchfunktionen innerhalb eines Dokuments u. v. m.

Windows bietet mit seinem Betriebssystem einen Texteditor an. Dieser hat außer den grundlegenden Funktionen (Speichern, Drucken, Schriftart ändern) keine Möglichkeit professionelle Textdokumente zu erstellen. WordPad ist schon ein wenig anspruchsvoller, aber noch immer nicht ausreichend.

Für professionelles Arbeiten ist man gezwungen, sich zusätzliche Software zu kaufen. Es gibt es auf dem Markt die unterschiedlichsten Textverarbeitungssysteme. Hier ein paar Beispiele:

- Microsoft Word
- LibreOffice-Writer
- Textmaker

Bekannt und oft genutzt ist das Programm Word, als Bestandteil des Microsoft Office, sowie der Writer, als Bestandteil des LibreOffice Pakets. Letzteres bietet einen vergleichbaren Funktionsumfang und wird kostenlos verbreitet. Microsoft bietet sein Paket seit dem Office 2007 mit geänderter Benutzungsführung an.

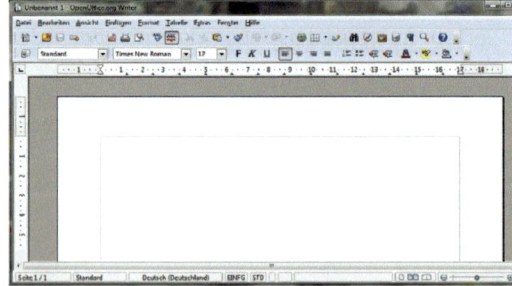

***Abb. 11*** *LibreOffice Writer mit Menüleiste und Symbolleisten*

***Abb. 9***
*Editor mit sehr
wenigen Funktionen*

***Abb. 10***
*WordPad für
einfache Ansprüche*

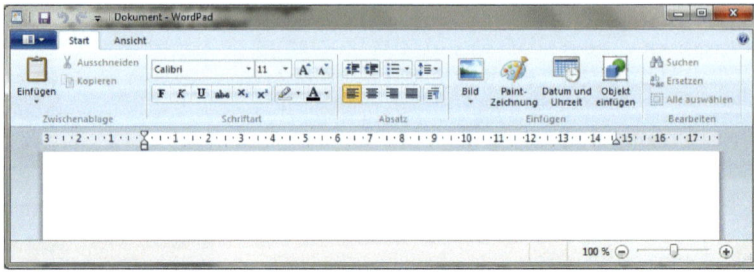

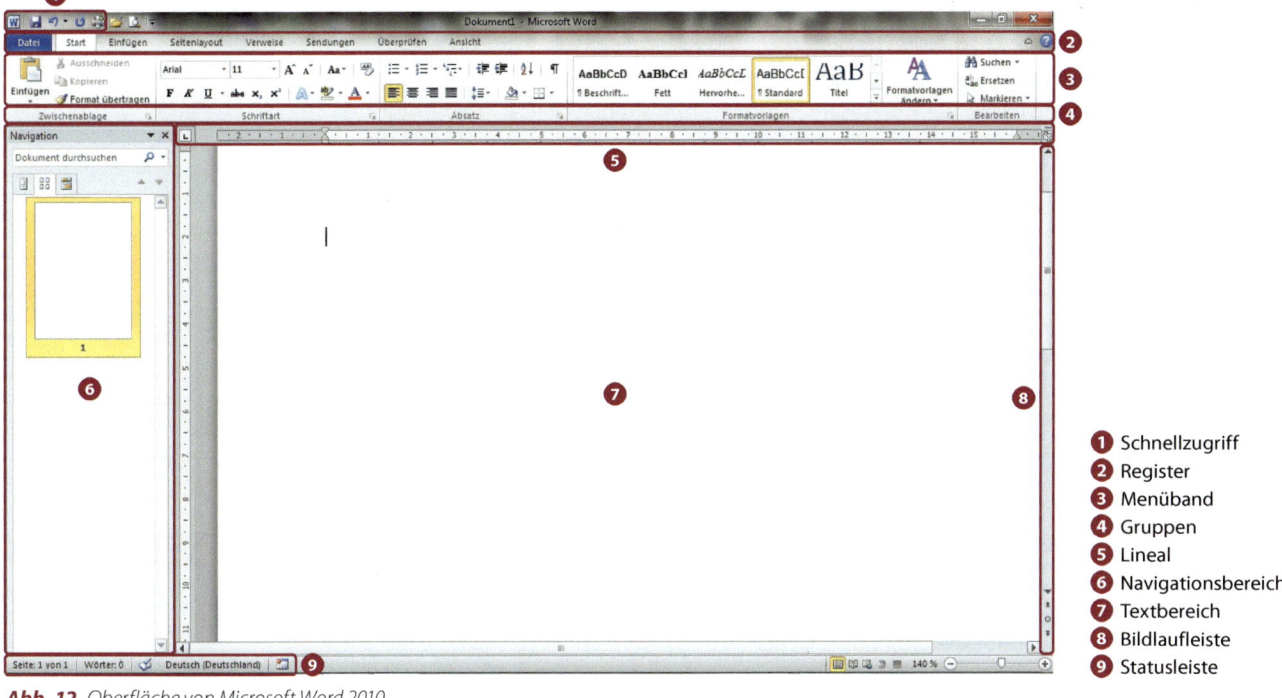

**Abb. 12** *Oberfläche von Microsoft Word 2010*

1. Schnellzugriff
2. Register
3. Menüband
4. Gruppen
5. Lineal
6. Navigationsbereich
7. Textbereich
8. Bildlaufleiste
9. Statusleiste

## Serienbrieferstellung

Sobald man Briefe gleichen Inhalts an verschiedene Empfänger versenden möchte, nutzt man die Serienbrieffunktion, z.B. bei Einladungen, Werbedrucksachen.

Gearbeitet wird mit zwei Dateien, einem Hauptdokument und einer Datenquelle. Während im Hauptdokument der eigentliche Brief formuliert wird, enthält die Datenquelle die auszuwechselnden Informationen als Datensätze (z.B. Adresse, bestätigter Termin, Kundennummern). Diese beiden Dateien sind über die Feldnamen miteinander „verbunden". Abb. 13 zeigt die Zusammenführung von Hauptdokument und Datenquelle in der Serienbrieffunktion. Es entsteht ein bearbeitbares Textdokument – der Serienbrief.

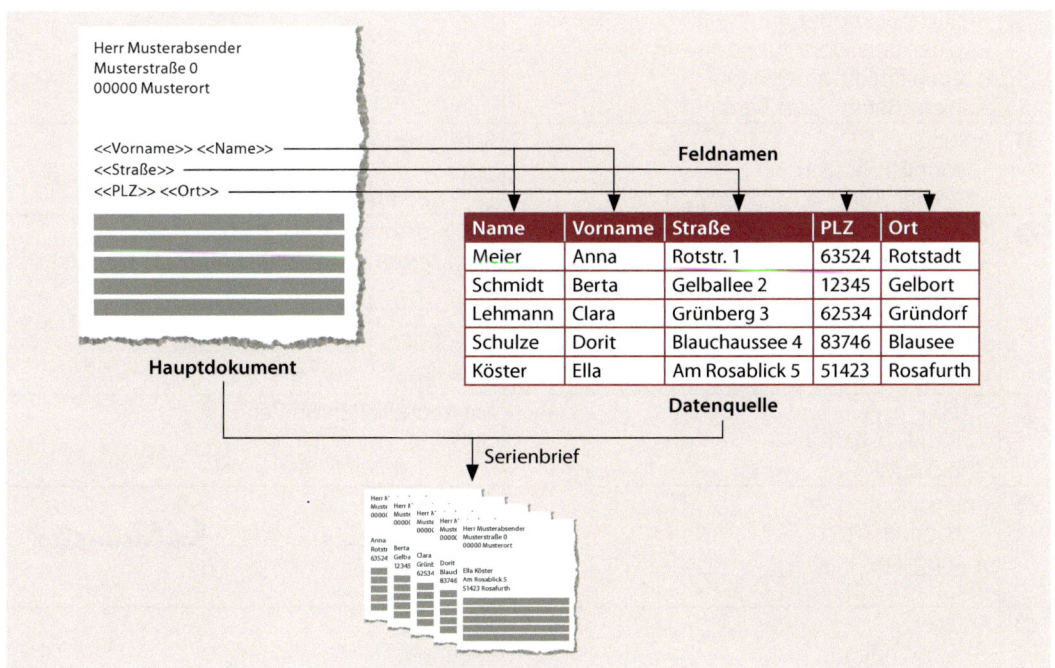

**Abb. 13** *Zusammenführung von Hauptdokument und Datenquelle*

## Geschäftsbriefe

Die Erstellung von Geschäftsbriefen ist in DIN 5008-2005 genormt. Darin ist festgelegt, wie Briefe zweckmäßig und übersichtlich zu gestalten sind (zu finden auch im Duden).

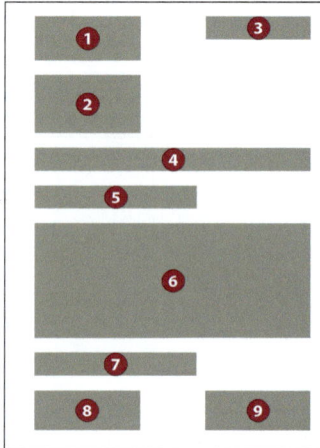

Gestaltungshinweise:

- Adressfeld, Betreff, Text, Grußformel linksbündig
- keine Hervorhebung (außer Betreff)
- durchgängig gleiche Schriftart (z. B. Arial)
- durchgängig gleiche Schriftgröße (11–12 Punkt)
- durchgängig schwarz
- Faltung in drei gleich große Teile

*Abb. 14*
*Textfelder eines*
*Geschäftsbriefes*

**Tabelle 2** *Erläuterungen zum Aufbau von Geschäftsbriefen nach DIN 5008*

| Nr. | DIN 5008 | Beispiel |
|---|---|---|
| ❶ | Angabe des Absenders<br>– Name, Vorname<br>– Straße Hausnummer<br>– Postleitzahl Ort<br>– evtl. Telefonnummer, Email-Adresse | Schlaumeier, Jürgen<br>Zeigerallee 17 a<br>08151 Glückauf<br>Tel.: 0465 873524 |
| ❷ | Angabe des Empfängers<br>– Empfänger – Einrichtung<br>– Empfänger – Person<br>– Straße Hausnummer<br>– Postleitzahl Ort | Schwachstrom GmbH<br>Frau Meier<br>Kunststraße 19<br>56834 Pechstadt |
| ❸ | Datum<br>– immer einheitlich im Brief | 30.09.2012 oder<br>30. September 2012 oder<br>30. Sept. 2012 |
| ❹ | Betreffzeile<br>– wesentliches Anliegen des Briefes<br>– Stichpunkt oder<br>– eine kurze Wortgruppe<br>– auch fett ausgezeichnet<br>– nicht: Betreff: oder Betr.: | Bewerbung für die Ausbildung zum Elektroniker |
| ❺ | Anrede<br>– förmlich, höflich<br>– immer: Komma nach der Anrede | Sehr geehrte Damen und Herren,<br>oder<br>Sehr geehrte Frau Meier, |
| ❻ | Text<br>– kurz und prägnant<br>– ohne Füllworte<br>– unübliche Fremdworte vermeiden<br>– ohne Dopplungen<br>– sachlich, objektiv | Auf Ihrer Internetseite suchen Sie einen motivierten, zielstrebigen Auszubildenden … |
| ❼ | Grußformel<br>– förmlich, höflich<br>– nicht: MfG | Mit freundlichen Grüßen |
| ❽ | Unterschrift<br>– handschriftlich<br>– möglichst blau | *Schlaumeier*    oder:    *Schlaumeier*<br>Schlaumeier |
| ❾ | Anlagen<br>– wenn nötig<br>– unter die Unterschrift oder rechts daneben | Anlagen:<br>Lebenslauf<br>Halbjahreszeugnis |

## 4.2.5 Mathe-Power mit Microsoft Excel 2010

Moderne Betriebssysteme bieten dem Nutzer einen „Taschen"rechner an. Damit lassen sich Berechnungen ausführen, die Ergebnisse kopieren und in andere Dokumente einfügen, aber nicht abspeichern. Für weitergehende Berechnungen benötigen wir ein **Tabellenkalkulation**sprogramm. Neben Microsoft Excel wird zu diesem Zweck auch die Software Calc aus dem LibreOffice genutzt. Durch Eingabe von Formeln werden damit Berechnungen ausgeführt. Die Ergebnisse können in andere Programme übertragen werden. Weiterhin ist es möglich, Zahlenwerte einer Tabelle mit Hilfe von Diagrammen grafisch darzustellen.

Nach dem Programmstart erscheint ein Tabellenblatt, das zu einer Mappe gehört, auch *Arbeitsmappe* genannt. Standardmäßig enthält eine Mappe 3 Tabellenblätter, denen weitere hinzugefügt werden können.

Vorteile der Tabellenblätter:
- Eine Tabelle kann in einzelne kleinere Tabellen auf verschiedenen Tabellenblättern aufgeteilt werden.
- Tabellenblätter, deren Daten logisch zusammenhängen, können in einer Arbeitsmappe gespeichert werden.
- Tabellenblätter mit gleichem Aufbau können in einer Arbeitsmappe gesammelt werden.

Das Tabellenblatt ist in Zellen aufgeteilt. Jede Zelle kann wie bei einem Schachbrett durch eine Spalten- und Zeilenbezeichnung genau bestimmt werden. Die Spalten werden mit Buchstaben (A bis Z, danach AA, AB, AC bis XFD), die Zeilen mit Zahlen (von 1 bis 1048576) bezeichnet. Somit erhält jede Zelle eine eindeutige Adresse. Welche Zelle gerade angewählt ist, sieht man an dem dicken Rahmen um diese Zelle und im Namensfeld links oben in der Bearbeitungszeile.
Menüleisten können individuell angepasst werden.

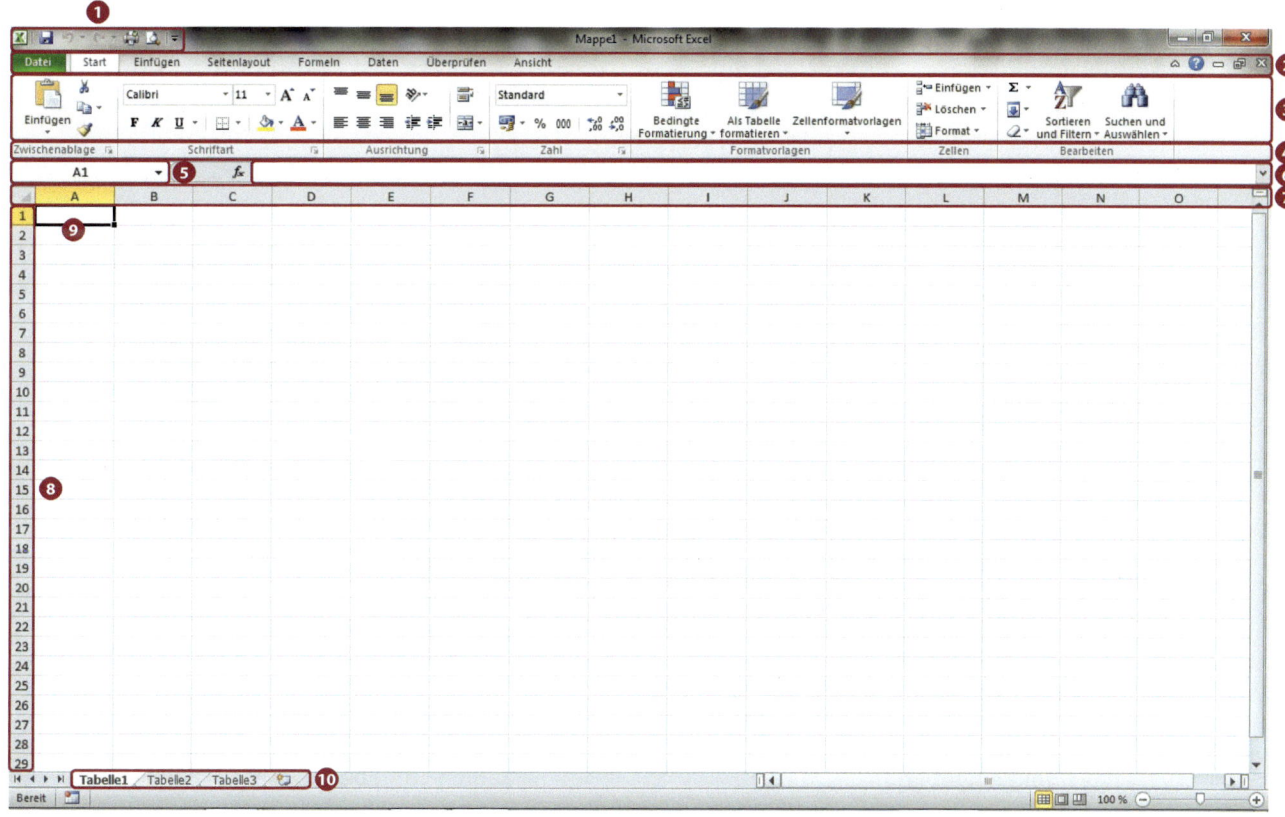

| ❶ Schnellzugriff | ❺ Namensfeld | ❾ aktive Zelle |
| --- | --- | --- |
| ❷ Register | ❻ Bearbeitungsleiste | ❿ Tabellenregister |
| ❸ Menüband | ❼ Spaltenkopf | |
| ❹ Gruppen | ❽ Zeilenkopf | |

***Abb. 15*** *Benutzeroberfläche vom Microsoft Excel 2010*

**Tabelle 3** *Markierungen*

| Was soll markiert werden? | So geht's! | |
|---|---|---|
| eine einzelne Zelle | Mit der linken Maustaste auf eine Zelle klicken. | |
| mehrere benachbarte Zellen | Mit der linken Maustaste auf die erste Zelle klicken und mit gedrückter linker Maustaste bis zur letzten Zelle des gewünschten Bereiches ziehen. | |
| mehrere nicht zusammenhängende Zellen | Die [Strg]-Taste gedrückt halten und mit der linken Maustaste über die gewünschten Zellen ziehen. | |
| eine ganze Spalte | Spaltenkopf mit der linken Maustaste anklicken. | |
| eine ganze Zeile | Zeilenkopf mit der linken Maustaste anklicken. | |
| das ganze Tabellenblatt | Auf den Schnittpunkt von Zeilen- und Spaltenkopf klicken. | |

## Markierungen

Für das Bearbeiten von Tabellen ist es notwendig Zellen, Zeilen oder Spalten zu markieren. Die Tabelle 3 gibt eine Übersicht über Markierungsmöglichkeiten.

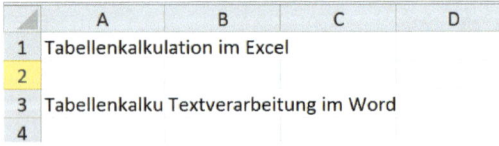

## Dateneingabe

Excel unterscheidet drei verschiedene Arten von Daten: **Zahlen**, **Formeln** und **Text**.

## Text eingeben

Werden Buchstaben eingegeben, werden diese automatisch als Text erkannt. Texte werden in der Standardeinstellung *linksbündig* platziert.
Ist der Zelleintrag breiter als die Spaltenbreite, wird die nachfolgende Zelle überdeckt, sofern sie leer ist. Wenn die rechte Nachbarspalte eines Texteintrages nicht leer ist, wird die Anzeige, nicht aber

der Inhalt des Textes abgeschnitten. In solch einem Fall muss die Spaltenbreite für eine vollständige Anzeige der Daten geändert werden.

## Zahlen eingeben

Werden in eine Zelle ausschließlich Ziffern eingetragen, werden diese Ziffern als Zahl interpretiert. Negative Zahlen müssen mit einem Minuszeichen eingegeben werden.

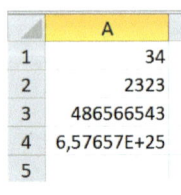

Zahlen werden in der Standardeinstellung *rechtsbündig* platziert. Sehr große Zahlen werden in der Exponentialschreibweise dargestellt.

## Formeleingabe

Bei der Formeleingabe sind zwei Grundregeln zu beachten:
- Formeln werden immer mit einem „="-Zeichen begonnen
- In Formeln sind nur Funktionen, Rechenzeichen und Zellbezeichnungen einzugeben; Zahlen nur, wenn es Formeln vorschreiben, z. B. r*f/2=d

### TIPP:
Die sicherste Methode die richtige Zellbezeichnung einzugeben, ist das Anklicken der Zelle mit der Maus.

Formeln werden nun wie folgt in die Spalte D eingegeben (Abb. 16):

|   | A | B | C | D |
|---|---|---|---|---|
| 1 |   |   | Einzelpreis | Gesamt |
| 2 | Anzahl der Schalter | 3 | 5,81 | =B2*C2 |
| 3 | Leitung in Meter | 2,5 | 0,98 | =B3*C3 |
| 4 | Arbeitsstunden | 7 | 16,74 | =B4*C4 |
| 5 |   |   |   |   |
| 6 |   |   | Summe | =SUMME(D2:D4) |

**Abb. 16** *Formeleingabe*

## Schnelle Addition

Wenn Sie viele Zahlen addieren sollen, ist die eben beschriebene Vorgehensweise sehr umständlich. Excel bietet eine einfachere Möglichkeit:
Verwendet wird dazu das Summenzeichen Σ wie folgt:
1. Zelle für Formeleingabe anklicken
2. Register Start/Gruppe Bearbeiten
3. Summenzeichen Σ wählen
   Excel schreibt automatisch die Summenfunktion in die Zelle und macht einen Vorschlag für einen Zahlenbereich der addiert werden soll z. B. =SUMME(A2:B6)
   Zu beachten ist, dass der Doppelpunkt kein Divisionszeichen ist, sondern soviel wie „bis" ausdrücken soll.
4. eventuell richtigen Zahlenbereich mit der Maus markieren
5. Formel mit Enter bestätigen

## Funktionen

Neben den mathematischen Grundoperationen bietet Excel weitere Funktionen an. So kann ebenfalls der Sinus, Cosinus berechnet werden oder die Wurzel gezogen werden.
Für die Anwendung muss eine Syntax (grundsätzlicher Aufbau) eingehalten werden. Tabelle 4 zeigt einige Beispiele.

**Tabelle 4** *Funktionen (Auswahl)*

| Beschreibung | Synatax | Beispiel |
|---|---|---|
| Kleinste Zahl aus einem Bereich anzeigen | =MIN(<Zellbereich>) | =MIN(A1:B7) |
| Größte Zahl aus einem Bereich anzeigen | =MAX(<Zellbereich>) | =MAX(A1:B7) |
| Durchschnitt berechnen | =MITTELWERT(<Zellbereich>) | =MITTELWERT(A1:B7) |
| Wurzel ziehen | =WURZEL(<Zahl>) | =WURZEL(A7) =WURZEL (A7+A1) |
| Sinus berechnen | =SIN(<Zahl>) | =SIN(A7) |
| Cosinus berechnen | =COS(<Zahl>) | =COS(A1) |

## Runden

Bei der Eingabe der Funktion für das Runden von Zahlen werden 2 Angaben benötigt: Welche Zahl (welches Ergebnis) soll gerundet werden? Auf wieviel Dezimalstellen soll gerundet werden?
Dem entsprechend ist die Rundungsfunktion aufgebaut.
z. B.   =Runden(A7;2)
        =Runden (A7/A1;1)

## Datums- und Zeitangaben

Für eine schnelle Eingabe des aktuellen Datums bzw. der Uhrzeit, wird die folgende Tastenkombinationen verwendet:

Datum:            Strg + •
Datum + Uhrzeit:   Strg + Shift + •

Beim Speichern und einem späteren Öffnen der Datei bleiben die angezeigten Daten bestehen. Verwendet man hingegen Funktionen, wird die Angabe bei jeder Berechnung innerhalb der Exceltabelle oder beim Öffnen der Datei aktualisiert.

Datum:   =HEUTE()
Uhrzeit:  =JETZT()

Datums- und Zeitangaben können beliebig formatiert werden.

## Autofüllfunktion

Mit der Autofüllfunktion wird die Eingabe automatisch fortgesetzt. Das funktioniert bei Texten, Zahlen und Formeln. Ebenso kann man Listen definieren, die bei Eingabe von nur einem Eintrag aus der Liste wiedergegeben werden.
Die Anwendung ist einfach: Schaut man sich die Markierung einer Zelle (oder zweier Zellen) an, sieht man in der rechten unteren Ecke der Markierung ein sogenanntes Ausfüllkästchen. Dieses wird

mit dem Cursor angeklickt und in die gewünschte Richtung (rechte, unten, links, oben) gezogen.

Beispiel: Die Berechnung in Zelle D2 erfolgt herkömmlich (=B2*C2).
Schiebt man den Cursor über das markierte Kästchen, wird dieser als Kreuz angezeigt. Nun anklicken und herunterziehen.

| | A | B | C | D |
|---|---|---|---|---|
| 1 | | Faktor | Einzelpreis | Gesamt |
| 2 | Anzahl der Schalter | 3 | 5,81 | 17,43 |
| 3 | Leitung in Meter | 2,5 | 0,98 | |
| 4 | Arbeitsstunden | 7 | 16,74 | |
| 5 | Anzahl Bohrungen | 3 | 2,5 | |
| 6 | Anzahl Klemmen | 5 | 0,35 | |
| 7 | Anfahrtsweg | 1 | 34,99 | |

**Abb. 17** *Autofüllfunktion*

In den Zellen der Spalte D werden die gewünschten Berechnungen ausgeführt:

*(a)*

| | A | B | C | D |
|---|---|---|---|---|
| 1 | | Faktor | Einzelpreis | Gesamt |
| 2 | Anzahl der Schalter | 3 | 5,81 | 17,43 |
| 3 | Leitung in Meter | 2,5 | 0,98 | 2,45 |
| 4 | Arbeitsstunden | 7 | 16,74 | 117,18 |
| 5 | Anzahl Bohrungen | 3 | 2,5 | 7,5 |
| 6 | Anzahl Klemmen | 5 | 0,35 | 1,75 |
| 7 | Anfahrtsweg | 1 | 34,99 | 34,99 |

*(b)*

| D |
|---|
| Gesamt |
| =B2*C2 |
| =B3*C3 |
| =B4*C4 |
| =B5*C5 |
| =B6*C6 |
| =B7*C7 |

**Abb. 18** *Ergebnisse nach Anwendung der Autofüllfunktion (a) und Formeln nach Anwendung der Autofüllfunktion (b)*

Alle Formeln verändern sich entsprechend der Ausfüllrichtung. Das bedeutet, wenn man die Autofüllfunktion nach unten (oder oben) verwendet, werden nur die Zeilenangaben innerhalb der Formeln verändert

### Relative und absolute Zellbezüge
Gelegentlich wird die Autofüllfunktion bei einer Berechnung angewendet, bei der sich innerhalb der Formel eine Zelle nicht verändern darf. Dazu

wird diese spezielle Zelle in der Formel „festgesetzt" – es wird ein absoluter Zellbezug hergestellt.

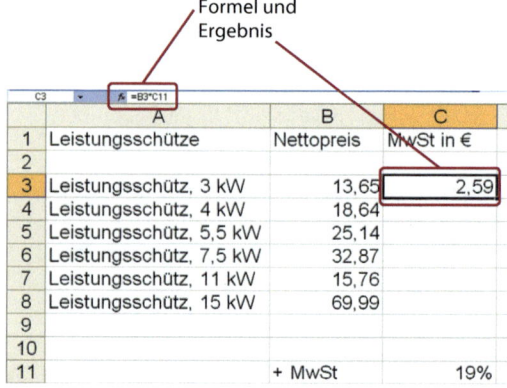

**Abb. 19** *Absoluter Zellbezug*

Wendet man in Abb. 19 die Autofüllfunktion an, würde in die darunter liegende Zelle die Formel =B4*C12 eingesetzt werden (danach =B5*C13 …). B4 wäre die richtige Zelle für die nächste Berechnung, aber die Zelle C11 muss aus der Originalformel bestehen bleiben.

Dieses Beibehalten bzw. Festsetzen der Zelle erfolgt durch Eingabe eines Dollarzeichens ($) vor der entsprechenden Zeile bzw. Spaltenangabe. In unserem Beispiel ist es also erforderlich, die Originalformel =B3*C11 in =B3*$C$11 zu verändern oder auch in =B3*C$11.
Die F4-Taste erleichtert die Eingabe des Dollarzeichens. Dazu setzt man den Cursor an eine beliebige Stelle in die zu bearbeitende Zellbezeichnung und drückt die F4-Taste.

### Kopieren und Verschieben von Zellen
Am leichtesten ist es, die markierten Zellen am Rahmen anzuklicken und zu verschieben. Zum Kopieren von Zellen wird während des Verschiebens die Strg-Taste gedrückt gehalten. Auch beim Kopieren von Texten finden direkte Zellbezüge ihre Anwendung.

**Tabelle 5** *Taste zur Eingabe des Dollarzeichens in Excel*

| Eingabe mit der F4-Taste | Schreibweise | Erläuterung | Zellbezug |
|---|---|---|---|
| 1 x drücken | $C$11 | festsetzen der Spalte C und der Zeile 11 | absolut |
| 2 x drücken | C$11 | setzt nur die Zeile fest (Spalte würde sich verändern) | gemischt |
| 3 x drücken | $C11 | setzt nur die Spalte fest (Zeile würde sich verändern) | gemischt |
| 4 x drücken | C11 | Zeilen und Spalten können sich verändern | relativ |

## Diagrammerstellung

Ein weiteres Feature von Tabellenkalkulationen ist die grafische Darstellung von Zahlenverhältnissen, Tendenzen und Zusammenhängen in Diagrammen.

In Excel 2010 kann nach der Markierung der relevanten Daten im Register „Einfügen" der Diagrammtyp ausgewählt werden.

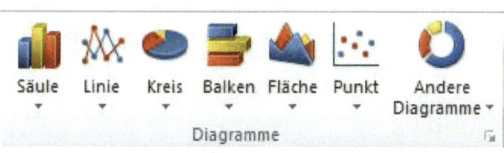

**Abb. 20** *Erstellen von Diagrammen*

Die weitere Formatierung ist im Register „Tabellentools" unter „Entwurf", „Layout" und „Format" möglich. Oft reicht ein Doppelklick auf ein Diagrammbestandteil (Hintergrund, Überschrift, Legende oder Achsen), um in dem sich öffnenden Fenster Einstellungen zu diesem Diagrammbestandteil vorzunehmen. Auch der Klick mit der rechten Maustaste auf ein Diagrammteil bietet Formatierungsmöglichkeiten an.

In LibreOffice Calc klickt man nach der Markierung in der Symbolleiste das Diagrammsymbol an. Der Diagramm-Assistent öffnet sich und führt in vier Schritten zum gewünschten Diagramm. Für die weitere Feinarbeit gibt es drei Möglichkeiten: Nach einem Doppelklick auf das Diagramm die kleine Symbolleiste, Rechtsklick auf das Diagramm oder Doppelklick auf ein Diagrammbestandteil.

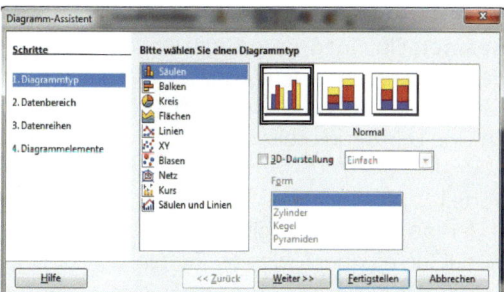

**Abb. 21** *Diagrammassistent im LibreOffice Calc*

## 4.2.6 Vorträge und Präsentationen

Die Präsentation unterscheidet sich vom herkömmlichen Vortrag insbesondere durch den funktionellen Einsatz der moderner Medien. Präsentieren ist eine Informationsvermittlung, bei der verschiedene Wahrnehmungsmöglichkeiten der Zuhörer angesprochen werden. Eine geschickte Gestaltung von Präsentationen fördert die Konzentration und Aufmerksamkeit der Zuhörer und damit auch die Behaltensquote des Gesagten.

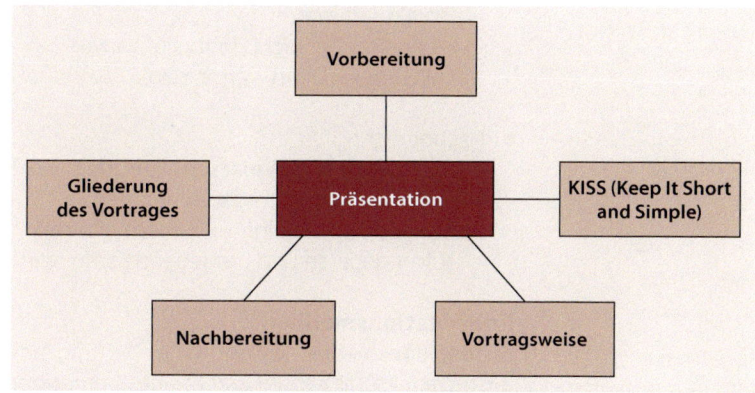

**Abb. 22** *Fünf wesentliche Kriterien für eine gute Präsentation*

- Vorbereitung
  - Pünktlichkeit
  - Kennen der räumlichen Gegebenheiten (Raumausstattung)
  - Präsentation publikumsgerecht erstellen
  - Fachkompetenz
  - Üben der Präsentation (auch vor dem Spiegel)
  - die ersten und die letzten drei Sätze auswendig lernen
  - Ausdrucke für das Publikum vorbereiten

- Gliederung des Vortrages
  - Begrüßung
  - Vorstellung (sich selbst)
  - Thema nennen
  - Inhaltsübersicht über Präsentation
  - eigentliche Präsentation muss dieser Inhaltsübersicht folgen
  - Zusammenfassung
  - Ende mit einer Pointe

- KISS (Keep It Short and Simple)
  - wenig Text
  - aussagekräftige Überschriften
  - Medien einsetzen
  - bei Aufzählungen nicht mehr als sieben Stichpunkte je Folie
  - Demos und Beispiele

- Vortragsweise
  - Inhalte adressatenbezogen aufarbeiten (ist es beispielsweise ein Vortrag vor der Klasse oder einemSchulgremium)
  - Blickkontakt zum Publikum
  - stehend vor der Klasse

– Körperhaltung, Mimik, Gestik, Lautstärke und Tempo beachten
– dem Publikum Denkpausen gewähren
– langsames und freies Reden evtl. mit Stichwortzettel
– Dialekt reduzieren
– lebendig, aber nicht „hibbelig" wirken
– Füllwörter wie „äh" vermeiden

■ Nachbereitung
– Aufräumen und Einpacken aller Utensilien
– Rückmeldungen entgegennehmen
– Fehler (in Folienfolgen, Rechtschreibung) sofort notieren und umgehend korrigieren

### Präsentationsmedien

Präsentationsmedien können einen Vortrag unterstützen, im Mittelpunkt steht aber immer der Vortragende selbst. In der Praxis sind drei Präsentationsmedien üblich:

**Whiteboard:** Es ermöglicht die Einbeziehung der Zuhörern beim Brainstorming oder bei der Entwicklung von Prozessen.

Vorteil:
■ Fehler können sofort korrigiert werden
■ Tafel ist magnetisch; vorgefertigte Texte, Zeichnungen können befestigt werden

Nachteil:
■ aufwändiger Transport
■ Schreiben sollte geübt werden (Platzeinteilung, Lesbarkeit)
■ Anschaffungs- und Folgekosten

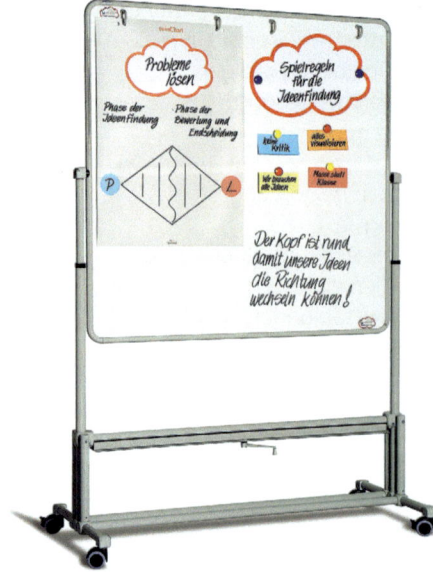

*Abb. 23* Whiteboard

**Flipchart:** Ein übergroßer Papierblock, der beschrieben werden kann.

Vorteil:
■ Geschriebenes bleibt bestehen

Nachteil:
■ vorgefertigte Texte, Bilder lassen sich schlecht befestigen
■ relativ groß
■ Ersatzpapier und -stifte müssen vorhanden und griffbereit sein.

*Abb. 24* Flipchart

**Beamer:** Ein Video- bzw. Digitalprojektor, der Bilder aus einem visuellen Ausgabegerät (Computer, DVD-Player, Videorekorder) in vergrößerter Form an eine Leinwand projiziert.

Vorteil:
■ fertige Handouts; es gibt keine Überraschungen mit leeren oder fehlenden Stiften, defekten Glühbirnen etc., Korrekturen an den „Folien" sind problemlos ausführbar
■ einfacher Einbau von Bildern, Audio- und Videodateien
■ die Konzentration ist mehr auf das Publikum gerichtet

Nachteil:
■ Aufbau und Anschluss einer Anlage sowie vor Ort eingesetzte Software muss beherrscht werden

## PowerPoint-Formate

Beim Speichern einer PowerPoint-Präsentation unter Microsoft Office 2010 wird normalerweise die Dateiendung „pptx" angelegt. Eine Datei mit dieser Endung muss mit der F5-Taste oder über das Menü „Bildschirmpräsentation" geöffnet werden. Um eine Präsentation sofort mit dem Öffnen der Datei zu starten, müsste beim Speichern das Format „ppsx" gewählt werden.

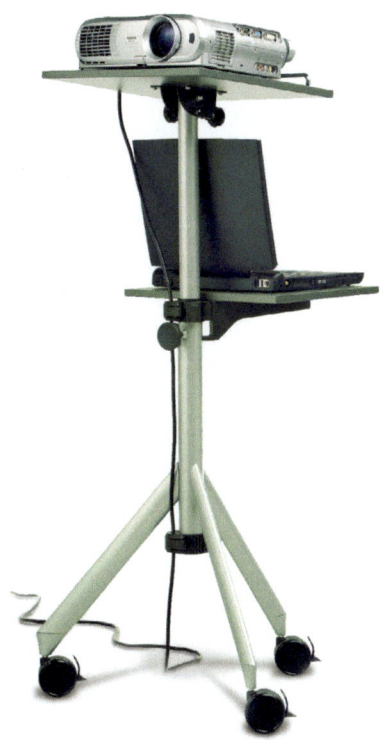

*Abb. 25* Laptop mit Beamer

**Tageslichtprojektoren** sind heute kaum noch im Einsatz, da erstellte Folien oft veralten, bearbeitet und erneut ausgedruckt werden müssten.

### Präsentieren mit Microsoft PowerPoint 2010

Nach dem Start des Programms zeigt sich die folgende Oberfläche:

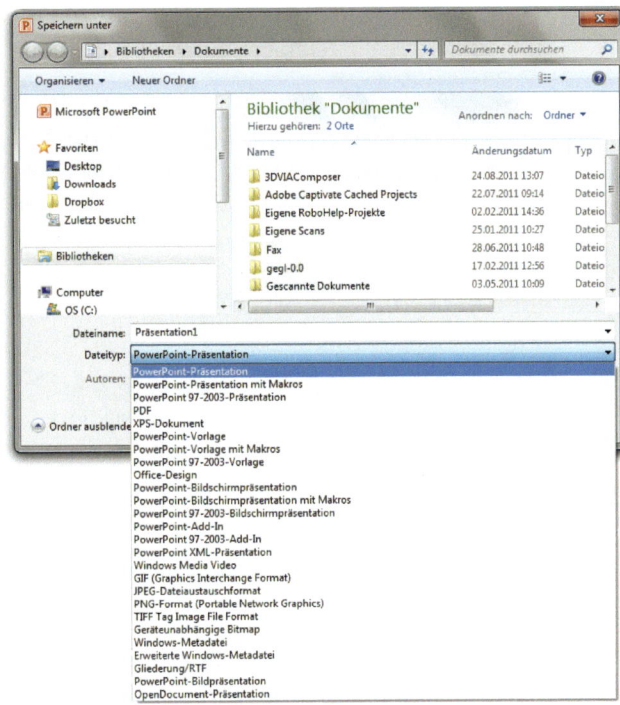

*Abb. 27*
*PowerPoint-Formate beim Speichern wählen*

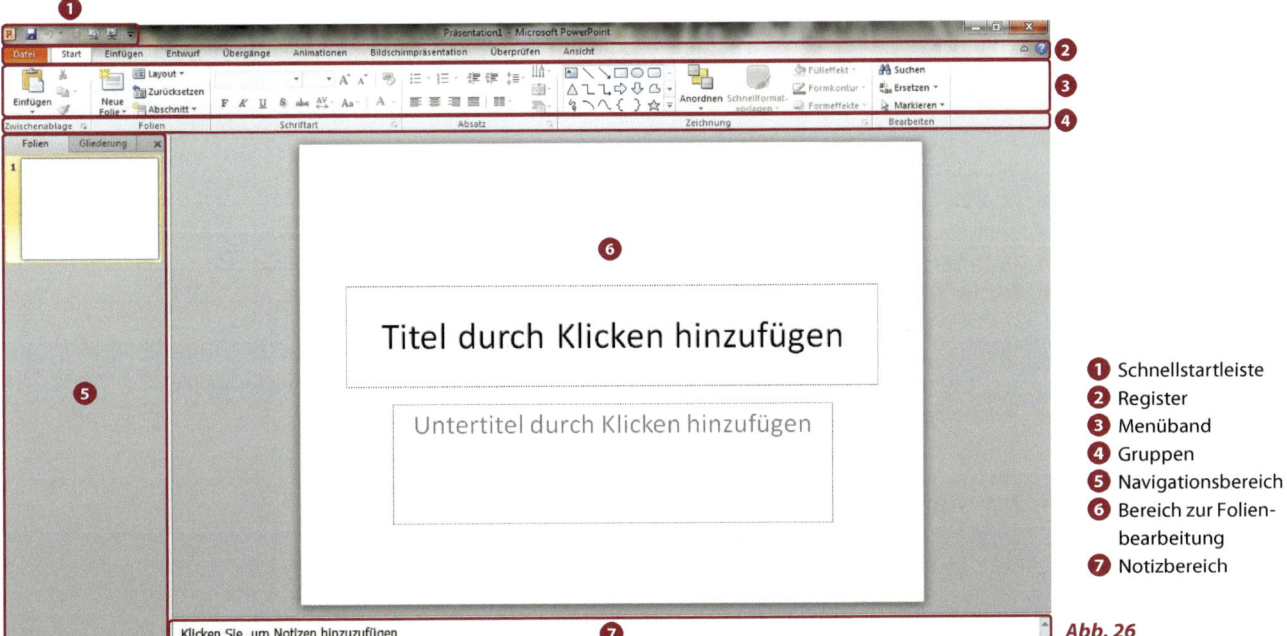

1 Schnellstartleiste
2 Register
3 Menüband
4 Gruppen
5 Navigationsbereich
6 Bereich zur Folien-
bearbeitung
7 Notizbereich

*Abb. 26*
*PowerPoint-Oberfläche*

### Animationen

Eine Präsentationsdatei besteht nicht nur aus starren Folien. Allen Objekten, Zeichnungen, Bildern und Texten können über das Register „Animationen" Bewegung zugewiesen werden. Die Art der Animation, Geschwindigkeit, Zeitpunkt des Startens, Wiederholungen, Sound usw. können individuell eingestellt werden: Nicht jedes Objekt einer Präsentation muss animiert sein und es müssen auch nicht alle Animationsarten in einer Präsentation verwendet werden. Ein Zuviel verwirrt eher und stört die Konzentration auf den Inhalt.

### Tipps für die Foliengestaltung

Folien sind kein Lesemedium, sie sollen den Vortrag ergänzen und nicht vervielfachen. Folien werden eingesetzt, um Informationen besser zu vermitteln.

Tipps zur Foliengestaltung:
- einheitliches Folienlayout verwenden
- ein Gedanke je Punkt, Telegrammstil
- nicht mehr als 7 Stichpunkte je Folie
- Schrift „fett", und größer als 16 bis 24 Punkt
- einheitliche Schriftart verwenden, z. B. Tahoma, Arial
- keine Spielereien bei der Animation (Titel werden nicht animiert!)
- Animationen einheitlich verwenden, z. B. die Richtung
- kontrastreiche Farbzusammensetzung, aber sparsamer Umgang mit Farben
- Farbcodes verwenden und beibehalten
- Folien nummerieren

Das ultimative 1x1 für eine schlechte Präsentation:
- dem Publikum den Rücken zukehren
- sich „verstecken" (z. B. hinter Monitor)
- mit dem Körper das eingesetzte Medium verdecken
- zu viele Folien und zu schneller Wechsel
- Hektik
- das Vorlesen der Folien
- trockene Fakten ohne Leidenschaft und Humor
- Entschuldigungen, warum der Vortrag nicht so gut lief
- leise reden mit ausgeprägtem Dialekt

### 4.2.7  Austauschformate

Bei der Vielfalt an Programmen gibt es oft Probleme, wenn man Dateien austauschen möchte. Entweder hat ein Partner nicht das entsprechende Programm oder aber das richtige Programm, aber möglicherweise eine andere Programmversion. Die Softwarehersteller haben hier verschiedene Lösungen gefunden:
- Nutzung von kostenloser, frei downloadbarer Software (z. B. LibreOffice.org)
- die Programme können eine Vielzahl von Dateiformate lesen und abspeichern
- kostenlose Tools über die man sich Dateien anschauen kann, sog. Viewer (z. B. Microsoft Office das Compatibility Pack für Word-, Excel- und PowerPoint-Dateiformate) – man kann Dateien anzeigen und drucken, aber nicht bearbeiten und speichern
- Austauschformate sind Dateiformate, die unter verschiedenen Anwendungsprogrammen und auch Betriebssystemen verwendet werden können.

Austauschformate gibt es für die unterschiedlichsten medialen Dateiformate: Texte, Grafiken, Bilder, Audio, Video usw. Das bekannteste Austauschformat für Dokumente ist das PDF-Format. Unabhängig von Schriften, Software und Betriebssystemen werden PDF-Dateien so angezeigt, wie sie in den jeweiligen Anwendungsprogrammen erstellt wurden. Man benötigt nur den kostenlosen Adobe Acrobat Reader. PDF-Dateien sind kleiner als ihre Quelldateien und lassen sich daher gut für Internetseiten nutzen. Um ein PDF-Dokument zu bearbeiten wird eine kostenpflichtige Software benötigt (Abb. 29). Die Tabelle 6 gibt einen Überblick über weitere Austauschformate:

**Tabelle 6** *Austauschformate*

| Art der Anwendung | Formate |
|---|---|
| Dokumente | pdf, eps |
| Texte | txt, rtf, raw, html |
| Bilder | tiff, jpg, gif |
| Grafiken | dxf, dwg |
| Audios | mp3 |
| Tabellenkalkulationen | csv |
| Datenbanken | db |
| Videos | mxf, mp4 |

Beim Abspeichern einer Datei kann man sich für ein Austauschformat entscheiden.

**Abb. 28** *Adobe-PDF-Icon*

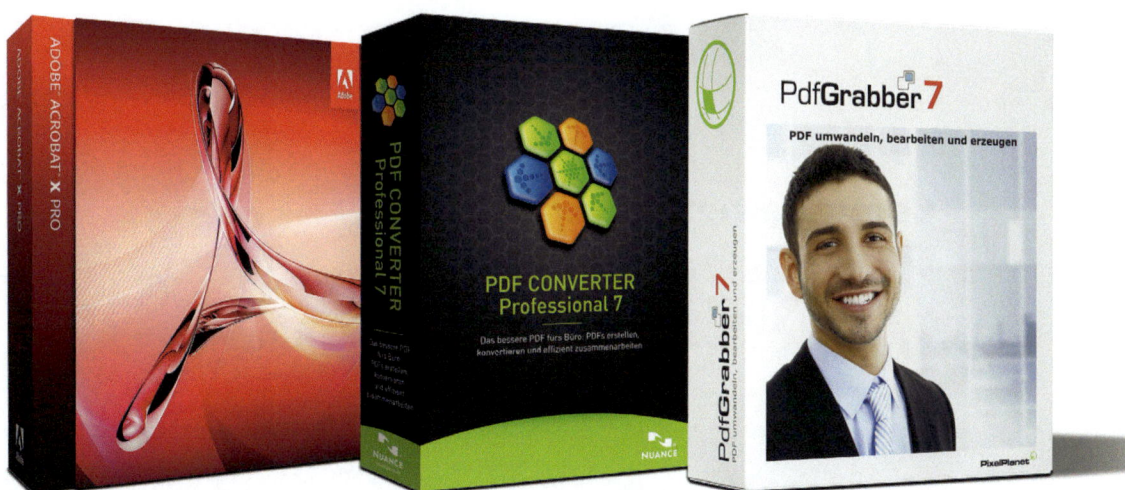

***Abb. 29*** *professionelle Tools zum Bearbeiten von PDF-Dokumenten*

**Computernetzwerke**

# „Spidermans Rache"

Da Herr Glück und seine Mitarbeiter oft Kunden besuchen müssen, um vor Ort Installationsleistungen zu planen, wurde ein tragbarer Computer (Notebook) angeschafft.

Nun möchte Herr Glück, dass er und zwei seiner Mitarbeiter die Möglichkeit erhalten, die auf dem Notebook befindlichen Dateien regelmäßig mit dem PC im Geschäft abzugleichen. Und auch den am PC angeschlossenen Drucker würde er gern von beiden Rechnern aus benutzen können. Herr Glück weiß noch nicht, wie das zu bewerkstelligen ist. Am liebsten hätte er ein kleines Netzwerk.

**Lernjobs**

**1.**

Überlegen Sie, welche technischen Möglichkeiten Herr Glück hat, um Dateien zwischen seinem PC und dem Notebook auszutauschen. Wägen Sie die Vor- und Nachteile der verschiedenen Lösungen ab.

**3.**

Diskutieren Sie mit einem Mitschüler, welche Art der Computervernetzung hier sinnvoll ist. Treffen Sie eine Entscheidung und begründen Sie diese vor der Klasse.

**2.**

Untersuchen Sie, mit welchen externen Datenschnittstellen die beiden Computer bereits ausgerüstet sind. Welche dieser Schnittstellen lässt sich für die Datenverbindung zwischen den beiden Geräten nutzen? Wie hoch ist deren maximale Übertragungsgeschwindigkeit?

**4.**

Welche Hardware muss für die von Ihnen gewählte Art der Vernetzung beider Computer beschafft werden? Informieren Sie sich über Angebote im Fachhandel. Schreiben Sie eine Einkaufsliste und berechnen Sie die entstehenden Kosten.

**5.**

Nichts funktioniert ohne Software. Erst wenn die Netzwerkschnittstellen eingerichtet und die Daten zugänglich gemacht sind, kann Herr Glück sein Mininetzwerk benutzen. Hierfür braucht man allerdings Fachwissen. Lösen Sie das zugehörige Kreuzworträtsel.

**6.**

Überlegen Sie, welche Arbeitsschritte Sie nach der Beschaffung von Hard- und Software erledigen müssen, ehe die Wünsche von Herrn Glück erfüllt sind.

## 4.3.1 Aufbau von Computernetzen

### Überblick

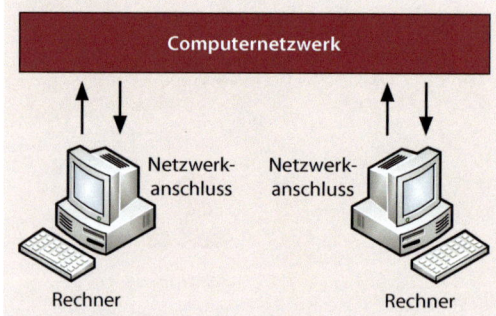

*Abb. 1* Datenendgeräte im Rechnernetz

Die über ein Computernetzwerk verbundenen Rechner bilden die Endpunkte einer Datenübertragung. Sie sind somit Datenquelle oder Datensenke. Dabei kann es sich um gewöhnliche PCs handeln, aber auch um ein Notebook, den Datenserver eines Betriebes oder einen Drucker. Sogar Digitalkameras gehören zu möglichen Datenendgeräten (Abb. 1).

Damit sich diese über das Netzwerk verbinden lassen, müssen sie einen Netzwerkanschluss haben. Moderne Rechner verfügen heute oft schon ab Werk über zumindest einen Netzwerkanschluss. Sollte dieser fehlen oder für den gewünschten Zweck ungeeignet sein, benötigt man eine passende Einsteckkarte (Abb. 2 und 3).

Das Computernetzwerk selbst dient ausschließlich der Weiterleitung von Daten und kann sehr unterschiedlich aufgebaut sein. Seine Form wird als Topologie bezeichnet. Dabei kann es sich im einfachsten Fall um ein simples Kabel handeln, welches zwei Rechner miteinander verbindet. Aber auch die fest in einem Gebäude installierten Datenkabel oder die langen Unterwasserkabel quer durch die Weltmeere bilden gemeinsam eine solche Topologie.

### Direktverbindung zwischen zwei Rechnern

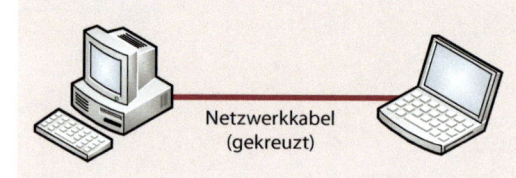

*Abb. 4* Direktverbindung zwischen zwei Rechnern

Bei dieser einfachsten Art der Vernetzung werden lediglich zwei Datenendgeräte miteinander verbunden, um so einen schnellen Datenaustausch zu ermöglichen oder Peripheriegeräte – z. B. den an einem PC angeschlossenen Drucker – gemeinsam benutzen zu können. Man spricht deshalb auch von einer Punkt-zu-Punkt-Vernetzung, welche jedoch nicht mit einem Peer-to-Peer-Netzwerk verwechselt werden darf (Abb. 4).

Für die korrekte Funktion ist es wichtig, dass an einem der beiden Kabelstecker die Sende- und Empfangsleitungen gekreuzt sind. Solche Kabel werden deshalb auch als Crossover-Kabel bezeichnet.

### Sterntopologie

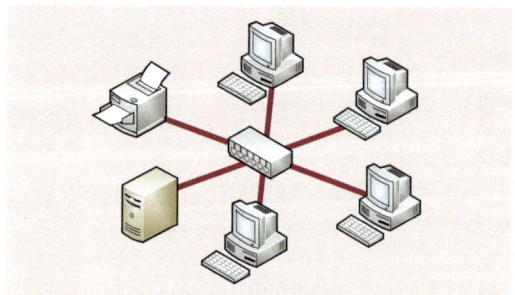

*Abb. 5* Computernetzwerk in Sterntopologie

Im Mittelpunkt dieses Netzwerkes steht ein Gerät mit vielen Anschlüssen, welches die Daten verteilt (Abb. 5). Es wird heute zumeist als sogenannter Switch (dt. Schalter) ausgeführt und ist dadurch sehr schnell (Abb. 6).

*Abb. 2* Netzwerkanschlüsse on-board

*Abb. 3* Netzwerk-Karte (a) und PCMCIA-Adapter für Notebooks (b)

**Abb. 6**  *Netzwerk-Switch*

Bei der Sterntopologie sind alle Endgeräte über ein eigenes Kabel an dem zentralen Datenverteiler angeschlossen.

**TIPP:**
Wegen ihrer vielen Vorteile, kommt heute bei Neuinstallationen fast ausschließlich die Sterntypologie zum Einsatz.

## Bustopologie

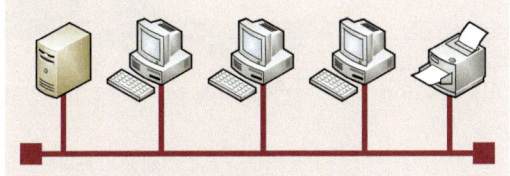

**Abb. 7**  *Computernetzwerk in Bustopologie*

Für ein Datennetzwerk, welches nach der Bustopologie aufgebaut wird, braucht man keinen zentralen Datenverteiler (Abb. 7). Die Computer werden meist mit einem einfachen T-Stück an ein Koaxialkabel angeschlossen. Nachteilig ist dabei, dass allen Computern nur eine einzige, gemeinsam benutzte Datenleitung zur Verfügung steht. Somit geht die Übertragung von Daten oft nicht sehr schnell vonstatten.

## Ringtopologie

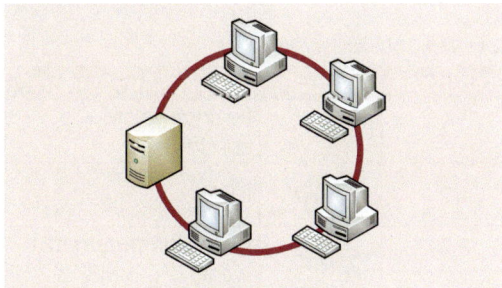

**Abb. 8**  *Computernetzwerk in Ringtopologie*

Die Ringtopologie kommt ebenfalls ohne ein zentrales Steuergerät aus (Abb. 8). Bei ihr werden die Daten von Rechner zu Rechner weitergeleitet. Nachteilig ist hier die ebenfalls recht langsame Übertragung, vor allem dann, wenn das Netzwerk aus vielen Rechnern besteht.

## Funknetzwerke

Eine besonders interessante Form der Computervernetzung sind Funknetzwerke. Hier benötigt man für die Datenübertragung keine Kabel mehr, denn die als Träger der Information verwendeten Funkwellen breiten sich in der Umgebungsluft aus. Allerdings müssen die Datenendgeräte dazu über einen speziellen Adapter verfügen, mit welchem sie das notwendige Funksignal erzeugen bzw. empfangen können (Abb. 9 und 10).

**Abb. 9**  *WLAN-Adapterkarte für PCs*

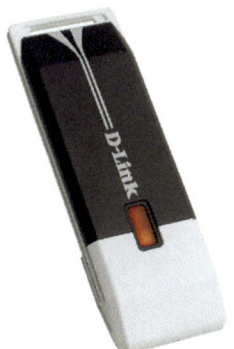

**Abb. 10**  *WLAN Adapter als USB-Stick*

Sollen nur wenige Computer (oft lediglich zwei) vorübergehend in einem Funknetzwerk miteinander verbunden werden, spricht man vom sogenannten Ad-hoc-Modus (*lat.:* „für diesen Augenblick"). Dieser ist schnell aufgebaut, allerdings müssen sich die Stationen sehr dicht beieinander befinden.

Soll eine größere Anzahl von Rechnern regelmäßig Daten über ein Funknetzwerk austauschen und auch der Zugriff auf andere, nicht in das Funknetzwerk einbezogene Computer oder auf das Internet möglich sein, so empfiehlt sich der Einsatz eines Access-Point (Abb. 11). Wird ein Funknetz mit Hilfe eines Access-Point betrieben, spricht man vom sog. Infrastruktur-Modus.

**Abb. 11**  *WLAN-Access-Point*

Auch wenn Funknetzwerke gegenüber kabelgebundenen Netzen einige vorteilhafte Eigenschaften besitzen, sollen ihre Nachteile nicht verschwie-
gen werden. Einerseits lassen sie sich recht leicht
durch andere Funksignale stören, andererseits verhindert die Beschaffenheit mancher Gebäude
gelegentlich ihren zuverlässigen Einsatz. Zudem
bleibt die erzielbare Übertragungsgeschwindigkeit oft deutlich hinter aktuellen Netzen mit Stern-
verkabelung zurück. Hinzu kommt noch die Gefahr, dass ein Funknetz leicht abgehört werden
kann, wenn es nicht durch eine gute Datenver-
schlüsselung davor geschützt wird.

## 4.3.2 Komponenten von Computernetzen

### Passive Komponenten
Unter den passiven Komponenten eines Rechner-
netzes versteht man alle Bestandteile, die zur Erfüllung ihrer jeweiligen Funktion keine Hilfsenergie
benötigen. Die Abb. 12 gibt dazu eine Übersicht.

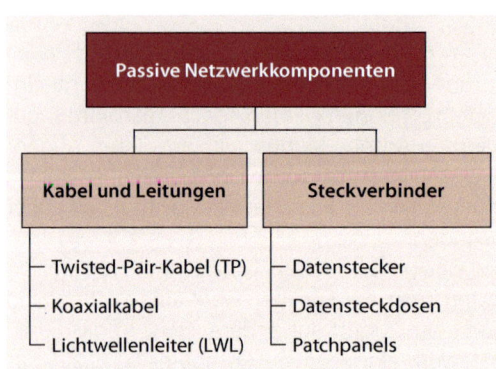

**Abb. 12**  Übersicht passive Netzwerkkomponenten

### Aktive Komponenten
Die aktiven Netzwerkkomponenten benötigen zur
Erfüllung ihrer jeweiligen Funktion eine Hilfsener-
gie (Abb. 13).

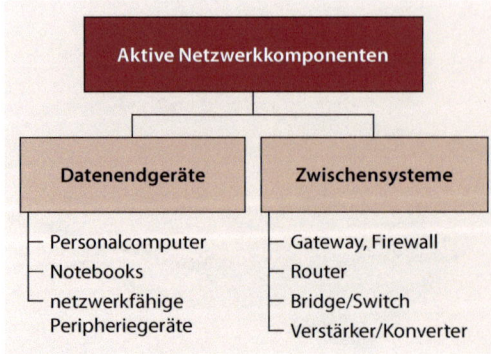

**Abb. 13**  Übersicht aktive Netzwerkkomponenten

## Netzwerkkabel

> **MERKE**
>
> In der Datentechnik werden die Begriffe *Kabel*
> und *Leitung* gleichbedeutend verwendet. Falls
> eine Verlegung im Erdreich erlaubt ist, erkennt
> man das nur an der Herstellerbezeichnung.

Twisted-Pair-Kabel (TP): Werden heute für Datennetze am häufigsten eingesetzt. Es besteht für
gewöhnlich aus acht Adern, wobei jeweils zwei
Adern zum Schutz vor elektromagnetischen Störungen miteinander zu einem Paar verdrillt (*engl.:*
**T**wisted **P**air, kurz TP) sind. Ein solches TP-Kabel
kann zusätzlich elektrisch abgeschirmt sein, was
den Schutz gegen Störungen nochmals verbessert, vor allem aber die Abstrahlung von
Radiowellen bei
dessen Benut-
zung reduziert
(Abb. 14 und 15).

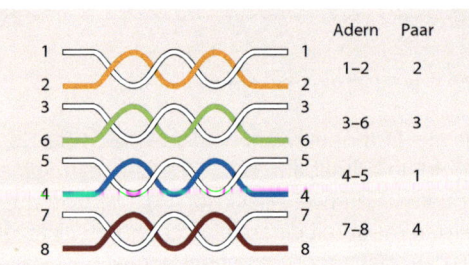

**Abb. 14**  *Twisted-Pair-Kabel*

**Abb. 15**  Korrekt verdrillte Adernpaare eines TP-Kabels

TP-Kabel werden sowohl hinsichtlich ihrer maximalen Übertragungsgeschwindigkeit als auch der
verwendeten Schirmungsart unterschieden, wor-
aus sich ihr jeweiliger Einsatzzweck ergibt.

**Tabelle 1**  Kabelkategorien

| Kategorie | Frequenz | Häufige Anwendung |
|---|---|---|
| 1 | 0,1 MHz | analoge Telefon-anschlüsse |
| 2 | 1,5 MHz | ISDN |
| 3 | 16 MHz | ISDN, Computernetz-werke bis 16 MBit/s |
| 4 | 20 MHz | ISDN, Computernetz-werke bis 16 MBit/s |
| 5 | 100 MHz | Computernetzwerke bis 100 MBit/s |
| 6 | 250 MHz | Computernetzwerke bis 1 GBit/s |
| 7 | 600 MHz | Computernetzwerke bis 10 GBit/s |

Die Kabelkategorie sagt grundsätzlich nichts darüber aus, wie die Abschirmung eines Kabels ausgeführt ist.

Die Kabelkategorien 1 bis 4 sind veraltet, kommen jedoch in Bestandsinstallationen noch immer vor. Die höheren Kabelkategorien decken die Anwendungsfälle der darunterliegenden Kategorien mit ab. Die Abschirmung eines TP-Kabels wird inzwischen von den meisten Herstellern gemäß ISO/IEC-11801 nach dem System

## XX / Y TP

angegeben, wobei XX die Ausführung der Gesamtschirmung und Y die Schirmung der einzelnen Adernpaare untereinander angibt. TP steht hierbei ganz allgemein für Twisted-Pair-Kabel. Die Buchstaben X oder Y können sein:

U – ungeschirmt
F – Folienschirmung
S – Abschirmung aus Drahtgeflecht

Beispielsweise besitzt das in Abb. 14 gezeigte SF/UTP-Verlegekabel der Kategorie 5 die folgenden Eigenschaften:
- eine Gesamtschirmung bestehend aus Drahtgeflecht und einer zusätzlichen elektrisch leitfähigen Folie (XX = SF)
- keine Abschirmung der einzelnen Adernpaare untereinander (Y = U)

Schließlich kann sich auch der Leiteraufbau eines TP-Kabels unterscheiden. Besteht jede Ader aus nur einem einzigen Draht, so spricht man von einem Verlegekabel. Das ist recht preisgünstig herzustellen, jedoch relativ steif und eignet sich deshalb nicht für den mobilen Anschluss von Geräten. Verlegekabel werden nur für die feste Installation innerhalb von Gebäuden verwendet.

Geht es jedoch darum, ortsveränderliche Geräte mit einem Netzwerk oder auch untereinander zu verbinden, so kommen sogenannte Patchkabel zum Einsatz. Bei diesen bestehen die einzelnen Adern aus vielen kleinen Drähten (Litzen), was ein solches Kabel recht biegsam macht.
Damit sich Patchkabel sofort verwenden lassen, befestigt man an deren Enden passende Stecker. Diese sind vom Typ RJ-45 und werden umgangssprachlich mitunter auch Westernstecker genannt, wenngleich diese Bezeichnung nicht exakt ist (Abb. 16).

**Abb. 16** *RJ-45 Stecker mit Schutzhülle*

Patchkabel kann man entweder fertig konfektioniert in verschiedenen Längen kaufen oder aber selbst anfertigen. Bei der Eigenanfertigung werden die Stecker mittels der lötfreien Crimptechnik fest mit dem Kabel verbunden. Dazu benötigt man eine spezielle Crimpzange (Abb. 17 und 18). Die Crimptechnik garantiert eine rasche Verarbeitung, kleine Kontaktabstände, hohe Zuverlässigkeit und eine bessere mechanische Stabilität, als dies mit einer Lötverbindung möglich wäre. Neben den 8-poligen RJ-45-Steckern existieren auch noch 4- und 6-polige Varianten (RJ-10 bzw. RJ-11/12), welche vorwiegend im Bereich der Telefonie Verwendung finden.

**Abb. 17** *Hochwertige Crimpzange für unterschiedliche RJ-Stecker*

**Abb. 18** *Crimp-Profil für RJ-45-Stecker*

**Abb. 19** *Fertiges Patchkabel mit RJ-45-Steckern*

Die Verwendung einer bestimmten Kabelkategorie ist bei der Festinstallation von Datenkabeln für die Einhaltung der vorgegebenen Datenrate noch nicht ausreichend, weil denkbare Installationsfehler die möglichen Geschwindigkeiten reduzieren. Es ist immer ein messtechnischer Nachweis erforderlich.

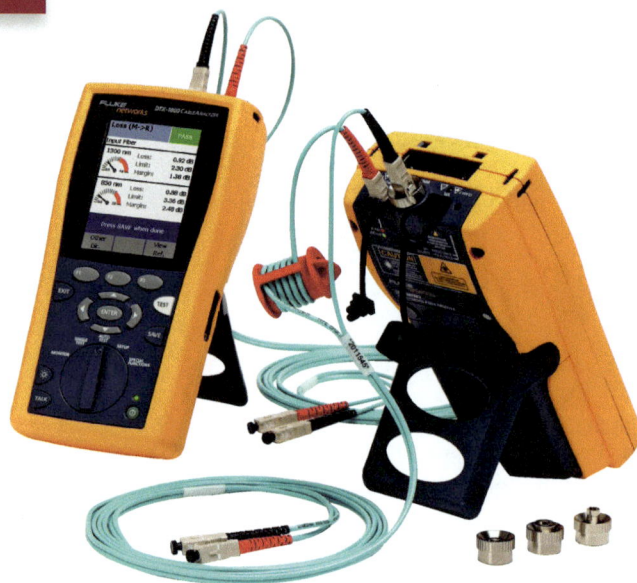

**Abb. 20** *Messgerät für die Überprüfung einer Netzwerkinstallation*

Koaxialkabel: Bestehen aus einem in der Mitte angeordneten Datenleiter ❶, welcher durch einen Isolierwerkstoff ❷ elektrisch von der darum befindlichen Abschirmung ❸ getrennt ist. Das gesamte Kabel ist außen nochmals von einem elektrisch nicht leitfähigen Schutzmantel ❹ aus Kunststoff umgeben (Abb. 21).

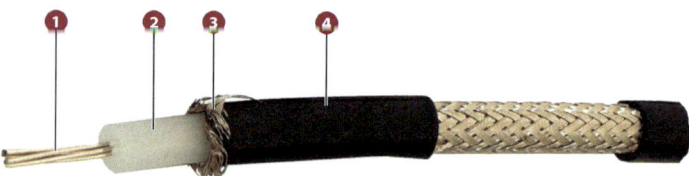

**Abb. 21** *Aufbau eines Koaxialkabels*

Die Bedeutung von Koaxialkabeln ist im Bereich der reinen Computernetzwerke heute nur noch sehr gering. In der Mess- und Antennentechnik werden sie weiterhin eingesetzt. Aufgrund ihrer hohen Bandbreite (z. B. 2,5 GHz) lassen sich beispielsweise neben den Rundfunkprogrammen auch gleichzeitig Daten- und Sprachsignale auf dem selben Kabel übertragen („Triple Play"), was eine recht preisgünstige Versorgung von Haushalten ermöglicht.

Um Geräte mittels Koaxialkabel anschließen zu können, werden sog. BNC[1]-Steckverbinder benutzt. Diese könne als Einzelstecker, Einbaubuchsen, Abschlussstecker sowie als T-Verbinder („T-Stück") ausgeführt sein (Abb. 22 bis 25).

Lichtwellenleiter (LWL): Bei diesen Kabeln nutzt man Licht als Träger der Information. Die Funktionsweise der optischen Informationsübertragung lässt sich mit einer Taschenlampe vergleichen, mit der man bei Dunkelheit binäre Daten übermitteln kann: An dem einen Ende des Kabels ist eine Lichtquelle angebracht. Leuchtet diese, so bedeutet das eine binäre „1". Ist die Lampe nicht eingeschaltet, so entspricht das dem binären Zustand „0".

**Abb. 26** *Kabel mit Lichtwellenleiter*

Damit man Lichtwellenleiter auch „um die Ecke herum", d.h. in Bögen verlegen kann, müssen dessen Ränder im Inneren wie ein Spiegel funktionieren. Trifft ein Lichtstrahl auf den Rand, wird er dort reflektiert. Auf diese Weise erreicht der Lichtstrahl schließlich das andere Kabelende (Abb. 27). Ein dort angebrachter Sensor wandelt den Lichtstrahl wieder in einen elektrischen Impuls um, der sich beispielsweise von einem Computer weiterverarbeiten lässt.

1 BNC-**B**ayonet **N**eill **C**oncelman, nach den Konstrukteuren Paul Neill und Carl Concelman benannt.

**Abb. 22** *BNC-Stecker*

**Abb. 23** *BNC-Buchse*

**Abb. 24** *BNC-Abschlussstecker*

**Abb. 25** *T-Verbinder für Koaxialkabel*

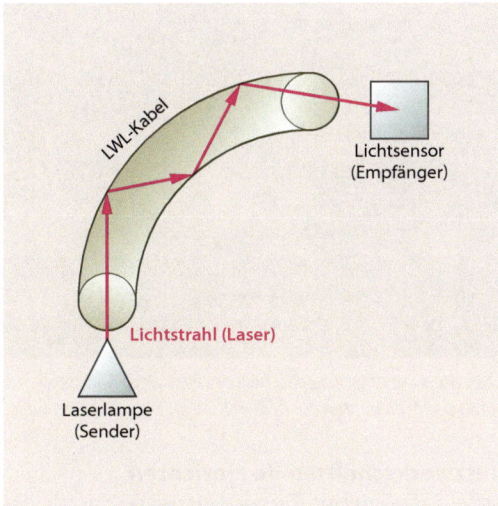

*Abb. 27* *Lichtleitung in einem LWL-Kabel*

Früher wurden LWL oft auch als Glasfaserkabel bezeichnet, da deren Innenleben aus einem sehr dünnen Glasfaden bestand. Heute werden LWL zunehmend aus Plastikmaterial gefertigt, weil das leichter und kostengünstiger zu verarbeiten ist.

Ein großer Nachteil beim Einsatz der LWL-Technologie besteht darin, dass als Lichtquelle ein Laserstrahl benötigt wird. Die Erzeugung eines solchen Laserstrahls ist sehr aufwändig und macht entsprechende Netzwerkanschlüsse teuer. Vorteilhaft sind jedoch die hohe Übertragungsgeschwindigkeit, weitgehende Unempfindlichkeit gegenüber elektromagnetischen Störungen sowie die nur geringe Signalabschwächung. Aus diesen Gründen kommen LWL derzeit vorwiegend auf längeren Übertragungsstrecken (bis mehrere 100 km) zum Einsatz. Auch kann der Einsatz von Lichtwellenleitern bei der Datenverkabelung in und zwischen Gebäuden vorgeschrieben sein, wenn keine elektrische Verbindung zwischen den Kabelenden zulässig ist (z. B. wegen Blitzschlaggefahr).

*Abb. 28* *Verschiedene LWL-Steckverbinder*

### 4.3.3 Einrichten eines einfachen PC-Netzwerkes

#### Gerätetreiber installieren
Nachdem die für das Mininetzwerk ausgewählte Hardware beschafft und montiert ist, geht es ans Einrichten der Software.

Als erstes muss für die Netzwerkanschlüsse der einzelnen Computer ein Gerätetreiber installiert werden. Dieser bewirkt später das ordnungsgemäße Zusammenspiel zwischen dem Netzwerkanschluss und dem Betriebssystem. Zum Glück erkennen aktuelle Betriebssysteme in vielen Fällen die Hardware automatisch und liefern die passende Treibersoftware gleich mit, so dass man nur noch in seltenen Fällen selbst Hand anlegen muss.

#### TIPP:
Bei der automatischen Installation des Gerätetreibers für einen Netzwerkadapter versuchen viele Betriebssystem, auch gleich die komplette Netzwerkumgebung mit zu aktivieren. Dazu müssen jedoch eine ganze Reihe von Daten bekannt sein. Wichtig sind meist:

- Verwendetes Protokoll (z. B. **TCP/IP**)
- Rechner- und Arbeitsgruppenname (z. B. Rechner **„PC2"**, Arbeitsgruppe **„Lokal"**)
- numerische Netzwerkadresse des Computers, wie IP-Adresse und Subnetzmaske (z. B. IP: **192.168.0.2**, Subnetzmaske: **255.255.255.0**)

Die Hintergründe zu den einzelnen Parametern erfahren Sie auf den folgenden Seiten.

Viele Computerhersteller stellen für ihre bereits ab Werk mit einem Netzwerkanschluss versehenen PCs oder Notebooks derartige Treiber für alle gängigen Betriebssysteme auf einer CD oder DVD zusammen und legen diese dem Rechner bei. Sollte also das Betriebssystem den Netzwerkanschluss korrekt erkennen, jedoch keinen eigenen Treiber parat haben, nutzt man die zum PC oder Netzwerkadapter mitgelieferte CD bzw. DVD. Meist lässt sich damit die Installation problemlos abschließen.

Falls weder das Betriebssystem noch der Computer- bzw. Adapterhersteller einen passenden Treiber bereitstellen, muss man sich selbst auf die Suche danach machen. Die meisten Produzenten von Netzwerkadaptern sind im Internet vertreten.

Man muss lediglich den genauen Typ des verwendeten Netzwerkadapters in Erfahrung bringen. Viele Netzwerkadapter sind mit ihrer Typbezeichnung beschriftet, sodass sich diese einfach ablesen lässt (Abb. 29).

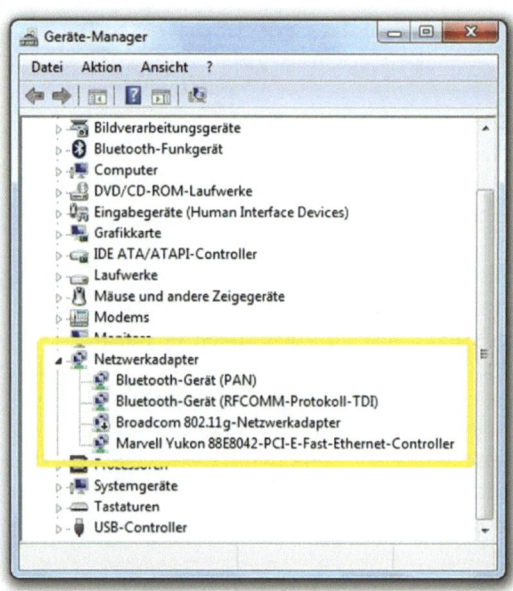

**Abb. 29** *Die im PC vorhandenen Netzwerkadapter werden unter Windows im Gerätemanager angezeigt.*

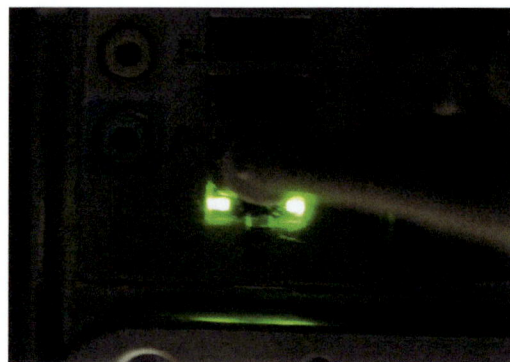

**Abb. 31** *Die Betriebsbereitschaft des Netzwerk-Adapters wird durch das Aufleuchten der beiden Kontrolllampen signalisiert.*

Der richtige Gerätetreiber lässt sich auch nachträglich in das System einbinden. Die dafür im Einzelnen erforderlichen Schritte hängen stark vom verwendeten Betriebssystem des Computers ab. Das folgende Beispiel zeigt die unter Windows meist üblichen Schritte:

- In der Systemsteuerung den Gerätemanager öffnen und dort die Gruppe „Netzwerkadapter" wählen. Alle vom System erkannten Netzwerkanschlüsse, für die bisher noch kein passender Gerätetreiber installiert wurde, sind dort mit einem gelben Ausrufezeichen dargestellt.

- Über das Kontextmenü (rechte Maustaste) lässt sich nun der Assistent zum Installieren eines passenden Gerätetreibers starten (Abb. 30).

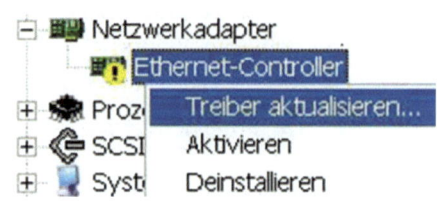

**Abb. 30** *Treiberinstallation im Gerätemanager auswählen*

- Sobald der Treiber erfolgreich installiert ist, verschwindet auch das Ausrufezeichen. Statt diesem erscheint nun hinter dem Schnittstellensymbol die korrekte Bezeichnung des Netzwerkadapters.

### Netzwerkschnittstelle einrichten

Sobald die Treiber für die Netzwerkadapter der einzelnen Computer korrekt installiert wurden, sind sie grundsätzlich verwendbar. Damit allerdings auch die Daten im Netz den Weg zum richtigen Empfänger finden und alle Geräte das Netzwerk nach den selben Regeln benutzen, müssen noch zusätzliche Arbeitsschritte erledigt werden.

So wie der Mensch einen Namen und eine Anschrift benötigt, damit der Briefträger die Post zustellen kann, so brauchen Computer im Netzwerk ebenfalls eine Adresse. Da heute sehr viele Rechner eine Verbindung zum Internet haben, ist es auch für kleinere Netze empfehlenswert, dort mit den im Internet gebräuchlichen Adressen zu arbeiten.

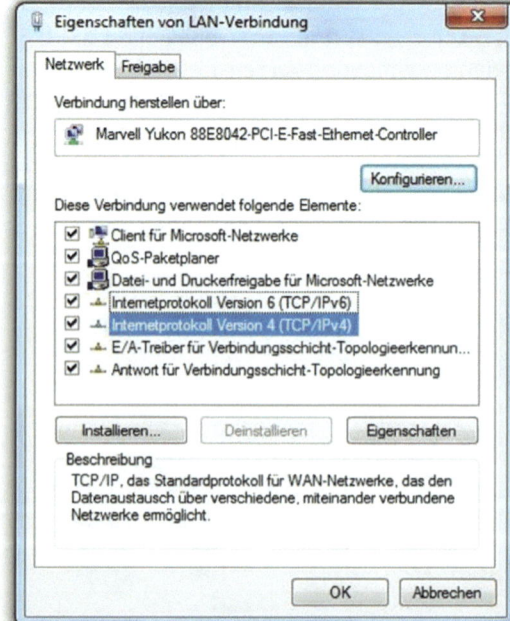

**Abb. 32** *Beispiel für das unter Windows installierte Internetprotokoll*

Aus diesem Grund muss das Internetprotokoll (TCP/IP) installiert werden, soweit das bei der Treiberinstallation nicht bereits automatisch erfolgt ist (Abb. 32).

Das Internetprotokoll setzt den Computer über die im weltweiten Datennetz gebräuchlichen Regeln in Kenntnis und bringt ein Adressfeld mit, in das man quasi die „Postanschrift" des Rechners notiert.

Statt einer gebräuchlichen Postanschrift verwendet der Rechner eine computerübliche Form der Adressierung. Im Falles des Internetprotokolls ist dies die IP-Adresse (IP = Internet Protokoll). Eine solche IP-Adresse hat beispielsweise folgendes Aussehen:

**192.168.0.1/24**

Die ersten vier, durch je einen Punkt getrennten Nummern, werden Oktetten genannt. Die Bezeichnung rührt daher, dass für ihre Darstellung im Computer je 8 Bit (8 → griechisch „okta") Speicherplatz gebraucht werden. Alle vier Oktetten belegen somit gemeinsam 32 Bit Speicherplatz. Im Anschluss an die eigentliche IP-Adresse folgt – getrennt durch einen Schrägstrich – die Subnetzmaske.

Eine Besonderheit von IP-Adressen besteht darin, dass sie genau genommen zwei eigenständige Teile enthalten, welche sich aber nur mit Hilfe der Subnetzmaske voneinander trennen lassen. Zum besseren Verständnis soll wieder die normale Briefpost helfen.

Jedes Datenpaket benötigt eine Postleitzahl, die ähnlich der Aufschrift auf einem gewöhnlichen Brief den Zustellbezirk festlegt. Diese Angabe im Adressfeld wird in der Computertechnik als Netzadresse bezeichnet. Darüber hinaus ist es für die abschließende Zustellung der Daten im Netzwerk erforderlich, dass die einzelnen Computer – ähnlich dem Namen auf dem Umschlag eines Briefes – auch eine eigene Gerätenummer besitzen. Diese bezeichnet man als Hostadresse.

Die Aufgabe der Subnetzmaske besteht nun darin, die Anzahl der Binärstellen anzugeben, die in der IP-Adresse die Netzadresse repräsentieren. Wir erinnern uns: Eine IP Adresse hat eine Länge von 32 Bit. Gehört zu einer Internetadresse nun eine Subnetzmaske von **/24**, so ergibt sich daraus, dass die ersten 24 Bit der IP-Adresse – von links beginnend – die Netzadresse sind. Alle übrigen Bits repräsentieren die Hostadresse.

Zur Veranschaulichung dient folgende Beispielrechnung:

**IP-Adresse**
Dezimaldarstellung:
192        168        0        1
Binärdarstellung:
1100 0000  1010 1000  0000 0000  0000 0001

**Subnetzmaske**
1111 1111  1111 1111  1111 1111  0000 0000
(24 Bit von links nach rechts)

Schreibt man nun alle Binärstellen der IP-Adresse auf, bei denen in der Subnetzmaske eine „1" steht und setzt alle Binärstellen, bei denen die Subnetzmaske eine „0" enthält gleich Null, so erhält man das folgende Ergebnis:

**Ergebnis Netzadresse**
Binärdarstellung:
1100 0000  1010 1000  0000 0000  0000 0000
Dezimaldarstellung:
192        168        0        0

Es handelt sich also um einen Rechner im Netzwerk mit der Nummer 192.168.0.0.

Geht man nun den umgekehrten Weg und setzt alle Binärstellen aus der IP-Adresse, welche in der Subnetzmaske eine „1" enthalten, gleich Null und übernimmt nur die Binärstellen der IP-Adresse, bei denen die Bits in der Subnetzmaske eine „0" enthalten, so ergibt sich:

**Ergebnis Hostadresse**
Binärdarstellung:
0000 0000  0000 0000  0000 0000  0000 0001
Dezimaldarstellung:
0        0        0        1

Es handelt sich also um den Computer mit der Nummer 0.0.0.1 im Netz 192.168.0.0.

Wichtig ist, dass genau wie bei der Postanschrift jede Adresse eines Computers weltweit einmalig ist. Um das sicherzustellen, dürfen IP-Adressen nicht eigenständig vergeben werden. Diese Aufgabe obliegt der **ICANN**[2], einer international tätigen Organisation, welche dem US-amerikanischen Handelsministerium unterstellt ist. Es gibt eine Ausnahme von dieser Vorschrift: bei den sogenannten privaten IP-Adressen.

2 ICAN – *Internet Corporation for Assigned Names and Numbers*

Das sind Adressbereiche, welche durchaus mehrfach benutzt werden können. Sie lassen sich am besten mit der Funktionsweise der Hauspost eines kleinen Betriebes vergleichen. In zwei verschiedenen Betrieben kann es durchaus je einen Herrn Michel geben. Soweit Briefe an Herrn Michel nur innerhalb des jeweiligen Betriebes zugestellt werden müssen, benötigt man dazu keine eindeutige Postleitzahl. Allerdings kann Herr Michel aus Betrieb A ohne eine eindeutige Postanschrift keinen Brief an seinen Namensvetter in Betrieb B schicken. Ähnlich verhält es sich mit den privaten IP-Adressen.

```
┌ MERKE ⌐

Private IP-Adressen müssen nur im eigenen Netz-
werk einmalig sein. Die damit versehenen Daten-
pakete lassen sich deshalb nicht ohne weiteres
mit anderen Netzwerken austauschen.
```

Für den Einsatz in lokalen Netzen können die folgenden privaten IP-Adressen frei verwendet werden (Tabelle 2):

**Tabelle 2** *Private IP-Adressbereiche*

| Netzadresse | Verwendbare IP-Adressen |
|---|---|
| 192.168.0.0 /24 | 192.168.0.1 /24 bis 192.168.0.254 /24 |
| 192.168.1.0 /24 | 192.168.1.1 /24 bis 192.168.1.254 /24 |
| bis | bis |
| 192.168.255.0 /24 | 192.168.255.1 /24 bis 192.168.255.254 /24 |
| | |
| 172.16.0.0 /16 | 172.16.0.1 /16 bis 172.16.255.254 /16 |
| 172.17.0.0 /16 | 172.17.0.1 /16 bis 172.17.255.254 /16 |
| bis | bis |
| 172.31.0.0 /16 | 172.31.0.1 /16 bis 172.31.255.254 /16 |
| | |
| 10.0.0.0 /8 | 10.0.0.1 /8 bis 10.255.255.254 /8 |

Zu beachten ist lediglich, dass eine IP-Adresse innerhalb eines physikalischen Netzwerkes nicht mehrfach vergeben wird.

Obwohl man die IP-Adressen für das eigene Netzwerk aus der oben stehenden Tabelle grundsätzlich frei wählen kann, empfiehlt es sich trotzdem, dass alle Rechner dieselbe Netzadresse tragen.

Sonst benötigt man später einen Router, was einen zusätzlichen Aufwand bedeutet.

Zur Verdeutlichung: Zwischen zwei Computern mit den IP-Adressen 192.168.0.2 /24 bzw. 192.168.0.98 /24 lassen sich innerhalb eines lokalen Netzwerkes problemlos Daten austauschen. Jedoch ist es nicht ohne weiteres möglich, die Computer mit den Nummern 192.168.1.98 /24 und 172.18.0.2 /16 zu erreichen. Sogar dann nicht, wenn alle Rechner am selben Kabel angeschlossen sind. Diese Aussage lässt sich prüfen, indem man die Netzwerkadressen aller vier Computer berechnet.

Sobald für jeden Netzwerkadapter eine geeignete IP-Adresse ausgewählt ist, muss sie im Computer eingetragen werden. Ein typischer Konfigurationsdialog hat folgendes Aussehen (Abb. 33):

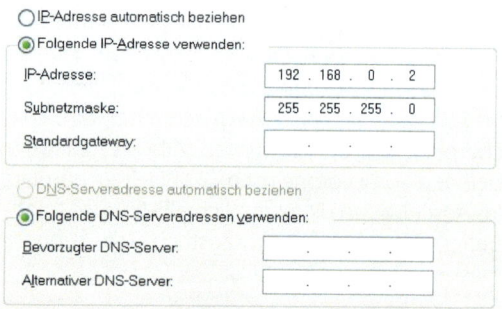

**Abb. 33** *Manuelle Grundkonfiguration des IP-Protokolls. Standardgateway sowie DNS-Server sind nicht zwingend erforderlich.*

Ein automatisches Beziehen einer IP-Adresse würde die Konfiguration erheblich vereinfachen. Allerdings steht der dafür erforderliche Dienst in kleinen Netzwerken ohne Internetanbindung oft nicht zur Verfügung. Aus diesem Grund wurde die IP-Adresse im Beispiel manuell eingegeben.
Auch hat die Subnetzmaske im Bild ein anderes Aussehen als bisher. Das ergibt sich aus der Umrechnung der Subnetzmaske in das Dezimalformat. Wir erinnern uns noch einmal: Der IP-Adresse **192.168.0.2** war oben die Subnetzmaske /24 zugeordnet, was folgender Binärdarstellung gleichkommt:

1111 1111 . 1111 1111 . 1111 1111 . 0000 0000

Man erkennt nun, dass – von links beginnend – 24 Binärstellen den Wert „1" tragen, während die letzte Oktette nur Nullen enthält. Rechnet man nun die Oktetten einzeln in das Dezimalformat um, so erhält man:

255 . 255 . 255 . 0

Das entspricht der Darstellung der Subnetzmaske im Bild. Zur Vereinfachung kann man sich merken, dass Oktetten, bei denen alle Binärstellen den Wert „1" besitzen, dezimal stets eine 255 ergeben. Hingegen wird für eine Oktette der Dezimalwert 0 verwendet, wenn sämtliche Binärstellen den Wert „0" enthalten.

Sobald die IP-Adressen aller Netzwerkadapter eingetragen sind, lässt sich deren Erreichbarkeit über das Netzwerk sehr einfach mit dem Programm „Ping" testen. Unter Windows öffnet man dazu ein Befehlsfenster (Startmenü ➜ Ausführen „cmd"). Dort gibt man beispielsweise folgenden Befehl ein, um die Erreichbarkeit des Netzwerkanschlusses mit der IP-Adresse 192.168.0.1 zu testen:

ping 192.168.0.2

Im Erfolgsfall zeigt einem das Programm die Zeit an, die der überprüfte Netzwerkanschluss bis zu einer Antwort benötigt. Andernfalls wird eine Fehlermeldung ausgegeben. Auf diese Weise lässt sich übrigens auch die Erreichbarkeit der eigenen IP-Adresse eines Computers überprüfen. Kommt es zu einer Fehlermeldung, so weiß man, dass entweder der Gerätetreiber oder das TCP/IP-Protokoll nicht korrekt installiert sind.

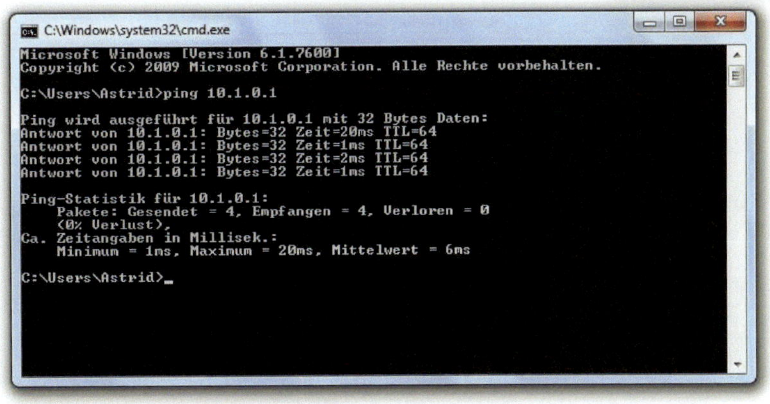

**Zugriff über das Netzwerk konfigurieren**
Betrachtet man den Screenshot in Abb. 36, erkennt man über dem erfolgreich konfigurierten IP-Protokoll noch zwei weitere Einträge in der Liste.

**Abb. 34** Beispiel für einen erreichbaren Netzwerkanschluss (10.1.0.1)

**Abb. 35** Hier war der Netzwerkanschluss mit der IP-Adresse 216.2.48.3 nicht erreichbar.

Bei diesen Elementen – im Bild gelb eingerahmt – handelt es sich um Netzwerkdienste. Ein solcher Netzwerkdienst stellt dem Anwender bestimmte Funktionen zur Verfügung.

Dazu gehören beispielsweise das Kopieren von Dateien zwischen zwei Rechnern oder das Benutzen eines Druckers, der an einem anderen PC angeschlossen wurde.

Die beiden im Bild dargestellten Dienste erlauben es dem Anwender zum einen, Dateien auf anderen Rechnern abzulegen bzw. von dort zu lesen (Client für Microsoft Netzwerke). Zum anderen kann der Benutzer dieses Rechners seine eigene Festplatte oder den am PC angeschlossenen Drucker anderen Personen über das Netzwerk zugänglich machen (Datei- und Druckerfreigabe für Microsoft-Netzwerke). An dieser Stelle wird deutlich, dass Netzwerkdienste unterschiedlich organisiert sein können. Ein Rechner, welcher lediglich die Ressourcen wie z.B. die Festplatte oder den Drucker eines anderen Rechners benutzen kann, wird als Client bezeichnet. Stellt hingegen ein Computer anderen Stationen seine Ressourcen zur Verfügung ohne jedoch selbst die der anderen nutzen zu können, spricht man von einem Server.

**Abb. 36** Installierte Netzwerkdienste

> **Unter einer Netzwerkressource versteht man alle jene Betriebsmittel, die ein Computer anderen Rechnern zur Verfügung stellen kann.**

Die dritte Möglichkeit sind Rechner, welche sowohl die Ressourcen anderer Computer nutzen können, als auch ihre eigenen Ressourcen zugänglich machen. Diese Konfiguration wird als Peer-to-Peer (Gleicher mit Gleichem) bezeichnet (Abb. 37).

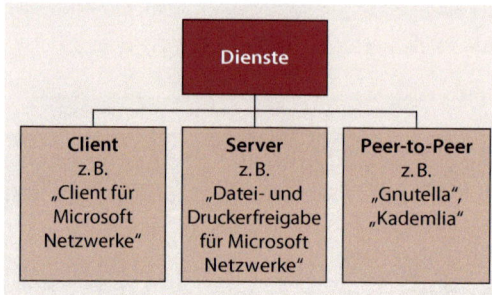

***Abb. 37*** *Dienstearchitekturen*

Echte Peer-to-Peer Netzwerke sind recht selten. In lokalen Netzen kommen meist PCs zum Einsatz, auf denen sowohl eine Server- als auch eine Clientsoftware installiert wurde. Ihre Funktion ähnelt damit einem Peer-to-Peer-Netzwerk, obwohl es sich tatsächlich um eine Client-Server-Architektur handelt.

Möchte man also, dass zwei Rechner im Netzwerk Dateien untereinander austauschen können, müssen die dafür zuständigen Dienste installiert und aktiv sein. Das Zusammenwirken zwischen den bisher besprochenen Hard- und Softwarekomponenten eines einfachen Rechnernetzwerkes zeigt die Abb. 38.

Der Nutzer bemerkt die Vernetzung während seiner Arbeit nicht. Er hat beispielsweise den Eindruck, dass der von ihm verwendete Drucker unmittelbar an seinem eigenen PC angeschlossen ist. Man spricht vom scheinbaren Datenfluss. Tatsächlich nimmt jedoch der zuständige Dienst auf seinem Rechner den Druckwunsch entgegen.

Das installierte Übertragungsprotokoll sorgt nun für die Steuerung der Datenübertragung zum Nachbarrechner. Zunächst leitet der Gerätetreiber die binären Informationen an den Netzwerkadapter weiter, welcher daraufhin ein physikalisches Signal – z. B. eine Wechselspannung – erzeugt. Dieses Signal gelangt über das verwendete Übertragungsmedium, beispielsweise ein Kupferkabel, zur gegenüberliegenden Station und wird dort empfangen.

Auch hier arbeiten der Gerätetreiber und das installierte Übertragungsprotokoll wieder zusammen. Der Netzwerkadapter interpretiert zunächst die erhaltenen physikalischen Signale und wandelt sie in Binärinformationen zurück. Diese Daten werden nun interpretiert und anschließend dem Empfänger – in unserem Fall dem Druckdienst (einem Server) – zugestellt. Dieser sorgt nun abschließend für die Ausgabe des Druckauftrages auf dem Printer.

Sind die erforderlichen Dienste installiert, was meist ohnehin schon während der automatischen Konfiguration der Netzwerkschnittstelle durch das Betriebssystem geschieht, kann man nun den gegenseitigen Zugriff auf bestimmte Ressourcen gestatten.

Der Vorgang, eine Ressource des eigenen Rechners im Netzwerk für andere Computer zugänglich zu machen, wird unter Windows als Freigabe

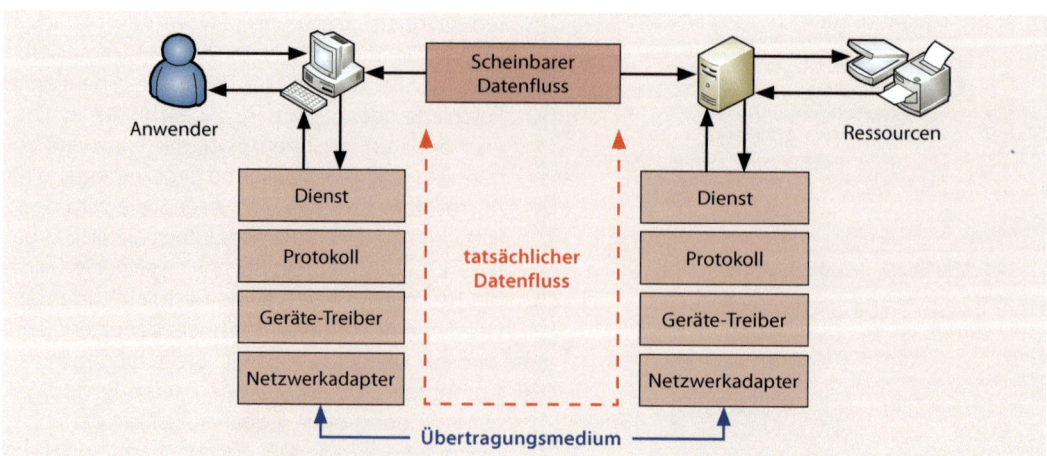

***Abb. 38*** *Zusammenwirken von Hard- und Software in einem Netzwerk*

Abb. 39 Verwaltung von Freigaben unter Windows

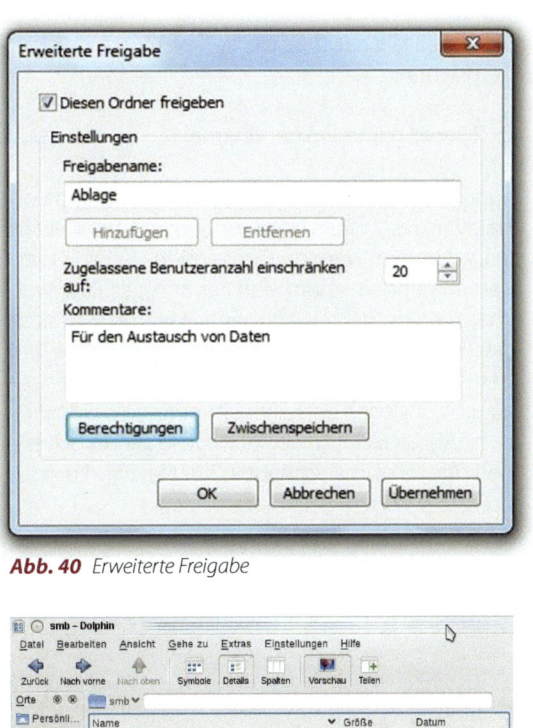

Abb. 40 Erweiterte Freigabe

Programme

**Abb. 41** Freigabe
von Ordnern

HP LaserJet 5P

**Abb. 42** Freigabe
des Druckers

bezeichnet. Dieses Konzept wird übrigens auch beim Samba-Server unter Linux verwendet. Es ist also nicht allein auf Windows-Systeme beschränkt (Abb. 39 und 40).

Neben kompletten Datenträgern lassen sich auch einzelne Ordner sowie Drucker freigeben. Eine freigegebene Ressource wird bei einigen Versionen des Windows-Betriebssystems mit einer stilisierten Hand unter dem betreffenden Symbol dargestellt (Abb. 41 und 42).

Will man prüfen, ob die freigegebenen Ressourcen tatsächlich im Netzwerk zur Verfügung stehen, lohnt z.B. ein Blick in die Netzwerkumgebung des Windows-Explorers. Hier sollten alle im Netz befindlichen Rechner sowie deren Freigaben sichtbar sein. Außerdem kann man dort auf die Ressourcen anderer Rechner zugreifen und zum Beispiel Dateien ablegen oder kopieren.

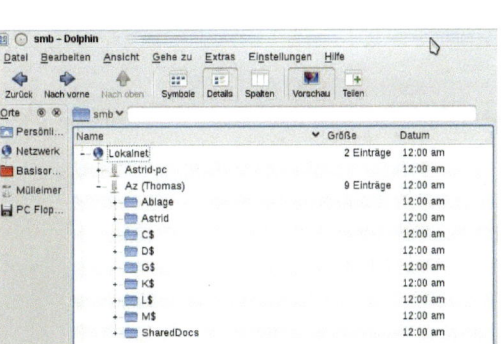

Abb. 44 Anzeige der im Netzwerk vorhandenen Computer und Freigaben unter Linux

Der Zugriff auf die Ressourcen eines anderen Rechners über die Netzwerkumgebung ist recht umständlich. Windows bietet jedoch die Möglichkeit, fremden Ordnern einen eigenen Laufwerksbuchstaben zuzuweisen, wodurch sich der Zugriff darauf kaum noch von dem auf die lokale Festplatte unterscheidet. Auch das Betriebssystem Linux stellt einen ähnlichen Mechanismus zur Verfügung (Abb. 44).

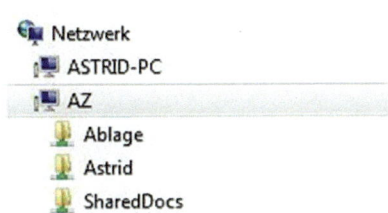

Abb. 43 Anzeige der im Netzwerk vorhandenen Computer und Freigaben im Windows-Explorer

Abb. 45 Einer Netzwerkressource (Ordner) wird ein lokaler Laufwerksbuchstabe zugeordnet

In Abb. 45 fällt auf, dass die Netzwerkressource mit dem Syntax:

\\Servername\Freigabename

angegeben wurde. Diese Art der Benennung von Netzwerkressourcen bezeichnet man als UNC-Pfad (*engl.:* **U**niform **N**aming **C**onvention). Beim Servernamen handelt es um den Namen des PCs, welcher die jeweils freigegebene Ressource besitzt. Der Freigabename bezeichnet die Freigabe auf dem betreffenden Rechner. Ist man sich diesbezüglich unsicher, lässt sich entweder die Suchoption (Abb. 46) im jeweiligen Dialogfeld verwenden oder aber man schaut in der Netzwerkumgebung des Windows-Explorers nach.

**Abb. 46** *Suche nach den freigegebenen Ressourcen eines anderen Computers*

Auch den Drucker eines fremden PCs kann man nach demselben Prinzip auf dem eigenen Rechner registrieren. Anschließend lässt sich dieser – genau wie ein eigenes Gerät – zum Ausdruck von Dokumenten aus den verschiedenen Anwendungen (z. B. Textverarbeitung, Tabellenkalkulation) heraus verwenden. Zu diesem Zweck startet man z. B. unter Windows den Assistenten für das Hinzufügen neuer Drucker. Dort muss man lediglich angeben, dass es sich nicht um einen lokalen Drucker, sondern um einen Netzwerkdrucker handelt. Im Anschluss an die Eingabe des korrekten UNC-Pfades wird der fremde Drucker einem lokalen Anschluss zugeordnet und ist fortan unter diesem Namen verwendbar.

**Zugriffsrechte verwalten**
Selbst innerhalb kleiner Computernetze, welche mitunter aus nur wenigen Rechnern bestehen, werden die Zugriffsrechte beschränkt. Nicht jedem

Benutzer sollte der gesamte Inhalt der Festplatte des Kollegen zugänglich sein. Auch ist es oft nicht sinnvoll, den eigenen Drucker für alle anderen Benutzer ohne Einschränkungen erreichbar zu machen.

> **MERKE**
>
> **Zu jedem gut eingerichteten Computernetzwerk gehört ein vernünftiger Zugriffsschutz.**

Die meisten netzwerkfähigen Betriebssysteme bringen alle notwendigen Mittel für einen grundlegenden Schutz der eigenen Ressourcen vor unberechtigtem Zugriff mit. Man muss sie nur noch konfigurieren. Die erste Überlegung sollte immer dahin gehen, nicht die komplette Festplatte eines PCs sondern immer nur bestimmte Ordner bzw. Drucker freizugeben. Somit ist für die übrigen Bereiche ein gewisses Grundmaß an Sicherheit vorhanden.

Beim Einrichten der Freigaben besteht die Möglichkeit, bestimmte Zugriffsrechte zu verleihen bzw. zu untersagen. Diese Freigabeberechtigungen wirken übrigens nur beim Zugriff über das Netzwerk. Die Möglichkeiten eines Benutzers nach einer lokalen Anmeldung an dem betreffenden PC sind dadurch keineswegs eingeschränkt (Abb. 47).

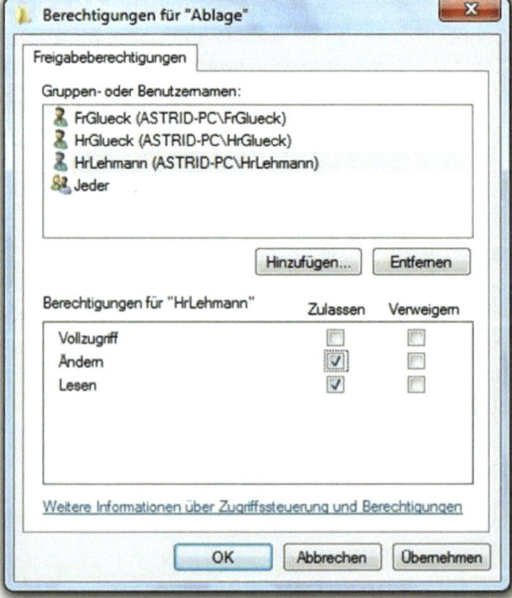

**Abb. 47** *Beispieldialog für die Vergabe von Freigabeberechtigungen unter Windows*

Freigabeberechtigungen können unabhängig vom verwendeten Dateisystem vergeben werden. Die eingestellten Vorgaben gelten dann übrigens auch für alle darunter befindlichen Ordner *(Vererbung)*. Lediglich Drucker verfügen über ein abweichendes Arsenal von Zugriffsrechten.

**Tabelle 3** *Bedeutung der Freigabeberechtigungen für Datenträger*

| Freigaberecht | Bedeutung |
|---|---|
| Lesen | Inhalte können gelesen, jedoch nicht verändert oder gelöscht werden. Auch das Erstellen neuer Inhalte ist nicht möglich. |
| Ändern | Inhalte können gelesen, verändert, erstellt und gelöscht werden. |
| Vollzugriff | Wie „Ändern". Zusätzlich können auch die Zugriffsrechte im Dateisystems verändert werden, wenn das Dateisystem solche unterstützt (z.B. NTFS). |

**Tabelle 4** *Wirkung der möglichen Berechtigungen für Drucker*

| Freigaberecht | Bedeutung |
|---|---|
| Drucken | Dokumente können gedruckt werden |
| Drucker verwalten | Neben dem Drucken von Dokumenten, lassen sich auch die Einstellungen des Druckers anpassen. |
| Dokumente verwalten | Die anstehenden Druckaufträge anderer Benutzer können angehalten, gelöscht, neu gestartet oder in ihrer Reihenfolge verändert werden. Das Drucken von Dokumenten und das Verändern der Druckereinstellungen sind jedoch nicht möglich. |

Darüber hinaus gibt es unter Windows ein weiteres Sicherheitssystem, mit dem sich der Zugriff auf Ordner und Dateien zusätzlich einschränken lässt. Es steht jedoch nur dann zur Verfügung, wenn der betreffende Datenträger mit dem NTFS-Dateisystem formatiert wurde. Diese NTFS-Berechtigungen wirken beim Zugriff auf die Ressourcen eines anderen Rechners gemeinsam mit den Freigabeberechtigungen (Abb. 48).

Im Bild ist zu erkennen, dass die Freigabeberechtigungen nur bei einem Zugriff über das Netzwerk ihre Wirkung entfalten. In diesem Fall bestehen die tatsächlichen Zugriffsrechte aus der kleinsten Gemeinsamkeit von Dateisystem- (NTFS) und Freigaberechten. Nur Zugriffe, die sowohl durch die

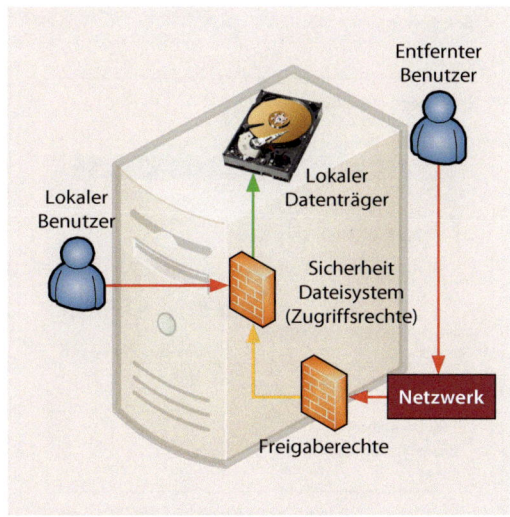

**Abb. 48** *Zusammenwirken von Freigabe- und NTFS-Berechtigungen beim lokalen Ressourcenzugriff sowie beim Zugriff über das Netzwerk*

Freigaberechte als auch vom Dateisystem gestattet werden, sind tatsächlich erlaubt.

Man kann sich den Mechanismus ähnlich der Sortiereinrichtung eines Kieswerkes vorstellen. Dort werden Siebe mit unterschiedlichen Maschenweiten übereinander gelegt. Ganz oben befindet sich das Sieb mit der größten Gitterweite und ganz unten das Sieb mit den kleinsten Maschen.
Fällt nun der von oben aufgeschüttete Rohkies auf die Siebe, werden nur jene Kieselsteine durch das ganz unten liegende Sieb fallen, welche den kleinsten Durchmesser haben. Alle anderen Größen sind zuvor aussortiert. Würde man nun das untenliegende Sieb ganz oben anordnen, so ändert das nichts am Steindurchmesser der feinsten Kiessorte.

Vollkommen anders sieht die Sache aus, wenn sich der Benutzer lokal am Rechner anmeldet. Hier wirken nur noch die Rechte des Dateisystems.

**TIPP:**
Um die Verwaltung der Zugriffsrechte einfach zu gestalten, ist folgende Vorgehensweise zu empfehlen:
- Zuerst überlegen, welche Rechte für den Zugriff auf eine Ressource über das Netzwerk **maximal** erforderlich sind. Diese stellt man als Freigaberecht ein.
- Danach prüfen, welche Rechte die jeweiligen Benutzer **tatsächlich** brauchen. Die entsprechenden Einschränkungen werden dann **nur im Dateisystem** vorgenommen.

Berücksichtigt man diesen Tipp, so hat jeder Benutzer auf bestimmte Ressourcen immer die gleichen Zugriffsrechte – egal ob der Zugriff dabei über das Netzwerk oder lokal erfolgt (Abb. 49).

**Abb. 49** *Vergabe von Zugriffsrechten auf das NTFS-Dateisystem. Die Möglichkeiten gehen deutlich über jene der Freigabeberechtigungen hinaus.*

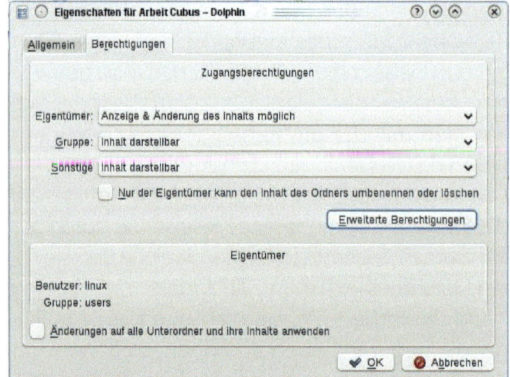

**Abb. 50** *Vergabe von Zugriffsrechten auf das ext4-Dateisystem unter Linux*

Zugriffsrechte lassen sich nicht nur für einzelne Anwender vergeben. Die Benutzerverwaltung aller gängigen Netzwerkbetriebssysteme erlaubt es, mehrere Benutzer mit gleichen Aufgaben zu sogenannten Gruppen zusammenzufassen.

Mit Hilfe dieser Gruppen wird der Arbeitsaufwand für die Vergabe von Zugriffsrechten deutlich reduziert. Betrachtet man beispielsweise Abb. 49, so ist am Symbol links neben dem Listeneintrag „Authentifizierte Benutzer" zu erkennen, dass es sich hier nicht um eine einzelne Person sondern um eine Gruppe handelt. Die dort festgelegten Rechte

beziehen sich somit auf die Mitglieder dieser Gruppe. Im konkreten Fall handelt es sich um alle Benutzer dieses Computers, die im Ordner C:\Ablage das Recht „Ändern" erhalten.

> **MERKE**
>
> **In einer Benutzergruppe fasst man Personen zusammen, die gemeinsame Aufgaben erledigen. Die an eine Benutzergruppe vergebenen Zugriffsrechte gelten für alle Mitglieder dieser Gruppe.**

Die Einrichtung von Gruppen lässt sich nicht nur dazu verwenden, die Vergabe von Zugriffsrechten einfacher zu gestalten. Auch erleichtern Sie den Informationsaustausch zwischen den Mitgliedern. Möchte beispielsweise der Konstrukteur eines Produktionsbetriebes den Mitarbeitern der Fertigung per E-Mail eine Änderung mitteilen, so genügt es, wenn er als Empfänger der Nachricht die Gruppe „Fertigung" auswählt. In diesem Fall kann er davon ausgehen, dass alle an der Herstellung beteiligten Personen informiert sind. Er muss dazu weder in Erfahrung bringen, welche Kollegen aktuell in der Produktion arbeiten, noch muss er deren exakte Mailadresse kennen.

Geschieht die Einrichtung der Benutzergruppen eines Netzwerkes unter dem Betriebssystem Windows, so ist eine Besonderheit zu beachten: Windows arbeitet mit sog. „vordefinierten Gruppen" (Abb. 51).

**Abb. 51** *Vordefinierten Gruppen unter Windows*

Diese existieren auch ohne Zutun des Anwenders bereits unmittelbar nach der Installation des Betriebssystems. An die vordefinierten Gruppen sind bestimmte Grundberechtigungen gebunden. Sie lassen sich deshalb auch nicht löschen. Ihre zweckmäßige Verwendung wird in Tabelle 5 gezeigt.

*Tabelle 5* *Verwendung wichtiger vordefinierten Gruppen auf einem Windows-Arbeitsplatzrechner*

| vordefinierte Gruppe | Wichtige Berechtigungen |
|---|---|
| Administratoren | – Grundsätzlich Vollzugriff auf alle Dateien und Ordner des Computers<br>– Besitzübernahme bei fehlender Zugriffsberechtigung<br>– Installation und Ausführen beliebiger Programme, Gerätetreiber und Updates<br>– Anpassen der Computerkonfiguration<br>– Einrichten weiterer Benutzer und Gruppen. |
| Benutzer | – Ausführen von Programmen<br>– Einrichten einer individuellen Benutzeroberfläche<br>– Verwendung von Netzwerkdruckern |
| Sicherungs-Operatoren | – Lesen und Wiederherstellen aller Dateien und Ordner |
| Hauptbenutzer | – Wie „Benutzer", jedoch mit der zusätzlichen Berechtigung zur Installation von Programmen<br>– Verändern zahlreicher Einstellungen (z. B. für Drucker) |
| Gäste | – Ausführen von Programmen |

Benutzer sollten nur dann der Gruppe „Administratoren" angehören, wenn es tatsächlich unvermeidbar ist. Denn solche Benutzer haben während einer Sitzung praktisch alle Rechte und können somit auch großen Schaden anrichten. Solche entstehen beispielsweise durch das unabsichtliche Löschen von Dateien und Ordnern. Aber auch Schadsoftware, wie Viren oder Trojaner, hat innerhalb einer Administratorsitzung leichtes Spiel. Der während einer normalen Benutzersitzung bestehende Schutz vor der Installation von Programmen sowie dem Verändern von Computereinstellungen, ist in einer Administratorsitzung nicht vorhanden.

Oft gibt es die Situation, dass die selbe Person den Computer als normaler Anwender benutzt, diesen jedoch auch softwareseitig pflegt. Faktisch trifft das für fast alle Heimcomputer und zahlreiche Bürocomputer zu. Hier ist es sinnvoll, für den selben Menschen zwei separate Benutzerkonten anzulegen, wobei eines der Gruppe „Administratoren" und das andere der Gruppe „Benutzer" angehört. Im Regelfall kommt lediglich das „Benutzerkonto" zum Einsatz. Nur wenn tatsächlich administrative Aufgaben (z. B. Programm- und Treiberaktualisierungen) zu erledigen sind, wird das Administratorkonto verwendet. Mit dieser kleinen Mühe spart man sich einigen Ärger.

Ein weiteres praktisches Problem stellen Benutzer dar, die zwar eigentlich keine Veränderungen an dem Computer vornehmen sollen, deren Programme jedoch häufig nach Aktualisierungen verlangen. Exemplarische trifft das auf die Steuersoftware „Elster" der Finanzverwaltung zu, welche von vielen kleinen Betrieben zur Datenübermittlung an das Finanzamt benutzt wird. Um nun nicht bei jedem kleinen Update den Systemadministrator zu bemühen, ist eine Mitgliedschaft des Anwenders in der Gruppe „Hauptbenutzer" zweckmäßig. Allerdings hat ein Hauptbenutzer nahezu die gleichen Rechte wie ein Administrator. Alle problematischen Veränderungen am Computer müssen deshalb mit Hilfe weiterer Sicherheitseinstellungen (z. B. der Vergabe von Zugriffsrechten auf bestimmte Dateien und Ordner) verhindert werden. Die Vergabe von Sicherheitsrichtlinien (Abb. 52) ist ein weiteres Mittel, um ungewollte Änderungen durch Hauptbenutzer zuverlässig zu verhindern.

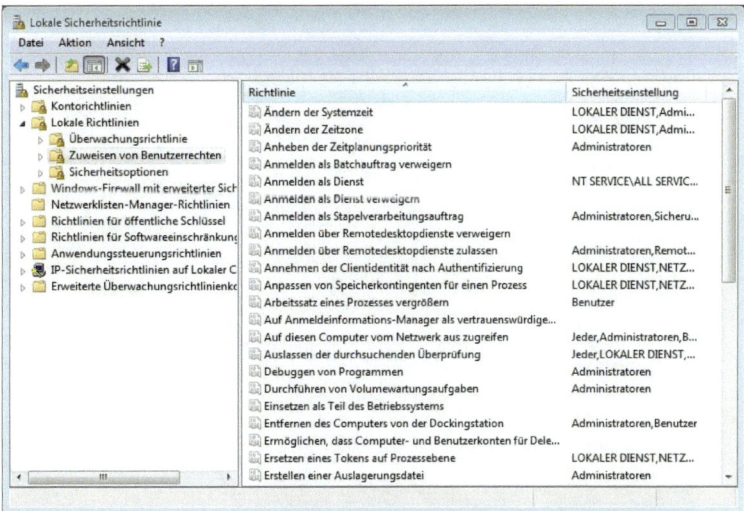

*Abb. 52* *Dialog zur Vergabe detaillierter Sicherheitsrichtlinien für bestimmte Benutzer*

# LS 4.4

## Internet und Telekommunikation

# „Mit *top-speed* auf die Datenautobahn"

Nachdem Herrn Glücks lokales Computernetzwerk sehr gut funktioniert, soll nun ein gemeinsamer Internetzugang eingerichtet werden. Frau Glück möchte das Internet für die monatlichen Steuerabrechnungen nutzen und auch für die übrigen Mitarbeiter bietet der Internetzugang viele Vorteile.

Nun braucht Frau Glück Informationen, wie viel ein Internetanschluss kostet, welches das beste Angebot für sie ist und wie die technische Umsetzung funktioniert. Helfen Sie!

# Lernjobs

**1.**

Wie lässt sich ein Internetanschluss sinnvoll für Ihre Aufgaben in der Schule nutzen? Überlegen Sie auch, wofür das Internet in Beruf oder für Bewerbungen nützlich sein kann.

**2.**

Die bei der Installation eines Internetzuganges verwendeten Fachbegriffe sind oft verwirrend. Lösen Sie das Kreuzworträtsel.

**3.**

Internetanschlüsse werden viel beworben. Finden Sie heraus, welche Möglichkeiten sich in Ihrem Wohnumfeld für einen Internetanschluss bieten. Bringen Sie den jeweiligen Anbieter, den Umfang seines Angebotes sowie die einmaligen und monatlichen Kosten in Erfahrung.

**5.**

Herr Glück ist es als Geschäftsmann gewöhnt, Lösungsvorschläge in Form eines Pflichtenheftes zu verfassen. Nutzen Sie das Arbeitsblatt, um ebenfalls ein Pflichtenheft zu erstellen.

**4.**

Fertigen Sie eine Skizze (Topologieplan) an, in der Sie den Anschluss des lokalen Computernetzwerkes aus LS 4.3 an das Internet erklären. Überlegen Sie, welche Geräte zu dem Netzwerk gehören und welche noch anzuschaffen sind. Zeichen Sie die Geräte in das Arbeitblatt ein und verbinden Sie diese. Geben Sie zusätzlich den jeweiligen Typ der Verbindungsleitung und die Steckerbezeichnung an.

**6.**

Welche Arbeitsschritte sind notwendig, um Herrn Glücks Netzwerk mit dem Internet zu verbinden? Erstellen Sie eine Liste der notwendigen Tätigkeiten.

### 4.4.1 Die Entstehung des Internets

Beim Internet handelt es sich nicht um ein einziges Netzwerk sondern einen Verbund verschiedener, teils weltumspannender Datennetze. Die innerhalb dieser Netzwerke einheitlich verwendeten Technologien, ermöglichen den Transport unterschiedlichster digitaler Informationen zwischen fast allen Punkten der Erde.

Die Keimzelle des Internet war das im Jahr 1969 in Betrieb genommene ARPANET, welches aus einem Projekt des US-amerikanischen Verteidigungsministeriums hervorging. Anfänglich verband es lediglich vier Universitäten. Das dabei verwendete Konzept eines dezentralen Netzwerkes, bei dem zwischen zwei beliebigen Datenendgeräten möglichst mehrere, frei auswählbare Übertragungswege bestehen, fand eine rasche Verbreitung.

> **MERKE**
>
> **Der wesentliche Vorteil alternativer Datenwege besteht darin, dass der Ausfall oder die Überlastung einer einzigen Fernleitung nicht zum Zusammenbuch der Verbindung zwischen zwei Endgeräten führen muss, da noch andere Strecken zur Verfügung stehen.**

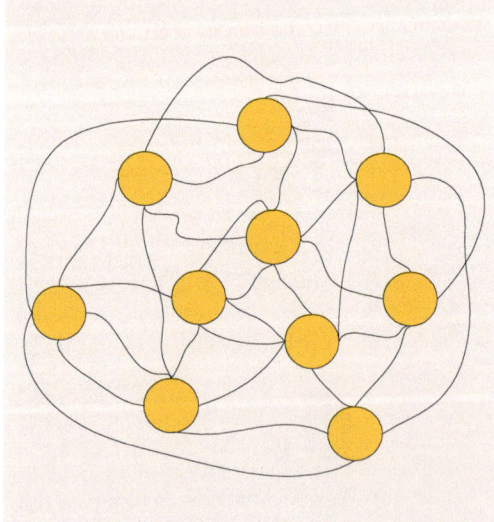

***Abb. 1*** *Maschentopologie. Bestehen zwischen den Netzknoten mehrere alternative Verbindungswege, hat der Ausfall oder die Überlastung einer Leitung kaum Auswirkungen auf die Funktionsfähigkeit des Netzwerkes.*

In früherer Zeit musste die Datenfernübertragung noch häufig über schlechte Telefonleitungen abgewickelt werden, weshalb die hohe Ausfallsicherheit der Maschentopologie einen großen Fortschritt bedeutete.

In den 90er Jahren des letzten Jahrhunderts wurden immer mehr Telefonsysteme auf digitalen Betrieb umgestellt. Das Sprachsignal wird dabei in kleine Datenpakete umgewandelt und ähnlich den Computerdaten übertragen. Somit lag es auf der Hand, die bis dahin oft separat betriebenen Fernnetze der großen Telefongesellschaften in das weltumspannende Computernetz einzubeziehen.

Gegenwärtig wird der globale Telefonfernverkehr zunehmend auf Basis der Internet-Technologie abgewickelt. Im Bereich der Teilnehmeranschlüsse, der sog. „letzten Meile", kommen aber noch häufig „Huckepacksysteme" zum Einsatz. Diese bauen auf ältere, meist analoge oder auch digitale Telefonanschlüsse auf. In der Vermittlungsstelle wird das zusätzliche Datensignal in die Teilnehmeranschlussleitung eingespeist und gemeinsam mit dem bisherigen Telefonsignal übertragen.

### 4.4.2 Der eigene Internetzugang

Für einen eigenen Internetzugang benötigt man eine DFÜ-Verbindung (= **D**aten**F**ern**Ü**bertragung) zu einem der großen Datennetze, welche gemeinsam das Internet bilden. Da die meisten Telefongespräche über diese Netzwerke übertragen werden, liegt es nahe, den eigenen Telefonanbieter nach einem solchen Anschluss zu fragen. Nahezu alle Telefongesellschaften sind inzwischen vollwertige **I**nternet **S**ervice **P**rovider (ISP) und stellen ihren Kunden die erforderlichen Dienste und technische Mittel bereit.

Darüber hinaus gibt es noch weitere Möglichkeiten des eigenen Zugangs zum weltumspannenden Datennetz.

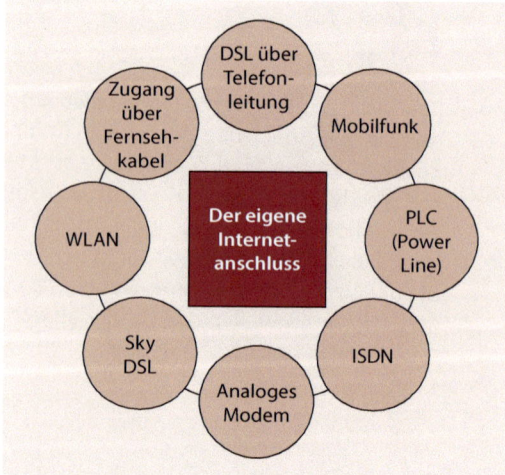

***Abb. 2*** *Mögliche Technologien für den privaten Internetzugang*

## Analoges Modem

Der Begriff „Modem" ist die Abkürzung für **Mo**dulieren-**Dem**odulieren. Anfangs stand für die Datenübertragung häufig nur das eigene Analogtelefon zur Verfügung. Da diese Telefone nur für die Übertragung von Sprachsignalen ausgelegt waren, benötigte man einen Signalwandler. Dieser formt die binären Informationen der Computer in ein Tonsignal um (Modulator), welches dann auf der Gegenseite wieder in ein binäres Signal zurückkonvertiert wird (Demodulator).

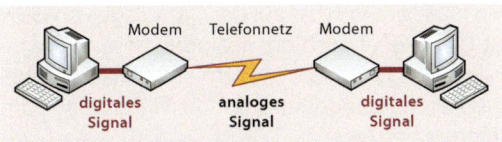

**Abb. 3** Datenübertragung mit Analogmodem

Die ersten Modemverbindungen konnten lediglich die Daten zwischen zwei einzelnen Computern übertragen (Punkt-zu-Punkt-Verbindung). Zudem war die anfängliche Übertragungsgeschwindigkeit mit 1200 Bit pro Sekunde nur sehr gering. Gegenwärtig wird mit diesem Verfahren eine Datenübertragungsrate von 56 KBit/s pro Sekunde erreicht.

Punkt-zu-Punkt-Verbindungen mit Hilfe der analogen Modemtechnik werden heute oft benutzt, um Daten entfernter Geräte abzufragen, welche nicht an das weltweite Datennetz angebunden sind. Beispielsweise könnte im Falle einer Störung einer privaten Heizungsanlage der Wartungsbetrieb zunächst eine DFÜ-Verbindung zum Steuercomputer des Systems aufbauen. Der Techniker kann sich vorweg über das entstandene Problem informieren, oder einfache Probleme lassen sich oft direkt über die DFÜ-Verbindung beheben.

Auch eine Internetverbindung ist auf diese Weise realisierbar, wenngleich die erzielbare Datenübertragungsrate von 56 KBit/s sehr gering ist. Ein Computer beim ISP übernimmt die Funktion des Kommunikationspartners. Die Besonderheit dieses Rechners besteht darin, dass er die empfangenen Daten auch an ein anderes Netzwerk weiterleiten kann. Er wird deshalb als Router (engl. „Lotse") bezeichnet.

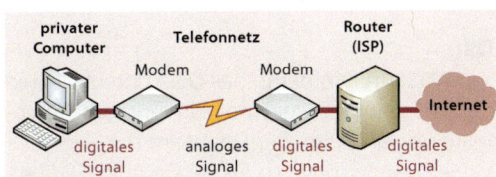

**Abb. 4** Analoger Internetzugang

Viele ISP bieten auch heute noch derartige Einwahlmöglichkeiten. Man spricht in diesen Fällen von einer Wählleitung, da sie erst nach dem Wählen der Telefonnummer aktiviert wird.

MERKE

> Gegenüber einer Standleitung, die immer aktiv ist, wird eine Wählverbindung nur dann aufgebaut, wenn tatsächlich Daten über das Telefonnetz zu übertragen sind.

Kostenmäßig ist eine Wählleitung dann sinnvoll, wenn nur sehr selten Daten zur Übertragung anstehen. Benötigt man die Internetverbindung jedoch häufig oder sogar fortwährend, ist eine Standleitung von Vorteil.

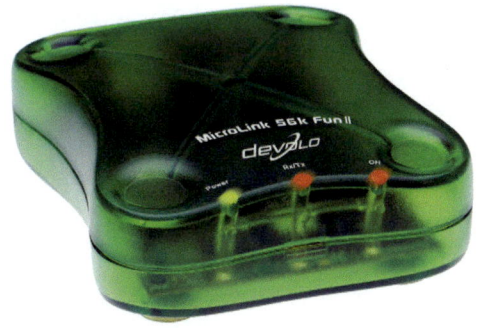

**Abb. 5** Analoges 56 K-Modem

## ISDN

Mit dem Aufkommen digitaler Telefonanschlüsse, bei denen ein Telefongespräch als digitales Signal übertragen wird, ergaben sich neue Möglichkeiten für die Realisierung von Internetanschlüssen.

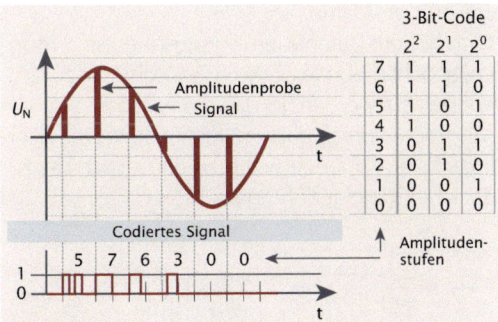

**Abb. 6** Prinzip der digitalen Darstellung analoger Signale

Beim ISDN (**I**ntegrated **S**ervices **D**igital **N**etwork) wird die menschliche Sprache nach dem PCM-Verfahren als digitales Signal codiert. Die Umwandlung der Sprachinformation in das digitale Signal sowie auch später beim Empfänger die Rückwandlung in ein normales, wieder für das menschliche

Ohr verständliches Tonsignal erfolgt unmittelbar im jeweiligen Telefon (→ vgl. Funktionsweise einer Soundkarte).

Ein ISDN-Basisanschluss kann deshalb im Gegensatz zur analogen Telefonie auch zwei Gespräche zeitgleich übertragen. Für jedes Telefongespräch steht dabei eine Übertragungsrate von 64 KBit/s zur Verfügung, welche sich alternativ auch für den Transfer von Computerdaten nutzen lässt. Hierzu muss der Rechner lediglich über eine passende ISDN-Adapterkarte verfügen. Im Gegensatz zu einem gewöhnlichen Netzwerkadapter für das lokale Netzwerk (Vgl. LS 4.3) benutzt ein ISDN-Adapter eine andere Codierung.

Anders als beim analogen Modemanschluss kann man mittels ISDN gleichzeitig telefonieren und mit dem Computer im Internet surfen. Verzichtet man auf den Anschluss eines Telefons, so besteht darüber hinaus die Möglichkeit, beide B-Kanäle (so werden die zwei Telefonkanäle mit je 64 KBit/s genannt) zu bündeln. Mit Hilfe der Kanalbündelung erzielt man eine Übertragungsrate von 128 KBit/s für Computerdaten.

Noch höhere Datenübertragungsraten sind möglich, sobald mehrere ISDN-Basisanschlüsse zusammengefasst werden. In diesem Fall lässt sich die Übertragungsrate auf 256 KBit/s steigern. Allerdings fallen für jeden weiteren Basisanschluss zusätzliche Grundgebühren an.

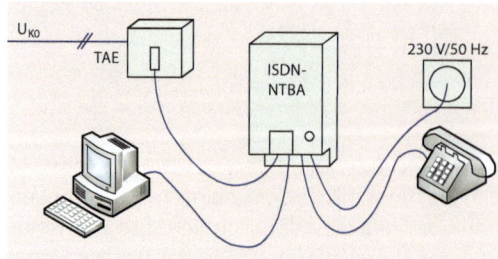

***Abb. 7*** *Anschlussschema für Computer und Telefon an einem ISDN-Basisanschluss*

Eine Alternative ist ein sogenannter Primär-Multiplexanschluss, der 30 ISDN-B-Kanäle auf einer einzigen Leitung vereint, was für Einrichtungen sinnvoll ist, die sehr viele externe Telefongespräche gleichzeitig führen müssen.

Wichtig beim ISDN-Basisanschluss ist der NTBA (**N**etz **T**erminator **B**asis **A**nschluss). Er ist notwendig, weil die von der Vermittlungsstelle im Haushalt eingehenden Kabel elektrisch anders beschaltet sind als jene Kabel, welche direkt aus dem Telefon, dem Fax und dem Computer kommen. Ein Internetanschluss auf der Grundlage von ISDN ist beim ISP ähnlich der analogen Lösung aufgebaut, wenngleich das Modem entfällt. Auch dabei wird ein Router genutzt, der die Verbindung zum Internet herstellt.

Im Gegensatz zur analogen Variante besitzt der Router jedoch in Richtung zum Telefonnetz einen digitalen ISDN-Anschluss, den man über eine feste Nummer aus dem Telekommunikationsnetz heraus anwählen kann.

Im Falle einer Wählleitung muss der Computer, welcher Zugang zum Internet begehrt, mit seinem eigenen ISDN-Adapter die Telefonnummer des Routers beim ISP anrufen.

### DSL über die Telefonleitung

**DSL** (*engl.* **D**igital **S**ubscriber **L**ine, *dt.* Digitaler Teilnehmeranschluss) steht als Oberbegriff für eine ganze Reihe – teils recht verschiedener – digitaler Datenübertragungsverfahren. Sie ermöglichen es, Daten mit hoher Geschwindigkeit von bis zu 200 MBit/s über einfache Telefonkabel zu übertragen. Da DSL im Bereich der Endkundenanschlüsse keine wesentlichen baulichen Veränderungen erfordert, ist dieses Verfahren gegenwärtig der Standard für den privaten Internetzugang. In den meisten Fällen kann er mit dem herkömmlichen Telefonanschluss realisiert werden.

Grundsätzlich lassen sich drei DSL-Verfahren unterscheiden:

### ADSL

Beim **ADSL** (**A**symmetrisches **D**SL) unterscheiden sich die Datenraten des Upstream und des Downstream voneinander. Der Upstream sind jene Daten, welche vom privaten Anwender zum ISP übertragen werden. Wird also beispielsweise eine E-

Mail vom heimischen PC in das Internet versendet, rechnet man diese Daten zum Upstream. Schaut sich der Benutzer hingegen eine beliebige Homepage im Internet an, wird der dazugehörige HTML-Code im Rahmen des Downstream auf seinen PC transportiert. Da bei den meisten privaten Internetanschlüssen mehr Daten aus dem Internet herunter geladen werden als in Gegenrichtung Daten vom heimischen PC in das Internet gelangen, wurde beim ADSL der Downstream mit höherer Übertragungsrate als der Upstream ausgelegt.

**TIPP:**
Für den privaten Internetzugang ist in der Regel ein asymmetrischer DSL-Zugang ausreichend.

Den Privatanwender interessiert vor allem die Tatsache, dass die meisten DSL-Techniken den zusätzlichen Transport von Sprachsignalen, egal ob mit ISDN- oder Analogtechnik ermöglichen.

Eine klassische Geräteanordnung wird in Abb. 9 gezeigt.

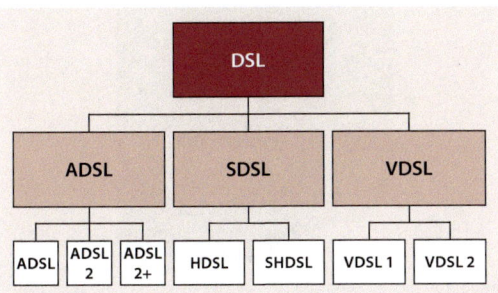

**Abb. 8** *Übersicht der gebräuchlichsten DSL-Varianten*

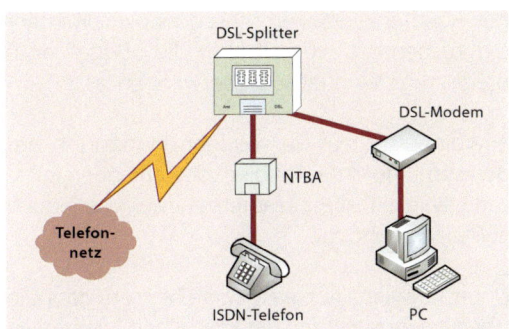

**Abb. 9**
*Zusammenschluss der notwendigen Geräte bei einem ADSL-Zugang mit zusätzlicher ISDN-Übertragung*

Gegenwärtig sind ADSL-Anschlüsse mit einem Downstream von bis zu 24 MBit und einem Upstream von bis zu 3,5 MBit/s möglich (ADSL2+M). Allerdings werden diese Datenraten in der Praxis aufgrund der unterschiedlichen Leitungsqualitäten sowie der angewendeten Normen oftmals nicht erreicht.

Neben dem Asymmetrischen DSL existieren noch zwei weitere DSL-Varianten, die für den privaten Internetzugang derzeit nur von untergeordneter Bedeutung sind, aber z. B. für Unternehmen Vorteile bieten.

### SDSL
Benötigt man für den Up- als auch für den Downstream gleich große Datenraten, so kommt dafür **SDSL** (**S**ymmetrisches **DSL**) in Frage. Die erste SDSL-Technik trug die Bezeichnung *HDSL* und wurde inzwischen bis zum SHDSL weiterentwickelt, das Datenübertragungsraten von fast 6 Mbit/s erlaubt.

### VDSL
Beim **VDSL** (**V**ery High Speed **DSL**) handelt es sich um den faktischen Nachfolger der bisherigen DSL-Techniken. Während VDSL1 (mitunter auch nur als VDSL bezeichnet) noch Datenübertragungsraten von bis zu 52 MBit/s im Down- und 11 MBit/s im Upstream erlaubte, gestattet VDSL2 eine Gesamtbandbreite von bis zu 200 MBit/s in beide Richtungen. VDSL2 eignet sich also auch für den symmetrischen Betrieb.

Die vom Telekommunikationsanbieter im Haus ankommende Leitung gelangt über eine Anschlussdose (1. TAE) zunächst auf den Splitter. Dieser hat die Funktion einer Signalweiche und trennt das DSL-Datensignal vom Telefonsignal ab. Das Telefonsignal wird nach dem Splitter wie bei einem herkömmlichen ISDN-Anschluss zunächst auf den NTBA geführt, hinter dem sich dann die üblichen ISDN-Endgeräte anschließen lassen. Auch ein PC mit einer ISDN-Adapterkarte ließe sich hier anschalten, was allerdings wegen der Geschwindigkeitsvorteile der DSL-Verbindung wenig Sinn macht.

Der zweite Ausgang des Splitters führt zum DSL-Modem, welches im Gegensatz zu einem analogen Modem eigentlich „nur" ein Code- und Pegelumsetzer ist. Das DSL-Modem bietet an seinem Ausgang eine gewöhnliche Netzwerkschnittstelle, wie sie in den meisten lokalen Netzwerken zum Einsatz kommt (Vgl. LS 4.3).

**Abb. 10** *Kombigerät für den DSL-Anschluss*

Mittlerweile gibt es Kombigeräte, die alle Funktionen unter einem Gehäuse vereinen und obendrein noch Zusatzoptionen bieten, wie z.B. eine integrierte Firewall, Unterstützung für drahtlose Netzwerke und eine Telefonanlage (Abb. 10).

### Internetzugang über das Fernsehkabel

Diese Technik basiert auf dem vor allem in größeren Städten weit verbreiteten Netz für die Rundfunk- und Fernsehübertragung, dem sog. „Breitbandkabel". Dessen Fähigkeit zur Übertragung hochfrequenter Signale wird durch die vorhandenen Rundfunk- und Fernsehsender nicht vollständig ausgenutzt, weshalb sich die übrige Bandbreite zum Datentransport verwenden lässt.

Allerdings besteht an wenigen Standorten gegenwärtig noch das Problem der fehlenden Rückkanalfähigkeit, die ein Internetanschluss jedoch zwingend benötigt.

Unter Rückkanalfähigkeit versteht man, dass die Übertragungsrichtung der klassischen Telemedien unidirektional ausgelegt ist, d.h., dass der Informationsfluss nur vom Fernsehsender zum Empfänger des Zuschauers erfolgt – nicht jedoch in umgekehrte Richtung. In Zukunft ist mit einem weitgehenden Ausbau der bisher noch nicht rückkanalfähigen Breitbandkabelnetze zu rechnen.

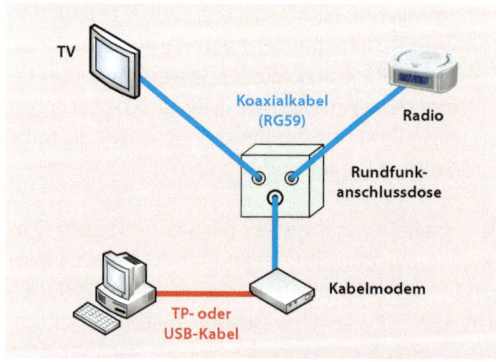

**Abb. 11** *Anschlussschema für den Internetzugang über Breitbandkabel*

Ein solcher Internetzugang ist schnell realisiert. Die bisherige, meist für zwei BNC-Stecker ausgelegte Rundfunkanschlussdose, wird durch ein 3-poliges Modell ersetzt. Das Kabelmodem lässt sich dann über ein Koaxialkabel (RG59) mit dem zusätzlichen Steckplatz verbinden.

Der zweite Ausgang vom Kabelmodem besitzt eine RJ-45-Buchse. Über ein Patchkabel lassen sich hier der eigene Computer oder das lokale Netzwerk anschließen. Inzwischen sind auch Kabel-

modems auf dem Markt, die alternativ zum üblichen LAN einen USB-Port oder ein kabelloses lokales Netzwerk unterstützen.

**Abb. 12** *Kabelmodem*

Ein wesentlicher Vorteil des Internetzugangs über das Fernsehkabel besteht darin, dass – einen vorhandenen Breitbandanschluss vorausgesetzt – keine zusätzliche Grundgebühr anfällt. Meist muss man lediglich für die monatliche Flatrate, also den unbegrenzten Zugang zum Datennetz, einen geringen Geldbetrag entrichten.

**TIPP:**
Wird der Internetzugang über einen bestehenden Fernsehkabelanschluss geplant, sollte man sich zunächst über die Rückkanalfähigkeit des vorhandenen Kabelnetzes erkundigen.

Ein weiteres Plus dieser Technologie ist die hohe Geschwindigkeit der Datenübertragung. Sie kann 100 MBit/s und mehr betragen und ist damit eine Konkurrenz zur VDSL-Technik. Praktische Datenraten liegen jedoch oft deutlich unter diesem Wert, weil sich alle an einem Einspeisepunkt befindlichen Teilnehmer die Geschwindigkeit teilen müssen.

Besonders interessant wird der Kabelanschluss, wenn man die hohe Geschwindigkeit der Datenübertragung auch für die Telefonie nutzt (Triple Play). In diesem Fall kann man auf einen separaten Telefonanschluss verzichten. Das dabei eingesetzte **VoIP**-Verfahren (**V**oice **o**ver **IP**) arbeitet ähnlich einem ISDN-Telefon auf Basis digitalisierter Tonsignale. Im Gegensatz zum ISDN kommt dabei jedoch kein eigenes Protokoll zum Einsatz, sondern man nutzt das im Internet gebräuchliche TCP/IP.

Werden allerdings neben dem Telefongespräch weitere umfangreiche Daten über das Kabelnetz verschickt, so kann die Übertragungsgeschwindigkeit mitunter nicht mehr genügen – das Telefongespräch gerät ins Stocken. Außerdem ist im Falle einer Komplettversorgung aus dem Breitbandnetz die Betriebssicherheit eingeschränkt. Sollte das Kabelnetz ausfallen, so bedeutet das einen Totalausfall.

### skyDSL

Der Name skyDSL ist etwas irreführend und wurde unter Marketinggesichtspunkten gewählt. Denn die dabei eingesetzte Satellitenübertragungstechnik nutzt keines der sonst üblichen DSL-Verfahren. Es handelt sich zwar wie beim ADSL um eine asymmetrische Kommunikation, allerdings ist diese lediglich unidirektional (nur in eine Richtung) ausgelegt.

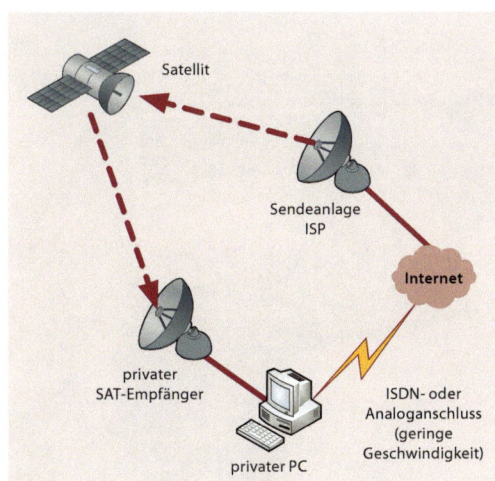

**Abb. 13** *Funktionsschema skyDSL*

Weil es mit einem handelsüblichen privaten Satellitenempfänger nicht möglich ist, Daten an den Satelliten zurück zu senden (fehlende Rückkanalfähigkeit), benötigt man beim skyDSL grundsätzlich einen weiteren Internetzugang.

Dieser braucht allerdings keine hohe Übertragungsrate, da er ja lediglich die Informationen des Upstream transportieren muss. Somit genügt in den meisten Fällen ein analoger Modemanschluss oder ein ISDN-Zugang. Selbst ein älteres Mobilfunksystem ist denkbar.

Die Beantwortung der über den Upstream gesendeten Anfragen erfolgt jedoch auf einem anderen Wege. Die Datenpakete gelangen zunächst zur Sendeanlage des ISP und von dort aus zum Satelliten im Weltraum. Dieser strahlt anschließend die Daten aller skyDSL-Teilnehmer nach dem „Gieskannenprinzip" in Richtung Erde aus. Theoretisch liegt die Empfangsgeschwindigkeit von skyDSL (Downstream) bei 24 000 KBit/s. Angeboten werden augenblicklich aber meist nur Datenraten von 1…4 MBit/s.

Ein wesentlicher Nachteil von skyDSL ist die Notwendigkeit eines zweiten Internetzugangs, welcher zusätzliche Kosten verursacht. Deshalb wird diese Technologie vor allem an Standorten eingesetzt, an denen kein schneller Internetzugang verfügbar oder zu teuer ist.

**MERKE**

> skyDSL erfordert immer einen zweiten Internetzugang.

Nachteilig sind auch die langen Datenlaufzeiten. Weil die Funksignale die Entfernung zwischen Erde und Satellit zweimal zurücklegen müssen, eignet sich skyDSL kaum für Echtzeitanwendungen, wie beispielsweise die Telefonie.

### PLC (Powerline)

Die PLC-Technik nutzt die normalen Stromkabel eines Gebäudes gleichzeitig für die Datenübertragung. Dabei kommt die Trägerfrequenztechnik zum Einsatz. In der Elektroenergieversorgung ist dieses Verfahren schon länger unter dem Begriff Rundsteuertechnik bekannt und wird beispielsweise für das Ein- und Ausschalten von Nachtspeicheröfen während sog. Schwachlastzeiten oder auch bei der Straßenbeleuchtung genutzt.

Zur Bereitstellung von Internetzugängen wird das Datensignal des ISP an der jeweils unmittelbar vor dem Haushalt befindlichen Trafostation in die Elektroenergieversorgung eingespeist. Der Trafo darf höchstens 300 Meter vom Hausanschluss und dieser wiederum nur maximal 100 Meter von der Steckdose entfernt sein, an welcher sich schließlich der Homeplug befindet. Höhere Reichweiten lassen sich nur mit zusätzlichen Verstärkern erzielen.

**Abb. 14** *Powerline-Anschlussstecker (Homeplug)*

Dem Homeplug kommt dabei die Funktion eines Modems zu. Er demoduliert die aus dem Stromnetz eintreffenden Daten und bringt sie spannungsmäßig auf ein computerübliches Niveau. In umgekehrter Richtung moduliert dieser Adapter die vom Computer versendeten digitalen Informationen und speist sie in das Stromnetz zurück. Anfangs als sehr zukunftsweisend eingeschätzt, auch wegen der theoretischen Übertragungsrate von 200 MBits, ist der geplante Ausbau der PLC-Technik inzwischen weitgehend zum Erliegen gekommen. Das Hauptproblem ist die elektromagnetische Verseuchung des Umfeldes (Elektrosmog),

welche sich mitunter noch in mehreren Kilometern Entfernung nachweisen lässt. Zusätzliche Nachteile der PLC-Technik bestehen in der mit der Entfernung abnehmenden Datenübertragungsrate und dem Aufteilen der Bandbreite zwischen allen an einer Trafostation angeschlossenen Teilnehmern, wodurch in dicht besiedelten Gebieten von der theoretisch möglichen Datenübertragungsrate nicht mehr viel übrig bleibt.

Während Internetanschlüsse auf Basis von PLC gegenwärtig nur in wenigen Gebieten verfügbar sind, hat sich das Verfahren im Bereich der lokalen Computernetze trotz aller Nachteile einen festen Platz erobert. Bei dieser, auch als Inhaus-Powerline bezeichneten Technologie, geht es jedoch nicht um die Verbindung von Computern mit dem Internet, sondern lediglich um die lokale Rechnervernetzung innerhalb von Gebäuden. PLC stellt damit eine Alternative zum WLAN und der klassischen LAN-Verkabelung (vgl. LS 4.3) dar.

### WLAN

Beim WLAN (**W**ireless **L**okal **A**rea **N**etwork) handelt es sich eigentlich um eine Technologie für die drahtlose lokale Computervernetzung und nicht um ein Verfahren zur Datenfernübertragung (vgl. LS 4.3).

Dennoch ist die WLAN-Technik aufgrund ihrer möglichen Reichweite von etwa 90 Metern inner-

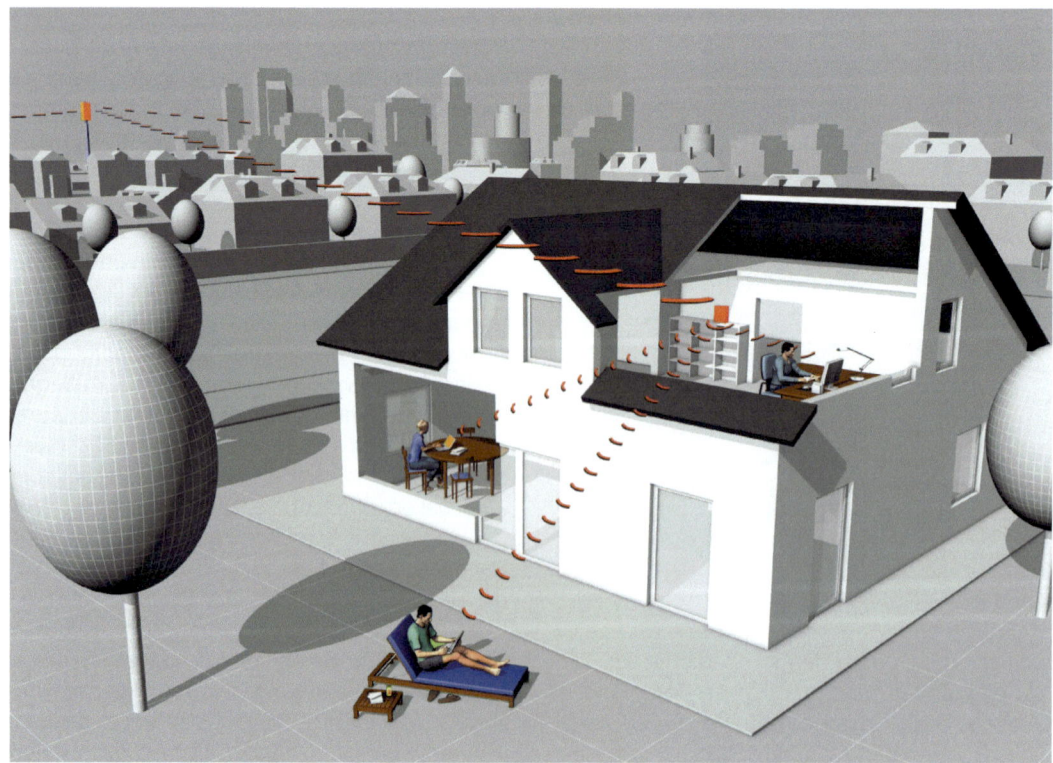

**Abb. 15** *Drahtloser Internetzugang mittels WiMAX und WLAN*

halb von Gebäuden und bis zu 300 Metern im freien Gelände dafür geeignet, Computerbenutzer mit einem Internetzugang zu versorgen. Zumal sich durch weitere Access-Points oder mittels Richtfunk (WiMAX) die Reichweite des „Funk-LAN" noch deutlich erhöhen lässt.

An einem bereits vorhandenen Internetzugang wird vom ISP ein Funksignal erzeugt, welches dem WLAN-Standard entspricht. Innerhalb des davon ausgeleuchteten Gebietes befindliche WLAN-fähige Geräte, erhalten bei Kenntnis der notwendigen Zugangsdaten Verbindung mit dem weltweiten Datennetz. Eine verschlüsselte Datenübertragung soll sicherstellen, dass kein unautorisierter Zugriff auf das Funknetz erfolgt.

Im häuslichen Bereich lässt sich der Netzzugang weiter ausbauen. Zu diesem Zweck wird an einem dafür geeigneten Punkt eine Antenne installiert, welche die WLAN-Verbindung zur Zentralstation des ISP übernimmt. Zusätzlich ist diese Antenne an einem Router angeschlossen, der die Datenverteilung organisiert. Dies kann entweder kabelgebunden erfolgen oder durch ein weiteres kleines Funknetz.

Erste öffentliche, preiswerte oder kostenlose Internetzugänge auf WLAN-Basis (sog. Hot Spots) entstanden beispielsweise auf Flughäfen, Autobahnraststätten, in den Zügen der Deutschen Bahn oder in Bibliotheken. Da heute die meisten tragbaren Computer werksseitig bereits mit einer WLAN-Schnittstelle ausgerüstet sind oder sich leicht nachrüsten lassen, ist WLAN eine gute Möglichkeit für den gelegentlichen Internetzugang auf Reisen.

Inzwischen gibt es in zahlreichen Städten und Kommunen Anbieter, welche die gemeinschaftliche Benutzung ihres eigenen Internetanschlusses mittels der WLAN-Technik zulassen. Vom WLAN-Anbieter erhält man dafür gegen eine monatliche Gebühr die erforderliche Zugangskennung für das verschlüsselte Funknetz und oft auch die passende Funkstation. Gerade bei nur gelegentlicher und wenig intensiver Internetbenutzung kann diese Lösung eine preiswerte Alternative zu einem eigenen Vertrag mit einem „richtigen" ISP sein.

**Mobilfunk**

Galt der Internetzugang mit einem Mobiltelefon lange Zeit als zu langsam und zu teuer, stellt auch diese Variante inzwischen eine durchaus ernsthafte Konkurrenz zu den kabelgebundenen Systemen dar. Aktuelle Handymodelle auf Basis der GSM-Technik erreichen Übertragungsraten bis zu 220 KBit/s im Downstream.

**Abb. 16**
*UMTS-Notebook-Adapter*

**Abb. 17**
*UMTS-Adapter als USB-Stick*

Eine weitere Steigerung der Datenübertragungsraten für Internetzugänge auf Mobilfunkbasis wurde mit der Einführung von UMTS (**U**niversal **M**obile **T**elecommunications **S**ystem) erreicht. Damit sind effektive Datenraten von 1,4 MBit/s bis über 5 MBit erzielbar. Der Nachfolger LTE (**L**ong **T**erm **E**volution) gestattet sogar bis zu 300 MBit/s.

Für die Internetanbindung eines Computers auf der Basis von UMTS ist nicht zwingend ein Mobiltelefon erforderlich. Es gibt auch verschiedene Adapter, z. B. in Form von USB-Sticks oder Einsteckkarten für Notbooks (Cardbus-Anschluss).

### 4.4.3 IT-Projekte

Bei der Planung von Informations- und Telekommunikationstechnik (IT) helfen Lasten- und Pflichtenheft.

**Lastenheft**

Hat sich ein Unternehmen für die Durchführung eines IT-Projektes entschieden, ist ein Lastenheft zu erarbeiten. Das Lastenheft enthält alle Ziele und Eigenschaften, welche vom Auftraggeber mit der vorgesehenen Investition verfolgt werden. Es beschreibt möglichst genau den nach Abschluss der geplanten Maßnahme zu erreichenden Zustand. Zu den Inhalten eines Lastenheftes gehören z. B.:

- Beschreibung der momentane Situation (Wie ist der aktuelle Zustand?)
- Zielsetzung (Wie soll der neue Zustand sein?)
- Beschreibung der gewünschten Funktionen (Was soll später wie funktionieren?)
- Qualitätskriterien (z. B. Anforderungen an Zuverlässigkeit, Änderbarkeit, Benutzbarkeit, Dauerhaftigkeit usw.)
- Abnahmekriterien (Welche Merkmale müssen bei der Produktübergabe erfüllt sein?)

Das Lastenheft dient als Grundlage einer Ausschreibung, also einer öffentlichen Aufforderung an Unternehmen, ein Angebot für einen bestimmten Auftrag zu unterbreiten.

### Pflichtenheft

Im Gegensatz zum Lastenheft sind im Pflichtenheft nicht die Anforderungen des Auftraggebers Hauptgegenstand der Betrachtung, sondern der Lösungsvorschlag des Auftragnehmers, mit dem er die Anforderungen des Lastenheftes erfüllen will.

Die Inhalte eines Pflichtenheftes können je nach Gegenstand eines Projektes erheblich voneinander abweichen. Eine mögliche Grundstruktur hat folgendes Aussehen:

- Gegenstand des Auftrags (Was soll wozu gemacht werden?)
- Einsatzzweck (Wozu wird die spätere Lösung eingesetzt?)
- Lösungsübersicht (kurze Beschreibung der angebotenen Lösung)
- Produktbeschreibung (detaillierte Beschreibung der Funktionen des fertigen Produkts)
- Abgrenzung (Was soll das fertige Produkt ausdrücklich nicht können?)
- Begründung möglicher Abweichungen gegenüber dem Lastenheft (Erweiterungen, Änderungen, Auslassungen)

Während das Lastenheft zumeist vom Auftraggeber erstellt wird, erfolgt die Erarbeitung des Pflichtenheftes gewöhnlich durch den Auftragnehmer. Da es sich beim Pflichtenheft um eine wesentliche Grundlage für die späteren Lieferungen und Leistungen handelt, ist eine Bestätigung durch den Auftraggeber (z. B. durch Unterschrift) unumgänglich.

**MERKE**

**Das Lastenheft beschreibt die Anforderungen des Auftraggebers, während das Pflichtenheft erläutert, wie der Auftragnehmer die im Lastenheft gestellten Anforderungen erfüllen will.**

# Sachwortverzeichnis

# Bildquellenverzeichnis

Autoren und Verlag bedanken sich bei den nachfolgenden Firmen und Institutionen für die Unterstützung, insbesondere für die Bereitstellung von Bildern.

3Dconnexion SAM, Monaco, www.3dconnexion.de 154

Adobe Systems GmbH, München, www.adobe.com/de 185

Apple Inc., Cupertino, Kalifornien, USA, www.apple.com/de 13, 170

AMD Advanced Micro Devices GmbH, Dornach b. München, www.amd.com/de 156

ASUS Computer GmbH, Ratingen, www.asus.de 188

Audi AG, Ingolstadt, www.audi.de 33

AVM Computersysteme Vertriebs GmbH, Berlin, http://www.avm.de 209

BENNING Elektrotechnik und Elektronik GmbH & Co. KG, Bocholt, www.benning.de 13, 16, 18, 39

Robert Bosch GmbH, Gerlingen-Schillerhöhe, www.bosch.de 12, 17, 68

BSH Bosch und Siemens Hausgeräte GmbH, München, www.bshg.com 10

Busch-Jaeger Elektro GmbH, Lüdenscheid, www.busch-jaeger.de 72

Busch & Müller KG, Meinerzhagen, www.bumm.de 17

Cherry, ZF Friedrichshafen AG, Electronic Systems, Auerbach/OPf., www.cherry.de 146, 154, 155

CIMCO-Werkzeugfabrik Carl Jul. Müller GmbH & Co. KG, Remscheid, www.cimco.de 48, 49

CLAAS KGaA mbH, Harsewinkel, www.claas.de 104

DB Mobility Networks Logistics AG, 10963 Berlin, www.deutschebahn.com 34

DBD Deutsche Breitband Dienste GmbH, Heidelberg, www.dbd-breitband.de 212

Deutsche Energie-Agentur GmbH (dena), Berlin, www.dena.de 30

devolo AG, Aachen, http://www.devolo.de 207, 212

di-soric GmbH & Co.KG, Urbach, www.disoric.de 92, 93

D-Link Deutschland GmbH, Eschborn, http://www.dlink.de 188, 189

Eltako GmbH, Fellbach, www.eltako.com 83, 85

EnOcean GmbH, Oberhaching, www.enocean.com 80

ENTSO-E European Network of Transmission System Operators for Electricity, Brussels, Belgium, www.entsoe.eu 58

Busch-Jaeger Elektro GmbH, Lüdenscheid, www.busch-jaeger.de 72

dpa Picture-alliance GmbH, Frankfurt/Main www.picture-alliance.de 151

EPSON Deutschland GmbH, Meerbusch, www.epson.de 159

Festo AG & Co. KG, Esslingen, www.festo.com 110, 111, 112, 114

fischertechnik GmbH, Waldachtal, www.fischertechnik.de 101

Fluke Networks, Everett, USA, www.de.flukenetworks.com 192

Fotolia Deutschland, Berlin, www.fotolia.de (lightpoet) 60

Freilichtmuseum Beuren, www.freilichtmuseum-beuren.de 104

Fuhrhalterei Dr. Hans Wilhelm Meier, Linsburg, www.fuhrhalterei-dr-meier.de 104

Fujitsu Technology Solutions GmbH, München, www.fujitsu.de 33, 149, 153, 204

GEYER Nederland B.V., Nürnberg, www.geyer.de 68

GIGABYTE, G.B.T. Technology Trading GmbH, Hamburg, www.gigabyte.de 150

GIRA Giersiepen GmbH & Co. KG, Radevormwald, www.gira.de 68

GMC-I Messtechnik GmbH, Nürnberg, www.gossenmetrawatt.com 35

G.P.A. ITALIANA S.p.A., Lomazzo, Italien, www.gpa-automation.com 107

Hager Vertriebsgesellschaft mbH & Co. KG, Blieskastel, www.hager.de 32, 67, 74, 77

HAMEG Instruments GmbH, Mainhausen, www.hameg.com 38

Hercules, Accell Germany GmbH, Sennfeld/Schweinfurt, www.hercules-bikes.de 8

Hewlett-Packard GmbH, Böblingen, www.hp.com/de 146

Hitachi Europe Ltd., Berkshire, Großbritannien, www.hitachi.de 160

Intel GmbH, Feldkirchen/München, www.intel.de 151

Intenso GmbH, Vechta, www.intenso.de 163

Inter IKEA Systems B.V., Delft, Niederlande, www.ikea.com 20, 29

iStockphoto, Berlin, www.istockphoto.com 60/1 (Dario Egidi), 60/2 (Maciej Noskowski)

JUMO GmbH & Co. KG, Fulda, www.jumo.net 11

Kingston Technology GmbH, München, www.kingston.de 152, 161

KIT Karlsruher Institut für Technologie, Karlsruhe, www.kit.edu 88

Kleber Maschinenbau-Konstruktionen GmbH, Fuchstal, www.kleber-maschinenbau.de 106

KNIPEX-Werk C. Gustav Putsch KG, Wuppertal, www.knipex.de 191

Heinrich Kopp GmbH, Kahl, www.kopp.eu 76

KUKA Aktiengesellschaft, Augsburg, www.kuka.de 88

Paul Lange & Co. OHG, Stuttgart, www.paul-lange.de 8

U.I. Lapp GmbH, Stuttgart, www.lapp.de 192

LEGO GmbH, Grasbrunn, www.lego.de 86, 88, 94, 99

Rudolf Leiner Ges.m.b.H., St. Pölten, Österreich, www.leiner.at 20

LEONI AG, Nürnberg, www.leoni.com 190

LVD Company nv, Gullegem, Belgium, www.lvdgroup.com 102

MAG-LITE, Fa. Siegfried Hintz, Wiesbaden, www.maglite.de 34

Martin Professional GmbH, Unterschleißheim, www.martin-pro.de 10

Maxwell Technologies GmbH, Gilching, www.maxwell.com 43

Merten GmbH, Wiehl, www.merten.de, 105

Metabowerke GmbH, Nürtingen, www.metabo.de 105

Microsoft Deutschland GmbH, Unterschleißheim, www.microsoft.com 167, 170, 172

Motorola Mobility Germany GmbH, www.motorola.com 210

Jean Müller GmbH, Elektrotechnische Fabrik, Eltville am Rhein, www.jeanmueller.de 51, 67

NASA, Washington, USA, http://mars.jpl.nasa.gov 88

Neuland GmbH & Co.KG, Eichenzell, www.neuland-world.com 182, 183

Nuance Communications International BVBA, Merelbeke, www.nuance.de 185

OBO Bettermann GmbH und Co. KG, Menden, www.obo.de 62, 68

openSUSE, Novell GmbH, Düsseldorf, www.novell.com, www.opensuse.org 167

OSRAM AG, München, www.osram.de 30

Paragon Technologie GmbH, Freiburg, www.paragon-software.de 165

Perfect-Cinema, Michael Koschka, Düsseldorf, www.perfect-cinema.de 39

Horst Peters, EDV/CAD-Schulungen, Jülich, www.cad-dozent.de 110

Philips Deutschland GmbH, Hamburg, www.philips.de 34, 105

PHOENIX CONTACT Deutschland GmbH, Blomberg, www.phoenixcontact.de 83

Paul Picot S.A., Le Noirmont, Schweiz, www.paulpicot.ch 34

PixelPlanet GmbH, Bremen, www.pixelplanet.de 185

POLAR-Mohr Maschinenvertriebsgesellschaft GmbH & Co. KG, Hofheim, www.polar-mohr.com 136

RAFI GmbH & Co. KG, Berg/Ravensburg, www.rafi.de 23

Samsung Electronics GmbH, Schwalbach/Ts. www.samsung.de 84

J. Schmalz GmbH, Glatten, www.schmalz.de 106

E. Schmid, Turgi, www.homepage.hispeed.ch/Schmid 104

Sharp Electronics (Europe) GmbH, Hamburg, www.sharp.de 34

Siemens AG, München, www.siemens.de 56, 72, 105, 136, 138

Silgmann Vertriebs GmbH, Anif/Salzburg, Österreich, www.silgmann.com 46

SON, Schmidt Maschinenbau, Tübingen, www.nabendynamo.de 12

SUZUKI International Europe GmbH, Bensheim, www.suzuki.de 128

ThyssenKrupp AG, Essen, www.thyssenkrupp.com/de 10

Vaillant Deutschland GmbH & Co. KG, Remscheid, www.vaillant.de 17

VARTA Microbattery GmbH, Ellwangen, www.de.varta-microbattery.com 11, 16, 17

Vattenfall Europe AG, Berlin, www.vattenfall.de 56

VDE Verband der Elektrotechnik Elektronik Informationstechnik e. V., Frankfurt/M., www.vde.de 50

Luc Viatour, Bruxelles, Belgium, www.lucnix.be 186

Vodafone D2 GmbH, Düsseldorf, www.vodafone.de 213

WEBER-HYDRAULIK GmbH, Güglingen, www.weber.de 95

Welsch & Partner, Tübingen, www.welsch.com 40

Adolf Würth GmbH & Co. KG, Künzelsau-Gaisbach, www.wuerth.com 110

ZVDH Zentralverband des Deutschen Dachdeckerhandwerks e. V., Köln, www.dachdecker.de 62

# Notizen